110kV
GIS智能变电站运检技术

国网宁夏电力有限公司培训中心　组编

中国电力出版社
CHINA ELECTRIC POWER PRESS

内 容 提 要

《110kV GIS 智能变电站运检技术》根据 110kV GIS 智能变电站运检专业岗位工作任务所需的知识与技能编写。全书共分为 5 个模块，35 个任务。第一部分变电运维，包括 GIS 组合电器结构及原理、GIS 设备巡视检查、GIS 智能变电站倒闸操作、GIS 设备运行维护、GIS 设备故障及异常处理、GIS 设备验收及投运、蓄电池核对性充放电试验、蓄电池内阻测试、变电站接地网引下线导通测试；第二部分变电检修，包括：GIS 组合电器 SF_6 气体处理、GIS 组合电器盆式绝缘子更换、GIS 组合电器气室吸附剂更换、GIS 组合电器断路器检修、GIS 组合电器隔离开关、接地开关检修、GIS 组合电器带电补气；第三部分试验检测，包括：SF_6 气体湿度、纯度和分解产物检测、SF_6 气体红外成像检漏、GIS 特高频局部放电检测、GIS 超声波局部放电检测、开关柜暂态地电压局部放电检测、开关柜超声波局部放电检测、变压器油色谱分析、电力设备红外热像检测、紫外成像带电检测、避雷器泄漏电流带电检测、断路器机械特性试验、SF_6 气体密度继电器校验、主变温控器校准方法；第四部分继电保护，包括：110kV 智能变电站继电保护及安全自动装置配置、110kV 智能站线路保护调试、110kV 智能变电站变压器保护装置调试、智能站母差保护调试、110kV 智能变电站备自投装置调试；第五部分自动化运维，包括：调度自动化系统站端组成与功能、典型间隔扩建自动化设备配置。

本书内容结合电力生产工作实际、实践性强、对现场工作具有一定的指导性，可作为 110kV GIS 智能变电站运检岗位相关从业人员的培训用教材和工作手册，也可以作为电力专业大专院校教学用参考资料。

图书在版编目（CIP）数据

110kV GIS 智能变电站运检技术 / 国网宁夏电力有限公司培训中心组编. —北京：中国电力出版社，2023.4

ISBN 978-7-5198-7736-1

Ⅰ. ①1… Ⅱ. ①国… Ⅲ. ①智能系统–变电所–运行②智能系统–变电所–检修 Ⅳ. ①TM63

中国国家版本馆 CIP 数据核字（2023）第 064576 号

出版发行：中国电力出版社

地　　址：北京市东城区北京站西街 19 号（邮政编码 100005）

网　　址：http://www.cepp.sgcc.com.cn

责任编辑：雍志娟

责任校对：黄　蓓　郝军燕　王海南　常燕昆

装帧设计：张俊霞

责任印制：石　雷

印　　刷：三河市万龙印装有限公司

版　　次：2023 年 4 月第一版

印　　次：2023 年 4 月北京第一次印刷

开　　本：787 毫米×1092 毫米　16 开本

印　　张：32.75

字　　数：749 千字

印　　数：0001—1000 册

定　　价：150.00 元

编 委 会

组编单位：国网宁夏电力有限公司培训中心

主　　任：李朝祥

副 主 任：贾黎明

成　　员：吴培涛　曹中枢　闫敬东　田　蕾　韩世军

　　　　　王　成

编 写 组

主　　编：邢　雅

副 主 编：侯　峰

编写人员：冯　洋　闫敬东　李君宏　陈泓岩　李　阳

　　　　　周可彬　李志远　寇　琰　陈　松　马　磊

　　　　　牛　勃　王玉财　王浦任　车靖阳　常　平

　　　　　马德萍　苏　平　刘磐龙　卢　岩　尹　松

　　　　　王　宏　王　磊　王文忠　徐慧伟　余金花

　　　　　朱永伟　杨小龙　倪　辉　樊　博　尚彦军

前　言

　　近年来，随着我国全方位开启坚强的智能电网体系建设的不断推进，电网进入智能化时代，而智能变电站作为坚强智能电网体系的基石和重要支撑，其运行维护水平的高低对于保障电力安全稳定供应发挥着越来越重要的作用。随着新技术、新设备的不断发展应用，智能化衍生的一次、二次设备以及智能化信息通讯技术逐渐成为了各级电网建设的关注焦点。GIS 智能化变电站是一种新型的自动化变电站，具备信息化、智能化、管理自动化的特征。随着国网公司"设备运检全业务核心班组"建设的不断推进，各岗位职责的进一步优化调整以及设备管理模式的变革，使 GIS 智能变电站的运维模式发生了很大的变化，对 GIS 智能变电站相关从业人员的技能水平以及专业能力提出了更高的要求。

　　教材按照"以学生为中心、学习成果为导向、促进自主学习"的思路，采用立体化教材设计，紧紧围绕 GIS 智能变电站运检相关岗位的典型工作任务、电力生产标准化作业的要求进行编写，并提供丰富、适用和引领创新作用的多种类型立体化、信息化课程资源，提高学生学习兴趣，强化实践能力培养，充分体现了"工学结合，知行合一""学生主体，教师主导"的教学新理念，探索实践"教、学、做"一体化、"泛在式"教学新模式。

　　本书以国家、行业及企业发布的法律法规、规章制度、规程规范、技术标准为依据，以提升岗位胜任能力、贴近岗位工作实际为目的，精选出符合岗位需求的 5 个模块，细分为 35 个工作任务，各项工作任务以标准化作业流程为依据编写，满足电力企业 110kV GIS 智能变电站运检专业岗位实际工作需求，为培养具有高职业素养和创新能力的工匠型、技能型、实用型人才奠定基础。

2023 年 4 月 12 日

目 录

模块一

变 电 运 维

【模块描述】

本模块主要讲解 GIS 结构及原理、GIS 设备巡视检查、GIS 智能变电站倒闸操作、GIS 设备验收及投运、运行维护、故障及异常处理、蓄电池维护试验、变电站接地网引下线导通测试。通过上述内容讲解，准确掌握 GIS 组合电器的工作原理，掌握 GIS 组合电器设备运行与维护要点。

任务一：GIS 组合电器结构及原理

【任务描述】

本任务主要讲解 GIS 组合电器结构及原理、GIS 组合电器二次设计、断路器操动机构二次控制动作原理、隔离开关操动机构二次控制动作原理、接地刀闸操动机构二次控制动作原理。

【任务目标】

知识目标	1. 掌握 GIS 组合电器的结构组成； 2. 掌握 GIS 组合电器各分元件的工作原理； 3. 掌握断路器操动机构二次控制动作原理、隔离开关操动机构二次控制动作原理、接地刀闸操动机构二次控制动作原理。
技能目标	正确识读 GIS 设备断路器、隔离开关及接地开关二次控制回路原理图。
素质目标	1. 培养认真细致、刻苦钻研的学习态度； 2. 形成善于思考、主动学习的良好习惯； 3. 提升运维人员设备主人"主人翁"意识，实现设备精心运维、精益管控、精准评估。

【知识与技能】

气体绝缘金属封闭开关设备（Gas – Insulated Metal – Enclosed Switchgear，以下简称：GIS 组合电器）经历了三十多年历史，具有体积小、占地面积少、不受外界环境影响、运行安全可靠、维护简单和检修周期长等优点。随着电力系统自身的发展以及对系统运行可靠性要求的日益提高，GIS 技术必将持续发展，并将成为高压电器的发展主流。目前 GIS 技术已被广泛运用于电力系统各类变电站，而不同电压等级、不同型号的 GIS 设备有各自不同的特点。为了使运维人员能够适应新设备、新工艺、新材料的运维要求，本书以 ZF-126（L）GIS 组合电器为例，通过对 ZF-126（L）组合电器结构、原理、性能及用途的学习，提升运维人员对 GIS 组合电器设备的运维能力，履行好运维人员岗位职责，做好设备主人。

一、概述

ZF-126（L）型 GIS 组合电器是将断路器、三工位开关、快速接地开关、电流互感器、电压互感器、避雷器、母线、进出线套管或电缆终端等元件组合封闭在接地的金属壳体内，充以一定压力的 SF$_6$ 气体作为绝缘介质所组成的成套开关设备，适用于三相交流 50Hz、额定电压 72.5～126kV 的电力系统。ZF-126（L）型 GIS 组合电器外观图如图 1-1-1 所示。

图 1-1-1 ZF-126（L）型 GIS 组合电器外观图

（一）GIS 组合电器特点

1. 优点

（1）安全性高。带电部分密封于接地的金属壳体内，因而没有触电危险。SF$_6$ 气体为不可燃烧气体，所以无火灾危险。

（2）可靠性高。由于带电部分全部密封于惰性 SF$_6$ 气体中，与外界不接触，不受环境的影响，大大提高了运行可靠性。此外具有优良的抗地震性能。

（3）模块化设计，方便实现各种变电站布置方式及后续扩建、改建；可根据用户要求组合成单母线分段、桥形接线、双母线等多种接线方式。

（4）126kV 采用全三相共箱式结构。正常运行时三相电流平衡，使涡流损耗大为降低，外形简洁美观。

（5）小型化。最小安全净距离小，占地面积小，节省投资。

（6）杜绝不利影响。因带电部分以金属壳体封闭，对电磁和静电实现屏蔽，噪音小，抗无线电干扰能力强。对附近居民的影响小。

（7）环境适应性强，可安装于户内，又可安装于户外，产品适应性强。

（8）安装维护方便。由于实现小型化，可在工厂内进行整机装配和试验合格后，以单元或间隔的形式运达现场，大大缩短现场安装工作量和安装工期。因结构布局合理，灭弧系统先进，大大提高了产品的使用寿命，检修周期长，维修工作量小。

2. 缺点

（1）检修时有毒气体会对人造成伤害。一是 SF_6 气体出厂时会携带一定的其他毒性气体或在充气过程中渗透部分的毒性杂质，这些具有毒性的气体对人体构成一定的危害，威胁到相关操作人员的人身安全；二是 SF_6 气体在高温环境下与水、金属材料、绝缘材料产生化学作用，从而释放出有毒物质，处于密封状态下，有毒气体不能及时排放，检修人员检修时接触到这些有毒气体会威胁到自身的健康。

（2）金属消耗量大。GIS 组合电器所有带电部分都被金属外壳包围，金属消耗量大。

（3）价格较昂贵。GIS 组合电器金属外壳是用铝合金、不锈钢、无磁铸钢材料组成，价格昂贵，成本高。

（4）故障后危害较大，故障查找、定位较困难。GIS 设备一旦发生事故，容易产生连锁反映，造成的停电范围大、处理周期长、检修成本高，查找故障原因和故障点将更为困难，对电网供电可靠性影响较大。

（5）密封性能要求高。密封性是 GIS 绝缘的关键，SF_6 气体泄露会造成 GIS 致命的故障。因此密封性检查应贯穿于整个制造和安装的始终。密封效果主要取决于罐体焊接质量，密封圈的制造、安装调整情况等。

（二）GIS 组合电器分类

按安装场所分类：有户外型和户内型。

（1）户外型特点。户外型 GIS 不需设置厂房，可减少建设投资，但运行环境较为严峻，需要附加防气候措施。

1）户外型组合电器设备有两套密封，一套主密封，在主密封外面还加了一套防水、防尘圈。

2）运行环境温度要求高：上限 +40℃，下限 -40℃。

3）考虑覆冰厚度。

4）需考虑风速影响：不超过 35m/s。

5）应考虑凝露或雨、温度骤变及日照等影响；

（2）户内型特点。户内型 GIS 运行条件优越，但增加了厂房等设施，建设投资费用大。

1）户内型组合电器设备室内部分只有一套密封；室外部分有两套密封，一套主密封，在主密封外面还加了一套防水、防尘圈。

2）不受环境温度影响：上限 +40℃；下限 -25℃。

3）使用环境应无明显的尘埃、烟、腐蚀性或可燃性气体、水蒸气和盐雾。

4）不用考虑凝露或雨、温度骤变及日照等影响。

按绝缘介质分类：可以分为全 SF_6 气体绝缘型 GIS 和复合式气体绝缘型 HGIS 两类。

（1）全 SF_6 气体绝缘型 GIS

"气体绝缘金属封闭开关设备"（Gas Insulated Metal – Enclosed Switchgear）简称 GIS，它将一座变电站中除变压器以外的一次设备，包括断路器、隔离开关、接地开关、电压互感器、电流互感器、避雷器、母线、电缆终端、进出线套管等，经优化设计有机地组合成一个整体，是全封闭的。

（2）复合式气体绝缘型 HGIS

"复合式高压组合电器"（hybrid – gas Insulated switchgear）简称 HGIS，它是介于 GIS 和 AIS 之间的高压开关设备。主要特点是将 GIS 形式的断路器、隔离开关、接地开关、电流互感器等主要元件分相组合在金属壳体内，由单极出线套管通过软导线与敞开式主母线以及敞开式电压互感器、避雷器连接，而相间保持敞开式空气绝缘的布置，形成复合绝缘型的开关装置。HGIS 是一种不带充气母线的相间空气绝缘的单相 GIS，使其投资少、性价比高。

（三）GIS 组合电器主要技术参数

GIS 组合电器主要技术参数如表 1–1–1 所示。

表 1–1–1　　　　　　　　　　ZF–126（L）型主要技术参数

序号	技术要求		单位	数据
1	额定电压		kV	126
2	额定频率		Hz	50
3	额定电流		A	2000，2500，3150
4	额定短时耐受电流/时间		kA/s	31.5/4，40/3
5	额定峰值耐受电流		kA	80，100
6	绝缘水平	额定短时工频耐受电压（1 分钟）	kV	230（对地、相间）
				230+73（断口）
		零表压耐受电压（5 分钟）	kV	109
		额定雷电冲击耐受电压（峰值）	kV	550（对地、相间）
				550+103（断口）
7	SF_6 气体水分含量		μL/L	断路器室≤150（交接时）
				其他气室≤250（交接时）
8	局部放电量		pC	≤3
9	SF_6 气体年漏气率		%/年	≤0.5

二、ZF–126（L）型 GIS 组合电器结构与原理

（一）GIS 组合电器功能单元

GIS 组合电器一般由各种不同功能的单元组成，称间隔，主要有进（出）线间隔、母联间隔、计量保护间隔等，并根据用户的不同要求组成单母线分段、桥形接线、双母线等

不同的接线方式。各间隔内部结构图如图 1-1-2、图 1-1-3、图 1-1-4、图 1-1-5 所示。

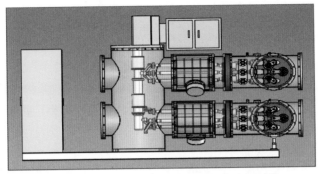

图 1-1-2 母联间隔（分段间隔）内部结构

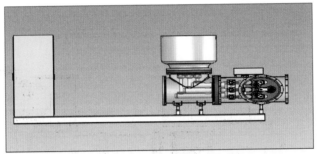

图 1-1-3 母线设备间隔（PT 间隔）内部结构

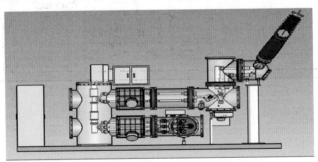

图 1-1-4 架空进（出）线间隔内部结构

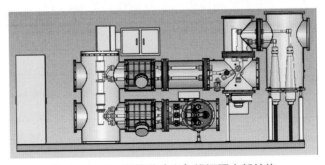

图 1-1-5 电缆进（出）线间隔内部结构

上图所示 GIS 组合电器为全三相共箱式结构，主导电回路由固体绝缘件支撑在壳体中央，采用梅花触头作为过渡连接；可以通过充气套管与架空线连接，也可以通过电缆终端与电力电缆相连，或经油气套管直接与变压器连接。

GIS 组合电器的气体系统可以分为若干气室。一般断路器压力高，它和电流互感器组成一个气室；主母线、电压互感器、避雷器分别为独立的气室，其他元件根据工程确定气室划分。各气室分别由相应的密度控制器监测气体压力。

GIS 组合电器一般每间隔设有一个就地控制柜，各元件控制、状态信号，各气室密度监测信号，以及电压、电流互感器二次出线全部引到就地控制柜，并通过就地控制柜与主控室相连。

（二）GIS 组合电器组成部件

ZF-126（L）型 GIS 组合电器是将断路器、三工位开关、快速接地开关、电流互感器、电压互感器、避雷器、母线、进出线套管或电缆终端等元件组合封闭在接地的金属壳体内，充以一定压力的 SF_6 气体作为绝缘介质所组成的成套开关设备。总体结构如图 1-1-6 所示。

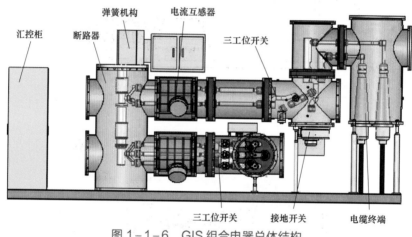

图 1-1-6　GIS 组合电器总体结构

1. 断路器（GCB）

断路器是 GIS 组合电器中的主要元件，用于输变电线路中，作为电力系统的控制和保护设备。126kV GIS 组合电器断路器为三相共箱罐式结构，三相共用一台弹簧操动机构进行三相机械联动操作。主要技术参数见表 1-1-2。

表 1-1-2　　　　　　　　　断路器主要技术参数

序号	技术要求	单位	数据	
1	额定短路开断电流	kA	31.5，40	
2	额定短路关合电流	kA	80，100	
3	满容量开断次数	次	20	
4	额定失步开断电流	kA	7.9	10

续表

序号	技术要求		单位	数据	
5	近区故障开断电流		kA	28.4/23.6	36/30
6	首开极系数			1.5	
7	额定操作顺序			O－0.3s－CO－180s－CO	
8	合闸时间（额定电压下）		ms	75±10	
9	分闸时间（额定电压下）		ms	32±5	
10	全开断时间		ms	≤60	
11	所配操动机构			CT26 弹簧操动机构	
12	机械寿命		次	10000	
13	机构分、合闸线圈	电压（DC）	V	220	110
		合闸线圈电阻/电流	Ω/A	78/2.8	19/5.7
		分闸线圈电阻/电流	Ω/A	65/3.4	19/5.7
14	储能电机	功率	W	600	
		电压（DC/AC）/电流	V/A	220/2.3	

（1）断路器灭弧室结构及灭弧原理

断路器的作用是切断和接通负荷电路，以及切断故障电路，防止事故扩大，保证安全运行。该断路器采用"热膨胀＋助吹"的自能式灭弧原理。灭弧室为单压式变开距结构，它是由静触头和动触头，压气缸，活塞以及其它部件组成，断路器灭弧室剖面图如图1－1－7所示。

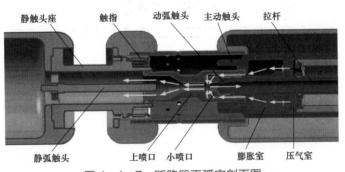

图1－1－7　断路器灭弧室剖面图

当开断小电感、电容电流或负荷电流时，所开断电流小，电弧能量也较小，膨胀室内压力上升比辅助压气室压力上升慢，压气室阀片闭合，膨胀室阀片打开，压缩气体进入膨胀室，产生气吹，在电流过零点时熄灭电弧。

当开断短路电流时，电弧在动静弧触头间燃烧，产生电弧堵塞效应，巨大的能量加热膨胀室内的 SF_6 气体使温度升高，膨胀室内气体压力随之升高，产生内外压差；当动触头分闸达到一定位置，静弧触头拉出喷口，产生强烈气吹，在电流过零点时熄灭电弧。开断过程中，由于电弧能量大，膨胀室内压力高于辅助压气室内压力上升，膨胀室阀片闭合，压气室阀片打开，压气室压力释放。断路器灭弧原理如图1-1-8所示。

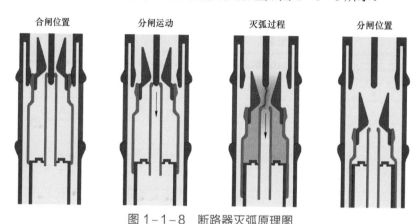

合闸位置　　　分闸运动　　　灭弧过程　　　分闸位置

图1-1-8　断路器灭弧原理图

（2）断路器CT26型弹簧操动机构

断路器配用CT26型弹簧操动机构，弹簧操动机构是一种以弹簧作为储能元件的机械式操动机构。操动机构是高压断路器的重要组成部分，它由储能单元、控制单元和力传递单元组成。弹簧的储能借助电动机通过减速装置来完成，并经过锁扣系统保持在储能状态。开断时，锁扣借助磁力脱扣，弹簧释放能量，经过机械传递单元使触头运动。弹簧机构原理简图如图1-1-9所示。

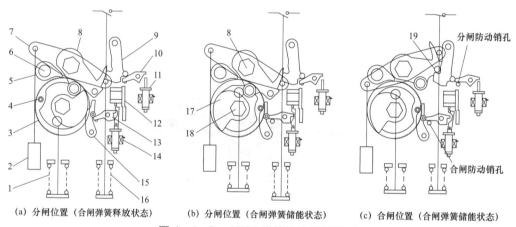

（a）分闸位置（合闸弹簧释放状态）　（b）分闸位置（合闸弹簧储能状态）　（c）合闸位置（合闸弹簧储能状态）

图1-1-9　CT26弹簧机构原理简图

1—合闸弹簧；2—油缓冲；3—棘轮；4—储能保持销；5—棘爪；6—棘爪轴；7—输出拐臂；8—大拐臂；9—合闸保持掣子；10—分闸掣子；11—分闸电磁铁；12—机械防跳装置；13—合闸掣子；14—合闸电磁铁；15—储能保持掣子；16—分闸弹簧；17—输出轴；18—凸轮；19—储能轴；20—合闸保持销

CT26型弹簧机构动作原理如下：

1）合闸弹簧储能

合闸弹簧1处于预压缩状态，棘爪5通过棘爪轴6、齿轮与电机相连。储能时，电机通过齿轮和棘爪轴6带动棘爪5动作，棘爪拨动棘轮3和储能轴19顺时针转动，带动连接棘轮和合闸弹簧 1 的大头杆压缩合闸弹簧储能,当棘轮上的储能保持销 4 转过右侧顶点时,储能保持销被储能保持挚子 15 扣住,完成储能动作,此时电机电源被切断,棘爪与棘轮相脱离。

2)合闸操作

断路器处于分闸位置,合闸弹簧已储能。当机构得到合闸指令,合闸线圈受电,合闸电磁铁 14 的动铁芯吸合带动合闸导杆撞击合闸挚子 13 逆时针旋转,释放储能保持挚子 15,合闸弹簧带动棘轮顺时针快速旋转,与棘轮同轴的凸轮 18 打击输出拐臂 7 上的合闸滚子,使拐臂向上运动,通过连杆带动断路器本体实现合闸操作,此时输出拐臂上的合闸保持销 20 被合闸保持挚子 9 扣住实现合闸保持;同时与输出拐臂同轴的分闸弹簧拐臂压缩分闸弹簧 16 储能,准备分闸操作。

合闸操作也可通过手动撞击合闸电磁铁导杆实现。合闸操作完成后,行程开关自动投入电机再次对合闸弹簧储能。

3)分闸操作

断路器处于合闸位置,合闸弹簧与分闸弹簧均已储能。机构接到分闸指令,分闸线圈受电,分闸电磁铁动铁芯吸合带动分闸导杆撞击分闸挚子 10 逆时针旋转,释放合闸保持挚子 9,分闸弹簧释放能量通过拐臂、连杆带动断路器本体实现分闸操作。分闸操作也可通过手力撞击分闸电磁铁导杆实现。

4)防跳跃装置

本机构具有机械防跳跃装置,同时也可实现电气防跳跃。

2. 三工位开关(TPS)

(1)三工位开关的结构及工作原理

结构紧凑的三工位开关可实现接通、隔离、接地三种工况,其结构如图 1-1-10 所示,三相联动,由一台操动机构驱动,具有开合母线转换电流的能力。

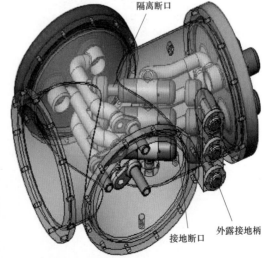

隔离断口

接地断口　外露接地柄

图 1-1-10　三工位开关结构示意图

所谓三工位是指三个工作位置：隔离开关主断口接通的合闸位置，主断口分开的隔离位置，接地侧的接地位置。三工位开关其实就是整合了隔离开关和接地开关两者的功能，并由一把刀来完成，一把刀的工作位置在某一时刻是唯一的，不是在主闸合闸位置，就是在隔离位置或接地位置，避免了误操作的可能性。

精心而巧妙设计的三工位开关不仅结构紧凑简洁、性能可靠，而且作为标准模块之一可以极为方便的实现与电压互感器、进出线模块、线路接地开关、母线、避雷器等模块的联结，用于母线侧时还可直接作为母线的一部分。

（2）三工位开关技术参数

三工位开关技术参数如表 1-1-3 所示。

表 1-1-3 三 工 位 开 关 参 数

额定操作时间	分闸≯3s
	合闸≯3s
额定控制电压/功率	（DC/AC）220V/280W
额定操作力矩	20N·m
额定开合母线转换电流/电压	1600A/10V

（3）三工位开关操动机构

三工位开关配用电动操动机构，机构包括两台驱动电机，通过电机的正反转驱动丝杠转动，丝杠带动驱动螺母做直线运动，驱动螺母通过销轴推动输出轴转动，经齿轮、齿条的转换，实现动触头在接通←→隔离←→接地间的往复运动，操动机构状态图如图 1-1-11 所示。

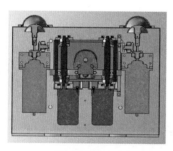

隔离分闸接地分闸

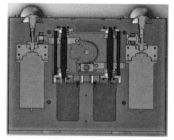

接地分闸隔离合闸

隔离分闸位接地合闸

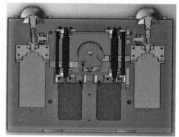

隔离/接地分闸不到位接地/隔离合闸自锁

图 1-1-11 三工位开关操动机构状态图

3. 接地开关（ES、FES）

（1）接地开关分类

接地开关有两种形式，即具有关合短路电流及开合感应电流能力的快速接地开关（FES，又称故障关合接地开关）和用于在检修时保护安全的检修接地开关（ES）；检修接地开关配用电动机构，快速接地开关配用电动弹簧操动机构。接地开关可与工作接地的壳体绝缘断开，当需要进行回路电阻测量、机械特性等试验时，将与接地外壳相连的接地母线拆除，即可通过接地开关的动触头与主回路进行电气连接，极大方便了试验工作。

（2）快速接地开关作用

快速接地开关是一种重要的保护装置，除用于在检修线路时的正常工作接地之外，它的作用有以下两个方面：

1）消除潜供电流，提高重合闸成功率。线路采用单相重合闸时，当线路发生单相接地故障时，保护动作断开故障线路两侧断路器，由非故障相或相邻运行线路（通过静电耦合、电磁耦合作用）与故障相之间产生潜供电流，潜供电流导致故障点电弧不能熄灭，实际故障点未消除，致使重合闸失败。此时加装快速接地开关，在故障相开关跳闸后自动装置动作立即合上快速接地开关，将故障相强制接地，消除潜供电流，使故障点的电弧熄灭，故障消除，然后快速接地刀闸再迅速打开，最后单相重合闸将故障相开关重新合闸成功，达到线路最终正常运行的目的。

其动作步骤如下：① 单相接地短路故障发生，产生一次电弧；② 故障相两端断路器跳闸，一次电弧熄灭，潜供电弧（二次电弧）产生；③ 装设于故障相的快速接地开关动作接地，潜供电弧熄灭；④ 快速接地开关断开；⑤ 重合闸动作断路器重合。

2）防止 GIS 设备爆炸。当 GIS 设备内部发生接地短路时，在母线管里会产生强烈的电弧，它可以在很短的时间里将外壳烧穿，或者发生母线管爆炸。为了能及时切断电弧，人为地使电路直接接地，通过继电保护装置将断路器跳闸，从而切断故障电流，保护设备不致损伤过大。

（3）操动机构

检修接地开关配用与三工位开关同一或类似的电动机构；快速接地开关配用电动弹簧机构（CTJ）。

电动弹簧机构由电动机、传动机构、储能弹簧、缓冲器、微动开关等组成。操作时，电动机带动蜗杆、蜗轮转动，蜗轮通过销轴带动弹簧拐臂压缩储能弹簧，当弹簧经过死点即压缩量达到最大时，储能弹簧自动释放能量，弹簧拐臂通过销轴带动从动拐臂快速旋转，与从动拐臂联动的输出拐臂通过连杆系统带动接地开关实现快速分合闸，机构分合闸操作是通过控制电动机正反转实现的。CTJ 型机构可以用操作手柄在就地进行手动分合闸操作。

4. 电流互感器

电流互感器将电路中的大电流转换成标准的小电流（一般为 1A/5A），是 GIS 中实现电流量的测量、计量与过电流保护功能的元件。GIS 组合电器配用 LR（D）型电流互感器，为三相封闭、穿心式结构，一次线圈为主回路导电杆，二次线圈缠绕在环形铁芯上。导电杆与二次线圈间有屏蔽筒，二次线圈的引出线通过环氧浇注的密封端子板引到外部。

电流互感器的二次线圈在运行时严禁开路，开路运行时产生的异常高电压会破坏二次线圈、引出端子、继电器或仪表的绝缘。其结构如图 1-1-12 所示。

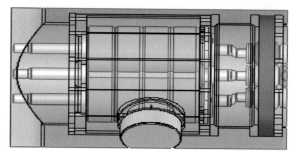

图 1-1-12　电流互感器结构示意图

5. 电压互感器

电压互感器将电路中的高电压转换成低压侧的标准电压（$110/\sqrt{3}$ 或 100V），是 GIS 中实现电压量的测量、计量与异常电压保护功能的元件。GIS 配用三相共箱电磁式电压互感器，一次绕组、二次绕组和剩余绕组装在同一心柱上，绕制成同轴圆筒结构，二次绕组端子和一次绕组的"N"端经环氧浇注的接线板引出壳体。一次绕组的"A""B""C"端和高压电极相连。电压互感器运行时二次侧严禁短路，否则二次侧产生的巨大电流将导致电压互感器损坏。其结构如图 1-1-13 所示。

6. 避雷器

GIS 采用 SF_6 绝缘三相共筒罐式无间隙金属氧化物避雷器，其保护特性优异，残余电压低。氧化锌避雷器由氧化锌电阻片组装而成，具有良好的非线性伏安特性和较大的通流容量。在正常运行电压下，呈现出极高的电阻状态，使流过避雷器的电流只有微安级。当系统出现危害电气设备绝缘的过电压时，则呈现低电阻状态，放电电流经过避雷器泄入大地，使避雷器的残压被限制在允许值以下，从而对电力设备提供可靠的保护。过电压作用后，避雷器又能迅速恢复到正常工作状态。其结构如图 1-1-14 所示。

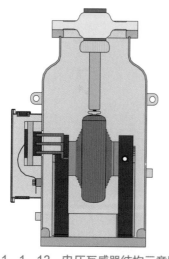

图 1-1-13　电压互感器结构示意图

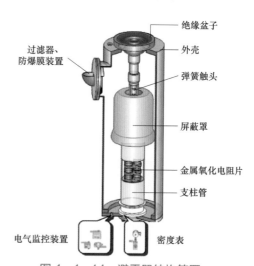

图 1-1-14　避雷器结构简图

绝缘盆子
外壳
过滤器、防爆膜装置
弹簧触头
屏蔽罩
金属氧化电阻片
支柱管
电气监控装置
密度表

7. 母线

（1）GIS 母线的功能与结构

母线通过导电连接件与 GIS 的其它元件连通并满足不同的主接线方式，来汇集、分配和传送电能。GIS 主、分支母线均为三相共箱式（部分母线与三工位开关共用），三相导体在壳体内呈品字形结构，导体通过支柱绝缘子固定在外壳上。分支母线与主母线具有同样尺寸的外壳，所不同的是分支母线中的导体直径可能要比主母线要小。母线导体连接采用梅花触头，壳体材料采用铝筒壳体低能耗材料，可避免磁滞和涡流循环引起的发热。并采用主母线落地布置结构，降低了开关设备高度，缩小了开关设备占地面积。母线由外壳、盆式绝缘子、固定在绝缘子上的分支导体、及三相导电杆等附件组成。

（2）盆式绝缘子

盆式绝缘子由环氧树脂绝缘、导体触头和边缘的金属法兰整体浇筑制成。分为隔盆（止气型）和通盆（通气型）绝缘子。

通盆绝缘子标示为绿色，用来固定、支撑导体插接触头，确保导体相与相之间，相与地之间的绝缘。

隔盆绝缘子标示红色，除了用来固定、支撑导体插接触头，确保导体相与相之间，相与地之间的绝缘之外，还可以将 GIS 设备分成若干气室，两个隔盆之间为一个独立的气室，方便检修且使故障范围缩小。盆式绝缘子结构图如图 1-1-15 所示。

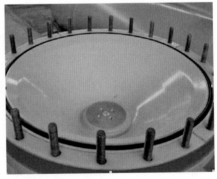

图 1-1-15　通盆和隔盆绝缘子结构图

（3）GIS 设备气隔

GIS 内部相同压力或不同压力的各电器元件的气室间设置的使气体互不相同的密封间隔称为气隔。

1）断路器因需要灭弧，SF_6 气体的压力比较高，且有电弧分解物产生。其它如母线、隔离开关等只需绝缘，SF_6 气体压力要求较低，不产生电弧分解物，用盆式绝缘子隔开，分为若干个气隔。

2）分为若干个气隔，可以防止事故范围扩大，利于各元件分别检修，在检修时可以减少停电范围，减少 SF_6 气体的回收和充放气工作量等。

（4）伸缩节

伸缩节是一种补偿装置，也称为伸缩器、补偿器。伸缩节的分类包括方形自然补偿伸缩节、套筒伸缩节等，伸缩节中的波纹式比较常见，使用范围比较广泛。管道在安装好后因为热胀冷缩或者误差等原因会产生一些横向或者纵向的位移，伸缩节通过调整六角螺母适量增减尺寸，来补偿、减缓管道的变形。同时，还可以吸收设备产生的震动，减少设备振动对管道的影响。

8. 套管与电缆终端

出线套管用于 GIS 与架空线的连接，内充 SF_6 气体，它通过一个连接筒与三相主回路相连，绝缘套一般用陶瓷制作，现在越来越多的使用环氧树脂玻璃丝筒和硅橡胶（复合材料）。安装方式有两种，斜 45°或垂直向上安装。GIS 与电缆出线的连接采用电缆终端。电缆终端连接是把高压电缆连接到 GIS 中的部件。见图 1-1-16 所示。

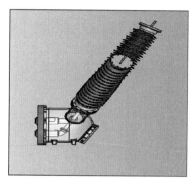

(a) 架空线路套管　　　　　　(b) 电缆终端

图 1-1-16　套管与电缆终端结构图

9. 密度继电器

GIS 设备每个气室都安装有带有 SF_6 压力指示和报警触点的 SF_6 密度继电器。在表上可直接读出所连接气室的 SF_6 压力，并自动补偿到 20℃时对应的压力值。且通过引线，将报警触点接入就地控制柜，当气室内 SF_6 气体降低时，则通过控制柜上光字牌指示灯或报警继电器发出 SF_6 压力降低的报警信号及断路器操作闭锁信号。密度继电器与开关设备本体之间的连接方式应满足不拆卸校验密度继电器的要求。

10. 防爆装置

为防止内部故障时 SF_6 气体压力急剧增加，对壳体、绝缘子、套管等造成破坏性二次损伤，通常在 SF_6 开关壳体上设计安装用于紧急情况下泄压的防爆装置。一般防爆装置由防爆膜、防尘片和导流外罩组成。当 SF_6 气体压力超过允许值时，防爆膜破裂，释放压力。通过导流外罩可以约束高压气体释放路径，使其排向安全方位。也可以防止防爆膜处积水。喷口选择适当位置，不得面向巡视通道和道路，防止动作时对人身的伤害。其动作示意图如图 1-1-17 所示。

11. 吸附剂

吸附剂是用来吸收 SF_6 气体中的水分、杂质和因电弧作用产生的有毒分解物，起到干燥、净化 SF_6 气体作用。GIS 设备吸附剂主要采用活性炭、活性氧化铝、分子筛、硅胶等材料，装入量一般取气室中 SF_6 气体质量的 10%为宜。

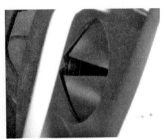

装置处于正常状态　　　　　　防爆装置动作后　　　　　　内部膜破裂状态

图 1-1-17　防爆装置动作示意图

在断路器开断过程中会产生高温电弧，还会产生很大的机械振动，要求放在有电弧气室中的吸附剂能耐高温和电弧的冲击，同时，要求吸附剂具有良好的机械强度，不产生掉粉现象。SF_6 设备一般只有解体时才能更换吸附剂，所以要求吸附剂具有足够的平衡吸附量，以保证设备解体之前的运行时间内有可靠的净化能力。

（三）GIS 组合电器二次回路

GIS 组合电器的二次控制、测量和监视装置集中装设于就地控制柜中，所以就地控制柜既是 GIS 组合电器间隔内、外各元件之间进行电气联络的中继枢纽，也是对 GIS 设备进行现场控制、监视以及进行遥测、遥控、遥调、遥信的集中枢纽，对电气设备的正常运行起着非常重要的作用。

1. 就地控制柜功能

GIS 组合电器的就地控制柜一般具有就地操作、信号传输、保护和中继、对 GIS 各间隔气室进行监视等功能，主要功能如下：

（1）对间隔内一次设备如断路器、三工位开关、快速接地开关等实施就地一远方选择操作。既可实现在控制柜上对上述一次设备进行就地操作，又可在 GIS 正常运行时改为远方操作；

（2）监视 GCB、TPS（DS）、ES、FES 的分合闸位置状态；监视各气室 SF_6 气体密度是否处于正常状态；

（3）监视 GCB 储能弹簧的储能状态；监视控制回路电源是否正常；

（4）显示 GIS 一次电气设备的主接线形式及运行状态；

（5）实现 GIS 本间隔内各 GCB、TPS（DS）、ES、FES 之间的电气联锁及间隔与间隔之间的电气联锁；

（6）监测 GIS 设备机构箱及端子箱内的温湿度并自动投入加热除湿装置；

（7）作为 GIS 各元件间及 GIS 与主控室之间控制、信号的中继端子箱接收和发送信号；

2. 操动机构二次控制原理

（1）断路器机构二次控制原理，如图 1-1-18 所示。

1）储能回路

合闸弹簧在未储能状态时，储能微动开关 CK13、4 接点闭合，使中间继电器 KM 带电，常开接点 KM13、14 及 KM33、34 闭合，使储能电机 M 得电并开始给合闸弹簧储能；

合闸弹簧储能结束后储能微动开关 CK13、4 接点打开，切断储能电机的电源。储能过程结束。储能过程中行程开关常闭接点 CK11、2 打开，切断合闸回路，电气上防止断路器在合闸弹簧未储满能时误动。

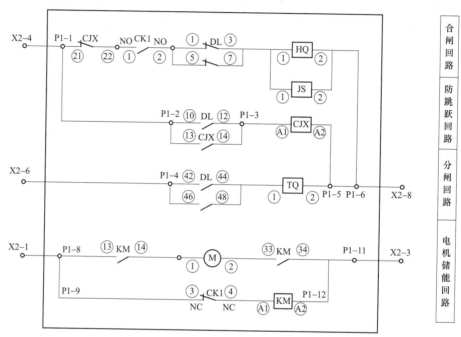

图 1-1-18 断路器机构二次控制原理图

2）合/分闸回路

若断路器满足气压等操作条件，则由断路器辅助接点和合/分闸线圈构成断路器合/分闸回路，完成分合闸操作。

3）防跳回路

若合闸回路粘连、合闸脉冲不解除，断路器可靠合闸后，其辅助接点 DL10、12 闭合，使防跳继电器 CJX 带电并通过其接点 13、14 自保持，CJX 的常闭接点 21、22 打开，使合闸回路断电，从而避免了断路器"跳跃"。直至合闸脉冲解除，防跳继电器 CJX 失电，整个合闸回路恢复正常状态。

（2）三工位开关机构二次控制原理，如图 1-1-19 所示。

1）接通←→隔离

合闸回路由微动开关 CK2 和中间继电器 KM2 组成，当隔离开关处在分闸位置时，CK2 闭合，此时给合闸信号，则 KM2 得电，其常开接点 33、34 闭合，使 KM2 自保持，KM2 常开接点 13、14 及 23、24 闭合，电机 M1 得电并正转而驱动机构合闸；其常闭接点 KM2（51、52）打开，切断分闸回路。合闸结束后，CK2 常闭点 3、4 断开使 KM2 失电，CK1 常闭点 3、4 闭合，为隔离开关分闸做准备。

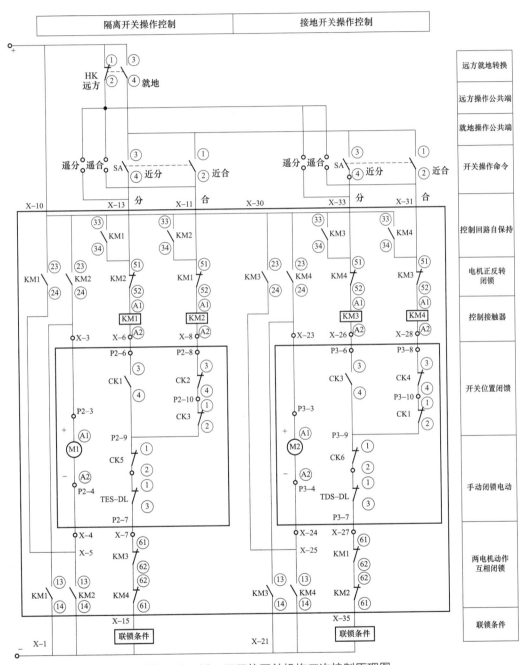

图1-1-19 三工位开关机构二次控制原理图

分闸回路由微动开关 CK1 和中间继电器 KM1 组成，当隔离开关处在合闸位置时，CK1 闭合，此时给分闸信号，则 KM1 得电，其常开接点 33、34 闭合，使 KM1 自保持，KM1 常开接点 13、14 及 23、24 闭合，电机 M1 得电并反转而驱动机构分闸；其常闭接点 KM1（51、52）打开，切断合闸回路。分闸结束后，CK1 常闭点 3、4 断开使 KM1 失电，CK2 常闭点 3、4 闭合，为隔离开关合闸做准备。

CK1 常闭接点 1、2 闭合同时为接地开关合闸做准备。

2）隔离←→接地

合闸回路由微动开关 CK4 和中间继电器 KM4 组成，当接地开关处在分闸位置时，CK4 闭合，此时给合闸信号，则 KM4 得电，其常开接点 33、34 闭合，使 KM4 自保持，KM4 常开接点 13、14 及 23、24 闭合，电机 M2 得电并正转而驱动机构合闸；其常闭接点 KM4（51、52）打开，切断分闸回路。合闸结束后，CK4 常闭点 3、4 断开使 KM4 失电，CK3 常闭点 3、4 闭合，为接地开关分闸做准备。

分闸回路由微动开关 CK3 和中间继电器 KM3 组成，当接地开关处在合闸位置时，CK3 闭合，此时给分闸信号，则 KM3 得电，其常开接点 33、34 闭合，使 KM3 自保持，KM3 常开接点 13、14 及 23、24 闭合，电机 M2 得电并反转而驱动机构分闸；其常闭接点 KM3（51、52）打开，切断合闸回路。分闸结束后，CK3 常闭点 3、4 断开使 KM1 失电，CK4 常闭点 3、4 闭合，为接地开关合闸做准备。

CK3 常闭接点 1、2 闭合同时为隔离开关合闸做准备。

3）接通与接地间的连锁

隔离开关合闸时 KM2（61、62）常闭接点打开，分闸时 KM1（61、62）常闭接点打开，均可切断接地开关分、合回路。

接地开关合闸时 KM4（61、62）常闭接点打开，分闸时 KM3（61、62）常闭接点打开，均可切断隔离开关分、合回路。

（3）快速接地开关机构二次控制原理，如图 1-1-20 所示。

合闸回路由辅助接点 DL 和中间继电器 KM2 组成，当接地开关处在分闸位置时，DL91、93 闭合，此时给合闸信号，则 KM2 得电，其常开接点 33、34 闭合，使 KM2 自保持，电机得电并正转而驱动机构合闸；其常闭接点 KM2（51、52）打开，切断分闸回路。合闸结束后，DL91、93 断开使 KM2 失电，DL92、94 闭合，为隔离开关分闸做准备。

分闸回路由辅助接点 DL 和中间继电器 KM1 组成，当接地开关处在合闸位置时，DL92、94 闭合，此时给分闸信号，则 KM1 得电，其常开接点 33、34 闭合，使 KM1 自保持，电机得电并反转而驱动机构分闸；其常闭接点 KM1（51、52）打开，切断合闸回路。分闸结束后，DL92、94 断开使 KM1 失电，DL91、93 闭合，为隔离开关合闸做准备。

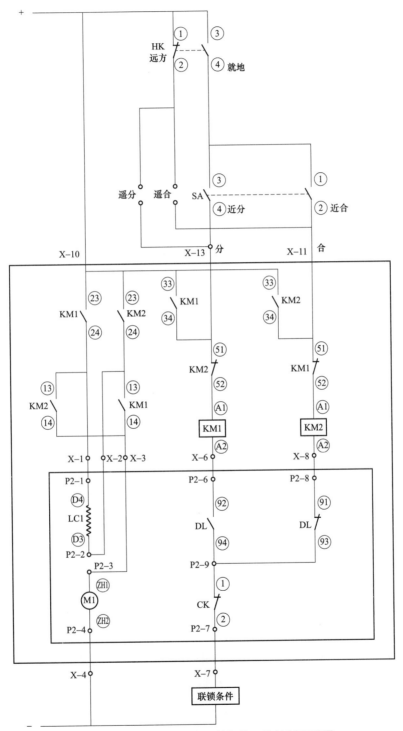

图 1-1-20　快速接地开关机构二次控制原理图

【任务小结】

本任务的学习内容包括 GIS 组合电器结构组成、各分元件的工作原理、断路器、三工位开关、快速接地开关操动机构二次控制动作原理等。

任务二：GIS 设备巡视检查

【任务描述】

本任务主要讲解变电站设备巡视基本要求、设备巡视的分类及周期、设备巡视前的准备工作、巡视流程、巡视基本方法以及 GIS 设备各类具体巡视内容等。

【任务目标】

知识目标	1. 掌握变电站设备巡视的基本要求、巡视的分类及周期； 2. 熟悉变电站设备巡视前的准备工作、巡视流程及巡视基本方法； 3. 熟悉 GIS 设备各类具体巡视内容。
技能目标	1. 能够正确分析 GIS 设备巡视工作的危险点并采取预控措施； 2. 能够正确开展 GIS 设备的巡视工作。
素质目标	培养运维人员标准化、规范化的工作习惯。

【知识与技能】

一、变电站设备巡视基本要求

（1）巡视人员应注意人身安全，针对运行异常且可能造成人身伤害的设备应开展远方巡视，应尽量缩短在瓷质、充油设备附近的滞留时间。

（2）巡视应执行标准化作业，保证巡视质量。

（3）对于不具备可靠的自动监视和告警系统的设备，应适当增加巡视次数。

（4）巡视设备时运维人员应着工作服，正确佩戴安全帽。雷雨天气必须巡视时应穿绝缘靴、着雨衣，不得靠近避雷器和避雷针，不得触碰设备、架构。

（5）确保夜间巡视安全，变电站应具备完善的照明。

（6）现场巡视工器具应合格、齐备。

（7）备用设备应按照运行设备的要求进行巡视。

（8）凡进入 GIS 开关室前必须先启动 GIS 室的排风机，确保室内空气畅通，离开时可关掉该通风系统。开关设备发生泄露事故或检修时随时启动。检修结束后事故排风机仍需连续运行 4h 以上。

（9）日常对通风系统巡回检查时要注意检查风机电动机是否正常，风机运转是否正常，有无异常的声音，风机传送带是否完好，正常通风系统的通风口是否畅通。

二、变电站设备巡视的分类及周期

变电站的设备巡视检查，分为例行巡视、全面巡视、专业巡视、熄灯巡视和特殊巡视。

（一）例行巡视

（1）例行巡视是指对站内设备及设施外观、异常声响、设备渗漏、监控系统、二次装置及辅助设施异常告警、消防安防系统完好性、变电站运行环境、缺陷和隐患跟踪检查等方面的常规性巡查，具体巡视项目按照现场运行通用规程和专用规程执行。

（2）一类变电站每2天不少于1次；二类变电站每3天不少于1次；三类变电站每周不少于1次；四类变电站每2周不少于1次。

（3）配置机器人巡检系统的变电站，机器人可巡视的设备可由机器人巡视代替人工例行巡视。

（二）全面巡视

（1）全面巡视是指在例行巡视项目基础上，对站内设备开启箱门检查，记录设备运行数据，检查设备污秽情况，检查防火、防小动物、防误闭锁等有无漏洞，检查接地引下线是否完好，检查变电站设备厂房等方面的详细巡查。全面巡视和例行巡视可一并进行。

（2）一类变电站每周不少于1次；二类变电站每15天不少于1次；三类变电站每月不少于1次；四类变电站每2月不少于1次。

（3）需要解除防误闭锁装置才能进行巡视的，巡视周期由各运维单位根据变电站运行环境及设备情况在现场运行专用规程中明确。

（三）熄灯巡视

（1）熄灯巡视指夜间熄灯开展的巡视，重点检查设备有无电晕、放电，接头有无过热现象。

（2）熄灯巡视每月不少于1次。

（四）专业巡视

（1）专业巡视指为深入掌握设备状态，由运维、检修、设备状态评价人员联合开展对设备的集中巡查和检测。

（2）一类变电站每月不少于1次；二类变电站每季不少于1次；三类变电站每半年不少于1次；四类变电站每年不少于1次。

（五）特殊巡视

特殊巡视指因设备运行环境、方式变化而开展的巡视。遇有以下情况，应进行特殊巡视：

（1）大风后；

（2）雷雨后；

（3）冰雪、冰雹后、雾霾过程中；

（4）新设备投入运行后；

（5）设备经过检修、改造或长期停运后重新投入系统运行后；

（6）设备缺陷有发展时；

（7）设备发生过负载或负载剧增、超温、发热、系统冲击、跳闸等异常情况；

（8）法定节假日、上级通知有重要保供电任务时；

（9）电网供电可靠性下降或存在发生较大电网事故（事件）风险时段。

三、设备巡视准备工作

1. 人员、资料的准备

（1）具备必要的电气知识，掌握设备结构原理、运行特性，熟悉设备缺陷情况；经年度《电力安全工作规程（变电部分）》考试合格；

（2）人员精神状态正常，无妨碍工作的病症；

（3）着装符合安全工作规程要求，佩带安全防护用品；考虑天气情况，防止高温中暑或低温冻伤；

（4）查阅设备缺陷记录、运行日志等记录及负荷情况，掌握设备运行状况；

（5）按照规定的巡视路线进行，防止漏巡或重巡；

（6）单独巡视人员具备站内单独巡视资格；

（7）打印设备巡视指导卡（指导书）。

2. 巡视工器具准备

（1）安全帽、绝缘鞋（靴），绝缘手套；

（2）测温仪、望远镜、护目镜、对讲机、钢笔（签字笔）；

（3）移动式智能巡检仪；

（4）继电保护小室、配电室、消防间、保护屏、端子箱、机构箱等钥匙；

（5）夜间巡视设备应准备应急灯等照明用具。

3. 巡视危险点分析与预防控制措施，参见表 1-2-1 所示

表 1-2-1　　　　　　　　巡视危险点分析与预防控制措施

序号	防范类型	危险点	预防控制措施
1	人身触电	误碰、误动、误登运行设备，误入带电间隔。	a）巡视检查时应与带电设备保持足够的安全距离，10kV-0.7m，35（20）kV-1m，110（66）kV-1.5m，220kV-3m，330kV-4m，500kV-5m，750kV-7.2m，1000kV-8.7m。 b）巡视中运维人员应按照巡视路线进行，在进入设备室、打开机构箱、屏柜门时不得进行其他工作（严禁进行电气工作）。不得移开或越过遮栏。
		设备有接地故障时，巡视人员误入产生跨步电压。	高压设备发生接地时，室内不得接近故障点 4m 以内，室外不得靠近故障点 8m 以内，进入上述范围人员应穿绝缘靴，接触设备的外壳和构架时，应戴绝缘手套。
2	SF_6 气体防护	进入户内 SF_6 设备室或 SF_6 设备发生故障气体外逸，巡视人员窒息或中毒。	a）进入户内 SF_6 设备室巡视时，运维人员应检查其氧量仪和 SF_6 气体泄漏报警仪显示是否正常；显示 SF_6 含量超标时，人员不得进入设备室。 b）进入户内 SF_6 设备室之前，应先通风 15min 以上。并用仪器检测含氧量（不低于 18%）合格后，人员才准进入。 c）室内 SF_6 设备发生故障，人员应迅速撤出现场，开启所有排风机进行排风。未佩戴防毒面具或正压式空气呼吸器人员禁止入内。只有经过充分的自然排风或强制排风，并用检漏仪测量 SF_6 气体合格，用仪器检测含氧量（不低于 18%）合格后，人员才准进入。

序号	防范类型	危险点	预防控制措施
3	高空坠落	登高检查设备，如登上开关机构平台检查设备时，感应电造成人员失去平衡，造成人员碰伤、摔伤。	登高巡视时应注意力集中，登上开关机构平台检查设备、接触设备的外壳和构架时，应做好感应电防护。
4	高空落物	高空落物伤人。	进入设备区，应正确佩戴安全帽。
5	设备故障	使用无线通讯设备，造成保护误动。	在保护室、电缆层禁止使用移动通讯工具，防止造成保护及自动装置误动。
		小动物进入，造成事故。	进出高压室、打开端子箱、机构箱、汇控柜、智能柜、保护屏等设备箱（柜、屏）门后应随手将门关闭锁好。

四、设备巡视流程

1. 安排巡视任务

设备管理人员对巡线人员安排巡视任务，安排时必须明确本次巡视任务的性质（定期巡视、特殊性巡视、夜间巡视、故障性巡视），并根据现场情况提出安全注意事项。特殊巡视还应明确巡视的重点及对象。

2. 巡视准备

根据巡视任务性质准备移动式智能巡检仪或巡视卡、巡视纪录；根据巡视性质，检查所需使用的钥匙、工器具、照明器具以及测量器具是否正确、齐全；检查着装是否符合现场规定；检查巡视人员对巡视任务、注意事项、安全措施和巡视重点是否清楚。

3. 核对设备

开始巡视前，巡视人员记录巡视开始时间。设备巡视应按变电站规定的设备巡视路线进行，不得漏巡。到达巡视现场后，巡视人员根据巡视卡（智能卡或纸质卡）的内容认真核对设备名称和编号。

4. 设备检查

设备巡视时，由巡视负责人持巡视卡或记录，根据巡视卡或巡视记录的内容，逐一巡视检查部位。巡视人员按照分工，依据作业指导书的项目和标准逐项检查设备状况，并做好记录。巡视中发现紧急缺陷时，应立即终止其它设备巡视，仔细检查缺陷情况，详细记录，及时汇报。巡视中，巡视负责人应做好其它巡视人的安全监护工作。

5. 巡视汇报

全部设备巡视完毕后，由巡视负责人填写巡视结束时间，所有参加巡视人，分别签名。巡视性质、巡视时间、发现问题，均应记录在运行工作记录薄中。巡视发现的设备缺陷，应按照缺陷管理制度进行分类定性，并详细向值班负责人汇报设备巡视结果，值班负责人将有关情况向站管人员汇报。必要时，值长应再带领值班员或会同站管人员进一步对有关设备缺陷或异常进行核实。站管人员应及时安排处理或上报。

五、巡视基本方法

设备巡视可以使用智能巡检系统、巡视卡或巡视记录。巡视人员在巡视中一般通过看、听、摸、嗅、测的方法对设备进行检查。其中：

看：主要用于对设备外观、位置、温度、压力、颜色、灯光、信号、指示等检查项目的分析判断，例如变压器油位、油温检查，SF_6 密度检查等。通过观察设备运行情况判断其有无异常，记录温度、压力、动作次数、泄漏电流等相关数据。

听：主要通过声音判断设备运行是否正常。例如变压器正常运行时其声音是均匀的嗡嗡声，超额定电流运行时会发出较高而且沉重的嗡嗡声等。通过对设备运行中声音是否正常，有无异常声响，有无异常电晕声、放电声等分析判断，可以确定设备运行是否存在异常。

摸：通过以手触试不带电的设备外壳，判断设备的温度、震动等是否存在异常。例如触摸的变压器外壳，检查温度是否正常，与往常比较有无明显差别等。

嗅：通过气味判断设备有无过热、放电等异常。例如通过嗅觉判断配电室的气味是否正常，有无焦糊味等异常气味。

测：通过测量的方法，掌握确切的数据。例如根据设备负荷变化情况，及时用红外线测温仪测试设备接点温度是否异常，有无超过正常温度；对电容式电压互感器二次电压（包括开口三角形电压）进行测量，检查有无异常波动等。

六、GIS 设备各类巡视内容

1. 例行巡视

（1）设备出厂铭牌齐全、清晰。

（2）运行编号标识、相序标识清晰。

（3）外壳无锈蚀、损坏，漆膜无局部颜色加深或烧焦、起皮现象。

（4）外壳间导流排外观完好，金属表面无锈蚀，连接无松动，如图 1-2-1 所示。

图 1-2-1　GIS 设备出厂铭牌、外壳、导流排

（5）伸缩节外观完好，无破损、变形、锈蚀。

（6）盆式绝缘子分类标示清楚，可有效分辨通盆和隔盆，外观无损伤、裂纹。

（7）套管表面清洁，无开裂、放电痕迹及其它异常现象；金属法兰与瓷件胶装部位粘合应牢固，防水胶应完好。

（8）增爬措施（伞裙、防污涂料）完好，伞裙应无塌陷变形，表面无击穿，粘接界面牢固；防污闪涂料涂层无剥离、破损，如图 1-2-2 所示。

（9）均压环外观完好，无锈蚀、变形、破损、倾斜脱落等现象。

图 1-2-2　GIS 伸缩节、盆式绝缘子、套管

（10）引线无散股、断股；引线连接部位接触良好，无裂纹、发热变色、变形。

（11）设备基础应无下沉、倾斜，无破损、开裂。

（12）接地连接无锈蚀、松动、开断，无油漆剥落，接地螺栓压接良好。

（13）支架无锈蚀、松动或变形，如图 1-2-3 所示。

（14）对室内组合电器，进门前检查氧量仪和气体泄漏报警仪无异常。

（15）运行中组合电器无异味，重点检查机构箱中有无线圈烧焦气味。

图 1-2-3　GIS 设备基础、接地铜排、支架

（16）运行中组合电器无异常放电、振动声，内部及管路无异常声响。

（17）SF_6 气体压力表或密度继电器外观完好，编号标识清晰完整，二次电缆无脱落，无破损或渗漏油，防雨罩完好，如图 1-3-8 所示。

（18）不带温度补偿的 SF_6 气体压力表或密度继电器，应对照制造厂提供的温度—压力曲线，并与相同环境温度下的历史数据进行比较，分析是否存在异常。

（19）压力释放装置（防爆膜）外观完好，无锈蚀变形，防护罩无异常，其释放出口无积水（冰）、无障碍物，如图 1-2-4 所示。

（20）开关设备机构油位计和压力表指示正常，无明显漏气漏油。

（21）断路器、隔离开关、接地开关等位置指示正确，清晰可见，机械指示与电气指示一致，符合现场运行方式，如图 1-3-9 所示。

图 1-2-4　GIS 设备 SF₆ 气体密度继电器、压力释放装置

（22）断路器、油泵动作计数器指示值正常。

（23）机构箱、汇控柜等的防护门密封良好，平整，无变形、锈蚀。

（24）带电显示装置指示正常，清晰可见，如图 1-2-5 所示。

图 1-2-5　GIS 设备机构箱、机械指示及电气指示、高压带电显示装置

（25）各类配管及阀门应无损伤、变形、锈蚀，阀门开闭正确，管路法兰与支架完好。

（26）避雷器的动作计数器指示值正常，泄漏电流指示值正常。

（27）各部件的运行监控信号、灯光指示、运行信息显示等均应正常。

（28）智能柜散热冷却装置运行正常；智能终端/合并单元信号指示正确与设备运行方式一致，无异常告警信息；相应间隔内各气室的运行及告警信息显示正确，如图 1-2-6 所示。

图 1-2-6　GIS 设备避雷器、智能组件柜智能终端、合并单元

（29）对集中供气系统，应检查以下项目：

1）气压表压力正常，各接头、管路、阀门无漏气；

2）各管道阀门开闭位置正确；

3）空压机运转正常，机油无渗漏，无乳化现象。

（30）在线监测装置外观良好，电源指示灯正常，应保持良好运行状态。

（31）组合电器室的门窗、照明设备应完好，房屋无渗漏水，室内通风良好。

（32）本体及支架无异物，运行环境良好。

（33）有缺陷的设备，检查缺陷、异常有无发展。

（34）变电站现场运行专用规程中根据组合电器的结构特点补充检查的其他项目。

2. 全面巡视

全面巡视应在例行巡视的基础上增加以下项目：

（1）机构箱

机构箱的密封良好，二次接线无松动发热、箱内端子及二次回路连接正确，元件完好。如图1-2-7所示。

（2）汇控柜及二次回路，如图1-2-7所示。

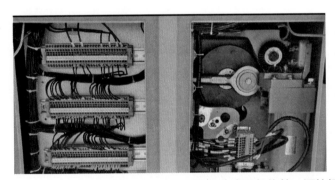

图1-2-7 GIS组合电器机构箱、汇控柜及二次回路

1）箱门应开启灵活，关闭严密，密封条良好，箱内无水迹。

2）箱体接地良好。

3）箱体透气口滤网完好、无破损。

4）箱内无遗留工具等异物。

5）接触器、继电器、辅助开关、限位开关、空气开关、切换开关等二次元件接触良好、位置正确，电阻、电容等元件无损坏，中文名称标识正确齐全。

6）二次接线压接良好，无过热、变色、松动，接线端子无锈蚀，电缆备用芯绝缘护套完好。

7）二次电缆绝缘层无变色、老化或损坏，电缆标牌齐全。

8）电缆孔洞封堵严密牢固，无漏光、漏风，裂缝和脱漏现象，表面光洁平整。

9）汇控柜保温措施完好，温湿度控制器及加热器回路运行正常，无凝露，加热器位置应远离二次电缆。

10）照明装置正常。

11）指示灯、光字牌指示正常。

12）光纤完好，端子清洁，无灰尘。

13）压板投退正确。

（3）防误闭锁装置完好。

（4）记录避雷器动作次数、泄漏电流指示值。

全面巡视标准作业卡如表1-2-2所示，各类巡视完成后应填写巡视记录，并逐项填写巡视结果。

表1-2-2　　　　　　　　　　　全面巡视标准作业卡

位置	检查项目	检查要领	可能故障及原因分析	建议处理方法
GIS本体	外观	1）查看GIS外壳表面有无局部漆膜颜色加深、黑起泡情况； 2）查看GIS外壳表面有无异物、污秽；	1）若发现GIS外壳表面有局部漆膜颜色加深、黑起泡，GIS内部可能有过热或有放电现象； 2）可能为漂浮物掉落，凡士林融化后灰尘覆盖，或现场施工人员人为造成。	1）应立即用测温仪对故障部位进行测温，并通知检修人员进行故障确认，确认故障后立即申请停电检修； 2）安排运行人员及时清理异物和污秽。
	断路器、隔离/接地开关位置	查看断路器、隔离/接地开关分合指示位置应与后台设备运行状态一致，且应准确到位	1）位置信号回路故障； 2）断路器、隔离/接地开关机构或本体故障。	1）确认现场实际位置正确，监控后台显示与现场不一，应立即通知检修班检查设备信号回路，消除缺陷； 2）若确认就地分指示位置与设备实际位置不符，则可能为机构或本体故障，应通知检修人员确认故障后申请停电处理。
	运行声音	查看GIS内部是否有异常声响	1）GIS内部存在放电故障； 2）GIS内部存在金属微粒、粉末以及其他杂物等； 3）内部部件老化松动。	1）立即对异常部位或气室进行局放试验和SF_6气体分析，确认是否有放电以及其他气体含量超标，确认有放电或其他气体含量超标时，立即申请停电； 2）联系专业人员进行判断，若确认内部部件有松动情况，立即申请停电处理。
SF_6密度计	压力检查	检查各个气室SF_6压力是否在正常范围内，其中断路器气室压力不低于0.6Mpa，其他气室压力不低0.5/0.4Mpa	1）若发现断路器气室压力低于0.6Mpa或其他气室压力低于0.5/0.4Mpa，可能存在漏气点； 2）SF_6密度计故障。	1）立即用检漏仪对压力低的气室进行检漏，若发现明显漏气点，立即申请停电； 2）若未发现明显漏气点，压力值随环境温度及阳光直射条件变化而变化时，可联系厂家专业人员对压力表进行更换； 3）若排除压力表故障，应持续对压力进行观察，必要时进行带电补气，并采用包扎法进行检漏，确认漏点，进行停电处理。
断路器机构	液压弹簧操作机构压力检查	检查弹簧储能是否在正常范围	若储能不在正常范围内，可能为储能电源未给或储能回路故障，或机构存在漏油情况，造成断路器频繁打压	确认储能不正常原因，若为储能电源或断路器操作电源未给，经确认已给上储能电源或操作电源，若给上电源后还未打压，应检查储能回路是否正常，并检查是否达到闭锁重合闸或闭锁分合闸的情况，若确已达到，应立即申请调度将该断路器进行电气隔离，并尽快检查处理。
	机构油量	检查本体机构内油面观察窗内油面位置在1/2以上	液压弹簧机构存在漏油情况	检查确实发现有漏油情况，应立即申请进行停电处理

位置	检查项目	检查要领	可能故障及原因分析	建议处理方法
断路器机构	断路器机构	机构内部有烧焦的气味或痕迹	1）传动机构变形、损伤，可能为在开关动作的过程中受到机械阻力导致损伤变形； 2）卡圈或开口销脱落，紧固件松懈，可能原因为在出厂及安装期间相关螺丝未紧固到位，在断路器多次动作后造成松懈脱落； 3）发现机构内部有烧焦气味或痕迹时，可能为加热器加热温度过高，导致机构内橡胶或塑料部件发出烧焦气味，也可能为相关电源回路短路烧坏	1）若发现有机构变形、损伤，在厂家专业人员给出说明后，视损伤情况进行停电处理； 2）若出现卡圈或开口销脱落情况，应立即通知检修班和厂家专业人员进行处理； 3）若加热器加热温度过高，应停止加热器加热，若为相关电源回路短路烧损，应进行检查处理；
	加热器	液压机构周围温度低于5℃时，机构箱内的加热器是否投入；	若加热器未正常投入，可能为加热器（温控器）损坏或者温控器定值设置存在问题，也可能为加热器或温控器电源未投	1）若加热器定值设置不正确，若不正确，重新进行整定； 2）若为温控器或加热器故障，则通知检修班检查相关二次回路，或对温控器进行更换； 3）若加热器或温控器电源未投，则检查电源回路是否正常，若电源回路存在异常，则对电源回路进行检查处理，若电源回路正常，则投入电源；
汇控柜	外部	1）检查汇控柜的门是否关严密封，接地线是否良好接地； 2）检查汇控柜面板上模拟各开关分、合指示（或信号灯）是否与GIS相对应开关的实际状态相符； 3）带电显示信号是否正常； 4）汇控柜面板是否有报警灯点亮；	1）若汇控柜门未关严密封，应检查柜门是否能正常关闭，不能正常关闭，可能为门锁、门控机构卡涩、损坏，或者为密封条脱落、破损； 2）汇控柜内电气指示与设备实际状态不符，或电气指示灯不亮，可能为指示灯损坏或指示灯电源丢失； 3）带电显示信号异常，不能正确显示带电间隔带电状态； 4）汇控柜面板有相关报警灯亮，应根据实际情况进行确认；	1）对汇控柜门、门锁及密封圈进行检查，若发现有门锁、门控机构及密封条存在问题，能就地处理及时进行就地处理，若不能处理的应登记缺陷，通知相关人员进行处理； 2）检查电气指示电源是否正常，若正常，则初步判断为指示灯损坏，若电源不正常，则对电源回路进行检查处理； 3）对带电显示装置进行检查，按下巡检按钮，看是否恢复正常，若未恢复正常，对相关二次回路进行检查，必要时对带电显示装置进行更换处理； 4）汇控柜面板后相关报警灯亮，应根据报警灯情况进行现场确认；
	内部	1）检查柜内是否有生锈部位或潮湿渗透； 2）检查柜内是否清洁； 3）检查间隔汇控柜内是否有烧焦的气味，二次布线是否有烧焦的痕迹，线头是否脱落； 4）周围温度低于5℃时，汇控柜内的加热器是否投入；	1）柜内有生锈或潮湿渗透迹象，可能为雨天后汇控柜内密封不严，雨水进入； 2）柜内不清洁，灰尘过大，可能原因是汇控柜密封不严； 3）汇控柜内部有烧焦气味或痕迹，可能为加热器加热温度过高，导致机构内橡胶或塑料部件发出烧焦气味，也可能为汇控柜内电源回路短路烧坏； 4）若加热器未正常投入，可能为加热器（温控器）损坏或者温控器定值设置存在问题，也可能为加热器或温控器电源未投；	1）若发现汇控柜内有生锈、潮湿现象，检查汇控柜内温控器是否正常启动，并确认密封不严点，记录缺陷，通知相关人员及时进行封堵，并采取相关驱潮措施； 2）汇控柜内不清洁时，及时进行清理，灰尘过大时，通知相关人员办票进行清扫处理； 3）若加热器加热温度过高，应停止加热器加热，若为相关电源回路短路烧损，应进行检查处理； 4）若加热器或温控器电源未投，则检查电源回路是否正常，若电源回路存在异常，则对电源回路进行检查处理，若电源回路正常，则投入电源；
本体及支架	＼	1）检查GIS的钢构件和底架生锈腐蚀情况； 2）各部位的螺拴、螺帽是否有脱落和松驰；	1）GIS的钢构件和底架生锈腐蚀，原因为防锈措施未做到位； 2）各部位的螺拴、螺帽有脱落、松驰情况，可能原因为安装时未进行紧固，或长时间热胀冷缩导致；	1）若有生锈部位，及时联系相关人员进行防锈漆喷涂，若生锈严重，应更换生锈钢架； 2）发现螺栓、螺丝松动，应根据相关部位力矩要求，通知检修人员进行紧固；

位置	检查项目	检查要领	可能故障及原因分析	建议处理方法
本体及支架	\	3）各接地点及接地铜排、等电位线是否正常	3）接地不可靠、接地铜排损坏、接地标示丢失，等电位线松动、掉落，可能为安装或施工过程中造成。	3）若接地不可靠、接地铜排损坏、接地标示丢失，等电位线松动、掉落，应及时联系检修人员进行处理；
套管	本体	1）复合绝缘套有无破损、开裂、放电灼烧痕迹； 2）均压环是否有倾斜、变形；	1）套管复合绝缘套有破损、开裂，可能为施工安装过程中导致；有放电灼烧痕迹，可能为内部放电击穿导致； 2）均压环倾斜、变形；	1）若破损、放电痕迹情况严重，应立即申请调度停电处理，若破损轻微，经厂家专业人员确认不影响带电运行，应及时做补救处理，必要时申请停电处理； 2）若均压环严重倾斜、变形，应视情况向调度提检修申请，停电后处理；
伸缩节	\	1）检查伸缩节法兰、导流排是否有掉漆现象； 2）检查伸缩螺杆是否有变形拉长，预留度不足； 3）检查卡尺示数是否在正常范围内； 4）伸缩节波纹管是否有坑洼、变形或者破裂情况；	1）伸缩节法兰、导流排若有掉漆现象，可能是因为热胀原理使伸缩节拉长，导致法兰和导流排拉长掉漆； 2）伸缩螺杆变形拉长，原因为预留度不够，热胀原理使螺杆拉长变形； 3）卡尺示数超过范围，也是因为热胀原理使伸缩节拉长； 4）若伸缩节波纹管有坑洼、变形或者破裂情况，可能是因为外力破坏导致；	若有伸缩节法兰、导流排掉漆情况，应检查伸缩螺杆是否达到最大伸缩量，联系专业人员进行确认不影响设备运行，并视情况进行补漆，若伸缩螺杆变形拉长，应加长预留度，并把变形的螺杆进行更换；若伸缩节波纹管坑洼变形，应判定是否影响运行，若不影响运行，待检修时进行处理，若影响运行，应提检修计划进行检修处理，若出现破裂的情况，应立即申请停电处理；

3. 熄灯巡视

（1）设备无异常声响。

（2）引线连接部位、线夹无放电、发红迹象，无异常电晕。

（3）套管等部件无闪络、放电。

4. 特殊巡视

（1）新设备投入运行后巡视项目与要求

新设备或大修后投入运行 72 小时内应开展不少于 3 次特巡，重点检查设备有无异声、压力变化、红外检测罐体及引线接头等有无异常发热。

（2）异常天气时的巡视项目和要求

1）严寒季节时，检查设备 SF_6 气体压力有无过低，管道有无冻裂，加热保温装置是否正确投入。

2）气温骤变时，检查加热器投运情况，压力表计变化、液压机构设备有无渗漏油等情况；检查本体有无异常位移、伸缩节有无异常。

3）冰雪天气时，检查设备积雪、覆冰厚度情况，及时清除外绝缘上形成的冰柱。

4）大风、雷雨、冰雹天气过后，检查导引线位移、金具固定情况及有无断股迹象，设备上有无杂物，套管有无放电痕迹及破裂现象。

5）浓雾、重度雾霾、毛毛雨天气时，检查套管有无表面闪络和放电，各接头部位在小雨中出现水蒸气上升现象时，应进行红外测温。

6）高温天气时，增加巡视次数，监视设备温度，检查引线接头有无过热现象，设备有无异常声音。

（3）故障跳闸后的巡视

1）检查现场一次设备（特别是保护范围内设备）外观，导引线有无断股等情况。

2）检查保护装置的动作情况。

3）检查断路器运行状态（位置、压力、油位）。

4）检查各气室压力。

【任务小结】

本任务的学习重点包括 GIS 设备巡视基本要求、设备巡视的分类及周期、设备巡视前的准备工作、巡视流程、巡视基本方法以及 GIS 设备各类具体巡视标准内容等。

任务三：GIS 智能变电站倒闸操作

【任务描述】

本任务学习内容包括倒闸操作的安全规定、倒闸操作的原则及其他规定、倒闸操作的流程及规范要求、110kV 智能变电站典型倒闸操作等。

【任务目标】

知识目标	1. 掌握电气设备倒闸操作原则及相关规定； 2. 掌握电气设备倒闸操作的流程及规范要求； 3. 熟悉 110kV 智能变电站典型操作票。
技能目标	1. 正确填写倒闸操作票； 2. 能够按照操作原则正确进行倒闸操作。
素质目标	培养运维人员标准化、规范化的倒闸操作习惯；

【知识与技能】

在电力系统运行过程中，由于负荷的变化以及设备检修等原因，经常需要将电气设备从一种状态转换到另一种状态或改变系统运行方式，这就需要进行一系列的操作，这些操作叫做电气设备的倒闸操作。

一、GIS 设备倒闸操作安全规定

（1）组合电器操作前后，无法直接观察设备位置的，应按照规定通过间接方法判断设备位置。无法进行直接验电的部分，可以按照规定进行间接验电。当 GIS 设备某一间隔发出"闭锁"或"隔离"信号时，此间隔上任何设备禁止操作，并迅速向地调汇报情况，并汇报相关领导，通知检修人员处理，待处理正常后方可操作。

（2）断路器、隔离开关、接地刀闸除电动操作外，还有手动操作功能，一般情况下禁止手动操作，只有在检修时经领导同意方能用手动操作，操作时必须有相关专业人员现场

进行指导。

（3）需在现场就地控制柜进行 GIS 设备操作时，在控制柜上将操作方式选择开关打至"就地"位置，联锁方式选择开关仍在"联锁"位置；操作前，需认真核对设备分、合闸按钮。操作完成后，操作方式选择开关要打至"远方"位置。

（4）倒闸操作应二人进行，操作人员应由经培训考核合格的人员担任；操作前必须了解当时设备系统运行方式，继电保护和自动装置投、停情况；必须明确操作任务、目的、方法和步骤。其中对设备相对熟悉的人做操作监护人，特别重要和复杂的倒闸操作由熟练的运行人员操作，运行值长监护。

（5）调管设备的操作只接受调度单位的调度指令。倒闸操作任务涉及到两个调度单位的调度时，运行人员应分别接受两个调度的指令，如调度明确由一个调度单位统一下令时亦可执行操作。

（6）操作人（包括监护人）应了解操作目的和操作顺序，对指令有疑问时应向下令人询问清楚无误后执行。

（7）验电或拆、挂接地线时，应戴绝缘手套。

（8）雨天操作室外高压设备时，绝缘棒应有防雨罩，还应穿绝缘靴；接地网电阻不符合要求时，晴天也应穿绝缘靴。雷电时，一般不进行倒闸操作，禁止在就地进行倒闸操作。

（9）装卸高压熔断器，应戴护目眼镜和绝缘手套，必要时使用绝缘夹钳，并站在绝缘垫或绝缘台上。

（10）解锁工具、钥匙，应封存保管，所有操作人员和运维人员严禁擅自使用解锁工具、钥匙。如确需解锁时，应严格执行解锁审批流程。解锁工具、钥匙使用后应及时封存。

（11）检修设备验电时，应使用相应电压等级且合格的验电器，在装设接地线或合接地刀闸处对各相分别验电，无电后立即三相短路接地。对无法进行直接验电的设备，可以进行间接验电。

（12）装设接地线应由两人进行。装设接地线应先接接地端，后接导体端，接地线应接触良好，连接可靠。拆接地线的顺序与此相反。装、拆接地线均应使用绝缘棒和戴绝缘手套。人体不得碰触接地线或未接地的导线，以防止感应电触电。

二、倒闸操作原则

（一）组合电器设备一般操作原则

（1）电气操作应根据调度指令进行，紧急情况下，为了迅速消除电气设备对人身和设备安全的直接威胁，或为了迅速处理事故、防止事故扩大、实施紧急避险等，允许不经调度许可执行操作，但事后应尽快向调度汇报，并说明操作的经过及原因。

（2）发布和接受操作任务时，必须互报单位、姓名，使用规范术语、双重命名，严格执行复诵制，双方录音并做好记录。

（3）电气设备操作后的位置检查应以设备实际位置为准，无法看到实际位置时，可通过设备机械位置指示、电气指示、仪表及各种遥测、遥信信号的变化来判断，判断时，应有两个及以上的指示，且所有指示均已同时发生对应变化，才能确认该设备已操作到位。以上检查项目应填写在操作票中作为检查项。

（4）一次设备不允许无保护运行。一次设备带电前，保护及自动装置应齐全且功能完好、整定值正确、传动良好、压板在规定位置。

（5）继电保护投退压板操作时，先投功能压板，后投出口压板，退出时与此相反。

（6）操作中发生疑问时，应立即停止操作，并向值班调度员或电气负责人报告，弄清楚后再进行操作，不准擅自更改操作票。

（二）断路器操作原则

（1）断路器允许断开、合上额定电流以内的负荷电流及切断额定遮断容量以内的故障电流。

（2）下列情况下，必须停用断路器重合闸装置：

1）重合闸装置异常时；

2）断路器灭弧介质及机构异常，但可维持运行时；

3）断路器切断故障电流次数超过规定次数；

4）线路带电作业要求停用重合闸装置时；

5）线路有明显缺陷时；

6）对线路首次充电时；

7）其他按照规定不能投重合闸装置的情况。

（3）断路器若发生拒动未经处理不得投入运行或列为备用。

（4）若发现操作 SF_6 断路器漏气时，应立即远离现场（戴防毒面具、穿防护服除外）。室外应远离漏气点并处在上风口；室内应撤至室外。

（5）手车式断路器的机械闭锁应灵活、可靠，禁止将机械闭锁损坏的手车式断路器投入运行或列为备用。

（6）在进行操作的过程中，遇有断路器跳闸时，应暂停操作。

（三）隔离开关操作原则

（1）拉合隔离开关的操作必须在与该隔离开关串联的断路器断开并检查在"分"位置之后进行。

（2）禁止用隔离开关拉合带负荷设备或带负荷线路。

（3）禁止用隔离开关拉开、合上故障电流。

（4）电压互感器停电操作时，先断开二次空气开关，后拉开一次隔离开关。送电操作顺序相反。一次侧未并列运行的两组电压互感器，禁止二次侧并列。

（5）手动操作隔离开关时，必须戴绝缘手套，雷雨天气禁止进行室外手动操作。

（四）母线操作原则

（1）母线操作时，应根据现场工作要求和调度要求调整母线差动保护运行方式。

（2）双回路母线供电的变电所，当出线开关由一段母线倒换至另一段母线供电时，应先断开待切换母线的电源侧负荷开关，再合母线联络开关。

（3）进行母线全停操作，母线上联接的各单元之间的操作顺序，应先断对侧无电源的直配线单元，次断变压器单元，后断对侧有电源的线路单元，送电时次序相反。至于同类单元之间的顺序可按照操作线路最短的原则安排。为缩短操作时间允许对断路器集中操作，但检查断路器在"分"的项目不许集中进行。

（五）线路操作原则

（1）线路送电操作顺序，应先合上电源侧隔离开关，后合上负荷侧隔离开关，再合上断路器。停电时操作顺序相反。一般应视母线为电源侧，只有当母线初充电时，才可做负荷侧。

（2）检修后相位有可能发生变动的线路，恢复送电时应进行核相。

（六）变压器操作原则

（1）变压器并联运行的条件：

1）电压比相同，差值不得超过±0.5%；

2）阻抗电压值（短路阻抗标幺值）偏差小于10%；

3）接线组别相同。

（2）进行变压器停电操作时，一般按低、中、高的顺序进行，只有当高压侧无电源的情况下，才应将有电源的一侧放在后面操作，送电时次序相反。允许对断路器集中操作，但检查断路器在"分"的项目不许集中进行。

（3）中性点不经常接地的变压器，操作高压侧断路器前必须合上中性点隔离开关。变压器高压侧悬空运行时也应合上中性点隔离开关，以防高压侧接地故障击穿中性点。

（4）两台及以上变压器并列运行，若其中某台变压器需停电，在未拉开该变压器开关之前，应检查总负荷情况，确保一台停电后不会导致运行变压器过负荷。

（七）继电保护及自动化装置操作原则

（1）当一次设备在热备用或运行时，相关保护应在投入状态；一次设备在冷备用或检修时，保护应在退出状态，保护操作应在一次设备检修或冷备用状态下进行。

（2）运行中的保护及自动装置需要停电时，应先退出相关压板，再断开装置的工作电源。投入时，应先检查相关压板在退出位置，再投入工作电源，检查装置正常，才能投入相应的压板。

（4）保护及自动装置检修时，应将电源空气开关、信号电源、保护和计量电压空气开关断开。

（5）一套继电保护的几个压板，其投入或退出应逐个逐项填写。只检查保护投退情况而不进行操作时，只需填写"检查保护投退正确"一项即可。

（6）继电保护电源的投退、计算机保护已固化的定值切换（含保护压板的投退、定值的切换、定值的核对），应逐项填入操作票。

三、倒闸操作其他规定

1. 检查负荷分配

（1）所有合环与解环操作均应检查负荷分配，如：两台主变的并列或解列；用母联断路器进行母线并列。

（2）检查负荷分配的项目，应具体写明检查哪些，如："检查×××与×××的负荷分配"。

2. 相邻操作项目的规定

一般来说，操作顺序只要在技术上符合规定要求，其余可按照操作的方便性、操作路线的合理性来安排。但是对于以下几种操作必须是紧跟的，中间不准插入其它项目。

（1）拉合某断路器两侧隔离开关与检查该断路器在"分"必须是紧跟的。

（2）检查负荷分配与合环或解环操作必须是紧跟的。如合环后紧接着解环操作可只在合环时检查负荷分配。

（3）挂接地线或合接地刀闸与验电必须是紧跟的。

3. 挂接地线或合接地刀闸

（1）挂接地线（合接地刀闸）之前必须验明三相无电压。

（2）接地线的接地端必须用螺栓固定在接地桩头上，另一端用卡子夹紧导线，禁止用缠绕法装接地线。

四、倒闸操作流程及规范要求

倒闸操作流程及规范要求如表1-3-1所示。

表1-3-1   倒闸操作流程及规范要求

序号	流程名称	规范要求
1	受令、审票	根据设备实际运行状态共同审核调度指令的正确性；如发现疑问向调度汇报，提出质疑事项。相关记录逐项填写在调度指令票里；根据调度指令票审核现场操作票的正确性后。监护人填写发令人、收令人及发令时间。
2	操作前准备	（1）操作人员检查着装规范 （2）交代倒闸操作风险及相关控制措施。① 防止人员触电，操作中与带电设备保持足够的安全距离，110kV 不小于 1.5m；② 防止带负荷拉刀闸，拉开刀闸时检查开关在分；③ 防止带电合地刀挂地线，合地刀挂地线前验明无电压。 （3）检查绝缘手套外观良好无破损、在试验周期内、表面无脏污、无漏气。 （4）检查验电器外观良好无破损、表面无脏污、在试验周期内、音响发光良好、拉伸良好。 （5）检查接地线电压等级、在试验周期内、编号×号、外观良好无脏污，连接螺丝禁锢、导线无散股、断股、裸漏、接头禁锢可靠。 （6）检查验电器、接地线绝缘杆电压等级、在试验周期内、编号×号、外观良好无脏污、连接螺丝禁锢、导线无散股、断股、裸漏、接头禁锢可靠。 （7）检查操作把手外观良好、钥匙、标示牌等，钥匙交监护人。
3	模拟预演	（1）由值长（监护人）交待操作任务、人员分工。 （2）模拟预演前检查电脑钥匙、五防主机正常，在微机防误主机进行模拟操作，核对设备位置，监护人所站位置应能监视模拟的全过程。 （3）由监护人、操作人在五防机前进行模拟预演。按照操作顺序，监护人唱票，操作人复诵，监护人确认无误发"对"后，操作人方可模拟、操作该项，监护人应确认该项操作无误方可继续模拟。 （4）发现设备位置不对应时，必须停止唱票，重新核实设备实际位置和操作票的正确性，严禁越项和私自改动模拟图设备位置。 （5）预演完毕，操作人进行电脑传票，同监护人共同检查传票正确。 （6）预演无误后，操作人、值长（监护人）分别在操作票上签名。

续表

序号	流程名称	规范要求
4	执行操作	(1) 现场操作开始前,由监护人填写操作开始时间。 (2) 操作地点需转移前,监护人应提示操作人下一个操作项目(或设备、屏名),转移过程中操作人在前,监护人在后。 (3) 操作人和监护人进入操作位置,应认真执行三核对(核对操作设备名称、编号及状态(位置)),监护人核对无误并确认。监护人将钥匙交给操作人,操作人拿到钥匙后,核对钥匙与锁具编号一致,开锁,做好操做准备,监护人开始唱票。 (4) 监护人唱诵操作内容,操作人复诵,操作人复诵时必须用手指向被操作设备。 (5) 监护人确认无误后,再发出"对、执行"动令,操作人立即进行操作。操作人和监护人应注视相应设备的动作过程或表计、信号装置。 (6) 监护人所站位置,能监视操作人在整个操作过程动作及被操作设备操作过程中的变化。 (7) 在后台操作断路器,操作后检查到位,监护人应填写操作时间。 (8) 每项操作完毕,操作人将钥匙交给监护人。 (9) 每项操作完毕,监护人应核实操作结果无误后立即在对应的操作项目后打"√"。 (10) 现场操作刀闸,应注意操作技巧,动作规范,操作后,检查刀闸三相是否操作到位。 (11) 操作人验电前,在临近带电设备(或使用高压发生器)测试验电器,确认验电器合格,验电器的伸缩式绝缘棒长度应拉足,手握在手柄处不得超过护环,人体与验电设备保持足够安全距离。 (12) 操作人验明A、B、C三相确无电压,验明一相确无电压后唱诵"×相无电",监护人确认无误并唱诵"对"后,操作人移开验电器。 (13) 装设接地线时应先装设接地端,后接导体端,装设接地线导体端时人体不得碰触接地线。 (14) 装接地线前操作人、监护人共同核对地线编号,监护人在操作票上记录地线编号。 (15) 投退压板后应检查是否到位。 (16) 整个操作过程唱票复诵声音洪亮清晰,人员精神状态好,操作中不得进行与操作无关的工作。 (17) 操作过程中出现设备异常应汇报调度,并记录时间。
5	复查	(1) 操作人、监护人对操作票按操作顺序复查,仔细检查所有项目是否全部执行并已打"√"(逐项令逐项复查)。 (2) 复查无误后,监护人将电脑钥匙回传,并检查监控后台与五防画面设备位置是否对应变位。
6	汇报	由值长(监护人)向值班调度员汇报操作完成情况并完成相关纸质记录(操作指令票、运行记录)、工器具整理工作。 (1) 汇报规范,汇报应报单位、姓名,使用调度术语,双重名称。 (2) 在现场执行的纸质操作票盖"已执行"图章。 (3) 向调度汇报操作情况,经调度认可后填写操作终了时间、汇报时间和调度员姓名。 (3) 操作完毕后将安全工器具、钥匙等放回原处。

五、GIS智能变电站典型倒闸操作

根据电网企业110kV GIS智能变电站电气主接线单母线分段接线应用实际,以春晖110kV变电站为例介绍几种典型的倒闸操作任务。主接线图如图1-3-1所示。

(一)春晖110kV变电站的运行方式

110kV、35kV、10kV三侧均采用单母分段接线方式;112春熙线、121春光线运行,向110kV春晖变电站送电,110kV Ⅰ、Ⅱ母线分列运行,母线分段100断路器热备用,110kV母线分段备自投投入;1号主变、2号主变运行;301、302断路器运行,35kV Ⅰ、Ⅱ母线分列运行,母线分段300断路器热备用,35kV母线分段备自投投入;501、502断路器运行,10kV Ⅰ、Ⅱ母线分列运行,母线分段500断路器热备用,10kV母线分段备自投投入。

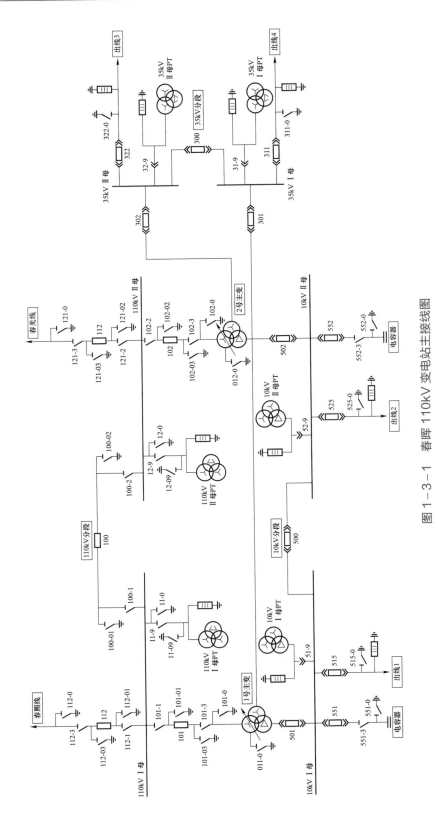

图 1-3-1　春晖 110kV 变电站主接线图

（二）春晖 110kV 变电站主要保护配置

1. 变压器保护配置

（1）主保护：比率差动保护、差动速断保护、重瓦斯保护、有载调压重瓦斯。

（2）后备保护。

1）高压侧后备保护。

① 复压闭锁过流保护。

② 零序（方向）过电流保护。

③ 零序过电压、间隙过电流保护。

2）中压侧后备保护：复压（方向）闭锁过电流保护。

3）低压侧后备保护：复压（方向）闭锁过电流保护。

（3）辅助保护。

1）油温度高。

2）绕组温度高。

3）过负荷保护。

4）轻瓦斯。

5）本体压力释放。

6）油位异常。

2. 110kV 线路保护配置

（1）纵联差动保护。

（2）相间距离保护。

（3）接地距离保护。

（4）零序（方向）过电流保护。

（5）三相一次重合闸。

3. 10kV、35 kV 线路保护配置

（1）三段式过流保护、反时限过流保护。

（2）三相一次重合闸。

（三）倒闸操作票

1. 春晖 110kV 变电站 春熙线 112 断路器由运行转检修

（1）在五防机上模拟预演。

（2）退出 110kV 备自投跳春熙线 112 断路器压板。

（3）退出 110kV 备自投跳春光线 121 断路器压板。

（4）退出 110kV 备自投合母联 100 断路器压板。

（5）检查春熙线 112 停用重合闸软压板在"投入"位置。

（6）检查母联 100－1 隔离开关监控指示在"合闸"位置。

（7）检查母联 100－1 隔离开关机械指示在"合闸"位置。

（8）检查母联 100－2 隔离开关监控指示在"合闸"位置。

（9）检查母联 100-2 隔离开关机械指示在"合闸"位置。

（10）合上母联 100 断路器。

（11）检查春熙线 112 与春光线 121 回路负荷分配（112 间隔　　A/121 间隔　　A）。

（12）检查母联 100 断路器监控指示在"合闸"位置。

（13）检查母联 100 断路器机械指示在"合闸"位置。

（14）断开春熙线 112 断路器。

（15）将春熙线 112 断路器方式开关由"远方"位置切换至"就地"位置。

（16）检查春熙线 112 断路器监控指示在"分闸"位置。

（17）检查春熙线 112 断路器机械指示在"分闸"位置。

（18）合上春熙线 112-3 隔离开关控制电源空开。

（19）合上春熙线 112-3 隔离开关电机电源空开。

（20）拉开春熙线 112-3 隔离开关。

（21）检查春熙线 112-3 隔离开关监控指示在"分闸"位置。

（22）检查春熙线 112-3 隔离开关机械指示在"分闸"位置。

（23）断开春熙线 112-3 隔离开关电机电源空开。

（24）断开春熙线 112-3 隔离开关控制电源空开。

（25）合上春熙线 112-1 隔离开关电机电源空开。

（26）合上春熙线 112-1 隔离开关控制电源空开。

（27）拉开春熙线 112-1 隔离开关。

（28）检查春熙线 112-1 隔离开关监控指示在"分闸"位置。

（29）检查春熙线 112-1 隔离开关机械指示在"分闸"位置。

（30）断开春熙线 112-1 隔离开关电机电源空开。

（31）断开春熙线 112-1 隔离开关控制电源空开。

（32）检查春熙线 112-1 隔离开关监控指示在"分闸"位置。

（33）检查春熙线 112-1 隔离开关机械指示在"分闸"位置。

（34）检查春熙线 112-3 隔离开关监控指示在"分闸"位置。

（35）检查春熙线 112-3 隔离开关机械指示在"分闸"位置。

（36）合上春熙线 112-01 接地刀闸电机电源空开。

（37）合上春熙线 112-01 接地刀闸控制电源空开。

（38）合上春熙线 112-01 接地刀闸。

（39）检查春熙线 112-01 接地刀闸监控指示在"合闸"位置。

（40）检查春熙线 112-01 接地刀闸机械指示在"合闸"位置。

（41）断开春熙线 112-01 接地刀闸电机电源空开。

（42）断开春熙线 112-01 接地刀闸控制电源空开。

（43）合上春熙线 112-03 接地刀闸电机电源空开。

（44）合上春熙线 112-03 接地刀闸控制电源空开。

（45）合上春熙线 112-03 接地刀闸。

（46）检查春熙线 112-03 接地刀闸监控指示在"合闸"位置。

（47）检查春熙线 112-03 接地刀闸机械指示在"合闸"位置。

（48）断开春熙线 112-03 接地刀闸电机电源空开。

（49）断开春熙线 112-03 接地刀闸控制电源空开。

（50）退出春熙线 112 智能终端柜跳闸出口压板。

（51）检查春熙线 112 智能终端柜压板投退正确。

（52）退出春熙线 112 保护跳闸软压板。

（53）退出春熙线 112 纵联差动保护软压板。

（54）退出春熙线 112 距离保护软压板。

（55）退出春熙线 112 零序过流保护软压板。

（56）退出春熙线 112SV 接收软压板。

（57）检查春熙线 112 保护压板投退正确。

（58）投入春熙线 112 智能终端检修压板。

（59）投入春熙线 112 保护装置置检修压板。

（60）投入春熙线 112 合并单元检修压板。

（61）断开春熙线 112 断路器储能电源空开。

（62）断开春熙线 112 智能终端操作电源空开。

2. 春晖 110kV 变电站 春熙线 112 断路器由检修转运行

（1）在五防机上模拟预演。

（2）合上春熙线 112 智能终端操作电源空开。

（3）合上春熙线 112 断路器储能电源空开。

（4）退出春熙线 112 合并单元检修压板。

（5）退出春熙线 112 智能终端检修压板。

（6）退出春熙线 112 保护装置置检修压板。

（7）检查春熙线 112 检查保护装置运行正常。

（8）投入春熙线 112 SV 接收软压板。

（9）投入春熙线 112 纵联差动保护软压板。

（10）投入春熙线 112 距离保护软压板。

（11）投入春熙线 112 零序过流保护软压板。

（12）投入春熙线 112 保护跳闸软压板。

（13）检查保护压板投退正确。

（14）投入春熙线 112 智能终端柜跳闸出口压板。

（15）检查保护压板投退正确。

（16）合上春熙线 112-01 接地刀闸电机电源空开。

（17）合上春熙线 112-01 接地刀闸控制电源空开。

（18）拉开春熙线 112－01 接地刀闸。

（19）检查春熙线 112－01 接地刀闸监控指示在"分闸"位置。

（20）检查春熙线 112－01 接地刀闸机械指示在"分闸"位置。

（21）断开春熙线 112－01 接地刀闸电机电源空开。

（22）断开春熙线 112－01 接地刀闸控制电源空开。

（23）合上春熙线 112－03 接地刀闸电机电源空开。

（24）合上春熙线 112－03 接地刀闸控制电源空开。

（25）拉开春熙线 112－03 接地刀闸。

（26）检查春熙线 112－03 接地刀闸监控指示在"分闸"位置。

（27）检查春熙线 112－03 接地刀闸机械指示在"分闸"位置。

（28）断开春熙线 112－03 接地刀闸电机电源空开。

（29）断开春熙线 112－03 接地刀闸控制电源空开。

（30）检查春熙线 112 间隔送电回路无异物、无短路接地。

（31）检查春熙线 112 断路器监控指示在"分闸"位置。

（32）检查春熙线 112 断路器机械指示在"分闸"位置。

（33）合上春熙线 112－1 隔离开关电机电源空开。

（34）合上春熙线 112－1 隔离开关控制电源空开。

（35）合上春熙线 112－1 隔离开关。

（36）检查春熙线 112－1 隔离开关监控指示在"合闸"位置。

（37）检查春熙线 112－1 隔离开关机械指示在"合闸"位置。

（38）断开春熙线 112－1 隔离开关电机电源空开。

（39）断开春熙线 112－1 隔离开关控制电源空开。

（40）合上春熙线 112－3 隔离开关电机电源空开。

（41）合上春熙线 112－3 隔离开关控制电源空开。

（42）合上春熙线 112－3 隔离开关。

（43）检查春熙线 112－3 隔离开关监控指示在"合闸"位置。

（44）检查春熙线 112－3 隔离开关机械指示在"合闸"位置。

（45）断开春熙线 112－3 隔离开关电机电源空开。

（46）断开春熙线 112－3 隔离开关控制电源空开。

（47）将春熙线 112 断路器方式开关由"就地"位置切至"远方"位置。

（48）合上春熙线 112 断路器。

（49）检查春熙线 112 与春光线 121 回路负荷分配（112 间隔　　A/121 间隔　　A）。

（50）检查春熙线 112 断路器监控指示在"合闸"位置。

（51）检查春熙线 112 断路器机械指示在"合闸"位置。

（52）断开 110kV 母联 100 断路器。

（53）检查母联 100 断路器监控指示在"分闸"位置。

（54）检查母联 100 断路器机械指示在"分闸"位置。

（55）投入 110kV 备自投跳春熙线 112 断路器压板。

（56）投入 110kV 备自投跳春光线 121 断路器压板。

（57）投入 110kV 备自投合母联 100 断路器压板。

（58）检查 110kV 备自投装置充电灯亮。

3. 春晖 110kV 变电站 春熙线 112 线路由运行转检修。

（1）在五防机上模拟预演。

（2）退出 110kV 备自投跳春熙线 112 断路器压板。

（3）退出 110kV 备自投跳春光线 121 断路器压板。

（4）退出 110kV 备自投合母联 100 断路器压板。

（5）检查春熙线 112 停用重合闸软压板在投入位置。

（6）检查母联 100－1 隔离开关监控指示在"合闸"位置。

（7）检查母联 100－1 隔离开关机械指示在"合闸"位置。

（8）检查母联 100－2 隔离开关监控指示在"合闸"位置。

（9）检查母联 100－2 隔离开关机械指示在"合闸"位置。

（10）合上母联 100 断路器。

（11）检查春熙线 112 与春光线 121 回路负荷分配（112 间隔　　A/121 间隔　　A）。

（12）检查母联 100 断路器监控指示在"合闸"位置。

（13）检查母联 100 断路器机械指示在"合闸"位置。

（14）断开春熙线 112 断路器。

（15）将春熙线 112 断路器方式开关由"远方"位置切换至"就地"位置。

（16）检查春熙线 112 断路器监控指示在"分闸"位置。

（17）检查春熙线 112 断路器机械指示在"分闸"位置。

（18）合上春熙线 112－3 隔离开关控制电源空开。

（19）合上春熙线 112－3 隔离开关电机电源空开。

（20）拉开春熙线 112－3 隔离开关。

（21）检查春熙线 112－3 隔离开关监控指示在"分闸"位置。

（22）检查春熙线 112－3 隔离开关机械指示在"分闸"位置。

（23）断开春熙线 112－3 隔离开关电机电源空开。

（24）断开春熙线 112－3 隔离开关控制电源空开。

（25）合上春熙线 112－1 隔离开关电机电源空开。

（26）合上春熙线 112－1 隔离开关控制电源空开。

（27）拉开春熙线 112－1 隔离开关。

（28）检查春熙线 112－1 隔离开关监控指示在"分闸"位置。

（29）检查春熙线 112－1 隔离开关机械指示在"分闸"位置。

（30）断开春熙线 112－1 隔离开关电机电源空开。

（31）断开春熙线 112-1 隔离开关控制电源空开。

（32）断开春熙线 112 线路 PT 空开。

（33）在春熙线 112-3 隔离开关线路侧验明无电压。

（34）合上春熙线 112-0 接地刀闸电机电源空开。

（35）合上春熙线 112-0 接地刀闸控制电源空开。

（36）合上春熙线 112-0 接地刀闸。

（37）检查春熙线 112-0 接地刀闸监控指示在"合闸"位置。

（38）检查春熙线 112-0 接地刀闸机械指示在"合闸"位置。

（39）断开春熙线 112-0 接地刀闸电机电源空开。

（40）断开春熙线 112-0 接地刀闸控制电源空开。

（41）断开春熙线 112 智能终端操作电源空开。

4. 春晖 110kV 变电站 春熙线 112 线路由检修转运行

（1）在五防机上模拟预演。

（2）合上春熙线 112 智能终端操作电源空开。

（3）检查春熙线 112 检查保护装置运行正常。

（4）检查春熙线 112 保护压板投退正确。

（5）合上春熙线 112-0 接地刀闸电机电源空开。

（6）合上春熙线 112-0 接地刀闸控制电源空开。

（7）拉开春熙线 112-0 接地刀闸。

（8）检查春熙线 112-0 接地刀闸监控指示在"分闸"位置。

（9）检查春熙线 112-0 接地刀闸机械指示在"分闸"位置。

（10）断开春熙线 112-0 接地刀闸电机电源空开。

（11）断开春熙线 112-0 接地刀闸控制电源空开。

（12）检查春熙线 112 间隔送电回路无异物、无短路接地。

（13）合上春熙线 112 线路 PT 空开。

（14）检查春熙线 112 断路器监控指示在"分闸"位置。

（15）检查春熙线 112 断路器机械指示在"分闸"位置。

（16）合上春熙线 112-1 隔离开关电机电源空开。

（17）合上春熙线 112-1 隔离开关控制电源空开。

（18）合上春熙线 112-1 隔离开关。

（19）检查春熙线 112-1 隔离开关监控指示在"合闸"位置。

（20）检查春熙线 112-1 隔离开关机械指示在"合闸"位置。

（21）断开春熙线 112-1 隔离开关电机电源空开。

（22）断开春熙线 112-1 隔离开关控制电源空开。

（23）合上春熙线 112-3 隔离开关电机电源空开。

（24）合上春熙线 112-3 隔离开关控制电源空开。

（25）合上春熙线 112-3 隔离开关。

（26）检查春熙线 112-3 隔离开关监控指示在"合闸"位置。

（27）检查春熙线 112-3 隔离开关机械指示在"合闸"位置。

（28）断开春熙线 112-3 隔离开关电机电源空开。

（29）断开春熙线 112-3 隔离开关控制电源空开。

（30）将春熙线 112 断路器方式开关由"就地"位置切至"远方"位置。

（31）合上春熙线 112 断路器。

（32）检查春熙线 112 与春光线 121 回路负荷分配（112 间隔　A/121 间隔　A）。

（33）检查春熙线 112 断路器监控指示在"合闸"位置。

（34）检查春熙线 112 断路器机械指示在"合闸"位置。

（35）断开 110kV 母联 100 断路器。

（36）检查母联 100 断路器监控指示在"分闸"位置。

（37）检查母联 100 断路器机械指示在"分闸"位置。

（38）投入 110kV 备自投跳春熙线 112 断路器压板。

（39）投入 110kV 备自投跳春光线 121 断路器压板。

（40）投入 110kV 备自投合母联 100 断路器压板。

（41）检查 110kV 备自投装置充电灯亮。

5. 春晖 110kV 变电站 母联 100 断路器由热备用转检修

（1）在五防机上模拟预演。

（2）退出 110kV 备自投跳春熙线 112 断路器压板。

（3）退出 110kV 备自投跳春光线 121 断路器压板。

（4）退出 110kV 备自投合母联 100 断路器压板。

（5）将母联 100 断路器方式开关由"远方"位置切换至"就地"位置。

（6）检查母联 100 断路器监控指示在"分闸"位置。

（7）检查母联 100 断路器机械指示在"分闸"位置。

（8）合上母联 100-1 隔离开关电机电源空开。

（9）合上母联 100-1 隔离开关控制电源空开。

（10）拉开母联 100-1 隔离开关。

（11）检查母联 100-1 隔离开关监控指示在"分闸"位置。

（12）检查母联 100-1 隔离开关机械指示在"分闸"位置。

（13）断开母联 100-1 隔离开关电机电源空开。

（14）断开母联 100-1 隔离开关控制电源空开。

（15）合上母联 100-2 隔离开关电机电源空开。

（16）合上母联 100-2 隔离开关控制电源空开。

（17）拉开母联 100-2 隔离开关。

（18）检查母联 100-2 隔离开关监控指示在"分闸"位置。

（19）检查母联100-2隔离开关机械指示在"分闸"位置。

（20）断开母联100-2隔离开关电机电源空开。

（21）断开母联100-2隔离开关控制电源空开。

（22）检查母联100-1隔离开关监控指示在"分闸"位置。

（23）检查母联100-1隔离开关机械指示在"分闸"位置。

（24）检查母联100-2隔离开关监控指示在"分闸"位置。

（25）检查母联100-2隔离开关机械指示在"分闸"位置。

（26）确认母联100-1隔离开关断路器侧确无电压。

（27）确认母联100-2隔离开关断路器侧确无电压。

（28）合上母联100-01接地刀闸电机电源空开。

（29）合上母联100-01接地刀闸控制电源空开。

（30）合上母联100-01接地刀闸。

（31）检查母联100-01接地刀闸监控指示在"合闸"位置。

（32）检查母联100-01接地刀闸机械指示在"合闸"位置。

（33）断开母联100-01接地刀闸电机电源空开。

（34）断开母联100-01接地刀闸控制电源空开。

（35）合上母联100-02接地刀闸电机电源空开。

（36）合上母联100-02接地刀闸控制电源空开。

（37）合上母联100-02接地刀闸。

（38）检查母联100-02接地刀闸监控信号指示在"合闸"位置。

（39）检查母联100-02接地刀闸机械位置指示在"合闸"位置。

（40）断开母联100-02接地刀闸电机电源空开。

（41）断开母联100-02接地刀闸控制电源空开。

（42）退出母联100智能终端跳闸出口压板。

（43）检查保护压板投退正确。

（44）退出母联100保护跳闸软压板。

（45）退出母联100SV接收软压板。

（46）检查保护压板投退正确。

（47）投入母联100智能终端检修压板。

（48）投入母联100保护装置置检修压板。

（49）投入母联100合并单元检修压板。

（50）断开母联100断路器储能电源空开。

（51）断开母联100智能终端操作电源空开。

6.春晖110kV变电站　母联100断路器由检修转热备用

（1）在五防机上模拟预演。

（2）合上母联100智能终端操作电源空开。

（3）合上母联100断路器储能电源空开。

（4）退出母联100合并单元检修压板。

（5）退出母联100保护装置检修压板。

（6）退出母联100智能终端检修压板。

（7）检查母联100保护装置运行正常。

（8）投入母联100SV接收软压板。

（9）投入母联100保护跳闸软压板、。

（10）检查保护压板投退正确。

（11）投入母联100智能终端跳闸出口压板。

（12）检查保护压板投退正确。

（13）合上母联100-01接地刀闸电机电源空开。

（14）合上母联100-01接地刀闸控制电源空开。

（15）拉开母联100-01接地刀闸。

（16）检查母联100-01接地刀闸监控指示在"分闸"位置。

（17）检查母联100-01接地刀闸机械指示在"分闸"位置。

（18）断开母联100-01接地刀闸电机电源空开。

（19）断开母联100-01接地刀闸控制电源空开。

（20）合上母联100-02接地刀闸电机电源空开。

（21）合上母联100-02接地刀闸控制电源空开。

（22）拉开母联100-02接地刀闸。

（23）检查母联100-02接地刀闸监控指示在"分闸"位置。

（24）检查母联100-02接地刀闸机械指示在"分闸"位置。

（25）断开母联100-02接地刀闸操作电源空开。

（26）断开母联100-02接地刀闸控制电源空开。

（27）检查母联100间隔送电回路无异物、无短路接地。

（28）检查母联100断路器监控指示在"分闸"位置。

（29）检查母联100断路器机械指示在"分闸"位置。

（30）合上母联100-1隔离开关电机电源空开。

（31）合上母联100-1隔离开关控制电源空开。

（32）合上母联100-1隔离开关。

（33）检查母联100-1隔离开关监控指示在"合闸"位置。

（34）检查母联100-1隔离开关机械指示在"合闸"位置。

（35）断开母联100-1隔离开关电机电源空开。

（36）断开母联100-1隔离开关控制电源空开。

（37）合上母联100-2隔离开关电机电源空开。

（38）合上母联100-2隔离开关控制电源空开。

（39）合上母联100-2隔离开关。

（40）检查母联 100 - 2 隔离开关监控指示在"合闸"位置。

（41）检查母联 100 - 2 隔离开关机械指示在"合闸"位置。

（42）断开母联 100 - 2 隔离开关电机电源空开。

（43）断开母联 100 - 2 隔离开关控制电源空开。

（44）将 100 断路器方式开关由"就地"位置切至"远方"位置。

（45）投入 110kV 备自投跳春熙线 112 断路器压板。

（46）投入 110kV 备自投跳春光线 121 断路器压板。

（47）投入 110kV 备自投合母联 100 断路器压板。

（48）检查 110kV 备自投装置充电灯亮。

7. 春晖 110kV 变电站 1 号主变由运行转检修

（1）在五防机上模拟预演。

（2）退出 10kV 备自投跳 1 号主变 501 断路器压板。

（3）退出 10kV 备自投跳 2 号主变 502 断路器压板。

（4）退出 10kV 备自投合母联 500 断路器压板。

（5）退出 35kV 备自投跳 1 号主变 301 断路器压板。

（6）退出 35kV 备自投跳 2 号主变 302 断路器压板。

（7）退出 35kV 备自投合母联 300 断路器压板。

（8）合上 10kV 母联 500 断路器。

（9）检查 1 号主变 501 与 2 号主变 502 负荷正常（501 间隔　　A/502 间隔　　A）。

（10）检查 10kV 母联 500 断路器在"合闸"位置。

（11）断开 1 号主变 501 断路器。

（12）检查 1 号主变 501 断路器电流（A 相 0A，B 相 0A，C 相 0A）。

（13）合上 35kV 母联 300 断路器。

（14）检查 1 号主变 301 与 2 号主变 302 负荷正常（301 间隔　　A/302 间隔　　A）。

（15）检查 35kV 母联 300 断路器在"合闸"位置。

（16）断开 1 号主变 301 断路器。

（17）检查 1 号主变 301 断路器电流（A 相 0A，B 相 0A，C 相 0A）。

（18）将 1 号主变 011 - 0 中性点接地刀闸方式开关由"远方"位置切至"就地"位置。

（19）合上 1 号主变 011 - 0 中性点接地刀闸。

（20）检查 1 号主变 011 - 0 中性点接地刀闸在"合闸"位置。

（21）断开 1 号主变 101 断路器开关。

（22）检查 1 号主变 101 断路器电流（A 相 0A，B 相 0A，C 相 0A）。

（23）将 1 号主变 501 断路器方式开关由"远方"位置切至"就地"位置。

（24）检查 1 号主变 501 断路器在"分闸"位置。

（25）将 1 号主变 501 手车开关由"工作"位置摇至"试验"位置。

（26）检查 1 号主变 501 手车开关在"试验"位置。

（27）将 1 号主变 301 断路器方式开关由"远方"位置切至"就地"位置。

（28）检查 1 号主变 301 断路器在"分闸"位置。

（29）将 1 号主变 301 手车开关由"工作"位置摇至"试验"位置。

（30）检查 1 号主变 301 手车开关在"试验"位置。

（31）将 1 号主变 101 断路器方式开关由"远方"位置切至"就地"位置。

（32）检查 1 号主变 101 断路器监控指示在"分闸"位置。

（33）检查 1 号主变 101 断路器机械指示在"分闸"位置。

（34）合上 1 号主变 101－3 隔离开关电机电源空开。

（35）合上 1 号主变 101－3 隔离开关控制电源空开。

（36）拉开 1 号主变 101－3 隔离开关。

（37）检查 1 号主变 101－3 隔离开关监控指示在"分闸"位置。

（38）检查 1 号主变 101－3 隔离开关机械指示在"分闸"位置。

（39）断开 1 号主变 101－3 隔离开关电机电源空开。

（40）断开 1 号主变 101－3 隔离开关控制电源空开。

（41）合上 1 号主变 101－1 隔离开关电机电源空开。

（42）合上 1 号主变 101－1 隔离开关控制电源空开。

（43）拉开 1 号主变 101－1 隔离开关。

（44）检查 1 号主变 101－1 隔离开关监控指示在"分闸"位置。

（45）检查 1 号主变 101－1 隔离开关机械指示在"分闸"位置。

（46）断开 1 号主变 101－1 隔离开关电机电源空开。

（47）断开 1 号主变 101－1 隔离开关控制电源空开。

（48）拉开 1 号主变 011－0 中性点接地刀闸。

（49）检查 1 号主变 011－0 中性点接地刀闸在"分闸"位置。

（50）在 1 号主变 110kV 高压套管侧验明三相确无电压。

（51）合上 1 号主变 101－0 接地刀闸电机电源空开。

（52）合上 1 号主变 101－0 接地刀闸控制电源空开。

（53）合上 1 号主变 101－0 接地刀闸。

（54）检查 1 号主变 101－0 接地刀闸监控指示在"合闸"位置。

（55）检查 1 号主变 101－0 接地刀闸机械指示在"合闸"位置。

（56）断开 1 号主变 101－0 接地刀闸电机电源空开。

（57）断开 1 号主变 101－0 接地刀闸控制电源空开。

（58）在 1 号主变 35kV 高压套管侧验明三相确无电压。

（59）在 1 号主变 35kV 高压套管侧装设（　）号接地线。

（60）在 1 号主变 10kV 套管侧验明三相确无电压。

（61）在 1 号主变 10kV 套管侧装设（　）号接地线。

（62）退出 1 号主变智能终端柜跳 1 号主变 501 断路器压板。

（63）退出 1 号主变智能终端柜跳 1 号主变 301 断路器压板。

（64）退出 1 号主变智能终端柜跳 1 号主变 101 断路器压板。

（65）退出 1 号主变智能终端柜本体重瓦斯保护压板。

（66）退出 1 号主变智能终端柜调压重瓦斯保护压板。

（67）检查保护压板投退正确。

（68）退出 1 号主变跳高压侧断路器软压板。

（69）退出 1 号主变跳中压侧断路器软压板。

（70）退出 1 号主变跳中压侧分段软压板。

（71）退出 1 号主变跳低压Ⅰ分支断路器软压板。

（72）退出 1 号主变跳低压Ⅰ分支分段软压板。

（73）退出 1 号主变主保护软压板。

（74）退出 1 号主变高压侧后备保护软压板。

（75）退出 1 号主变高压侧电压软压板。

（76）退出 1 号主变中压侧后备保护软压板。

（77）退出 1 号主变中压侧电压软压板。

（78）退出 1 号主变低压Ⅰ分支后备保护软压板。

（79）退出 1 号主变低压Ⅰ分支电压软压板。

（80）退出 1 号主变高压侧电流 SV 接收软压板。

（81）退出 1 号主变中压侧 SV 接收软压板。

（82）退出 1 号主变低压Ⅰ分支 SV 接收软压板。

（83）检查保护压板投退正确。

（84）投入 1 号主变 110kV 第一套智能终端检修压板。

（85）投入 1 号主变 110kV 第二套智能终端检修压板。

（86）投入 1 号主变 110kV 第一套合并单元检修压板。

（87）投入 1 号主变 110kV 第二套合并单元检修压板。

（88）投入 1 号主变 35kV 合智一体检修压板。

（89）投入 1 号主变 10kV 合智一体检修压板。

（90）投入 1 号主变保护装置检修压板。

（91）投入 1 号主变本体智能终端检修压板。

（92）断开 1 号主变 101 断路器智能终端操作电源空开。

（93）断开 1 号主变 301 断路器智能终端操作电源空开。

（94）断开 1 号主变 501 断路器智能终端操作电源空开。

（95）断开 1 号主变有载调压电源空开。

（96）断开 1 号主变本体智能终端操作电源空开。

8. 春晖 110kV 变电站 1 号主变由检修转运行

（1）在五防机上模拟预演。

（2）合上 1 号主变本体智能终端操作电源空开。

（3）合上 1 号主变有载调压电源空开。

（4）合上 1 号主变 501 断路器智能终端操作电源空开。

（5）合上 1 号主变 301 断路器智能终端操作电源空开。

（6）合上 1 号主变 101 断路器智能终端操作电源空开。

（7）投入 1 号主变 110kV 第一套智能终端检修压板。

（8）投入 1 号主变 110kV 第二套智能终端检修压板。

（9）投入 1 号主变 110kV 第一套合并单元检修压板。

（10）投入 1 号主变 110kV 第二套合并单元检修压板。

（11）投入 1 号主变 35kV 合智一体检修压板。

（12）投入 1 号主变 10kV 合智一体检修压板。

（13）投入 1 号主变保护装置检修压板。

（14）投入 1 号主变本体智能终端检修压板。

（15）检查 1 号主变保护装置运行正常。

（16）投入 1 号主变低压 I 分支 SV 接收软压板。

（17）投入 1 号主变中压侧 SV 接收软压板。

（18）投入 1 号主变高压侧电流 SV 接收软压板。

（19）投入 1 号主变低压 I 分支电压软压板。

（20）投入 1 号主变低压 I 分支后备保护软压板。

（21）投入 1 号主变中压侧电压软压板。

（22）投入 1 号主变中压侧后备保护软压板。

（23）投入 1 号主变高压侧电压软压板。

（24）投入 1 号主变高压侧后备保护软压板。

（25）投入 1 号主变主保护软压板。

（26）投入 1 号主变跳高压侧断路器软压板。

（27）投入 1 号主变跳低压 I 分支分段软压板。

（28）投入 1 号主变跳低压 I 分支断路器软压板。

（29）投入 1 号主变跳中压侧分段软压板。

（30）投入 1 号主变跳中压侧断路器软压板。

（31）检查保护压板投退正确。

（32）投入 1 号主变智能智能终端柜本体重瓦斯保护压板。

（33）投入 1 号主变智能智能终端柜调压重瓦斯保护压板。

（34）投入 1 号主变智能智能终端柜跳 1 号主变 501 断路器压板。

（35）投入 1 号主变智能智能终端柜跳 1 号主变 301 断路器压板。

（36）投入 1 号主变智能智能终端柜跳 1 号主变 101 断路器压板。

（37）拆除 1 号主变 10kV 套管侧装设（　　）号接地线。

（38）拆除 1 号主变 35kV 高压套管侧装设（　　）号接地线。

（39）合上 1 号主变 101－0 接地刀闸电机电源空开。

（40）合上 1 号主变 101－0 接地刀闸控制电源空开。

（41）拉开 1 号主变 101－0 接地刀闸。

（42）检查 1 号主变 101－0 接地刀闸监控指示在"分闸"位置。

（43）检查 1 号主变 101－0 接地刀闸机械指示在"分闸"位置。

（44）断开 1 号主变 101－0 接地刀闸电机电源空开。

（45）断开 1 号主变 101－0 接地刀闸控制电源空开。

（46）检查 1 号主变间隔送电回路无异物、无短路接地。

（47）合上 1 号主变 011－0 中性点接地刀闸。

（48）检查 1 号主变 011－0 中性点接地刀闸在"合闸"位置。

（49）检查 1 号主变 101 断路器监控指示在"分闸"位置。

（50）检查 1 号主变 101 断路器机械指示在"分闸"位置。

（51）合上 1 号主变 101－1 隔离开关电机电源空开。

（52）合上 1 号主变 101－1 隔离开关控制电源空开。

（53）合上 1 号主变 101－1 隔离开关。

（54）检查 1 号主变 101－1 隔离开关监控指示在"合闸"位置。

（55）检查 1 号主变 101－1 隔离开关机械指示在"合闸"位置。

（56）断开 1 号主变 101－1 隔离开关电机电源空开。

（57）断开 1 号主变 101－1 隔离开关控制电源空开。

（58）合上 1 号主变 101－3 隔离开关电机电源空开。

（59）合上 1 号主变 101－3 隔离开关控制电源空开。

（60）合上 1 号主变 101－3 隔离开关。

（61）检查 1 号主变 101－3 隔离开关监控指示在"合闸"位置。

（62）检查 1 号主变 101－3 隔离开关机械指示在"合闸"位置。

（63）断开 1 号主变 101－3 隔离开关电机电源空开。

（64）断开 1 号主变 101－3 隔离开关控制电源空开。

（65）将 1 号主变 101 断路器方式开关由"就地"位置切至"远方"位置。

（66）检查 1 号主变 301 断路器在"分闸"位置。

（67）将 1 号主变 301 手车开关由"试验"位置摇至"工作"位置。

（68）检查 1 号主变 301 手车开关在"工作"位置。

（69）将 1 号主变 301 断路器方式开关由"就地"位置切至"远方"位置。

（70）检查 1 号主变 501 断路器在"分闸"位置。

（71）将 1 号主变 501 手车开关由"试验"位置摇至"工作"位置。

（72）检查 1 号主变 501 手车开关在"工作"位置。

（73）将 1 号主变 501 断路器方式开关由"就地"位置切至"远方"位置。

（74）合上 1 号主变 101 断路器。

（75）检查 1 号主变 101 断路器电流（A 相　　A，B 相　　A，C 相　　A）。

（76）检查 1 号主变 101 断路器监控指示在"合闸"位置。

（77）检查 1 号主变 101 断路器机械指示在"合闸"位置。

（78）合上 1 号主变 301 断路器。

（79）检查 1 号主变 301 与 2 号主变 302 负荷分配正常（301 间隔　　A/302 间隔　　A）。

（80）检查 1 号主变 301 断路器在"合闸"位置。

（81）断开 35kV 母联 300 断路器。

（82）检查 300 断路器在"分闸"位置。

（83）合上 1 号主变 501 断路器。

（84）检查 1 号主变 501 与 2 号主变 502 负荷分配正常（501 间隔　　A/502 间隔　　A）。

（85）检查 1 号主变 501 断路器在"合闸"位置。

（86）断开 10kV 母联 500 断路器。

（87）检查 500 断路器在"分闸"位置。

（88）拉开 1 号主变 011-0 中性点接地刀闸。

（89）检查 1 号主变 011-0 中性点接地刀闸在"分闸"位置。

（90）投入 10kV 备自投跳 1 号主变 501 断路器压板。

（91）投入 10kV 备自投跳 2 号主变 502 断路器压板。

（92）投入 10kV 备自投合母联 500 断路器压板。

（93）检查 10kV 备自投装置充电灯亮。

（94）投入 35kV 备自投跳 1 号主变 301 断路器压板。

（95）投入 35kV 备自投跳 2 号主变 302 断路器压板。

（96）投入 35kV 备自投合母联 300 断路器压板。

（97）检查 35kV 备自投装置充电灯亮。

9. 110kV Ⅰ段母线电压互感器由运行转检修

（1）在五防机上模拟预演。

（2）退出 110kV 备自投跳春熙线 112 断路器压板。

（3）退出 110kV 备自投跳春光线 121 断路器压板。

（4）退出 110kV 备自投合母联 100 断路器压板。

（5）合上 110kV 母联 100 断路器。

（6）检查春熙线 112 与春光线 121 间隔负荷分配（112 间隔　　A/121 间隔　　A）。

（7）检查母联 100 断路器监控指示在"合闸"位置。

（8）检查母联 100 断路器机械指示在"合闸"位置。

（9）确认Ⅰ母 PT 智能间隔组件柜。

（10）将Ⅰ母 PT 并列把手由"解列"位置切至"Ⅰ-Ⅱ"并列位置。

（11）检查Ⅰ/Ⅱ母合并单元并列灯亮。

（12）断开Ⅰ段母线计量电压二次空开。

（13）断开Ⅰ段母线保护电压二次空开。

（14）检查 110kV Ⅰ母电压指示正常（　　kV）。

（15）合上 11-9 隔离开关电机电源空开。

（16）合上 11-9 隔离开关控制电源空开。

（17）拉开 11-9 隔离开关。

（18）检查 11-9 隔离开关监控指示在"分闸"位置。

（19）检查 11-9 隔离开关机械指示在"分闸"位置。

（20）断开 11-9 隔离开关电机电源空开。

（21）断开 11-9 隔离开关控制电源空开。

（22）确认 11-9 电压互感器两侧确无电压。

（23）合上 11-09 接地刀闸电机电源空开。

（24）合上 11-09 接地刀闸控制电源空开。

（25）合上 11-09 接地刀闸。

（26）检查 11-09 接地刀闸监控指示在"合闸"位置。

（27）检查 11-09 接地刀闸机械指示在"合闸"位置。

（28）断开 11-09 接地刀闸电机电源空开。

（29）断开 11-09 接地刀闸控制电源空开。

（30）投入 110kV Ⅰ母 TV 智能终端置检修压板。

（31）投入 110kV Ⅰ母合并单元投检修压板。

10. 110kV Ⅰ段母线电压互感器由检修转运行

（1）在五防机上模拟预演。

（2）退出 110kV Ⅰ母 TV 智能终端置检修压板。

（3）退出 110kV Ⅰ母合并单元投检修压板。

（4）检查压板投退正确。

（5）合上 11-09 接地刀闸电机电源空开。

（6）合上 11-09 接地刀闸控制电源空开。

（7）拉开 11-09 接地刀闸。

（8）检查 11-09 接地刀闸监控指示在"分闸"位置。

（9）检查 11-09 接地刀闸机械指示在"分闸"位置。

（10）断开 11-09 接地刀闸电机电源空开。

（11）断开 11-09 接地刀闸控制电源空开。

（12）检查 110kV Ⅰ母电压互感器送电回路无异物、无短路接地。

（13）合上 11-9 隔离开关电机电源空开。

（14）合上 11-9 隔离开关控制电源空开。

（15）合上 11-9 隔离开关。

（16）检查 11-9 隔离开关监控指示在"合闸"位置。

（17）检查 11-9 隔离开关机械指示在"合闸"位置。

（18）断开 11-9 隔离开关电机电源空开。

（19）断开 11-9 隔离开关控制电源空开。

（20）合上 110kV Ⅰ母计量电压二次空开。

（21）合上 110kV Ⅰ母保护电压二次空开。

（22）确认 110kV Ⅰ母 TV 智能间隔组件柜。

（23）将 110kV Ⅰ母 TV 并列把手由"Ⅰ-Ⅱ"并列位置切至"解列"位置。

（24）检查 110kV Ⅰ母电压指示正常（　　kV）。

（25）检查春熙线 112 与春光线 121 间隔负荷分配（112 间隔　　A/121 间隔　　A）。

（26）断开 110kV 母联 100 断路器。

（27）检查母联 100 断路器监控指示在"分闸"位置。

（28）检查母联 100 断路器机械指示在"分闸"位置。

（29）投入 110kV 备自投跳春熙线 112 断路器压板。

（30）投入 110kV 备自投跳春光线 121 断路器压板。

（31）投入 110kV 备自投合母联 100 断路器压板。

（32）检查 110kV 备自投装置充电灯亮。

【任务小结】

本任务的学习重点包括 GIS 组合电器设备倒闸操作的安全规定、倒闸操作的原则、倒闸操作的其他规定、倒闸操作的操作术语、倒闸操作票的填写，倒闸操作的流程及规范要求、GIS 组智能变电站典型倒闸操作等；帮助学员熟悉电气设备倒闸操作的流程及规范要求，掌握 GIS 电气设备倒闸操作原则及操作顺序，提升倒闸操作的基本操作要领。

任务四：GIS 设备运行维护

【任务描述】

本任务学习内容包括 GIS 设备运行规定、GIS 设备紧急申请停运规定、运行中 GIS 断路器、隔离刀闸、接地刀闸的联锁要求、GIS 设备维护项目。

【任务目标】

知识目标	1. 掌握 GIS 设备运行规定及注意事项； 2. 掌握 GIS 设备紧急申请停运规定； 3. 掌握运行中 GIS 断路器、隔离开关、接地刀闸的联锁要求； 4. 掌握 GIS 设备的维护要求。
技能目标	1. 能够正确进行 GIS 设备的运行操作； 2. 能够正确进行 GIS 设备的日常维护工作。
素质目标	1. 培养认真细致、善于思考、刻苦钻研的学习态度； 2. 培养运维人员标准化、规范化的工作习惯。

【知识与技能】

一、GIS 设备运行规定

（一）GIS 设备运行一般规定

（1）当操作组合电器时，任何人都必须禁止在该设备外壳上工作，并保持一定距离。

（2）户外 GIS 应按照"伸缩节（状态）伸缩量—环境温度"曲线定期考察伸缩节伸缩量，每季度至少开展一次，且在温度最高和最低的季节每月核查一次。

（3）GIS 组合电器运行中的年泄漏率一般≤1%，运行时 SF_6 气体微水含水量灭弧室为小于 300ppm，其他气室为小于 500ppm。运行中 GIS 设备在正常情况下其外壳及构架上的感应电压不应超过 36V，其温升不应超过 40K。

（4）GIS 设备室的通风，对于运行、专业人员经常出入的场所每班至少通风一次，每次至少通风 15min；对于人员不经常出入的场所，在进入前应先通风 15min。

（5）当 GIS 组合电器内 SF_6 气体压力异常发报警信号时，应尽快处理；当气隔内的 SF_6 压力降低至闭锁值时，严禁分、合闸操作。

（6）断路器事故跳闸造成大量 SF_6 气体泄漏时，只有在 GIS 组合电器室彻底通风或检测室内氧气密度正常，含氧量不得小于 18%（体积比），SF_6 气体分解物完全排除后，才能进入室内，必要时带防毒面具，穿防护服。在事故发生后 15min 之内，只准抢救人员进入 GIS 室内。4h 内任何人进入 GIS 室，必须穿防护服、戴防护手套及防毒面具。4h 后进入 GIS 室内虽可不用上述措施，但清扫设备时仍需采用上述安全措施。处理 GIS 内部故障时，应将 SF_6 气体回收加以净化处理，严禁直接排放到大气中。

（7）GIS 组合电器正常情况下应选择"远方电控"操作方式，当远方电控操作失灵时，可选择就地电控操作方式。

（8）为防止误操作，GIS 室各设备元件之间装设电气闭锁，任何人不得随意解除闭锁。

（9）正常运行时，组合电器汇控柜闭锁控制钥匙应投入"联锁投"位置，同时应将联锁控制钥匙存放在紧急钥匙箱内，按有关规定使用。

（10）处理 GIS 设备外逸气事故及在 GIS 工作后注意事项

1）工作人员工作结束后应立即洗手、洗脸及人体外露部分。

2）下列物品应作有毒物处理：真空吸尘器的过滤器及清洗袋、防毒面具的过滤、全部抹布及纸，断路器或故障气室内的吸附剂、气体回收装置中使用过的吸附剂等，严重污染的防护服也视为有毒废物。处理方法：所有上述物品不能在现场加热或焚烧，必须用 20%浓度的氢氧化钠溶液浸泡 10h 以上，然后装入塑料袋内深埋。

3）防毒面具、塑料手套、橡皮靴及其他防护用品必须用肥皂洗涤后晾干，并应定期进行检查试验，使其经常处于备用状态。

（11）禁止在 SF_6 设备压力释放装置（防爆膜）附近停留。

（12）高寒地区罐体应加装加热保温装置，根据环境温度正确投退。

（13）变电站应配置与实际相符的组合电器气室分隔图，标明气室分隔情况、气室编号，汇控柜上有本间隔的主接线示意图。

（14）组合电器室应装设强力通风装置，风口应设置在室内底部，排风口不能朝向居民住宅或行人，排风机电源开关应设置在门外。

（15）组合电器室低位区应安装能报警的氧量仪和 SF_6 气体泄漏报警仪，在工作人员入口处应装设显示器。上述仪器应定期检验，保证完好。

（16）组合电器变电站应备有正压型呼吸器、氧量仪等防护器具。

（17）组合电器室应配备干粉灭火器等消防设施。

（二）紧急申请停运规定

发现下列情况之一，运维人员应立即汇报调控人员申请将组合电器停运，停运前应远离设备：

（1）设备外壳破裂或严重变形、过热、冒烟。

（2）声响明显增大，内部有强烈的爆裂声。

（3）套管有严重破损和放电现象。

（4）SF_6 气体压力低至闭锁值。

（5）组合电器压力释放装置（防爆膜）动作。

（6）组合电器中断路器发生拒动时。

（7）其他根据现场实际认为应紧急停运的情况。

（三）运行中 GIS 断路器、隔离开关、接地刀闸的联锁要求

（1）所有断路器、隔离开关、接地刀闸均设有互相联锁系统，以防止误操作。运行人员应熟悉并掌握其联锁关系。

（2）GIS 设备的开关、刀闸、地刀均采用带电气闭锁功能的电动操作机构。

电气闭锁的基本原理是在开关、刀闸、地刀电动操作控制回路，依据正确的操作规则串入开关、刀闸、地刀的辅助接点进行相互闭锁。当违反操作规则时，则由相应设备的辅助接点切断该操作设备的控制回路正电源，禁止操作，从而达到防误操作的目的。

（3）正常运行中，所有现场就地控制柜上的控制方式选择开关应置于"远控"位置。联锁方式选择开关应置于"联锁"位置。若不对应，则不能进行正常操作，设备将失去联锁作用。

二、GIS 设备维护项目

（一）汇控柜维护

（1）结合设备停电进行清扫。必要时可增加清扫次数，但必须采用防止设备误动的可靠措施。

（2）加热装置在入冬前应进行一次全面检查并投入运行，发现缺陷及时处理。

（3）驱潮防潮装置应长期投入，在雨季来临之前进行一次全面检查，发现缺陷及时处理。

（4）汇控柜体消缺及柜内驱潮加热、防潮防凝露模块和回路、照明回路作业消缺，二次电缆封堵修补的维护每月进行一次封堵的检查维护。封堵时，应用防火堵料封堵，必要时用防火板等绝缘材料封堵后再用防火堵料封堵严密，以防止发生堵料塌陷。封堵时应防止电缆损伤，松动造成设备异常。封堵完毕后，检查孔洞封堵完好。

（二）高压带电显示装置维护

（1）高压带电显示装置显示异常，应进行检查维护。

（2）对于具备自检功能的带电显示装置，利用自检按钮确认显示单元是否正常。

（3）对于不具备自检功能的带电显示装置，测量显示单元输入端电压；若有电压则判断为显示单元故障，自行更换；若无电压则判断为传感单元故障，联系检修人员处理。

（4）更换显示单元前，应断开装置电源，拆解二次线时应做绝缘包扎处理。

（5）维护后，应检查装置运行正常，显示正确。

（三）指示灯更换

（1）指示灯指示异常，应进行检查。

（2）测量指示灯两端对地电压：若电压正常则判断为指示灯故障，自行更换；若电压异常则判断为回路其他单元故障，联系检修人员处理。

（3）更换指示灯前，应断开相关电源，并用万用表测量电源侧确无电压。

（4）更换时，运维人员应戴手套，拆解二次线时应做绝缘包扎处理。

（5）维护后，应检查指示灯运行正常，显示正确。

（6）对于位置不利于更换或与控制把手一体的指示灯，应建议停电更换，防止因短路

造成机构误动。

（四）储能空开更换

（1）储能空开不满足运行要求时，应进行更换。

（2）更换储能空开前，应断开上级电源，并用万用表测量电源侧确无电压。

（3）更换时，运维人员应戴手套，打开的二次线应做好绝缘措施。

（4）更换后检查极性、相序正确，确认无误后方可投入储能空开。

（五）组合电器红外热像检测

（1）检测本体及进出线电气连接、汇控柜等处，对电压互感器隔室、避雷器隔室、电缆仓隔室、接地线及汇控柜内二次回路重点检测。

（2）检测中若发现罐体温度异常偏高，应尽快上报处理。

（3）配置智能机器人巡检系统的变电站，可由智能机器人完成红外普测和精确测温，由专业人员进行复核。

（六）各元件规定的寿命操作次数

各元件规定的寿命操作次数如表 1-4-1 所示。

表 1-4-1　　　　　　　　　组合电器各元件规定的寿命操作次数

序号	高压开关名称	使用条件	规定操作次数
1	断路器	空载操作	10000
		开合负荷电流	6000
		开断额定短路电流	20
2	隔离开关	空载操作	10000
		开合母线转换电流	100
3	接地开关	空载操作	10000
		开合感应电流（电磁、静电）	100
		关合短路电流	2

【任务小结】

本任务的学习重点包括 GIS 设备运行规定、GIS 设备紧急申请停运规定、运行中 GIS 断路器、隔离刀闸、接地刀闸的联锁要求、GIS 设备维护项目。

任务五：GIS 设备故障及异常处理

【任务描述】

本任务学习内容包括 GIS 组合电器内部绝缘故障或击穿、SF_6 气体压力异常、声响异常、局部过热、分合闸异常、主回路直流电阻偏高异常、体外逸时故障及异常的处理。

【任务目标】

知识目标	1. 掌握 GIS 设备的内部绝缘、击穿故障的现象及处理原则； 2. 掌握 GIS 设备 SF_6 气体压力异常的现象及处理原则； 3. 掌握 GIS 设备的声响异常、局部过热的现象及处理原则； 4. 掌握 GIS 设备分、合闸异常的现象及处理原则； 5. 掌握 GIS 设备发生故障气体外逸时的安全技术措施。
技能目标	1. 能够根据 GIS 设备的异常现象正确判断故障及异常的类型。 2. 能够正确对 GIS 设备各类故障及异常进行处置。
素质目标	提升运维人员标准化、规范化的故障及异常应急处置能力。

【知识与技能】

一、内部绝缘故障、击穿

（一）现象

组合电器内部绝缘故障、击穿将造成保护动作跳闸，在不同接线方式下，将造成出线保护、母线保护或主变后备保护等动作。

（二）处理原则

（1）检查现场故障情况（保护动作情况、现场运行方式、故障设备外观等），汇报值班调控人员。

（2）根据值班调控人员指令隔离故障组合电器，将其他非故障设备恢复运行，联系检修人员处理。

二、SF_6 气体压力异常

（一）现象

监控系统发出 SF_6 气体压力报警、闭锁信号或 SF_6 压力表压力指示降低。SF_6 密度表压力通过截止阀（运行中为开启状态）与本体气室相连，直接反映气室实际压力。监控后台告警信号来自于 SF_6 密度表或密度继电器报警/闭锁触点。当气室 SF_6 压力下降报警/闭锁值时，相应的触点导通，监控后台就发出相应的告警或闭锁信号。但不同的现象，原因和处理方法也不尽相同。

（二）处理原则

（1）现场检查 SF_6 压力表外观是否完好，所接气体管道阀门是否处于打开位置。

（2）监控系统发出气体压力低告警或闭锁信号，但现场检查 SF_6 压力表指示正常，判断为误发信号，原因可能是信号回路故障或者 SF_6 密度表或密度继电器报警/闭锁触点损坏。应立即通知检修人员进行回路核查，如有必要应更换 SF_6 密度表和密度继电器。

（3）监控后台发出气体压力低告警或闭锁信号，现场 SF_6 气体密度表指示异常。如果 SF_6 压力还没有降到闭锁值，可以在保证安全的情况下，通知检修人员在充气接头位置接入合格表计对气室压力进行核准。

（4）如果标准表计显示 SF_6 压力确实异常，而信号回路未正常发出信号或 SF_6 密度表或继电器报警/闭锁触点未正常动作，应通知检修人员进行回路核查或更换 SF_6 密度表或密度继电器，并对该气室进行 SF_6 补气。

（5）在进行补气工作后，运维人员应检查 SF_6 管道各阀门的开启和关闭情况是否与运行中一致。补气量超过 0.2MPa 或经常补气的气室时，应申请开展气室 SF_6 气体微水测量。补气工作应避免在湿度较大的天气进行，并跟踪监视 SF_6 压力变化情况。

（6）若 SF_6 压力确已降到闭锁操作压力值或直接降至零值，应立即断开操作电源，锁定操动机构，并立即汇报值班调控人员申请将故障组合电器隔离。

三、声响异常

（一）现象

与正常运行时对比有明显增大且伴有各种杂音。

（二）运行中声音异常现象及原因分析

运行巡视中听见 GIS 金属罐体有异常的振动、金属罐体内部有异常的放电声音。GIS 在运行中存在异常声音，极有可能是存在罐体内部放电现象。GIS 导体与地之间的主要绝缘介质是 SF_6 气体，而电场分布对 SF_6 气体的绝缘性能影响较大。GIS 罐体内影响电场分布的因素都有可能造成 SF_6 气体绝缘性能下降，导致 GIS 内部放电。

（三）运行中声音异常处理

当听到异常声音后，应通知检修人员（高压试验人员）对 GIS 罐体进行超声波局部放电检测，根据局部放电检测结果判断是否需要进行开罐检查。如果需要停电处理，运维人员应立即汇报调度，并立即报告生产调度和运维班班长，申请停电处理。

（四）处理原则

（1）伴有电火花、爆裂声时，立即申请停电处理。

（2）伴有振动声时，检查组合电器外壳及接地紧固螺栓有无松动，必要时联系检修人员处理。

（3）伴有放电的"吱吱"等声响时，检查本体或套管外表面是否有局部放电或电晕，联系检修人员处理。

四、局部过热

（一）现象

红外测温中罐体、引线接头等部位温度异常偏高。

（二）处理原则

（1）红外测温发现组合电器罐体温度异常升高时，应考虑是否为内部发热导致，并进行精确测温判断。

（2）红外测温发现组合电器引线接头温度异常升高时。

1）发热部分和正常相温差不超过 15K，应对该部位增加测温次数，进行缺陷跟踪。

2）发热部分最高温度≥90℃或相对温差≥80%，应加强检测，必要时上报调控中心，申请转移负荷或倒换运行方式。

3）发热部分最高温度≥130℃或相对温差≥95%，应立即上报调控中心，申请转移负荷或倒换运行方式，必要时停运该组合电器。

五、分、合闸异常

（一）现象

分、合闸指示器指示不正确、指示不到位；操作过程中有非正常金属撞击声。

（二）处理原则

（1）检查分、合闸指示器标识是否存在脱落变形。

（2）操动机构机械传动部分是否变形、脱落。

（3）结合运行方式和操作命令，检查监控系统变位、保护装置、遥测、遥信等信息确认设备实际位置，必要时联系检修人员处理。

六、主回路直流电阻偏高异常

（一）主回路直流电阻偏高现象及原因分析

红外测温中罐体温度异常偏高且例行试验时主回路直流电阻测量值偏高。GIS 主回路直流电阻异常使导体连接部位的接触电阻增大。当巡视中发现 GIS 罐体温度异常升高时，应考虑是否为内部发热导致。当无法自行判断时，应通知检修人员（高压试验人员）进行精确测温判断。

（二）主回路直流电阻偏高处理

由于主回路直流电阻测量需在设备转检修状态后方可进行，对于申请停电进行主回路直流电阻测量工作应慎重。如果需要停电处理，运维人员应立即汇报调度和运维班班长，申请停电处理。GIS 在安装过程中必须对导体是否插接良好进行检查，特别对可调整的伸缩节及电缆连接处的导体连接情况应进行重点检查。

七、组合电器发生故障气体外逸时的安全技术措施

（一）现象

现场可听到"嘶嘶"声，SF_6 及氧气含量检测装置报警。

（二）处理原则

（1）室内组合电器发生故障有气体外逸时，全体人员迅速撤离现场，并立即投入全部通风设备。只有在组合电器室彻底通风或检测室内氧气含量正常（不低于 18%），SF_6 气体分解物完全排除后，才能进入室内，必要时带防毒面具或正压式呼吸器，穿防护服。

（2）室外组合电器发生故障有气体外逸时，全体人员迅速撤离到上风口，严禁滞留。

（3）在事故发生后 15min 之内，只准抢救人员进入室内。事故发生后 4h 内，任何人员进入室内必须穿防护服，戴手套，以及戴备有氧气呼吸器的防毒面具。

（4）若有人被外逸气体侵袭，应立即送医院诊治。

【任务小结】

本任务介绍了 GIS 设备几种典型故障及异常类型、并详细讲解了 GIS 设备各类异常及故障的现象特征及处理原则。

任务六：GIS 设备验收及投运

【任务描述】

本任务学习内容包括 GIS 设备验收的分类、验收方法、验收标准及 GIS 设备的启动投运等相关规定流程。

【任务目标】

知识目标	1. 掌握 GIS 设备验收分类、验收方法及验收标准； 2. 掌握 GIS 设备验收相关要求； 3. 掌握 GIS 设备的投运启动、移交相关规定、流程。
技能目标	1. 能够依据 GIS 设备验收标准正确进行设备验收； 2. 能够依据 GIS 设备的投运启动相关流程投运设备。
素质目标	提升运维人员设备验收、投运标准化水平。

【知识与技能】

一、GIS 设备验收

（一）验收的重要性及目的

变电站设备验收是保证电气设备投产后正常运行的重要手段,验收是为了检验设备是否满足电网系统运行要求，技术参数、使用条件、动作功能是否符号技术规范要求，性能试验是否符号规范书的要求，通过验收来保证设备制造及安装的质量和使用性能，确保电气设备安全可靠运行。

（二）验收的分类

组合电器（包括 GIS、HGIS，下同）验收包括可研初设审查、厂内验收、到货验收、隐蔽工程验收、中间验收、竣工（预）验收、启动投运验收等七个关键环节。

（三）验收方法

验收方法包括资料检查、旁站见证、现场检查和现场抽查。

（1）资料检查指对所有资料进行检查，设备安装、试验数据应满足相关规程规范要求，安装调试前后数值应有比对，保持一致性，无明显变化。

（2）旁站见证包括关键工艺、关键工序、关键部位和重点试验的见证。

（3）现场检查包括现场设备外观和功能的检查。

（4）现场抽查是指工程安装调试完毕后，抽取一定比例设备、试验项目进行检查，据以判断全部设备的安装调试项目是否按规范执行。现场抽检应明确抽查内容、抽检方法及抽检比例。抽查要求如下：

1）工程安装调试完毕后，运检单位应对交接试验项目进行抽样检查；

2）抽样检查应按照不同电压等级、不同设备类别分别进行，抽检项目应根据设备及试验项目的重要程度有所侧重；

3）对于抽样检查不合格的项目，应责成施工单位对该类项目全部进行重新试验；

4）对数据存在疑问、现场需要及反复出现问题的设备应进行复试。

（四）GIS 设备竣工验收

1. 竣工验收要求

（1）应对断路器外观、安装工艺、机械特性、信号等项目进行检查核对。

（2）应核查断路器交接试验报告，必要时对交流耐压试验、局放试验进行旁站见证。

（3）应检查、核对断路器相关的文件资料是否齐全。

（4）不同电压等级的断路器，根据不同的结构、组部件执行选用相应的验收标准。

2. 竣工验收条件

（1）施工单位完成三级自检并出具自检报告。

（2）监理单位完成验收并出具监理报告，明确设备概况、设计变更和安装质量评价。

（3）现场设备生产准备完成。

（4）现场应具备各类生产辅助设施（包括安全工器具、专用工器具、备品备件等）。

（5）施工图纸、交接试验报告、单体调试报告及安装记录等完整齐全，满足投产运行的需要。

（6）设备的技术资料（包括设备订货相关文件、设计联络文件、监造报告、设计图纸资料、供货清单、使用说明书、备品备件资料、出厂试验报告等）齐全。

（7）工程施工承包合同及设计要求全部施工完毕。

（8）土建工程全部质量验收已经结束，并办理了质量验收签证。

（9）电气安装、调试工程已经结束，按照验收规范的规定已能满足电站运行的要求。

（10）电站各个阵列及公用系统已经全部投运，且试运行达到 15 天，试运行期间的所有缺陷已全部消除。

（11）技术文件资料、施工记录、质量检验评定记录完整、齐全并签证完备。

（12）监理单位对工程进行了竣工预验收和消缺验证，已具备满负荷运行条件。

（13）电站并网调度协议已签订，电力业务许可证已批复。

（14）工程环境保护、水土保持和消防系统全部通过相关监管部门的验收；送出线路工程通过电网验收。

3. 竣工验收内容

（1）工程质量管理体系及实施。

（2）主设备的安装试验记录。

（3）工程技术资料，包括出厂合格证及试验资料、隐蔽工程检查验收记录等。

（4）抽查装置外观和仪器、仪表合格证。

（5）电气试验记录。

（6）现场试验检查。

（7）技术监督报告及反事故措施执行情况。

（8）工程生产准备情况。

4. GIS 设备竣工验收标准

（1）GIS 设备外观验收。

1）外观检查。

① 基础平整无积水、牢固，水平、垂直误差符合要求，无损坏。

② 安装牢固、外表清洁完整，支架及接地引线无锈蚀和损伤。

③ 瓷件完好清洁。

④ 均压环与本体连接良好，安装应牢固、平正，不得影响接线板的接线；安装在环境温度零度及以下地区的均压环，宜在均压环最低处打排水孔。

⑤ 开关机构箱机构密封完好，加热驱潮装置运行正常检查。机构箱开合顺畅、箱内无异物。

⑥ 横跨母线的爬梯，不得直接架于母线器身上。爬梯安装应牢固，两侧设置的围栏应符合相关要求。

⑦ 避雷器泄露电流表安装高度最高不大于 2m。

⑧ 落地母线间隔之间应根据实际情况设置巡视梯。在组合电器顶部布置的机构应加装检修平台。

⑨ 室内 GIS 站房屋顶部需预埋吊点或增设行吊。

⑩ 母线避雷器和电压互感器应设置独立的隔离开关或隔离断口。

⑪ 检查断路器分合闸指示器与绝缘拉杆相连的运动部件相对位置有无变化。

⑫ 电流互感器、电压互感器接线盒电缆进线口封堵严实，箱盖密封良好。

2）标志。

① 隔断盆式绝缘子标示红色，导通盆式绝缘子标示为绿色。

② 设备标志正确、规范。

③ 设备出厂铭牌齐全、参数正确。相序标志清晰正确。

3）接地检查。

① 底座、构架和检修平台可靠接地，导通良好。

② 支架与主地网可靠接地，接地引下线连接牢固，无锈蚀、损伤、变形。

③ 全封闭组合电器的外壳法兰片间应采用跨接线连接，并应保证良好通路，金属法兰的盆式绝缘子的跨接排要与该组合电器的型式报告样机结构一致。

④ 接地无锈蚀，压接牢固，标志清楚，与地网可靠相连。

⑤ 本体应多点接地，并确保相连壳体间的良好通路，避免壳体感应电压过高及异常发热威胁人身安全。非金属法兰的盆式绝缘子跨接排、相间汇流排的电气搭接面采用可靠防腐措施和防松措施。

⑥ 接地排应直接连接到地网，电压互感器、避雷器、快速接地开关应采用专用接地线直接连接到地网，不应通过外壳和支架接地；

⑦ 带电显示装置的外壳应直接接地。

⑧ 检修平台的各段增加跨接排，连接可靠导通良好。

（2）密度继电器及连接管路。

1）每一个独立气室应装设密度继电器，严禁出现串联连接；密度继电器应当与本体安装在同一运行环境温度下，各密封管路阀门位置正确。

2）密度继电器需满足不拆卸校验要求。位置便于检查巡视记录。

3）二次线必须牢靠，户外安装密度继电器必须有防雨罩，密度继电器防雨箱（罩）应能将表、控制电缆接线端子一起放入，防止指示表、控制电缆接线盒和充放气接口进水受潮。

4）220kV 及以上分箱结构断路器每相应安装独立的密度继电器。

5）所在气室名称与实际气室及后台信号对应、一致。

6）密度继电器的报警、闭锁定值应符合规定。备用间隔（只有母线侧刀闸）及母线筒密度继电器的报警接入相邻间隔。

7）充气阀检查无气体泄漏，阀门自封良好，管路无划伤。

8）SF_6 气体压力均应满足说明书的要求值。

9）密度继电器的二次线护套管在最低处必须有漏水孔，防止雨水倒灌进入密度表的二次插头造成误发信号。

10）GIS 密度继电器应朝向巡视主道路，前方不应有遮挡物，满足机器人巡检要求。

11）阀门开启、关闭标志清晰。

12）需靠近巡视走道安装表计，不应有遮挡，其安装位置和朝向应充分考虑巡视的便利性和安全性。密度继电器表计安装高度不宜超过 2m（距离地面或检修平台底板）。

13）所有扩建预留间隔应加装密度继电器并可实现远程监视。

（3）伸缩节及波纹管检查。

1）检查调整螺栓间隙是否符合厂方规定，留有余度。

2）检查伸缩节跨接接地排的安装配合满足伸缩节调整要求，接地排与法兰的固定部位应涂抹防水胶。

3）检查伸缩节温度补偿装置完好。应考虑安装时环境温度的影响，合理预留伸缩节调整量。

4）应对起调节作用的伸缩节进行明确标志。

（4）外瓷套或合成套外表检查：瓷套无磕碰损伤，一次端子接线牢固。金属法兰与瓷件胶装部位粘合应牢固，防水胶应完好。

（5）法兰盲孔检查：

1）盲孔必须打密封胶，确保盲孔不进水。

2）在法兰与安装板及装接地连片处，法兰和安装板之间的缝隙必须打密封胶。

（6）隔离、接地开关电动机构。

1）机构内的弹簧、轴、销、卡片、缓冲器等零部件完好。

2）机构的分、合闸指示应与实际相符。

3）传动齿轮应咬合准确，操作轻便灵活。

4）电机操作回路应设置缺相保护器。

　　5）隔离开关控制电源和操作电源应独立分开。同一间隔内的多台隔离开关，必须分别设置独立的开断设备。

　　6）机构的电动操作与手动操作相互闭锁应可靠。电动操作前，应先进行多次手动分、合闸，机构动作应正常。

　　7）机构动作应平稳，无卡阻、冲击等异常情况。

　　8）机构限位装置应准确、可靠，到达规定分、合极限位置时，应可靠地切除电动机电源。

　　9）机构密封完好，加热驱潮装置运行正常。

　　10）做好控缆进机构箱的封堵措施，严防进水。

　　11）三工位的隔离刀闸，应确认实际分合位置，与操作逻辑、现场指示相对应；

　　12）机构应设置闭锁销，闭锁销处于"闭锁"位置机构即不能电动操作也不能手动操作，处于"解锁"位置时能正常操作。

　　13）应严格检查销轴、卡环及螺栓连接等连接部件的可靠性，防止其脱落导致传动失效。

　　14）相间连杆采用转动传动方式设计的三相机械联动隔离开关，应在三相同时安装分合闸指示器。

　　（7）断路器液压机构。

　　1）机构内的轴、销、卡片完好，二次线连接紧固。

　　2）液压油应洁净无杂质，油位指示应正常，同批安装设备油位指示一致。

　　3）液压机构管路连接处应密封良好，管路不应和机构箱内其它元件相碰。

　　4）液压机构下方应无油迹，机构箱的内部应无液压油渗漏。

　　5）储能时间符合产品技术要求，额定压力下，液压机构的 24h 压力降应满足产品技术条件规定（安装单位提供报告）。

　　6）检查油泵启动停止、闭锁自动重合闸、闭锁分合闸、氮气泄漏报警、氮气预充压力、零起建压时间应和产品技术条件相符。

　　7）防失压慢分装置应可靠。

　　8）电接点压力表、安全阀应校验合格，泄压阀动作应可靠，关闭严密。

　　9）微动开关、接触器的动作应准确可靠，接触良好。

　　10）油泵打压计数器应正确动作。

　　11）安装完毕后应对液压系统及油泵进行排气（查安装记录）。

　　12）液压机构操作后液压下降值应符合产品技术要求。

　　13）机构打压时液压表指针不应剧烈抖动。

　　14）机构上储能位置指示器、分合闸位置指示器便于观察巡视。

　　（8）断路器弹簧机构。

　　1）弹簧机构内的弹簧、轴、销、卡片等零部件完好。

　　2）机构合闸后，应能可靠地保持在合闸位置。

　　3）机构上储能位置指示器、分合闸位置指示器便于观察巡视。

　　4）合闸弹簧储能完毕后，限位辅助开关应立即将电机电源切断。

5）储能时间满足产品技术条件规定，并应小于重合闸充电时间。

6）储能过程中，合闸控制回路应可靠断开。

（9）断路器液压弹簧机构。

1）机构内的轴、销、卡片完好，二次线连接紧固；

2）液压油应洁净无杂质，油位指示应正常；

3）液压弹簧机构各功能模块应无液压油渗漏；

4）电机零表压储能时间、分合闸操作后储能时间符合产品技术要求，额定压力下，液压弹簧机构的 24h 压力降应满足产品技术条件规定（安装单位提供报告）；

5）检查液压弹簧机构各压力参数安全阀动作压力、油泵启动停止压力、重合闸闭锁报警压力、重合闸闭锁压力、合闸闭锁报警压力、合闸闭锁压力、分闸闭锁报警压力、分闸闭锁压力应和产品技术条件相符；

6）防失压慢分装置应可靠，投运时应将弹簧销插入闭锁装置；手动泄压阀动作应可靠，关闭严密；

7）检查驱潮、加热装置应工作正常；

8）机构上储能位置指示器、分合闸位置指示器便于观察巡视。

（10）连线引线及接地。

1）连接可靠且接触良好并满足通流要求。接地良好，接地连片有接地标志。

2）连接螺栓应采用 M16 螺栓固定。

（11）绝缘盆子带电检测部位检查。

绝缘盆子为非金属封闭、金属屏蔽但有浇注口；可采用带金属法兰的盆式绝缘子，但应预留窗口，预留浇注口盖板宜采用非金属材质，以满足现场特高频带电检测要求。

（12）GIS 设备汇控柜验收。

1）外观检查。

① 安装牢固、外表清洁完整，无锈蚀和损伤、接地可靠。

② 基础牢固，水平、垂直误差符合要求。

③ 汇控柜柜门必须限位措施，开、关灵活，门锁完好。

④ 回路模拟线正确、无脱落。

⑤ 汇控柜门需加装跨接接地。

2）封堵检查：底面及引出、引入线孔和吊装孔，封堵严密可靠。

3）标志。

① 回路模拟线正确、无脱落。

② 设备编号牌正确、规范。

③ 标志正确、清晰。

4）二次接线端子。

① 二次引线连接紧固、可靠，内部清洁；电缆备用芯戴绝缘帽。

② 应做好二次线缆的防护，避免由于绝缘电阻下降造成开关偷跳。

5）加热、驱潮装置：运行正常、功能完备。加热、驱潮装置应保证长期运行时不对箱内邻近设备、二次线缆造成热损伤，应大于 50mm，其二次电缆应选用阻燃电缆。

6）位置及光字指示：断路器、隔离开关分合闸位置指示灯正常，光字牌指示正确与后台指示一致。

7）二次元件。

① 汇控柜内二次元件排列整齐、固定牢固。并贴有清晰的中文名称标示。

② 柜内隔离开关空气开关标志清晰，并一对一控制相应隔离开关。

③ 断路器二次回路不应采用 RC 加速设计。

④ 各继电器位置正确，无异常信号。

⑤ 断路器安装后必须对其二次回路中的防跳继电器、非全相继电器进行传动，并保证在模拟手合于故障条件下断路器不会发生跳跃现象。

8）照明：灯具符合现场安装条件，开、关应具备门控功能。

（13）联锁检查验收。

1）带电显示装置与接地刀闸的闭锁：带电显示装置自检正常，闭锁可靠。

2）主设备间联锁检查。

① 满足"五防"闭锁要求。

② 汇控柜联锁、解锁功能正常。

（14）其他验收。

1）监控信号回路正确，传动良好。

2）变更设计的证明文件，安装技术记录、调整试验记录、竣工报告齐全。

3）使用说明书、技术说明书、出厂试验报告、合格证及安装图纸等技术文件齐全。

4）备品备件按照技术协议书规定，核对备品备件、专用工具及测试仪器数量、规格、是否符合要求。

5）配电装置室。

① 组合电器室应装有通风装置，风机应设置在室内底部，并能正常开启。

② GIS 配电装置室内应设置一定数量的氧量仪和 SF_6 浓度报警仪。

6）导线金具、均压环、电缆槽盒排水孔位置、孔径合理。

7）电缆槽盒封堵良好，各段的跨接排设备合理，接地良好。

（15）组合电器交接试验验收。

1）主回路绝缘试验。

① 老练试验，应在现场耐压试验前进行。

② 在 $1.1U_m/\sqrt{3}$ 下进行局放检测，72.5～363kV 组合电器的交流耐压值应为出厂值的 100%。

③ 有条件时还应进行冲击耐压试验，雷电冲击试验和操作冲击试验电压值为型式试验施加电压值的 80%，正负极性各三次。

④ 局部放电试验应随耐压试验一并进行。

2）气体密度继电器试验。

① 进行各触点（如闭锁触点、报警触点）的动作值的校验。

② 随组合电器本体一起，进行密封性试验。

3）辅助和控制回路绝缘试验：采用 2500V 兆欧表且绝缘电阻大于 10MΩ。

4）主回路电阻试验。

① 采用电流不小于 100A 的直流压降法。

② 现场测试值不得超过控制值。

③ 应注意与出厂值的比较，不得超过出厂实测值的 120%。

④ 注意三相测试值的平衡度，如三相测量值存在明显差异，须查明原因。

⑤ 测试应涵盖所有电气连接。

5）气体密封性试验：组合电器静止 24h 后进行，采用检漏仪对各气室密封部位、管道接头等处进行检测时，检漏仪不应报警；每一个气室年漏气率不应大于 0.5%。

6）SF_6 气体试验。

① SF_6 气体必须经 SF_6 气体质量监督管理中心抽检合格，并出具检测报告后方可使用。

② SF_6 气体注入设备前后必须进行湿度检测，且应对设备内气体进行 SF_6 纯度检测，必要时进行 SF_6 气体分解产物检测。结果符合标准要求。

③ 组合电器静止 24h 后进行 SF_6 气体湿度（20℃的体积分数）试验，应符合下列规定：有灭弧分解物的气室，应不大于 150μL/L；无灭弧分解物的气室，应不大于 250μL/L。

7）机械特性试验。

① 机械特性测试结果，符合其产品技术条件的规定，测量开关的行程—时间特性曲线，在规定的范围内。

② 应进行操动机构低电压试验，符合其产品技术条件的规定。

8）试验对比分析。

试验数据应通过显著性差异分析法和纵横比分析法进行分析，并提出意见。

（16）资料及文件验收。

1）订货合同、技术协议齐全。

2）重要材料和附件的工厂检验报告和出厂试验报告资料齐全。

3）安装使用说明书，图纸、维护手册等技术文件资料齐全。

4）出厂试验报告资料齐全，数据合格。

5）三维冲击记录仪记录纸和押运各项记录齐全、数据合格。

6）安装检查及安装过程记录齐全，数据合格。

7）安装过程中设备缺陷通知单、设备缺陷处理记录齐全。

8）交接试验报告项目齐全，数据合格。

9）变电工程投运前电气安装调试质量监督检查报告项目齐全，质量合格。

10）传感器布点设计详细报告齐全。

11）设备监造报告资料齐全，数据合格。

12）备品备件、专用工器具、仪器清单项目齐全，数据合格。

13）气室分割图、吸附剂布置图资料齐全，与现场实际核对一致。

二、GIS 设备的投运

GIS 通过竣工验收后，按照有关程序或有关规定进入启动试运行阶段。参加投运的单位有：设备管理部、安监部、项目建设单位、所管辖设备调度中心、设备接收运维单位（验收单位）、工程施工单位。投运中的检测由工程施工单位实施，设备接收单位验收。

（一）新设备启动条件

（1）新设备全部按照设计要求安装、调试完毕，且验收、质检工作已经结束（包括主设备、继电保护及安全自动装置、电力通信设施、调度自动化设备等），设备具备启动条件。

（2）设备参数实测工作结束，并经设备运维单位确认，于启动前 3 日报送有关调度机构。

（3）现场生产准备工作就绪，包括运行人员的培训、考试合格，现场图纸、规程、制度、设备编号标志、抄表日志、记录薄等均已齐全，变电站归属监控中心已明确并已提交有关报告，具备启动条件。

（4）电力通信通道及自动化信息接入工作已经完成，调度通信、自动化设备及计量装置运行良好，通道畅通，实时信息满足调度运行需要。

（5）申请单位已向调度管理机构提出投运申请并获批准。

（6）项目通过竣工验收，相关设备方可具备启动条件。启动委员会已同意启动。

（二）新设备启动要求

（1）电力调度通信、调度自动化、继电保护及安全自动装置等电网配套工程，应与发电、变电工程项目同时设计、同时建设、同时验收、同时投入使用。

（2）新设备投运前，工程主管部门应及时组织有关单位召开启动会议，对新设备启动调度实施方案、调度操作、试运行计划进行讨论，并取得统一意见，以便有关单位事先做好启动操作的准备并贯彻实施。

（3）认真检查现场设备满足安全技术要求后，向值班调度员汇报新设备具备启动条件，该新设备即纳入调度管理，未经值班调度员下达指令（或许可），不得进行任何操作和工作。若因特殊情况需要操作或工作时，经启动委员会同意后，由原运行维护单位向值班调度员汇报撤消具备启动条件，在工作结束后重新汇报新设备具备启动条件。

（4）在新设备启动过程中，相关运行维护单位和调度部门应严格按照已批准的调度实施方案执行并做好事故预想。现场和其他部门不得擅自变更已批准的调度实施方案；如遇特殊情况需变更时，必须经编制调度实施方案的调度机构同意。

（5）在基建工程或重大技改工程投入运行后 3 个月内，应向相关调度部门上报继电保护及安全自动装置等竣工图纸。

（三）新设备启动基本原则

（1）新设备启动应严格按照批准的调度实施方案执行，调度实施方案内容包括：启动范围、调试项目、启动条件、预定启动时间、启动步骤、继电保护要求等；

（2）设备运行维护单位应保证新设备的相位与系统一致。有可能形成环路时，启动过程中必须核对相位；不可能形成环路时，启动过程中可以只核对相序；

（3）在新设备启动过程中，调试系统保护应有足够的灵敏度，允许失去选择性，严禁无保护运行。新设备投运过程中，在新设备未通过带负荷试验检查保护极性前，宜考虑有可靠的后备保护；

（4）新设备启动投运前，由设备运行人员向相关调度当值调度员汇报本单位（部门）负责的新设备启动条件。

（四）启动投运

1. GIS 设备启动投运前检查

GIS 设备启动投运前检查按照表 1-6-1、表 1-6-2 执行。

表 1-6-1   GIS 设 备 检 查

GIS 设备现场检查危险点分析及控制		
序号	危险点	控制措施
1	高空坠物及落物伤人	1. 进入现场人员需正确佩带安全帽，高处有人工作时，下面严禁站人。 2. 在 GIS 上的验收工作，使用梯子时，梯子脚应有防滑措施，并固定牢靠，未固定前应有人扶持，防止倾倒。 3. 高处作业应系好安全带，穿软底绝缘鞋。
2	防止触电伤害	1. 施工电源拆、接，应由两人进行。 2. 使用电动仪器、仪表，工机具外壳必须良好接地。 3. 如有加电压试验工作（如工频耐压）按该专业相应的安全规定执行；并做好相互应答。 4. 防止误入相邻运行间隔，防止误动、误碰运行设备造成人身触电。 5. 搬运长物件时，应放倒由两人搬运，并与带电保持足够的安全距离。
3	人员跌倒受伤	1. 验收前要求施工单位清理平整现场。 2. 电缆沟盖板、井盖应妥善盖好。
4	防止有毒气体伤害	1. 必须首先检查氧气仪、SF_6 气体泄漏报警仪有无报警，同时启动强力通风 15min 之后、再次用手持检漏仪检查氧气含量不低于 18%、SF_6 气体含量不超过 $1000\mu L/L$，合格后方可进入。 2. 进入低位区和电缆沟应再次测含氧量和 SF_6 气体含量合格后方可进行工作。
5	防止机械伤害	1. 断路器快速操作时，人员应离开传动部分或有屏障地方，且做好相互应答。 2. 合闸弹簧储能后，机构检查人员不得误碰分闸、合闸保持掣子及所有可动部位。 3. 就地操作和有设备的检查工作，必须确认远方操作电源已断开方能进行。

表 1-6-2   GIS 组合电器设备现场检查表

序号	检查设备名称	检查内容及状态
1	断路器	外观正常
2		设备标示完整、清晰、无脱
3		A、B、C 三相指示均在分闸位置，机械、电气指示与 OWS 后台指示一致
4		A、B、C 三相气室 SF_6 气体压力显示在额定压力以上
5		表计完好，无破损，无渗漏
6		储能正常，油位正常，油位指示观察孔内无气泡
7	隔离开关	外观正常
8		设备标示完整、清晰、无脱
9		指示在分闸位置，机械、电气指示与 OWS 后台指示一致
10		A、B、C 三相气室 SF_6 气体压力显示在额定压力以上

序号	检查设备名称	检查内容及状态
11	隔离开关	操作传动杆无形变
12		操作机构箱端盖紧固正常
13	接地刀闸	外观正常
14		设备标示完整、清晰、无脱
15		设备在分闸位置，机械、电气指示与 OWS 指示一致
16		操作机构箱端盖紧固正常
17	出线套管	基础无下沉倾斜、无开裂、塌陷等情况
18		套管外观良好，无严重污秽
19		绝缘子无破损、无闪络放电痕迹
20		接地端和引线接头无松动
21	汇控柜	柜内无异味、积水、凝露
22		带电显示装置指示正常
23		设备位置电气指示正确，与一次设备状态一致，无异常告警
24		联锁/解锁、近控/远控位置指示正确，钥匙已拔出
25		对应设备控制电源、信号电源、电机电源、所有加热器、照明空开位置正确
26		柜内元器件、接线无脱落现象
27		柜门接地良好、锁闭良好

2. 启动投运

（1）工程启动投运前，应按照项目管理关系组织成立启动验收委员会，并下设工程验收组，工程验收组组长由建设管理单位和运维单位（部门）共同担任。

（2）验收及消缺完成后，工程验收组向启动验收委员会提交工程启动验收报告，并向启动委员会汇报工程具备启动条件，经工程启动委员会批准投运。

（3）项目启动期间，应按照启动试运行方案进行系统调试，对设备、分系统与电力系统及其自动化设备的配合协调性能进行的全面试验和调整，工程验收组进行确认。

（4）试运行期间（不少于 24h），由运维单位、参建单位对设备进行巡视、检查、监测和记录。

（5）试运行完成后，运维单位、参建单位对各项设备进行一次全面的检查，并对发现的缺陷和异常情况进行处理，由验收组再行验收。

（五）移交

（1）工程完成启动、调试、试运行后，验收组提出移交意见。由启委会决定办理工程向生产运行单位移交。工程在试运行后、正式移交前发生的与工程建设有关的质量问题由建设管理单位（部门）组织处理，并在工程遗留问题记录清单上签字。

（2）建设管理单位（部门）组织项目施工单位编制基于固定资产目录的设备移交清册。

（3）建设管理单位（部门）在规定时间内向运检单位移交专用工器具、备品备件和工程资料清单（包括完整的竣工纸质图纸和电子版图纸）。

（4）新设备投运后一年内发生的因建设质量问题导致的设备故障或异常事件，由建设管理单位（部门）组织处理。

（5）项目竣工投产后 30 日内，设计单位向项目管理单位提交完整的竣工图纸，包括纸质图纸和电子版图纸。

【任务小结】

本任务主要内容包括 GIS 设备验收的分类、GIS 设备验收方法、验收标准及 GIS 设备的启动投运等相关规定流程。

任务七：蓄电池核对性充放电试验

【任务描述】

本任务主要通过使用蓄电池核对性放电装置，对阀控式蓄电池进行核对性充放电试验。

【任务目标】

知识目标	掌握蓄电池核对性充放电试验的目的、原理及要求。
技能目标	掌握蓄电池核对性放电装置使用方法和要求，按照标准化试验流程完成试验。
素质目标	掌握标准化试验流程，树立风险防范意识，养成严谨的工作态度。

【知识与技能】

一、试验目的

蓄电池组在变电站中一般作为直流备用电源，正常情况下都处于浮充电状态，蓄电池浮充状态下的端电压与容量无对应关系，即使性能很差的蓄电池在浮充状态下也可能测得合格的电压。因此，平时处于浮充状态下的端电压是不能真实反映蓄电池性能的。定期对蓄电池组进行核对性充放电可以检查蓄电池组容量，可使蓄电池得到活化，容量得到恢复，使用寿命延长。

二、试验原理

蓄电池核对性充放电试验是通过实现蓄电池放电、充电的循环，达到试验目的。蓄电池组放电通过外接放电装置，以规定的恒定电流进行放电。通过检测每一节蓄电池的电压，当其中任何一节电池的电压跌到终止电压或整体电压跌至终止电压时，所放出的容量即为该蓄电池组的实际容量。蓄电池组充电通过直流系统充电机或外接充电机实现蓄电池恒流均充、恒压均充、浮充电过程。

蓄电池放电仪整机由放电元件、控制系统、电压采样系统等三部分构成。接线回路由两部分组成，分别是主放电回路和电压采样回路。主放电回路是通过两根载流量足够大的电缆蓄电池组首节正极与末节负极与蓄电池放电仪器进行连接，实现蓄电池组放电功能。电压采样回路通过采样线将每一节蓄电池电压进行采集，便于控制系统对蓄电池电压监测、分析、存储、生成报告，并依据采集电压达到设定值而停止放电。

蓄电池充电一般利用直流系统充电机完成，也可使用外接充电装置。充电装置主要由整流模块、控制系统组成。接线回路为主充电回路，使用直流系统充电机时蓄电池电压采样由电池组自带采样装置完成。充电过程为恒流充电、恒压充电、浮充电三个过程，确保蓄电池组充满电。

三、试验要求

（一）环境要求

（1）环境温度在 5～35℃之间。

（2）环境相对湿度不宜大于 80%。

（二）待测设备要求

（1）待试验蓄电池组已与直流系统脱离。

（2）设备外观清洁、无异常，设备上无其他外部作业。

（三）人员要求

（1）掌握蓄电池核对性充放电试验原理、依据、标准。

（2）熟悉变电站直流系统运行方式和蓄电池的型式、用途、结构及原理。

（3）熟悉蓄电池核对性充放电仪器原理、结构、用途及使用方法，并能排除一般故障。

（四）安全要求

（1）试验仪器的金属外壳应可靠接地。

（2）因试验需要断开设备接头时，拆前应做好标记，接后应进行检查，并确认无误。

（3）试验现场出现明显异常情况时（如异音、电压波动、系统接地等），应立即停止检测工作并撤离现场。

（4）试验结束时，试验人员应拆除自装的测试线，并对被试设备进行检查，恢复试验前的状态，经试验负责人复查后，进行现场清理。

（五）仪器要求

（1）放电仪应具备精准控制放电电流、监视蓄电池电压、自动停止、数据存储、分析、生成报告功能。

（2）试验仪器应定期检验，具备检验报告及试验合格标签。

（六）推荐检测周期

新安装或大修后的阀控蓄电池组，应进行全核对性放电试验，以后每隔 2～3 年进行一次核对性试验。运行了 6 年以后的阀控蓄电池，应每年做一次核对性充放电试验。

四、试验准备

（一）作业现场资料准备

1. 编制作业指导书，熟悉作业危险点。
2. 准备好作业所需图纸资料。
3. 了解被试蓄电池组运行状况。

（二）仪器、工器具、耗材准备

仪器、工器具、耗材准备见表 1-7-1。

表 1-7-1　　　　　　　　　　仪器、工器具、耗材准备

序号	仪器、工器具、耗材准备	检查标准
1	万用表	外观正常、试验合格在有效期内、通断档蜂鸣正常
2	蓄电池核对性充放电仪	试验合格在有效期内、开机正常、附件齐全
3	绝缘手套	外观正常、试验合格在有效期内、气密性良好
4	扳手	外观正常，绝缘良好
5	绝缘胶带	外观正常
6	护目眼睛	外观正常

（三）安全风险防控

安全风险防控措施见表 1-7-2。

表 1-7-2　　　　　　　　　安 全 风 险 防 控

序号	危险点分析	控制措施
1	试验人员精神状况不佳	试验前负责人检查确认人员身体及精神状态良好
2	直流短路、接地	工作中加强监护，禁止使用不合格的工器具
3	触电伤人	工作中加强监护，严禁误碰、误动运行设备
4	直流母线失压	严格按作业指导卡进行操作，严防直流母线无蓄电池组运行
5	蓄电池过放电	正确设置蓄电池放电终止电压，严禁造成蓄电池过放电

（四）办理工作许可

按要求布置安全措施，办理第二种工作票。

五、试验流程

蓄电池核对性充放电试验流程参照图 1-7-1，一共 6 项步骤。

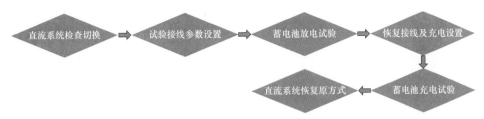

图1-7-1　蓄电池核对性充放电流程图

接下来，依据目前常见"两电两充"模式直流系统接线图，详细阐述蓄电池核对性充放电流程关键技术，下文中举例蓄电池以目前普遍使用的阀控式蓄电池为例，容量为200Ah。"两电两充"直流系统接线图见图1-7-2。

（一）直流系统检查切换

（1）1号充电机输出开关切至"1号充电机输出至母线11ZK"位置，1号电池开关11BK在"合闸"位置，由1号充电机带1号蓄电池、直流Ⅰ段母线运行。2号充电机输出开关切至"2号充电机输出至母线21ZK"位置，2号电池开关21BK在"合闸"位置，由2号充电机带2号蓄电池、直流Ⅱ段母线运行。直流Ⅰ、Ⅱ段母线联络开关1ZK在"分闸"位置。

（2）直流系统无异常告警，无接地、交流串直流现象。

（3）检查两组直流母线的电压是否一致，否则应先调整电压。直流母线电压可通过监控装置查看或者屏后用万用表直接测量母线电压。

（4）将联络开关1ZK切至"合闸"位置，此时两段直流母线并列运行。

（5）将"1号电池开关11BK"切至"停止"位置。此时Ⅰ组蓄电池退出运行。取下Ⅰ组蓄电池的输出熔丝，取熔丝时应使用专用工具，带绝缘手套和护目眼镜。

（6）将"1号充电机输出开关11ZK"切换至"停止"位置，此时充电机退出运行。

（7）检查直流母线电压、电流正常。

（二）试验接线及参数设置

（1）2V（104节单体）单体接线：将电压采集模块单体测试线夹子按顺序接好，每块电压采集模块可采样若干块蓄电池电压，共几块电压采集模块可完成整组蓄电池电压采集。

（2）电压采集模块接线：将全部电压采集模块数据传输线接至蓄电池放电仪对应端口。

（3）主放电回路接线：将电池1与电池104连接主回路电缆拆除并将裸露部分包覆绝缘胶布。正极放电电缆（红色）一端接至放电仪正极接口（红色），另一端接至电池1正极。负极放电电缆（蓝色）一段接至放电仪负极接口（蓝色），另一端与电池104负极连接。

（4）放电仪系统参数设置

电压低限：整组电池放电截止总电压：电压低限＝单体低限×单体节数。

单体低限：1.8V。

放电电流：I_{10}＝标称容量/10。

放电时间：10h。

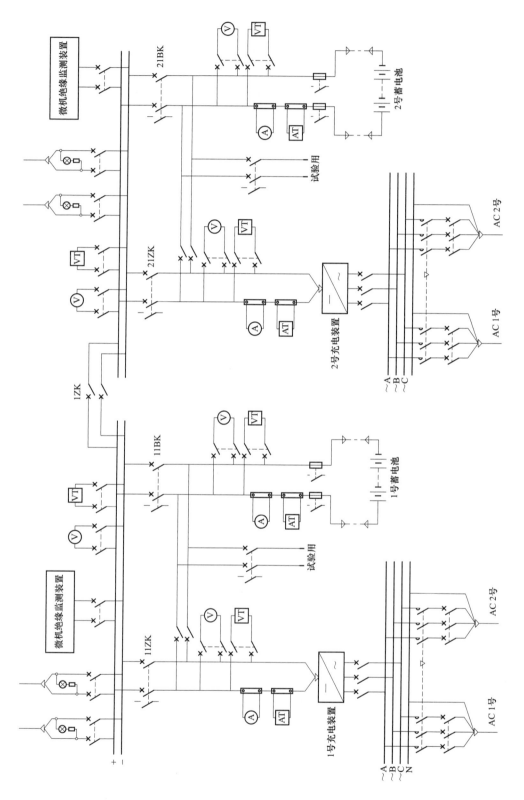

图 1-7-2 "两电两充"直流系统接线图

（三）蓄电池放电试验

（1）参数设置完成后点击确定、开始放电，蓄电池开始放电工作。

（2）放电过程中始终监视电池状态，必要时开展红外测温，关注接头、导线、电池壳体有无发热。关注直流系统运行状况，一旦发生异常，应迅速恢复直流系统原方式接线，保证直流供电。

（3）放电终止后检查放电终止原因，若由于达到放电时间则判断蓄电池良好，可开展充电。若由于单体蓄电池电压降低，达到放电时间，对单体蓄电池进行内阻检查，若无明显异常可开始充电。若由于单体蓄电池电压降低，未达到放电时间，对单体蓄电池进行内阻检查，并进行蓄电池活化，然后重新开展充放电。进行三次充放电后若仍未达到放电时间要求，则判断该组蓄电池不能使用。

（4）将放电数据及时导出，并形成试验报告上报存档。

（四）恢复接线及充电设置

（1）拆除放电仪正负极输出引流接线，恢复Ⅰ段直流蓄电池出线端正、负级引流接线；

（2）插入Ⅰ组蓄电池的输出熔丝，检查各模块整定电压正常。

（3）恒流充电电流设置为"电池容量的 10%"，恒压充电电压设置为"2.3～2.35V×电池数量"，充电电流减小至"$0.1×I_{10}$"时充电装置进行倒计时，倒计时时间可设置为 3h。

（4）将"1 号充电机输出开关"切换至"1 号充电机输出至电池"位置，开始充电。

（五）蓄电池充电试验

（1）充电过程中检查充电电流、电压。

（2）充电过程中检查蓄电池状态，关注电压变化，必要时开展红外测温。

（3）充电过程中关注直流系统运行状况，一旦发生异常，应迅速恢复直流系统原方式接线，保证直流供电。

（六）直流系统恢复原方式

（1）将蓄电池电压采样线全部拆除，电压采集模块拆除，进行仪器整理。

（2）将放电仪及其他工器具整理完毕。

（3）蓄电池充电完毕进入浮充电状态，检查Ⅰ段蓄电池组单体电压在 2.23～2.28V之间；

（4）1 号充电机输出开关切至"1 号充电机输出至母线 11ZK"位置。合上 1 号电池开关 11BK。将联络开关 1ZK 切至"分闸"位置。

（5）查直流Ⅰ、Ⅱ段母线电压、电流指示正常。

六、试验结果诊断分析及试验报告编写

（一）判断标准

1. 一组阀控蓄电池

发电厂或变电所中只有一组电池，不能退出运行、也不能作全核对性放电、只能用I_{10}电流恒流放出额定容量的 50%，在放电过程中，蓄电池组端电压不得低于 $2V×N$。放电后应立即用 I_{10} 电流进行恒流限压充电→恒压充电→浮充电，反复放充 2～3 次，蓄电池

组容量可得到恢复，蓄电池存在的缺陷也能找出和处理。若有备用阀控蓄电池组作临时代用，该组阀控蓄电池可作全核对性放电。

2. 两组蓄电池

发电厂或变电所中若具有两组阀控蓄电池，可先对其中一组阀控蓄电池组进行全核对性放电，用 I_{10} 电流恒流放电，当蓄电池组端电压下降到 $1.8V×N$ 时，停止放电，隔 $1\sim2h$ 后，再用 I_{10} 电流进行恒流限压充电→恒压充电→浮充电。反复 $2\sim3$ 次，蓄电池存在的问题也能查出，容量也能得到恢复。若经过 3 次全核对性放充电，蓄电池组容量均达不到额定容量的 80%以上，可认为此组阀控蓄电池使用年限已到，应安排更换。

蓄电池依据放电容量判定蓄电池性能，可参照表 1-7-3 判定。

表 1-7-3　　　　　　　　蓄池性能的判断标准

容量值范围	电池性能
≥90	优
≥80	良
≥60	中
<60	差

（二）试验报告编写

（1）依据蓄电池放电仪导出数据自动生成初版试验报告。

（2）完善试验报告基本信息，包含变电站名称、试验人员姓名、试验单位、试验日期、环境温度、蓄电池组编号、蓄电池厂家、蓄电池型号、蓄电池额定容量、蓄电池标称电压，放电仪器型号。

（3）审核试验报告内相关数据是否准确、与试验现象一致。

（4）依据 DL/T 724—2021《电力系统用蓄电池直流电源装置运行与维护技术规程》编写试验结论，形成正式试验报告，试验报告模板见典型案例。

七、典型案例

以××变电站为案例开展蓄电池核对性充放电试验，编写蓄电池核对性充放电试验报告，如表 1-7-4 所示。

表 1-7-4　　　　　　　　蓄电池核对性充放电试验报告模板

基本信息							
变电站	××变电站		电池型号	GHF-200		电池组编号	Ⅰ组蓄电池
制造厂商	××蓄电池有限公司	环境温度	20℃	测试单位	××公司变电运维中心××班	电池额定容量	200Ah
测试人员	唐××、张×	测试日期	2022.07.10	电池标称电压	2V	放电仪型号	××型放电仪

续表

电池号	开始（V）	结束（V）	降幅	容量比	结论	维护建议
试验数据						
1	2.217	1.8727	0.3443	146.84	优	按规程维护
2	2.2267	1.8838	0.3429	147.06	优	按规程维护
3	2.2195	1.875	0.3445	146.89	优	按规程维护
4	2.2215	1.8768	0.3447	146.92	优	按规程维护
5	2.2241	1.8787	0.3454	146.96	优	按规程维护
6	2.2256	1.884	0.3416	147.06	优	按规程维护
7	2.2221	1.8747	0.3474	146.88	优	按规程维护
8	2.2216	1.8698	0.3518	146.78	优	按规程维护
9	2.2224	1.8751	0.3473	146.89	优	按规程维护
10	2.2196	1.8735	0.3461	146.86	优	按规程维护
11	2.2225	1.8797	0.3428	146.98	优	按规程维护
12	2.2196	1.872	0.3476	146.83	优	按规程维护
13	2.2193	1.8745	0.3448	146.88	优	按规程维护
14	2.2142	1.87	0.3442	146.79	优	按规程维护
15	2.2213	1.8818	0.3395	147.02	优	按规程维护
……	……	……	……	……	……	……
101	2.2303	1.8785	0.3518	146.95	优	按规程维护
102	2.2246	1.8695	0.3551	146.78	优	按规程维护
103	2.229	1.8724	0.3566	146.83	优	按规程维护
104	2.2293	1.8791	0.3502	146.97	优	按规程维护
测试统计	性能优 1，2，3，4，5，6，7，8，9，10，11，12，13，14，15，16，17，18，19，20，21，22，23，24，25，26，27，28，29，30，31，32，33，34，35，36，37，38，39，40，41，42，43，44，45，46，47，48，49，50，51，52，53，54，55，56，57，58，59，60，61，62，63，64，65，66，67，68，69，70，71，72，73，74，75，76，77，78，79，80，81，82，83，84，85，86，87，88，89，90，91，92，93，94，95，96，97，98，99，100，101，102，103，104。 性能良：　　性能中：　　性能差：|					
测试结果	运行时间：10:00:00；运行方式：恒流放电；停机方式：时间到 起始电压：电压 1:233.6V，电压 2:233.5V；终止电压：电压 1:197.0V，电压 2:197.0V 电流 1:50.0A，电流 2:0.0A；结束时最低单体#75 电压 1.855V；结束时最高单体#6 电压 1.885V						

【任务小结】

本任务的学习重难点包括蓄电池核对性充放电的危险点分析及控制措施、测试前的准备工作、试验步骤及要求、测试结果分析及报告编写。通过本任务学习，帮助学员掌握蓄电池核对性放电装置的使用方法和要求，使学员能够按照标准化试验流程完成蓄电池的维护和试验。

任务八：蓄电池内阻测试

【任务描述】

本任务主要通过使用蓄电池内阻测试仪，对蓄电池进行内阻测试。

【任务目标】

知识目标	掌握蓄电池内阻测试的方法和原理。
技能目标	能够按照标准化试验流程完成蓄电池的内阻测试。
素质目标	掌握标准化测试流程，树立风险防范意识，养成严谨的工作态度。

【知识与技能】

一、测试目的

随着蓄电池的容量状态的下降，蓄电池的内阻会升高。容量越大的蓄电池其反映的内阻越小，同时随着蓄电池劣化程度的加大，蓄电池的内阻也会出现显著的增高。所以蓄电池的内阻与其容量有着密切的关系，蓄电池内阻升高是蓄电池性能劣化的重要标志。蓄电池内阻测试是目前公认的最有效、最便捷检查蓄电池性能状态的方法，可以准确反应蓄电池内部的劣化程度、容量状态等性能指标。

二、测试原理

蓄电池的内阻不仅有电气属性，还包含了化学属性，电池充放电的过程中化学物质会一定程度上影响电压和电流的关系。由于目前直流源系统中使用的蓄电池频率不高，为简化内阻测量，这里蓄电池的电感可忽略不计。目前行业内有很多种蓄电池内阻检测方法，但无论是离线检测还是在线检测，基本原理都实现相同的，最终都是对设定好的电压进行采样，通过欧姆定律计算得到电池内阻。

交流注入法是市面上使用最广泛的方法，在蓄电池脱机状态或浮充状态均可使用。交流注入法是用一个交流源注入几十毫安的电流到被测电池（一般频率小于 1kHz），将交流分成几十个点，利用锁相技术，然后测出对应点在电池极柱上的电压动态响应，再根据欧姆定律计算出电池的内阻。由于蓄电池在实际工况中内阻很小，一般为 mΩ 等级，而测量线的内阻就已经是相同等级了，为了保证测量的精确性一般采用四线法，如图 1-8-1 所示。

蓄电池可以在正常工作的情况下进行内阻监测，与人工检测相比大大减小了工作量，且这种方法不会损坏直流源系统的性能和寿命，同时也不需要体积庞大的放电负载。

蓄电池组中的电极结构是一种多片并联且多孔式的，用电气属性描述其阻抗的等效电路极其困难，想要精确描述更是不容易。因此为降低难度，只能将其简化作近似处理，必定会使得结果不是很精确。同时每次注入交流信号频率不同也会不同程度上影响测量结果，使用交流注入法在线测试时容易受到充电机带来的纹波和谐波干扰，导致测量内阻值结果不准确，而且注入交流电流量或多或少的会对蓄电池系统产生影响。

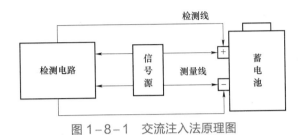

图 1-8-1　交流注入法原理图

三、测试要求

（一）环境要求

（1）试验均在大气条件下进行，试验期间大气环境条件应相对稳定。

（2）环境温度在 5~35℃ 之间。

（3）环境相对湿度不宜大于 80%。

（二）待测设备要求

（1）设备外观清洁、无异常。

（2）设备上无其他外部作业。

（三）人员要求

（1）掌握蓄电池内阻测试原理、依据、标准。掌握蓄电池的结构及原理。

（2）熟悉各类试验设备、仪器、仪表的原理、结构、用途及使用方法，并能排除一般故障。

（3）能正确完成试验室及现场各种试验项目的接线、操作及测量。

（四）安全要求

（1）试验工作不得少于 2 人，测试负责人由有经验的人员担任，试验负责人在检测期间应始终行使监护职责，不得擅离岗位或兼职其他工作。开始试验前，试验负责人应向全体试验人员详细交待试验中的安全注意事项，交待邻近间隔的带电部位，以及其他安全注意事项。

（2）应确保操作人员及检测仪器与电力设备的带电部分保持足够的安全距离。

（3）检测现场出现明显异常情况时，应立即停止检测工作并撤离现场。

（五）仪器要求

（1）内阻测试仪应具备测量精度应满足蓄电池要求。

（2）内阻测试仪使用过程中不会造成蓄电池短路。

（3）试验仪器应定期检验，具备检验报告及试验合格标签。

（六）推荐检测周期

（1）蓄电池内阻测试应每年至少 1 次。

（2）蓄电池性能下降时应对蓄电池内阻进行测试。

四、测试准备

（一）作业现场工况检查

（1）编制维护卡、作业指导书。

（2）组织学习有关维护卡及作业指导书，熟悉作业危险点。

（3）准备好作业所需图纸资料。

（4）了解被试蓄电池组运行状况。

（二）仪器、工器具、耗材准备

仪器、工器具、耗材准备如表 1-8-1 所示。

表 1-8-1　　　　　　　　测 试 使 用 的 工 器 具

序号	仪器、工器具、耗材准备	检查标准
1	万用表	外观正常，表笔接线正确，试验合格在有效期内，通断档蜂鸣正常
2	蓄电池内阻测试仪	试验合格在有效期内、开机正常、附件齐全
3	线手套	外观正常

（三）安全风险防控

测试危险点分析及预控措施如表 1-8-2 所示。

表 1-8-2　　　　　　　　测试危险点分析及预控措施

序号	危险点分析	控制措施
1	现场作业人员精神状况不佳	试验前负责人检查确认人员身体及精神状态良好
2	直流短路、接地，触电伤人	工作中加强监护，禁止使用不合格的工器具
3	直流母线失压	严格按作业指导卡操作，严防直流母线无蓄电池组运行

（四）办理工作许可

按要求布置安全措施，运维人员实施时不需要办理第二种工作票，可持标准化作业卡作业。非运维人员实施时需要办理第二种工作票。

五、测试流程

蓄电池内阻测试流程参照图 1-8-2，一共 3 项步骤。

图 1-8-2　蓄电池内阻测试流程图

接下来，依据目前常见"两电两充"模式直流系统接线图，详细阐述蓄电池内阻测试流程关键技术，下文中举例蓄电池以目前普遍使用的阀控式蓄电池为例。"两电两充"直流系统接线图见图 1-8-3。

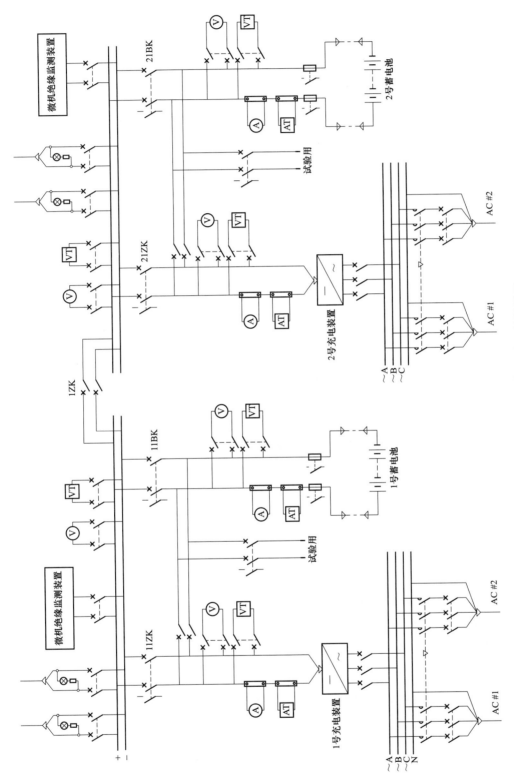

图 1−8−3 "两电两充" 直流系统接线图

（一）直流系统检查

（1）1 号充电机输出开关切至"1 号充电机输出至母线 11ZK"位置，1 号电池开关 11BK 在"合闸"位置，由 1 号充电机带 1 号蓄电池、直流 I 段母线运行。2 号充电机输出开关切至"2 号充电机输出至母线 21ZK"位置，2 号电池开关 21BK 在"合闸"位置，由 2 号充电机带 2 号蓄电池、直流 II 段母线运行。直流 I、II 段母线联络开关 1ZK 在"分闸"位置。

（2）直流系统无告警信号，无接地、交流串直流现象。

（二）参数设置及接线

（1）在参数设置菜单内设置机房编号、电池组号、测试类型、电池类型、电池数目、电池容量、参考内阻等内容。

（2）将内阻测试仪所带测量线插头端插入内阻测试仪插口处，连接牢固可靠。（如图 1-8-4 所示）

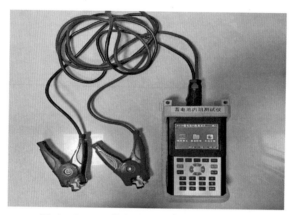

图 1-8-4　蓄电池内阻测试仪接线方式

（3）测试蓄电池内阻时将红、黑线夹分别夹在蓄电池正负极。测试蓄电池间短接板电阻时将红、黑线夹夹在短接板两侧。

（三）蓄电池内阻测试

（1）将红、黑线夹分别连接在所测试蓄电池正、负极，点击测试按钮。

（2）蓄电池测试数据稳定后，点击下一节，按顺序将红、黑线夹分别转移至下一节蓄电池正、负极继续测试，后依顺序进行测试，直至全部蓄电池均测量完毕。

（3）选择测试的数据集，检查测试结果。

（4）检查测试数据无误，导出测试数据完成测试报告。

六、测试结果诊断分析及测试报告编写

（一）判断标准

蓄电池内阻无明显异常变化，单只蓄电池内阻偏离值应不大于出厂值 10%。

（二）测试报告编写

（1）依据蓄电池内阻测试导出数据自动生成初版试验报告。

（2）完善试验报告基本信息，包含变电站名称、试验人员姓名、试验单位、试验日期、环境温度、蓄电池组编号、蓄电池厂家、蓄电池型号、蓄电池额定容量、蓄电池标称电压，放电仪器型号。

（3）审核试验报告内相关数据是否准确、与试验现象一致。

（4）依据 DL/T 724—2021《电力系统用蓄电池直流电源装置运行与维护技术规程》编写试验结论，形成正式试验报告，试验报告模板见典型案例。

七、典型案例

以××变电站为案例开展蓄电池内阻测试，编写蓄电池内阻测试报告，如表 1-8-3 所示。

表 1-8-3　　　　　　　　　　蓄电池内阻测试报告模板

基本信息							
变电站名称	×变电站	测试人	××、×××	试验日期	2022.05.10		
环境温度（℃）	25	出厂日期	2020.03.24	电池组号	Ⅰ组蓄电池		
电池电压标准（V）	2	电池型号	GHF-200	电池厂家	××蓄电池公司		
测试项目		数据		测试项目		数据	
全电池浮充电压（V）		242		浮充电流（A）		0.5	
合闸母线电压（V）		242		负荷电流（A）		18.6	
控制母线电压（V）		224		全电池个数		108	

测试数据

序号	内阻(mΩ)	序号	内阻(mΩ)	序号	内阻(mΩ)	序号	内阻(mΩ)	序号	内阻(mΩ)	序号	内阻(mΩ)
01	0.234	19	0.252	37	0.214	55	0.244	73	0.224	91	0.225
02	0.224	20	0.224	38	0.224	56	0.224	74	0.224	92	0.224
03	0.223	21	0.223	39	0.223	57	0.223	75	0.223	93	0.223
04	0.243	22	0.243	40	0.243	58	0.243	76	0.243	94	0.243
05	0.221	23	0.221	41	0.221	59	0.221	77	0.221	95	0.221
06	0.220	24	0.220	42	0.220	60	0.220	78	0.220	96	0.220
07	0.233	25	0.233	43	0.233	61	0.233	79	0.233	97	0.233
08	0.243	26	0.243	44	0.243	62	0.243	80	0.243	98	0.243
09	0.243	27	0.243	45	0.243	63	0.243	81	0.243	99	0.243
10	0.221	28	0.221	46	0.221	64	0.221	82	0.221	100	0.221
11	0.220	29	0.220	47	0.220	65	0.220	83	0.220	101	0.220
12	0.243	30	0.243	48	0.243	66	0.243	84	0.243	102	0.243

续表

序号	内阻 (mΩ)	序号	内阻 (mΩ)	序号	内阻 (mΩ)	序号	内阻 (mΩ)	序号	内阻 (mΩ)	序号	内阻 (mΩ)
13	0.243	31	0.243	49	0.243	67	0.243	85	0.243	103	0.243
14	0.221	32	0.221	50	0.221	68	0.221	86	0.221	104	0.221
15	0.221	33	0.221	51	0.221	69	0.221	87	0.221	105	0.221
16	0.220	34	0.220	52	0.220	70	0.220	88	0.220	106	0.220
17	0.243	35	0.243	53	0.243	71	0.243	89	0.243	107	0.243
18	0.220	36	0.220	54	0.220	72	0.220	90	0.220	108	0.220

测试结果及发现问题：

蓄电池内阻无明显异常变化，108 节蓄电池内阻偏离值均小于出厂值 10%，蓄电池合格

【任务小结】

本任务的学习重难点包括蓄电池内阻测试的危险点分析及控制措施、测试前的准备工作、试验步骤及要求、测试结果分析及报告编写。通过本任务学习，帮助学员掌握蓄电池内阻测试装置的使用方法和要求，使学员能够按照标准化试验流程完成蓄电池的维护和试验。

任务九：变电站接地网引下线导通测试

【任务描述】

本任务主要通过使用接地导通测试仪，对变电站接地引下线进行导通测试。

【任务目标】

知识目标	掌握接地引下线导通测试原理和方法。
技能目标	能够按照标准化试验流程完成接地引下线到导通测试。
素质目标	掌握标准化测试流程，树立风险防范意识，养成严谨的工作态度。

【知识与技能】

一、测试目的

电力设备的接地引下线与地网的可靠、有效连接是设备安全运行的根本保障。接地引下线是电力设备与地网的连接部分，在电力设备的长时间运行过程中，连接处有可能因受

潮等因素影响，出现节点锈蚀、甚至断裂等现象，导致接地引下线与主接地网连接点电阻增大，从而不能满足电力规程的要求，使设备在运行中存在不安全隐患，严重时会造成设备失地运行。接地装置的地下接地极及其连接部分也可能出现锈蚀、甚至断裂现象。因此，定期对接地装置进行电气完整性测试是很有必要的。

二、测试原理

测量接地引下线导通与地网（或相邻设备）之间的直流电阻值来检查其连接情况，从而判断出引下线与地网的连接状况是否良好。变电站测试范围包括，各个电压等级的场区之间；各高压和低压设备，包括构架、分线箱、汇控箱、电源箱等；主控及内部各接地干线，场区内和附近的通信及内部各接地干线；独立避雷针及微波塔与主地网之间；其他必要部分与主地网之间。

测试方法常用直流电流电压法，直流电流电压法是通过接地引下线导通测试仪给接地引下线回路中加入直流电压，通过测量回路直流电流的方法，结合欧姆定律，确定接地引下线电阻的方法（见图1-9-1）。

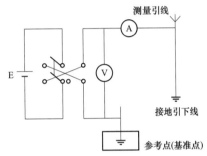

图1-9-1　直流电流电压法原理图

三、测试要求

（一）环境要求

不应在雷、雨、雪中或雨、雪后立即进行。

（二）待测设备要求

设备运行正常，系统无接地。设备上无其他外部作业。

（三）人员要求

（1）熟悉接地引下线导通测试技术的基本原理、分析方法。

（2）了解接地引下线导通测试仪的的工作原理、技术参数和性能。掌握接地引下线导通测试仪的操作方法。

（3）具有一定现场工作经验，熟悉并能严格遵守电力生产和工作现场的相关安全管理规定。

（四）安全要求

（1）工作前应向全体试验人员详细布置试验中的安全注意事项，交待邻近间隔的带电部位，以及其他安全注意事项。

（2）应确保操作人员及试验仪器与电力设备的高压部分保持足够的安全距离。

（3）试验前必须认真检查试验接线，应确保正确无误。

（4）试验现场出现明显异常情况时，应立即停止试验工作，查明异常原因。

（五）仪器要求

（1）测试宜选用专用仪器，仪器的分辨率不大于$1m\Omega$。

（2）仪器的准确度不低于 1.0 级。

（3）测试电流不小于 5A。

（六）推荐检测周期

（1）独立避雷针每年一次。

（2）220kV 及以上变电站每年一次，110（66）kV 变电站每三年一次，35kV 变电站每四年一次。

（3）应在雷雨季节前开展接地导通测试。

四、测试准备

（一）作业现场工况检查

（1）现场试验前，应详细了解现场的运行情况，据此制定相应的技术措施。

（2）应配备与工作情况相符的上次试验记录、标准化作业指导书、合格的仪器仪表、工具和连接导线等。

（3）现场具备安全可靠的独立试验电源，禁止从运行设备上接取试验电源。

（4）检查环境、人员、仪器满足试验条件。

（二）仪器、工器具、耗材准备

测试使用工器具如表 1-9-1 所示。

表 1-9-1　　　　　　　　　测 试 使 用 工 器 具 表

序号	仪器、工器具、耗材准备	检查标准
1	安全帽	外观正常，内部连接良好，试验合格在有效期内
2	接地导通仪	试验合格在有效期内、开机正常、附件齐全
3	电源盘	外观正常，保险脱扣功能正常
4	锉刀	外观正常
5	绝缘手套	外观正常，试验合格在有效期内，气密性良好

（三）安全风险防控

安全风险防控措施如表 1-9-2 所示。

表 1-9-2　　　　　　　　　安 全 风 险 防 控 表

序号	危险点分析	控制措施
1	现场作业人员精神状况不佳	试验前负责人检查确认人员身体及精神状态良好
2	高压触电	与带电设备保持足够的安全距离，工作中转移线夹时使用绝缘手套，系统发生接地异常时迅速停止工作，撤离作业现场
3	低压触电	工作中应始终带线手套，禁止触碰带电部分

（四）办理工作许可

（1）运维人员实施不需高压设备停电或做安全措施的变电运维一体化业务项目时，可不使用工作票，但应以书面形式记录相应的操作和工作等内容。检修人员进行变电站接地导通测试时，应办理变电站第二种工作票。

（2）向试验人员交代工作内容、带电部位、现场安全措施、现场作业危险点，明确人员分工及试验程序。

五、测试流程

接地引下线导通测试流程参照图1-9-2，一共4项步骤。

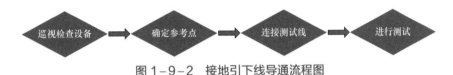

图1-9-2　接地引下线导通流程图

（一）巡视检查设备

（1）对即将开展测试的设备开展巡视，进行设备外观检查。

（2）确认站内设备或线路无接地、断线等故障。

（二）确定参考点

（1）先找出与接地网连接良好的接地引下线作为参考点，考虑到变电所场地可能比较大，测试线不能太长，宜选择多点接地设备引下线作为基准，在各电气设备的接地引下线上选择一点作为该设备导通测试点。

（2）使用锉刀将参考点接地引下线测试部位进行打磨。

（三）连接测试线

（1）将接地引下线导通测试仪所带测量线插头端插入接地引下线导通测试仪插口处，连接牢固可靠。

（2）将测试线其中一根线夹接在参考点测试部位，另一根线夹接在待测接地引下线测试部位，确认接触可靠（见图1-9-3）。

（四）开始测试

（1）接地引下线导通测试仪开机，正确选择测试电流。

（2）按下测试键，待数据稳定后，记录相应的直流电阻值。

（3）按下测试结束键，调节仪器使输出为零，待仪器放电结束后，将测试点移到下一位置，依次测试并记录。

（4）检查测试数据无误，完成测试报告。

六、测试结果诊断分析及试验报告编写

（一）判断标准

（1）数值在50mΩ以下，引下线导通情况良好。

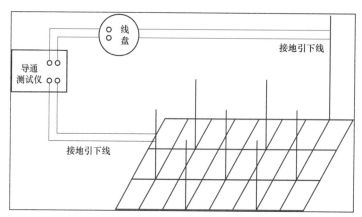

图 1-9-3　接地引下线导通测试接线图

（2）数值在 50mΩ～200mΩ，引下线导通情况尚可，需在以后例行测量中重点关注，对于重要的设备，适宜在适当的时候进行检查处理。

（3）数值在 200mΩ～1Ω，引下线导通状况不佳，对于重要的设备，应立即进行检查处理，其它设备在适当的时候检查处理。

（4）数值在 1Ω 以上，被测引下线与主地网未连接，应尽快开挖检查并处理。

（5）当独立避雷针导通电阻值低于 500mΩ 时，需进行校核测试。

（二）测试报告编写

（1）记录接地引下线导通测试数据编写试验报告。

（2）完善试验报告基本信息，包含变电站名称、试验人员姓名、试验单位、试验日期、环境温度、蓄电池组编号、蓄电池厂家、蓄电池型号、蓄电池额定容量、蓄电池标称电压，放电仪器型号。

（3）审核试验报告内相关数据是否准确、与试验现象一致。

（4）依据 GB 50169—2016《电气设备安装工程接地装置施工及验收规范》编写试验结论，形成正式试验报告，试验报告模板见典型案例。

七、典型案例

以××变电站为案例开展接地引下线导通测试，编写接地引下线导通测试报告，如表 1-9-3 所示。

表 1-9-3　　　　　　　　　　接地引下线导通测试报告

基本信息					
变电站	×变电站	委托单位	×运维中心	试验单位	变电运维一班
试验性质	例行试验	试验日期	2022.05.10	试验人员	××、×××
测试仪器	×导通测试仪	环境温度	25℃	设备运行情况	运行正常

测试数据

参考点部位	测试点部位	导通电阻（mΩ）	导通状态
1号主变东侧外壳接地	变压器油色谱在线端子箱	2.284	良好
	33301隔离开关构架	1.869	良好
	1号主变35kV侧端子箱	4.278	良好
	1号主变35kV侧电流互感器	2.581	良好
	3331-9隔离开关构架	2.852	良好
	33361-1隔离开关构架	3.058	良好
	33361断路器	2.936	良好
	35kV I 母构架	2.92	良好
	1号主变220kV侧避雷器C相	4.212	良好
	1号主变智能组件柜	5.818	良好
	1号主变风冷控制箱	4.009	良好
	1号主变端子箱	537.6	导通状况不佳
	3322-9隔离开关构架	3.31	良好
	220kV II 母电压互感器C相	3.112	良好
	220kV II 母避雷器C相	3.937	良好
	220kV II 母避雷器东侧构架	5.01	良好
	220kV II 母避雷器西侧构架	3854	未接地
	1号主变电缆沟接地	5.36	良好
	10号构架避雷针	3.204	良好
	1号主变330kV侧避雷器B相	3.518	良好
	330kV I 母1门构架东北侧接地	4.054	良好
	33111隔离开关C相	4.613	良好
	33111隔离开关支柱绝缘子C相	5.894	良好
	1号主变330kV侧电压互感器B相	3.402	良好
	3311断路器端子箱	7.055	良好

续表

参考点部位	测试点部位	导通电阻 （mΩ）	导通状态
1 号主变东侧 外壳接地	3311 断路器汇控箱	8.087	良好
	3311 电流互感器端子箱	5.48	良好
	3311 断路器 C 相	4.34	良好
......	......	......	......
备注	无		
结论	1 号主变端子箱接地状况不佳、220kV Ⅱ 母避雷器西侧构架未接地外，其他设备导通正常。		
报告整理	张××	审核	孙×

【任务小结】

通过本任务的学习与实操，要求学员掌握接地导通测试仪的使用方法和要求，并能够按照标准化试验流程完成变电站接地网引下线导通测试。

模块二

变 电 检 修

【模块描述】

本模块主要讲解 GIS 组合电器 SF_6 气体处理、GIS 组合电器盆式绝缘子更换、GIS 组合电器气室吸附剂更换、GIS 组合电器断路器检修、GIS 组合电器隔离开关、接地开关检修。通过上述内容讲解，准确掌握 GIS 组合电器变电检修的重点工作任务和工作流程，掌握 GIS 组合电器检修要点。

任务一：GIS 组合电器 SF_6 气体处理

【任务描述】

本任务为组合电器气室的 SF_6 气体处理，主要包括气体回收、气室抽真空和气室注气。组合电器的 SF_6 气体处理是组合电器打开气室做进一步检修的重要环节。

【任务目标】

知识目标	熟悉掌握组合电器 SF_6 气体处理工作的方法与步骤
技能目标	（1）能够根据任务情境，分析出危险点并做好相应控制措施； （2）能够根据真空计示数判断气室密封性是否良好
素质目标	通过任务实施，树立安全意识，风险防范意识，养成细心、严谨的岗位态度

【知识与技能】

一、作业前准备

（一）人员准备

作业现场需工作负责人 1 人，负责作业现场的安全管控；SF_6 气体回收净化装置操作员 1 人，负责操作 SF_6 气体回收净化装置，进行气体回收、气室抽真空和气室注气工作；

检修人员 1 人，负责组合电器气室处管路连接和阀门开启与关闭工作。

（二）设备及机具准备

进行组合电器 SF_6 气体处理工作需要的设备及机具见表 2-1-1。

表 2-1-1　　　　　　　　主要施工机具配置表

序号	名称	单位	数量
1	SF_6 回收净化装置	台	1
2	SF_6 空气瓶	个	根据实际需要配置
3	SF_6 气体	瓶	根据实际需要配置
4	温湿度计	个	1
5	真空泵	台	1
6	SF_6 管路	套	1
7	三级配电箱	个	1
8	SF_6 检漏仪	台	1
9	微水测试仪	台	1
10	个人工具	套	根据实际需要配置
11	防护服	套	根据实际需要配置
12	防毒面具	套	根据实际需要配置
13	绝缘梯凳	个	1
14	常用扳手	套	1

二、危险点分析与控制措施

组合电器 SF_6 气体处理工作的危险点与控制措施见表 2-1-2。

表 2-1-2　　　　　　　　危险点与控制措施

危险点	危险因素分析	控制措施
触电	组合电器结构紧凑，距离相邻带电间隔较近，存在误入带电间隔的危险	（1）停电前，工作负责人应交代清楚现场安全措施及带电设备的情况； （2）作业过程中加强监护，不得跨越围栏，防止误入带电间隔，误碰带电设备； （3）与带电设备保持足够的安全距离
高处坠落、物体打击	部分气室的充气口未引至2m以下，进行 SF_6 气体处理工作时需进行高处作业，存在人员坠落和工具掉落危险	（1）高度超过1.5m应正确使用安全带； （2）安全带的挂钩或绳子应挂在结实牢固的构件上，并采用高挂低用的方式； （3）高处作业应一律使用工具袋，禁止上下投掷，应用绳索拴牢传递； （4）利用高处平台进行高处作业时，高处作业平台应处于稳定状态，移动车辆时作业平台上不得载人； （5）使用梯子时应有人扶持
气体中毒	断路器气室中 SF_6 气体可能存在有毒分解物，进行气体处理工作时存在 SF_6 气体中毒的危险	（1）GIS设备分解前，一般情况下应将 SF_6 气体回收，不得私自向大气排放； （2）GIS封盖打开后，人员暂时撤离现场30min，让残留的 SF_6 及其气态分解物经室内通风系统排至室外，然后才准进入作业现场； （3）用强力排气扇吹风，使检修气室保持通风良好

三、作业方法与关键点

（一）回收净化装置就位与调试

将 SF_6 回收净化装置就位，应保证 SF_6 回收净化装置与需处理气室之间距离小于 SF_6 管路长度，回收净化装置在工作过程中不会触及旁边设备、杆塔或构架，如图 2-1-1 所示。将 SF_6 回收净化装置接入三级配电箱，并对其各项功能进行调试，确保装置相序正确。

图 2-1-1　SF_6 回收净化装置就位

（二）管路连接

确认需处理气室密度继电器和充气口位置和相邻气室状态，相邻气室应降至半压或厂家建议压力值，从 SF_6 回收净化装置气口至需处理气室充气口连接 SF_6 管路，如图 2-1-2 所示，应确保管路没有折弯，连接气口时应保持气口和管路口干燥无油渍。

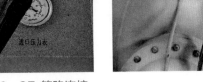

图 2-1-2　SF_6 管路连接

（三）SF_6 气体回收

管路连接完毕后，应首先对管路进行检漏，检查 SF_6 回收净化装置侧阀门打开，GIS 组合电器侧阀门关闭，工作人员应在上风侧操作，启动 SF_6 回收净化装置的抽真空功能，观察 SF_6 回收净化装置压力表，待其示数稳定后关闭 SF_6 回收净化装置，以短时内压力变化不大为标准判断是否存在漏点。

管路检漏完毕后开启 SF_6 回收净化装置回收功能，必要时应穿戴好防护用具，需处理气室的密度继电器处应设专人观察示数。作业环境应保持通风良好，尽量避免和减少 SF_6 气体泄漏到工作区域。户内作业要求开启通风系统，监测工作区域空气中 SF_6 气体含量不得超过 $1000\mu L/L$，含氧量大于 18%。

（四）气体净化处理

需处理气室内 SF_6 气体全部回收后，利用 SF_6 回收净化处理装置进行净化处理，去除气体中含有的各类分解物及水分。净化处理的 SF_6 气体应经过省电科院检测合格，并出具检测报告后，完成 SF_6 气体回收处理和循环再利用的闭环工作，方可具备回充使用条件。

（五）气室抽真空

SF_6 气室抽真空可用 SF_6 回收净化装置的回收功能或真空泵实现，现场环境应该在 $-5\sim+40℃$，湿度不应大于 80%。

抽真空时要有专人负责，在真空泵进气口配置电磁阀，防止误操作而引起的真空泵油倒灌。被抽真空气室附近有高压带电体时，主回路应可靠接地。

抽真空及静置过程中，严禁对设备进行任何加压试验及操作。抽真空设备应用经校验合格的指针式或电子液晶体真空计，严禁使用水银真空计，防止抽真空操作不当导致水银被吸入电气设备内部。

气室抽真空及密封性检查应按照厂家要求进行，厂家无明确规定时，抽真空至 133Pa 以下并继续抽真空 30min，停泵 30min，记录真空度（A），再隔 5h，读真空度（B），若（B）－（A）值<133Pa，则可认为合格，否则应进行处理并重新抽真空至合格为止。

选用的真空泵其功率等技术参数应能满足气室抽真空的最低要求，管径大小及强度、管道长度、接头口径应与被抽真空的气室大小相匹配。

（六）气室注气

同 SF_6 气体回收一样，气室注气时，首先进行管路检漏，管路检漏完毕后，启动 SF_6 回收净化装置的充装功能，或从气瓶中利用减压阀引出 SF_6 气体进行注气工作，必要时应穿戴好防护用具。从气瓶充装 SF_6 气体时，周围环境的相对湿度应不大于 80%。

充气速率不宜过快，以气瓶底部或充气管不结霜为宜。

当气瓶内压力降至 0.1MPa 时，应停止充气。充气完毕后，应称钢瓶的质量，以计算断路器内气体的质量，瓶内剩余气体质量应标出。

气体作业质量管控如图 2-1-3 所示。

气室名称			作业类型	
作业项目	起止时间		作业后压力/真空度（MPa/Pa）	操作人
气体回收	日　时　分至 日　时　分			
抽真空	日　时　分至 日　时　分			
真空保持	日　时　分至 日　时　分			
气体回充	日　时　分至 日　时　分			
备注				

图 2-1-3　气体作业质量管控表

四、验收与检验

组合电器 SF_6 气体处理 24h 之后应进行气体检测，包括：气室密封性试验（肥皂水涂抹检测、便携式检测仪检测、红外成像仪检测、包扎法检测等）、SF_6 气体湿度检测、纯度检测，必要时进行 SF_6 气体分解产物检测。SF_6 气体湿度（20℃的体积分数）试验结果应符合下列规定：有灭弧分解物的气室，应不大于 150μL/L；无灭弧分解物的气室，应不大于 250μL/L（注意值）。

【任务小结】

根据本任务的学习，掌握组合电器 SF_6 气体处理的准备、危险点分析与控制措施、作业方法与关键点和验收与检验等相关内容。

任务二：GIS 组合电器盆式绝缘子更换

【任务描述】

盆式绝缘子主要作用是固定导体及导体的插接式触头，使导体对地或相间有足够的绝缘，从结构上分为气隔绝缘子和非气隔绝缘子，可起到分隔气室和连通气室的作用。其中，气隔绝缘子还应具有足够的气密性和承压能力。本任务为组合电器盆 式绝缘子的更换，主要包括气室打开、密封面处理、导体对接、气室恢复等工作。

【任务目标】

知识目标	熟悉掌握组合电器盆式绝缘子更换工作的方法与步骤
技能目标	（1）能够根据任务情境，分析出危险点并做好相应控制措施； （2）能够更换处理后的盆式绝缘子能够保证气密性
素质目标	通过任务实施，树立安全意识，风险防范意识，养成细心、严谨的岗位态度

【知识与技能】

一、作业前准备

（一）人员准备

作业现场需工作负责人 1 人，负责作业现场的安全管控；检修人员 2～4 人，负责组合电器气室打开、盆式绝缘子密封面处理、盆式绝缘子安装和气室恢复等工作。

（二）设备及机具准备

进行组合电器 SF_6 气体处理工作需要的设备及机具见表 2-2-1。

表 2-2-1　　　　　　　　　　　　主要施工机具配置表

序号	名称	单位	数量
1	力矩扳手（10~300N·m）	把	1
2	水平尺	个	1
3	常用扳手	套	2
4	电动扳手	套	1
5	盆式绝缘子	个	1
6	橡胶密封圈	套	2
7	百洁布	包	根据实际需要配置
8	无毛纸	包	根据实际需要配置
9	硅脂	瓶	1
10	专用吸尘器	台	1
11	硅橡胶平面密封剂	瓶	1
12	温湿度计	个	1
13	回路电阻测试仪	台	1
14	记号笔	支	1
15	电源盘	个	1
16	无水乙醇	瓶	根据实际需要配置
17	防尘罩	个	根据实际需要配置

二、危险点分析与控制措施

组合电器盆式绝缘子更换的危险点与控制措施见表 2-2-2。

表 2-2-2　　　　　　　　　　危 险 点 与 控 制 措 施

危险点	危险因素分析	控制措施
触电	组合电器结构紧凑，距离相邻带电间隔较近，存在误入带电间隔的危险	（1）停电前，工作负责人应交代清楚现场安全措施及带电设备的情况； （2）作业过程中加强监护，不得跨越围栏，防止误入带电间隔，误碰带电设备； （3）与带电设备保持足够的安全距离
高处坠落、物体打击	作业位置超过 2m 时需进行高处作业，存在人员坠落和工具掉落危险。 搬运盆式绝缘子过程中，存在砸伤人员，损坏设备的危险	（1）应正确使用安全带； （2）安全带的挂钩或绳子应挂在结实牢固的构件上，并采用高挂低用的方式； （3）高处作业应一律使用工具袋，禁止上下投掷，应用绳索拴牢传递； （4）利用高处平台进行高处作业时，高处作业平台应处于稳定状态，移动车辆时作业平台上不得载人； （5）使用梯子时应有人扶持
挤压伤害	在盆式绝缘子就位对接过程中，存在挤压手指的危险	搬运就位时应统一指挥，缓慢移动，禁止野蛮施工

三、作业方法与关键点

（一）气室打开

在松开螺栓前，先用吸尘器将法兰表面以及周围壳体上的浮土、灰尘吸干净。打开气室前应确定气室气压为 0MPa，在法兰连接面的一周螺栓拆下之后，预留 2 颗螺栓作为临时固定，由于在拆卸螺栓的过程中易产生金属屑，用吸尘器将法兰面的一周螺纹孔进行彻底清洁，之后将剩余的 2 颗螺栓拆下。

组合电器的所有敞开部分用塑料布临时包裹，如图 2-2-1 所示。

从筒体内部取出导体和支柱绝缘子，用沾有酒精的无毛纸清洁，如图 2-2-2 所示。之后用塑料布包裹作临时保护，放在防潮帆布上备用。擦拭用的无毛纸不可重复使用。

（二）清擦及密封处理

用沾有酒精的无毛纸清洁筒体内部及法兰面、密封槽。清洁绝缘子时使用无毛纸沿高电位向低电位单向擦拭。清擦所需百洁布和无毛纸，如图 2-2-3 所示。

图 2-2-1 敞开部分临时包裹

图 2-2-2 导体清擦处理

图 2-2-3 百洁布（棕色）和无毛纸（白色）

检查新的橡胶密封圈，表面不得有划痕、压痕、起泡、针孔、表面粗糙等缺陷，如有异常不可使用，用沾有酒精的无毛纸清理新的橡胶密封圈，并在密封圈的外侧均匀地涂抹一层硅脂，并安装到密封槽内，如图 2-2-4 所示。

检查盆式绝缘子表面无划伤、开裂、表面光滑，绝缘子表面不允许打磨，带金属外圈的盆式绝缘子间隙内部无尘埃。

绝缘子清擦处理如图 2-2-5 所示。

（三）盆式绝缘子安装和气室恢复

恢复安装中，应注意防止脏污异物进入密封面，必要时应采取防尘措施。恢复安装如图 2-2-6 所示。

插接的导体应对中，插入量符合产品技术规定。法兰对接时，应采用定位杆先导的方式，并按厂家技术标准中的力矩值对称均衡紧固法兰固定螺栓。

进行回路电阻测试，数值满足厂家产品技术要求。

图 2-2-4　密封圈安装

图 2-2-5　绝缘子清擦处理

四、验收与检验

（一）绝缘子检查

绝缘子外观应清洁，无损伤，耐压试验合格。外观检查如图 2-2-7 所示。

图 2-2-6　盆式绝缘子安装

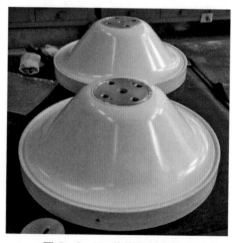

图 2-2-7　绝缘子外观检查

（二）导体连接

导体插接深度进行检查，是否满足要求，特别对可调整的伸缩节及电缆连接处的导体连接情况应进行重点检查，如图 2－2－8 所示。

应严格执行镀银层防氧化涂层的清理，在检查卡中记录在案。

应在外部对触头位置做好标记。

应严格检查并确认限位螺栓可靠安装，避免漏装限位螺栓导致接触不良。

（三）绝缘子安装

绝缘子螺栓紧固良好，连接可靠。

重视绝缘件的表面清理，宜采用"吸－擦"循环的方式。

绝缘拉杆要在打开包装后的规定时间内完成装配过程。暴露在空气中时间超出规定时间的绝缘件，使用前应进行干燥处理，必要时重新进行出厂试验。

盆式绝缘子不宜水平布置。

充气口宜避开绝缘件位置，避免充气口位置距绝缘件太近，充气过程中带入异物附着在绝缘件表面。

绝缘拉杆连接牢固，并有防止绝缘拉杆脱落的有效措施。

【任务小结】

根据本任务的学习，掌握组合电器盆式绝缘子更换的准备、危险点分析与控制措施、作业方法与关键点和验收与检验等相关内容。

图 2－2－8　导体插接检查

任务三：GIS 组合电器气室吸附剂更换

【任务描述】

本任务为组合电器气室吸附剂更换，主要包括气室打开、密封面处理、吸附剂取出及处理、气室恢复等工作。

【任务目标】

知识目标	熟悉掌握组合电器气室吸附剂更换工作的方法与步骤
技能目标	（1）能够根据任务情境，分析出危险点并做好相应控制措施； （2）能够按照标准化工艺流程进行更换，确保吸附剂不受污染
素质目标	通过任务实施，树立安全意识，风险防范意识，养成细心、严谨的岗位态度

【知识与技能】

一、作业前准备

（一）人员准备

作业现场需工作负责人 1 人，负责作业现场的安全管控；检修人员 2 人，负责组合电器气室打开、手孔盖密封面处理、吸附剂更换和气室恢复等工作。

（二）设备及机具准备

进行组合电器气室吸附剂更换工作需要的设备及机具见表 2-3-1。

表 2-3-1　　　　　　　　　　　主要施工机具配置表

序号	名称	单位	数量
1	力矩扳手（10～300N·m）	把	1
2	水平尺	个	1
3	常用扳手	套	2
4	电动扳手	套	1
5	吸附剂	包	根据实际需要配置
6	橡胶密封圈	个	1
7	百洁布	包	根据实际需要配置
8	无毛纸	包	根据实际需要配置
9	硅脂	瓶	1
10	专用吸尘器	台	1
11	硅橡胶平面密封剂	瓶	1
12	防尘罩	个	根据实际需要配置
13	防护服	套	根据实际需要配置
14	乳胶手套	个	根据实际需要配置
15	无水乙醇	瓶	根据实际需要配置
16	正压式呼吸器或防毒面具	套	根据实际需要配置

二、危险点分析与控制措施

组合电器气室吸附剂更换的危险点与控制措施见表 2-3-2。

表 2-3-2　　　　　　　　　　危 险 点 与 控 制 措 施

危险点	危险因素分析	控制措施
触电	组合电器结构紧凑，距离相邻带电间隔较近，存在误入带电间隔的危险	（1）停电前，工作负责人应交代清楚现场安全措施及带电设备的情况； （2）作业过程中加强监护，不得跨越围栏，防止误入带电间隔，误碰带电设备； （3）与带电设备保持足够的安全距离

续表

危险点	危险因素分析	控制措施
高处坠落、物体打击	作业位置超过 2m 时需进行高处作业，存在人员坠落和工具掉落危险。 拆装手孔盖的过程中，存在砸伤人员，损坏设备的危险	（1）应正确使用安全带； （2）安全带的挂钩或绳子应挂在结实牢固的构件上，并采用高挂低用的方式； （3）高处作业应一律使用工具袋，禁止上下投掷，应用绳索拴牢传递； （4）利用高处平台进行高处作业时，高处作业平台应处于稳定状态，移动车辆时作业平台上不得载人； （5）使用梯子时应有人扶持
中毒	断路器或故障气室的吸附剂可能吸附了高温或高压下产生的有毒物质，打开气室更换过程中，可能存在中毒的危险	（1）打开气室前应进行 SF$_6$ 气体检测，根据有毒物质的含量，采取安全防护措施。 （2）取出吸附剂时，检修人员应戴防毒面具或正压式空气呼吸器和防护手套

三、作业方法与关键点

（一）气室打开

在松开螺栓前，先用吸尘器将法兰表面以及周围壳体上的浮土、灰尘吸干净。打开气室前应确定气室气压为 0MPa，在法兰连接面的一周螺栓拆下之后，预留 2 颗螺栓作为临时固定，由于在拆卸螺栓的过程中易产生金属屑，用吸尘器将法兰面的一周螺纹孔进行彻底清洁，之后将剩余的 2 颗螺栓拆下。

组合电器的所有敞开部分应用塑料布临时包裹。

（二）吸附剂更换

更换旧吸附剂时，应穿戴好乳胶手套，避免直接接触皮肤。

更换吸附剂时，应将吸附剂布袋上的布毛清除干净，将 1～2 袋吸附剂放置在吸附剂小盘内，将小盘固定在封盘上，如图 2-3-1 所示。

图 2-3-1　吸附剂更换

拆下气室吸附剂手孔盖，更换吸附剂，吸附剂在空气中的暴露时间应小于 15min。

全部更换完吸附剂的气室，应在 30min 内尽快将气室密封抽真空。

正确选用吸附剂，吸附剂规格、数量符合产品技术规定。

旧吸附剂应倒入 20%浓度 NaOH 溶液内浸泡 12h 后，装于密封容器内深埋。

四、验收与检验

（一）吸附剂

包装完整，包装无漏气、破损。

（二）吸附剂安装

吸附剂盒应采用金属材质，且螺栓应紧固良好。

组合电器封盖前各隔室应先安装吸附剂。

吸附剂不能直接装入吸附剂盒，应装入专用的吸附剂袋后装入吸附剂盒内。

【任务小结】

根据本任务的学习，掌握组合电器气室吸附剂更换的准备、危险点分析与控制措施、作业方法与关键点和验收与检验等相关内容。

任务四：GIS 组合电器断路器检修

【任务描述】

经验表明，组合电器只有通过解体检修才能最大限度地发现缺陷隐患。组合电器断路器，其灭弧室在封闭的气室内，设备投运后无法直接观察到灭弧室及气室内各部件的工况。此外，经过一定年限的使用后，断路器的一次装配件和二次元件也会存在不同程度的磨损、老化、失效等问题。因此，在组合电器断路器投运一定年限后，需要对其进行解体检修，以对断路器灭弧室、内部机械传动部件、操动机构等进行检修，对存在缺陷的部件进行处理或更换，使设备恢复应有的健康水平。

本任务为组合电器断路器的检修，组合电器断路器在解体前以及恢复安装后，均需进行气室及 SF_6 气体处理，其作业方法同任务一，本任务不再赘述。

【任务目标】

知识目标	熟悉掌握组合电器断路器解体检修作业的方法与步骤
技能目标	（1）能够根据任务情境，分析出危险点并做好相应控制措施； （2）能够落实组合电器断路器解体检修作业流程、作业内容、关键工艺质量管控措施
素质目标	通过任务实施，树立安全意识，风险防范意识和专业、细心、严谨的岗位态度

【知识与技能】

一、作业前准备

（一）人员准备

作业现场需工作负责人 1 人，负责作业现场的安全管控；检修人员 3～5 人，负责组合电器断路器解体检修工作。

（二）设备及机具准备

进行组合电器断路器检修工作需要的设备及机具见表 2-4-1。

表 2-4-1 主要施工机具配置表

序号	名称	单位	数量
1	SF_6 回收净化装置	个	1
2	SF_6 空气瓶	个	根据实际需要
3	SF_6 气体	个	根据实际需要
4	温湿度计	个	1
5	真空泵	台	1
6	SF_6 管路	套	1
7	三级配电箱	个	1
8	SF_6 检漏仪	台	1
9	微水测试仪	台	1
10	起重机械	台	1
11	力矩扳手（10～300N·m）	把	1
12	水平尺	个	1
13	常用扳手	套	2
14	电动扳手	套	1
15	橡胶密封圈	套	2
16	百洁布	包	根据实际需要配置
17	无毛纸	包	根据实际需要配置
18	硅脂	瓶	1
19	专用吸尘器	台	1
20	硅橡胶平面密封剂	瓶	1
21	机械特性仪	台	1
22	回路电阻测试仪	台	1
23	防尘罩	个	根据实际需要配置
24	无水乙醇	瓶	根据实际需要配置
25	乳胶手套	个	根据实际需要配置
26	防护服	套	根据实际需要配置

二、危险点分析与控制措施

组合电器断路器检修工作的危险点与控制措施见表 2-4-2。

表 2-4-2　　　　　　　　　　危 险 点 与 控 制 措 施

危险点	危险因素分析	控制措施
触电；误动、交流串直流	组合电器结构紧凑，距离相邻带电间隔较近，存在误入带电间隔的危险。 检查二次回路时、更换二次元件、二次拆解线时，有触电风险、误动、交流串直流风险	(1) 停电前，工作负责人应交代清楚现场安全措施及带电设备的情况。 (2) 作业过程中加强监护，不得跨越围栏，防止误入带电间隔、误碰带电设备。 (3) 与带电设备保持足够的安全距离。 (4) 在二次回路上工作之前，应先断开相关的各类电源并确认无电压。 (5) 在二次回路上工作，应戴线手套，应使用绝缘工器具，并在监护人员监护下进行作业。 (6) 拆下的控制回路及电源线头所作标记正确、清晰、牢固，防潮措施可靠
中毒	GIS 气室中 SF₆ 气体可能存在有毒分解物，进行隔离开关、接地开关检修工作时存在 SF₆ 气体中毒的危险	(1) GIS 设备分解前，一般情况下应将 SF₆ 气体回收并进行净化处理，不得私自向大气排放。 (2) GIS 封盖打开后，人员暂时撤离现场 30min，让残留的 SF₆ 及其气态分解物经室内通风系统排至室外，然后才准进入作业现场。 (3) 用强力排气扇吹风，使检修气室保持通风良好
高处坠落、机械伤害	断路器及其机构距离地面有一定高度，解体、吊装或者在其上工作时，有高处坠落及机械伤害危险。 断路器弹簧机构、液压机构等在储能状态时，有机械伤害危险	(1) 在组合电器本体、脚手架搭设的平台上等高处作业时，应正确佩戴安全带，安全带应高挂低用，做好防高处坠落措施。 (2) 使用吊车、桥式起重机等起重设备时，应设专责监护人、指挥人、操作人，且均应具备相应特种作业资质，现场加强监护。 (3) 吊装设备和正确的吊点，设置缆风绳控制方向，并设专人指挥，吊装作业下方严禁站人。 (4) 起吊前确认连接件已拆除，对接密封面已脱胶。 (5) 吊装时起吊平稳，对法兰密封面、槽采取保护措施，注意防护绝缘筒、屏蔽、绝缘支架，避免划碰伤。 (6) 机构检修前，应拉开操作电源、电机电源，将机构能量释放。液压机构应将压力泄至零压，高压油泵及管道承受压力时不得对任何受压元件进行修理与紧固。防止伤及人员。 (7) 电动调整时应确认作业人员与危险部位保持安全距离。 (8) 拆除机构各连接、紧固件，确认连接部位松动无卡阻

三、作业方法与关键点

（一）作业环境及注意事项

施工环境应满足要求，现场环境温度在 −5～40℃，相对湿度不大于 80%，并采取防尘防雨防潮措施。

安装过程中气室暴露在空气中的时间不应超过厂家规定的最大时间，在对接、安装过程中应保持气室内部的清洁，如图 2-4-1 所示。

气室开启后及时用封盖封住法兰孔。

（二）气室密封面处理及工艺要求

密封槽面应清洁，无杂质、划痕，新密封件完

图 2-4-1　气室内部防护

好，已用过的密封件不得重复使用。

涂密封脂时，不得使其流入密封垫（圈）内侧而与 SF$_6$ 气体接触，如图 2-4-2 所示。

波纹管的螺母紧固方式应符合厂家技术要求，室外设备密封面的连接螺栓应涂防水胶。法兰螺栓应按对角线位置依次均匀紧固并做好标记，紧固后的法兰间隙应均匀。螺栓材质及紧固力矩应符合规定或厂家要求。

（三）灭弧室检修

灭弧室如图 2-4-3 所示。

图 2-4-2　涂密封防水胶

灭弧室拆除后应将支持瓷套上法兰开口可靠密封。

喷口烧损深度、喷口内径应小于产品技术规定值，石墨材质的喷口、铜钨过渡部分应光滑，如图 2-4-4 所示。

图 2-4-3　灭弧室检修　　　　　图 2-4-4　喷口

弧触头烧损深度应小于产品技术规定值，表面光洁。动静触头安装时，应完全对中后再进行紧固。触头拧紧力矩符合要求，触头座、导电杆、喷口组装完好紧固，连接处接缝光洁。

灭弧室的压气缸导电接触面完好，镀银层完整、表面光洁。压气缸、气缸座表面完好，逆止阀片与挡板间密封良好，逆止阀应活动自如。

活塞工作表面光滑，活塞杆完好，轻微变形应修复，如变形严重应更换。

检查压力防爆膜，无老化开裂，如图 2-4-5 所示。

各部件清洁后应用烘箱进行干燥。无特殊要求时，烘干温度 60℃，保持 48h。

各导电接触面平整、光滑，连接可靠。

屏蔽罩表面光洁，无毛刺、变形。屏蔽罩端面与弧触头端面之间的高差应符合产品技术规定。

灭弧室内部应彻底清洁，吸附剂应更换。

灭弧室动触头系统与绝缘拉杆连接轴销安装牢固，无松动，如图 2-4-6 所示。

图 2-4-5　防爆膜

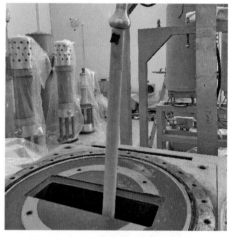

图 2-4-6　绝缘拉杆连接轴销

螺栓应对称均匀紧固，力矩符合产品技术规定，密封面的连接螺栓应涂防水胶。

定开距灭弧室的弧触头开距符合产品技术规定。

灭弧室装复后放置于烘房加温防潮。

灭弧室与其他气室分开的断路器，应进行抽真空处理，并按规定预充入合格的 SF_6 气体。

核对并记录导电回路触头行程、超行程、开距等机械尺寸，符合产品技术规定。

（四）操动机构检修

1. 弹簧机构

弹簧机构如图 2-4-7 所示。

（1）电动机检修。电动机如图 2-4-8 所示。

1）电动机固定应牢固，电机电源相序接线正确。

图 2-4-7　弹簧机构

2）直流电机换向器状态良好，工作正常。

3）检查轴承、整流子磨损情况，定子与转子间的间隙应均匀，无摩擦，磨损深度不超过规定值，否则应更换。

4）电机的联轴器、刷架、绕组接线、地角、垫片等关键部位应做好标记，电机引线做好极性（或相序）记号。

5）对电机进行绝缘电阻测试，在交接验收时，采用 2500V 兆欧表且绝缘电阻大于 $10m\Omega$ 的指标；在投运后，采用 1000V 兆欧表且绝缘电阻大于 $2m\Omega$ 的指标。

图 2-4-8　电动机

（2）油缓冲器检修。

1）油缓冲器无渗漏油，油位及行程调整符合产品技术规定。

2）缓冲器动作可靠。操动机构的缓冲器应调整适当，油缓冲器所采用的液压油应与当地的气候条件相适应。

3）修复缸体内表、活塞外表划痕等缺陷；缓冲弹簧进行防腐处理，装配后，连接紧固。

（3）齿轮及链条检修。

1）齿轮轴及齿轮的轮齿未损坏，无严重磨损，否则应更换。

2）齿轮与齿轮间、齿轮与链条之间配合间隙符合厂家规定。

3）传动链条无锈蚀，表面涂抹二硫化钼锂基脂。

（4）弹簧检修。

1）检查弹簧自由长度符合厂家规定，应将动作特性试验测试数据作为弹簧性能判据之一。

2）处理弹簧表面锈蚀，涂抹二硫化钼锂基脂。

（5）传动及限位部件检修。

1）处理传动及限位部件锈蚀、变形等。

2）卡、销、螺栓等附件齐全无松动。

3）转动部分涂抹润滑脂或二硫化钼锂基脂。

4）检查传动部分的检修，检查传动连杆与转动轴无松动，润滑良好。

5）检查拐臂和相邻的轴销的连接情况。

6）检查卡、销、螺栓等附件无变形、无锈蚀，转动灵活连接牢固可靠，否则应更换。

（6）分合闸电磁铁装配检修。分合闸电磁铁如图2-4-9所示。

图2-4-9　分合闸电磁铁

1）按照厂家规定工艺要求进行解体与装复，确保清洁。

2）检测并记录分、合闸线圈电阻，检测结果应符合设备技术文件要求，无明确要求时，以线圈电阻初值差不超过5%作为判据，绝缘值符合相关技术标准要求。

3）解体检修电磁铁装配，打磨锈蚀，修整变形，擦拭干净。

4）电磁铁动铁心（即空行程）运动行程符合产品技术规定。

5）分合闸电磁铁装配安装，固定牢靠。

6）对于双分闸线圈并列安装的分闸电磁铁，应注意线圈的极性。

7）并联合闸脱扣器在合闸装置额定电源电压的85%～110%范围内，应可靠动作；并联分闸脱扣器在分闸装置额定电源电压的65%～110%（直流）或85%～110%（交流）范围内，应可靠动作；当电源电压低于额定电压的30%时，脱扣器不应脱扣。

2．操动机构检查、调试

（1）机构储能时间、储能时间继电器设置时间符合厂家技术规范，并做记录。

（2）调整测试机构辅助开关转换时间与断路器主触头动作时间之间的配合符合产品技术规定。

（3）禁止空合闸，机构储能完毕后，行程开关应能立即将电动机电源切除。

（4）分、合闸闭锁装置动作应灵活，复位应准确而迅速，并应开合可靠。

（5）储能指示及分、合闸指示应正确、明显，动作计数器应动作可靠、正确、不可复归。

（6）检测并记录分、合闸线圈电阻，检测结果应符合设备技术文件要求，无明确要求时，以线圈电阻初值差不超过 5% 作为判据，绝缘值符合相关技术标准要求。

（7）当电源电压低于额定电压的 30% 时，脱扣器不应脱扣，并做记录。

（8）核对并记录分合闸速度，导电回路触头行程、超行程、开距等机械尺寸，应符合产品技术规定。

（9）检查弹簧自由长度符合厂家规定，应将动作特性试验测试数据作为弹簧性能判据之一。

（10）合闸弹簧储能后，牵引杆的下端或凸轮应与合闸锁扣可靠地联锁。

3. 二次元件与二次回路检查

（1）二次元器件无损伤，表面清洁无污渍，漆面光滑完好平整、无气泡，各种接触器、继电器、微动开关、加热装置、显示器和辅助开关的动作应正确、可靠，接点应接触良好、无烧损或锈蚀。各二次元器件如图 2-4-10～图 2-4-14 所示。

图 2-4-10 继电器

图 2-4-11 微动开关

图 2-4-12 加热装置

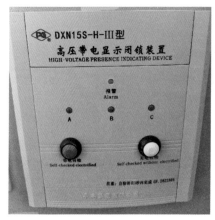

图 2-4-13　带电显示闭锁装置

图 2-4-14　辅助开关

（2）辅助开关安装牢固，辅助开关接点应转换灵活、切换可靠。与机构间的连接应松紧适当、转换灵活；连接锁紧螺帽应拧紧，并应采取防松措施。如图所示。

（3）非全相保护、防跳时间继电器校验合格，定值正确。

（4）控制回路、信号回路、储能回路、联锁回路传动或逻辑试验结果正确。

图 2-4-15　二次接线端子排

（5）二次回路连接正确，绝缘值符合相关技术标准，并做记录。在交接验收时，采用 2500V 兆欧表检测且绝缘电阻大于 10mΩ；在投运后，采用 1000V 兆欧表检测且绝缘电阻大于 2mΩ。

（6）接线排列整齐美观，端子螺丝无锈蚀，垫圈无缺失。同一个接线端子上不得接入两根以上导线，不得接入不同线径的两根导线。二次接线端子排如图 2-4-15 所示。

（7）端子排上相邻端子之间（交直流回路，直流回路正负极，交流回路非同相，分合闸回路）采取防短路措施，应避免交、直流接线出线在同一段或串端子排上。

（8）验证五防等电气闭锁功能正常。

四、验收与检验

（一）本体装配验收

断路器嵌入组合电器内应平整、稳固。

操动机构与本体连接应可靠、灵活，不应出现卡涩现象。

确保内部清洁、完好、无杂物。

检查液压机构管路无泄漏，同时应充分验证高压油区在高温下不会由于气泡造成频繁打压。

（二）外观验收

（1）断路器各部位螺栓固定良好，二次线均匀布置、无松动，断路器与组合电器间的绝缘符合技术文件要求。

（2）断路器分合闸指示标志是否清晰，动作指示位置是否正确。

（3）断路器计数器必须是不可复归型。

（4）密封良好，电缆口应封闭，接地良好，电机运转良好，分合闸闭锁良好。

断路器弹簧机构

（1）弹簧机构内的弹簧、轴、销、卡片等零部件完好。

（2）机构合闸后，应能可靠地保持在合闸位置。

（3）机构上储能位置指示器、分合闸位置指示器便于观察巡视。

（4）合闸弹簧储能完毕后，限位辅助开关应立即将电机电源切断。

（5）储能时间满足产品技术条件规定，并应小于重合闸充电时间。

（6）储能过程中，合闸控制回路应可靠断开。

（三）试验验收

出厂时应逐台进行断路器机械特性测试，断路器应按照要求进行分合闸速度、分合时间、分合闸同期性等机械特性试验，应进行操动机构低电压试验，并测量断路器的行程—时间特性曲线，均应符合产品技术条件要求，机械行程特性曲线应在 GB1984 规定的包络线范围内。

应对断口合闸电阻进行逐一测量，满足技术规范书要求。

【任务小结】

根据本任务的学习，掌握组合电器断路器检修的准备、危险点分析与控制措施、作业方法与关键点和验收与检验等相关内容。

任务五：GIS 组合电器隔离开关、接地开关检修

【任务描述】

经验表明，组合电器只有通过解体检修才能最大限度地发现缺陷隐患。组合电器的隔离开关、接地开关，其导电部分在封闭的气室内，设备投运后无法直接观察到气室内各部件的工况，无法对设备的健康水平作出有效判断。因此，在组合电器隔离开关、接地开关投运一定年限后，需要对其进行解体，以对隔离开关、接地开关的动静触头、机械传动部件等进行检修，对存在缺陷的部件进行处理或更换，使设备恢复应有的健康水平。

本任务为组合电器隔离开关、接地开关的检修，主要指 B 类检修（解体检修）。组合电器隔离开关、接地开关解体前以及恢复安装后，均需进行气室及 SF_6 气体处理，其作业方法同任务一，本任务不再赘述。

【任务目标】

知识目标	熟悉掌握组合电器隔离开关、接地开关解体检修作业的方法与步骤
技能目标	（1）能够根据任务情境，分析出危险点并做好相应控制措施； （2）能够落实组合电器隔离开关、接地开关解体检修作业流程、作业内容、关键工艺质量管控措施
素质目标	通过任务实施，树立安全意识，风险防范意识，养成专业、细心、严谨的岗位态度

【知识与技能】

一、作业前准备

（一）人员准备

作业现场需工作负责人 1 人，负责作业现场的安全管控；检修人员 2～3 人，负责组合电器隔离开关、接地开关检修工作。

（二）设备及机具准备

进行组合电器隔离开关、接地开关检修工作需要的设备及机具见表 2-5-1。

表 2-5-1　　　　　　　　　　主要施工机具配置表

序号	名称	单位	数量
1	SF_6 回收净化装置	个	1
2	SF_6 空气瓶	个	根据实际需要
3	SF_6 气体	瓶	根据实际需要
4	温湿度计	个	1
5	真空泵	台	1
6	SF_6 管路	套	1
7	三级配电箱	个	1
8	SF_6 检漏仪	台	1
9	微水测试仪	台	1
10	起重机械	台	1
11	力矩扳手（10～300N·m）	把	1
12	水平尺	个	1
13	常用扳手	套	2
14	电动扳手	套	1
15	橡胶密封圈	个	2
16	百洁布	包	根据实际需要
17	无毛纸	包	根据实际需要
18	硅脂	瓶	1
19	专用吸尘器	台	1

续表

序号	名称	单位	数量
20	硅橡胶平面密封剂	瓶	1
21	机械特性仪	台	1
22	回路电阻测试仪	台	1
23	防尘罩	个	根据实际需要配置
24	无水乙醇	瓶	根据实际需要配置
25	乳胶手套	个	根据实际需要配置
26	防护服	套	根据实际需要配置

二、危险点分析与控制措施

组合电器隔离开关、接地开关检修工作的危险点与控制措施见表 2-5-2。

表 2-5-2   危 险 点 与 控 制 措 施

危险点	危险因素分析	控制措施
触电；误动、交流串直流	组合电器结构紧凑，距离相邻带电间隔较近，存在误入带电间隔的危险。 检查二次回路时、更换二次元件、二次拆解线时，有触电风险、误动、交流串直流风险	（1）停电前，工作负责人应交代清楚现场安全措施及带电设备的情况。 （2）作业过程中加强监护，不得跨越围栏，防止误入带电间隔，误碰带电设备。 （3）与带电设备保持足够的安全距离。 （4）在二次回路上工作之前，应先断开相关的各类电源并确认无电压。 （5）在二次回路上工作，应戴线手套，应使用绝缘工器具，并在监护人员监护下进行作业。 （6）拆下的控制回路及电源线头所作标记正确、清晰、牢固，防潮措施可靠
中毒	GIS 气室中 SF_6 气体可能存在有毒分解物，进行隔离开关、接地开关检修工作时存在 SF_6 气体中毒的危险	（1）GIS 设备分解前，一般情况下应将 SF_6 气体回收并进行净化处理，不得私自向大气排放。 （2）GIS 封盖打开后，人员暂时撤离现场 30min，让残留的 SF_6 及其气态分解物经室内通风系统排至室外，然后才准进入作业现场。 （3）用强力排气扇吹风，使检修气室保持通风良好
高处坠落、机械伤害	隔离开关、接地开关及其机构距离地面有一定高度，解体、吊装或者在其上工作时，有高处坠落及机械伤害危险	（1）在组合电器本体、脚手架搭设的平台上等高处作业时，应正确佩戴安全带，安全带应高挂低用，做好防高处坠落措施。 （2）使用吊车、桥式起重机等起重设备时，应设专责监护人、指挥人、操作人，且均应具备相应特种作业资质，现场加强监护。 （3）吊装应按照厂家规定程序进行，选用合适的吊装设备和正确的吊点，设置缆风绳控制方向，并设专人指挥，吊装作业下方严禁站人。 （4）起吊前确认连接件已拆除，对接密封面已脱胶。 （5）吊装时起吊平稳，对法兰密封面、槽应采取保护措施，注意防护绝缘筒、屏蔽、绝缘支架，避免划碰伤。 （6）机构检修前，应拉开操作电源、电机电源，将机构储能压力释放，防止伤及人员。 （7）电动调整时应确认作业人员与危险部位保持安全距离。 （8）拆除机构各连接、紧固件，确认连接部位松动无卡阻

三、作业方法与关键点

（一）作业环境及注意事项

施工环境应满足要求，现场环境温度在 −5～40℃，相对湿度不大于 80%，并采取防尘防雨防潮措施。

安装过程中气室暴露在空气中的时间不应超过厂家规定的最大时间，在对接、安装过程中应保持气室内部的清洁。

气室开启后及时用封盖封住法兰孔。

（二）气室密封面处理及工艺要求

密封槽面应清洁，无杂质、划痕，新密封件完好，已用过的密封件不得重复使用。

涂密封脂时，不得使其流入密封垫（圈）内侧而与 SF_6 气体接触。

波纹管的螺母紧固方式应符合厂家技术要求，室外设备密封面的连接螺栓应涂防水胶。

法兰螺栓应按对角线位置依次均匀紧固并做好标记，紧固后的法兰间隙应均匀。

螺栓材质及紧固力矩应符合规定或厂家要求。

（三）隔离开关、接地开关导电部分检查及处理

隔离开关、接地开关导电部分如图 2-5-1 所示。

确认导体和屏蔽罩紧固良好，表面圆滑无尖角毛刺及划碰伤。

触头表面镀银无脱落起泡。

操作拉杆表面无划碰伤、裂纹或闪络痕迹。

三工位刀闸触头动作符合厂家技术规定。

合分闸操作灵活，无卡涩。

回路电阻值符合厂家技术要求。

分合闸位置符合厂家技术要求。

检查并记录隔离开关触头插入深度、三相分合闸不同期值等机械尺寸，符合产品技术规定。

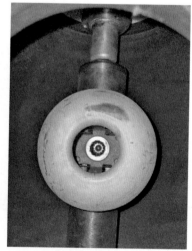

图 2-5-1 隔离开关、接地开关导电部分

（四）操动机构检修

1. 机械及传动部件检修

机械及传动部分如图2-5-2所示。

机构门密封条无破损，有弹性，关门无缝隙，封堵严密，密封良好，机构外壳可靠接地。

机构拐臂、拉杆无锈蚀变形，分合闸指示位置正常。机构分合闸指示如图2-5-3所示。

快速机构弹簧合分闸位置尺寸符合厂家技术要求，缓冲器功能正常，快速机构弹簧自由长度符合厂家设计要求。快速机构弹簧如图2-5-4所示。

轴连接部位动作顺畅无磨损情况，开口销或挡圈安装良好，符合厂家要求，合分闸限位紧固是否牢固，尺寸符合厂家要求。

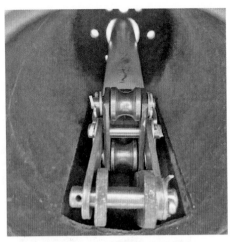

图2-5-2 机械及传动部分

图2-5-3 机构分合闸指示

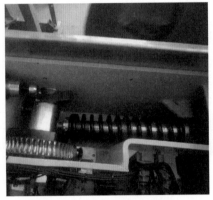

图2-5-4 快速机构弹簧

传动部位丝杠无磨损锈蚀，涂抹润滑油。

电机参数符合要求，无烧损，齿轮啮合正常，无断齿。电机齿轮如图2-5-5所示。

图2-5-5 电机齿轮

电机轴承、整流子无磨损，定子与转子间的间隙均匀，无摩擦，磨损深度不超过规定值。

电机绝缘电阻、直流电阻符合相关技术标准要求。

机构箱密封良好，如图2-5-6所示。

检查并记录隔离开关三相分合闸不同期值等机械尺寸，应符合产品技术规定。

2. 二次元件及二次回路检修

二次元器件无损伤，表面清洁无污渍，漆面光滑完好平整、无气泡，各种接触器、继电器、微动开关、加热装置、显示器和辅助开关的动作应正确、可靠，接点应接触良好、无烧损或锈蚀。各二次元器件如图2-5-7～图2-5-11所示。

图2-5-6　机构箱

图2-5-7　接触器

图2-5-8　继电器

图2-5-9　微动开关

图 2-5-10 加热装置

图 2-5-11 辅助开关

辅助开关安装牢固，辅助开关接点应转换灵活、切换可靠。与机构间的连接应松紧适当、转换灵活；连接锁紧螺帽应拧紧，并应采取防松措施。

控制回路、信号回路、储能回路、联锁回路传动或逻辑试验结果正确。

二次回路连接正确，绝缘值符合相关技术标准，并做记录。在交接验收时，采用 2500V 兆欧表检测且绝缘电阻大于 10mΩ；在投运后，采用 1000V 兆欧表检测且绝缘电阻大于 2mΩ。

接线排列整齐美观，端子螺丝无锈蚀，垫圈无缺失。同一个接线端子上不得接入两根以上导线，不得接入不同线径的两根导线。

端子排上相邻端子之间（交直流回路，直流回路正负极，交流回路非同相，分合闸回路）采取防短路措施，应避免交、直流接线出线在同一段或串端子排上。

验证五防等电气闭锁功能正常。

四、验收与检验

（一）本体装配验收

本体整体装配如图 2-5-12 所示。

（1）操动机构动作可靠、灵活。

（2）分合闸位置指示正确。

（3）机构与本体连接处密封完好。

（4）应确保操动机构的操作功具有一定裕度，避免合分闸不到位。

（二）外观验收

（1）所有组部件应装配完整。

（2）隔离开关外观清洁无污损，油漆完整，无色差。

（3）瓷套表面清洁，无损伤、放电痕迹，法兰无开裂现象，均压环无变形。

（4）一次端子接线板无开裂、无变形，表面镀层无破损。

图 2-5-12　本体整体装配

（5）金属法兰与瓷套胶装部位黏合牢固，防水胶完好。

（6）接地块（件）安装美观、整齐。

（7）位置指示器的颜色和标示应符合相关标准要求，分、合闸指示牌应有两个及以上定位螺栓固定以保证不发生位移。

（8）机构内的弹簧、轴、销、卡片、缓冲器等零部件完好。

（9）机构的分、合闸指示应与实际相符。

（10）传动齿轮应咬合准确，操作轻便灵活。

（11）电机操作回路应设置缺相保护器。

（12）隔离开关控制电源和操作电源应独立分开。同一间隔内的多台隔离开关，必须分别设置独立的开断设备。

（13）机构的电动操作与手动操作相互闭锁应可靠。电动操作前，应先进行多次手动分、合闸，机构动作应正常。

（14）机构动作应平稳，无卡阻、冲击等异常情况。

（15）机构限位装置应准确、可靠，到达规定分、合极限位置时，应可靠地切除电动机电源。

（16）机构密封完好，加热驱潮装置运行正常。

（17）做好控缆进机构箱的封堵措施，严防进水。

（18）三工位的隔离刀闸，应确认实际分合位置，与操作逻辑、现场指示相对应。

（19）机构应设置闭锁销，闭锁销处于"闭锁"位置机构即不能电动操作也不能手动操作，处于"解锁"位置时能正常操作。

（20）应严格检查销轴、卡环及螺栓连接等连接部件的可靠性，防止其脱落导致传动失效。

（21）相间连杆采用转动传动方式设计的三相机械联动隔离开关，应在三相同时安装分合闸指示器。

（三）试验验收

（1）采用电流不小于 100A 的直流压降法进行主回路电阻试验。

（2）现场测试值不得超过产品技术条件规定值的控制值。

（3）应注意与出厂值的比较，不得超过出厂实测值的 120%。

（4）注意三相测试值的平衡度，如三相测量值存在明显差异，须查明原因。

（5）测试应涵盖所有电气连接。

【任务小结】

根据本任务的学习，掌握组合电器隔离开关、接地开关检修的准备、危险点分析与控制措施、作业方法与关键点和验收与检验等相关内容。

【模块小结】

本模块的学习重点包括 GIS 组合电器 SF₆ 气体处理、GIS 组合电器盆式绝缘子更换、GIS 组合电器气室吸附剂更换、GIS 组合电器断路器检修、GIS 组合电器隔离开关、接地开关检修，在学习中需要注意结合工作实际理解学习内容，实操与理论相结合，促进理解与应用。

任务六：GIS 组合电器带电补气

【任务描述】

本任务是针对 GIS 组合电气设备，通过巡视检查、设备告警找到 SF_6 压力不足的气室，并采用 SF_6 气瓶分别进行气相法和液相法补气，及时将欠压 SF_6 气室的压力补至额定值或以上，保障设备内部的绝缘强度。

【任务目标】

知识目标	（1）熟练掌握 GIS 组合电器带电补气危险点辨识、控制措施相关知识； （2）熟练掌握 GIS 组合电器带电补气的操作流程及操作要点
技能目标	（1）能够落实 GIS 组合电器带电补气的安全措施，做好个人防护； （2）能够规范开展 GIS 组合电器带电补气的标准化操作
素质目标	通过任务实施，树立安全意识、风险防范意识，养成细心、严谨的岗位态度，保证补气流程标准化、规范化、安全化

【知识与技能】

一、作业内容

（1）巡视检查 GIS 组合电器设备，找到实际气压值低于额定值的气室。

（2）根据待补气气室的作业情况准备补气用的材料、工器具、安全防护用品、仪器等。

（3）对气室进行补气，操作符合技术规范要求和安全防护要求。

（4）清理补气现场，做好补气记录并进行 SF$_6$ 气室湿度及检漏工作。

二、作业前准备

（一）作业器材及工器具

见表 2-6-1。

表 2-6-1　　　　作 业 器 材 及 工 器 具

序号	材料名称	检查标准
1	SF$_6$气体（50kg）	气体检测应合格，含水量≤40μL/L、纯度≥99.9%
2	气瓶称重装置	使用正常，校验合格
3	补气管路	管路外观正常，无破损
4	补气头套装	内部部件齐全
5	12寸扳手	扳手开口调节正常
6	减压阀	进口压力表量程宜为25MPa，出口压力表程宜为2.5MPa，同时设有安全阀
7	吹风机	外观正常，使用正常
8	XP-1A型便携式检漏仪	校验周期内，电量充足，有备用检测头
9	SF$_6$气体测试仪	仪器电量充足，校验周期内，有充电器和备用电池
10	电源盘	交流220V电源输入，有漏电保护开关
11	风速仪	使用正常
12	无毛纸	足量
13	无水乙醇	足量，密封良好
14	防毒面具	检查防毒面具表面无有裂痕、破口，面具与脸部贴合紧，保证良好的气密性；口鼻罩呼气阀片有无变形，弹性正常，无破裂及裂缝；头网应完好无破损
15	绝缘人字梯	1.5m或2m规格，在检验合格期内，外观正常
16	温湿度记	校验合格，指示正常
17	安全帽	外观无破损，使用合格期内
18	绝缘鞋	外观无破损
19	线手套	外观无破损
20	全棉长袖工作服	外观无破损，拉链或系扣齐全

（二）作业条件

（1）补气作业现场的环境的相对湿度应不大于80%，雨天不宜开展户外补气。

（2）GIS 高压室内的断路器、隔离开关均无操作，且无任何外部工作。

（3）设备的充气接口应干燥无积水，必要时用吹风机烘干。

（4）检测 GIS 高压室内的 SF_6 气体含量及氧含量符合作业要求。

（5）人体与工器具应符合与设备不停电时的安全距离。

（三）场地要求

（1）GIS 高压室入口处应安装有能报警的 SF_6 含量及氧含量显示仪，并定期检查。

（2）GIS 高压室安装有强力通风装置，同时将控制开关设置在门外。

三、作业过程中的危险点和控制措施

GIS 组合电器带电补气过程中的危险点及控制措施见表 2–6–2。

表 2–6–2　　　　　　　　　危 险 点 及 控 制 措 施

序号	危险点	防范与控制措施
1	设备损害	补气周围环境相对湿度应不大于 80%； SF_6 气体应经检测合格； 应检查补气口处是否有积水，如有应进行烘干，避免潮气进入气室； 应选用尺寸、顶针合适的补气头，防止选型不当导致的泄漏或设备损坏； 充气速率不宜过快，以气瓶底部（充气管）不结霜为宜。环境温度较低时，液态 SF_6 气体不易气化，可对钢瓶加热（不能超过 40℃），提高充气速度； 当气瓶内压力降至 0.1MPa 时，停止引出气体
2	气瓶搬运过程中的作业人员伤害或气瓶损伤	气瓶轻搬轻放，严禁抛掷溜放，避免受到剧烈撞击； 气瓶应带有安全帽和防震胶圈； 气瓶搬运，短距离采用倾斜转动的方式，距离较远或是无直达路径应采用搬运车或搬运架的形式； 用汽车运输气瓶时，气瓶不准顺车厢纵向放置，应横向放置并可靠固定； 气瓶押运人员应坐在司机驾驶室内，不准坐在车厢内； 避免装有 SF_6 气体的气瓶靠近热源或受阳光暴晒，做好防阳光直射或者是雨淋的措施
3	人员窒息	工作人员进入 SF_6 高压室，应查看 SF_6 气体含量显示仪的氧气含量和 SF_6 气体含量，合格方可进入，即工作区空气中 SF_6 气体含量不得超过 1000μL/L，含氧量应处于 19.5%～23.5%； 工作人员进入 SF_6 高压室，入口处若无 SF_6 气体含量显示器，应先通风 15min，并用检漏仪测量 SF_6 气体含量合格； 严禁一人进入 GIS 高压室从事补气工作
4	补气时人员伤害	工作人员不准在 SF_6 设备防爆膜附近停留，作业区域应避开防爆膜； SF_6 断路器或者隔离开关进行操作时，禁止检修人员在其外壳上进行工作； 测试人员应佩戴防毒面具； SF_6 配电装置发生大量泄漏等紧急情况时，人员应迅速撤出现场，开启所有排风机进行排风
5	高处坠落	登高作业时，需有人配合扶梯，超过 1.5m 应使用安全带或使用其他防坠落措施

四、带电补气的步骤及注意事项

带电补气的主要步骤及工序如图 2–6–1 所示。

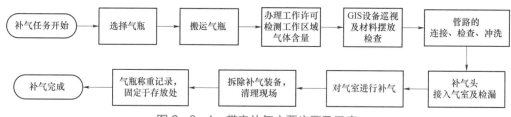

图 2-6-1 带电补气主要步骤及工序

（一）气瓶选择

根据待补气的 SF_6 气室容量，选择足量的 SF_6 气瓶，对其进行称重并做好记录，其气体余量应满足补气要求，必要时可以带多个气瓶。

（二）气瓶搬运及运输

将气瓶采用倾斜移动法搬运至车厢，注意应 2 人共同装卸，避免滑滚伤人；如距离较远，宜使用搬运架或搬运车（见图 2-6-2）。气瓶在车厢内应水平放置，并有可靠的固定措施。SF_6 气瓶在车厢内应覆盖防水帆布或其他防雨措施，避免阳光直射和雨水浇淋。

（三）办理工作许可，检测工作区域气体含量

根据现场设备的实际情况，办理变电站（发电厂）第二种工作票，并严格按照相关安全规定履行工作许可手续，在工作地点悬挂"在此工作"标识牌（见图 2-6-3）。

图 2-6-2 气瓶搬运及运输图示

图 2-6-3 "在此工作"标识牌

进入 SF_6 高压室前应通过门口的氧含量仪确认室内监测工作区域空气中 SF_6 气体含量不超过 $1000\mu L/L$，含氧量应处于 19.5%～23.5%（见图 2-6-4）。如果不符合要求应开启通风装置通风，待符合要求后进入。如果气体含量不符合要求应开启通风装置通风 15min 以上，待 SF_6 含量和氧含量符合要求后进入。

（四）GIS 设备巡视及材料摆放

检查 GIS 组合电器的每一个 SF_6 气室，查找密度继电器压力低于额定值气室，然后将材料布置于待补气气室附近处，注意应避开防爆膜，同时应远离机构箱传动轴、汇控柜等（见图 2-6-5）。

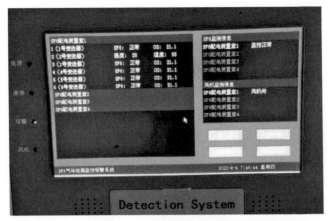

图 2-6-4　检查气体含量

防爆膜　　　　　　　　机构传动轴

图 2-6-5　GIS 设备巡视材料摆放示意

对部分补气材料再次进行补气前的检查，见表 2-6-3。

表 2-6-3　　　　　　　　　　　补 气 前 检 查

序号	材料名称	检查标准
1	SF$_6$气体	出气口出应密封良好，无脏污，无水汽
2	补气管路	管箍紧固良好，管头内部无脏污，无水汽，密封圈正常无破损
3	补气头	补气头内无脏污，无水汽，密封圈正常无破损
4	减压阀	各气口无脏污，无水汽，阀门拧入拧出正常，压力指示表在零位
5	温湿度记	指示正常
6	防毒面具	更换新的滤芯
7	电源盘	电缆外观正常，漏电保护动作正常
8	XP-1A 型便携式检漏仪	按下 ON/OFF 键，仪器启动，并响起蜂鸣声；检查测试头处无脏污。
9	风速仪	动作正常，风速显示正常

其余材料在出工准备阶段均已完成检查，此处无需重复检查。

补气头、补气管路、减压阀、气瓶出气口如有脏污应使用无毛纸加无水乙醇进行擦拭。如有积水或受潮现象应使用吹风机吹干

（五）管路的连接、冲洗

按照图 2-6-6，开展气相法充气管路连接。

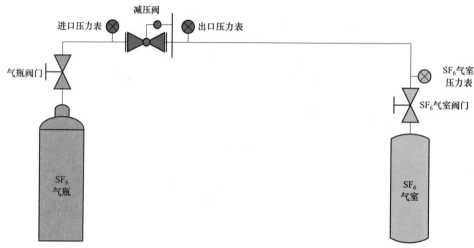

图 2-6-6　气相法充气管路连接示意图

气瓶和减压阀的连接：将 SF_6 气瓶直立放置，检查减压阀在处于关闭状态。

使减压阀接口与气瓶接口处于同一水平线，然后插入气瓶接口，顺时针拧入螺帽，最后使用扳手紧固（见图 2-6-7）。

开启气瓶：向左旋转打开气瓶阀门，开启阀门后减压阀气瓶压力指针能够正常转动。减压阀与钢瓶的半球头连接后应没有漏气声音（见图 2-6-8）。

补气头接入补气管，并检查管箍是否紧固，如果使用钢丝软管可省略这步（见图 2-6-9）。

顺时针缓慢旋转开启减压阀，采用出气口向下的方式对充气管进行 2-3 次冲洗，每次冲洗不少于 5s，冲洗完毕后关闭减压阀（见图 2-6-10）。

注意不能吹向作业人员，如在室内建议吹向排气口并开启排风机。

从此步开始，应全程佩戴防毒面具，至补气结束后方可摘下。

图 2-6-7　气瓶和减压阀连接图

图 2-6-8　开启气瓶图

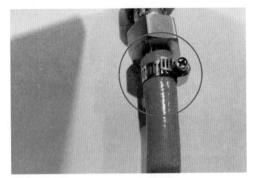

图 2-6-9　补气头接入补气管图

（六）补气头接入气室及检漏

检查气室补气口：补气口应洁净无水汽，如有脏污应使用无毛纸加无水乙醇进行擦拭。如有积水或受潮现象应使用吹风机吹干（见图 2-6-11）。

图 2-6-10　开启减压阀　　　　图 2-6-11　检查气室补气口

补气头接入气室：补气头接入时应将顶针调整合适，防止无法导通气室或顶坏顶针。

图 2-6-12　补气头接入气室

　　紧固螺帽时不应使用蛮力，防止损坏螺扣。补气头拧入气室时，操作应缓慢，当能明显听到气管中有气流声时，证明阀芯已经顶开，此时只要管路接头无漏气，即可停止拧入。

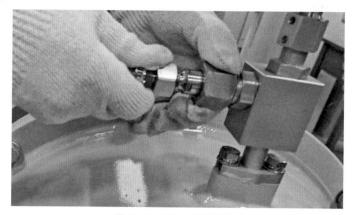

图 2-6-13　紧固螺帽

　　补气头内有密封圈，接入时应防止密封圈脱落；接入前应对设备充气口的密封圈检查，如丢失或者是老化变硬应予以更换。

　　针对气室量较小的，一定要缓慢拧入，防止气压突然下降导致的密度继电器误动。

　　对补气头在断路器机构箱体内或是在汇控柜内的，应注意防止误动设备。

　　当气瓶余量较低或者温度较低时，可以使用液相法补气，即将气瓶放到，底部垫高约30°进行补气。

　　补气头接入气室后，管路导通后，减压阀靠气室侧的压力表指示于气室压力一致（见图 2-6-14）。

　　对以下管路连接处进行检漏，检漏正常后方可继续补气。

　　减压阀进气口→气瓶出气口（图 2-6-15 左）；

　　补气口→补气头（图 2-6-15 中）；

　　补气头→补气管头（图 2-6-15 中）；

　　补气管头→减压阀出气口（图 2-6-15 右）。

图 2-6-14 减压阀靠气室侧的压力表指示图

图 2-6-15 补气管路检漏

（七）对气室进行补气

先打开气瓶阀门，再打开减压阀并观察观察出气口压力。当听到连接管中有充气声音，证明减压阀已正常工作，出气口压力不宜高出额定压力 0.05MPa 为宜。充气的速率以气瓶底部不结霜为宜，如果气瓶压力降低至 0.1MPa 时，应关闭阀门，停止引出气体。补气期间应持续观察密度继电器的压力。接近额定压力时，应降低补气速率，防止压力过高。

对于有温度补偿的密度继电器，补气至表显的额定压力即可，如图 2-6-16 所示。

对于无温度补偿的密度继电器（西门子断路器），应根据环境温度，结合 SF_6 特性曲线找出环境温度下的额定压力（见图 2-6-17）。

图 2-6-16　表显的额定压力

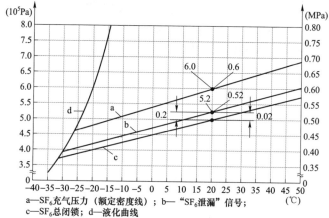

a—SF$_6$充气压力（额定密度线）；b—"SF$_6$泄漏"信号；
c—SF$_6$总闭锁；d—液化曲线

图 2-6-17　SF$_6$特性曲线

（八）拆除补气装备，清理现场

补气至额定压力后，先关闭气瓶阀门，再关闭减压阀，然后拆除补气头。

补气头拆除时宜用一只手顶住补气头，另一只手松螺帽，松开后拔出补气头，防止补气头被高气压冲出造成人员上伤害。逐步拆除补气设备。

对气室补气口进行检漏，防止逆止阀未完全复位导致泄漏，然后盖上保护封盖（见图 2-6-18）。

图 2-6-18　拆除补气设备

（九）清理现场所有物品，确保无遗漏

（十）气瓶称重记录，固定于存放处

补气结束后，应将气瓶放回原位置，称重记录。计算补气量，做好记录（见表2-6-4）。

表2-6-4　　　　　　气瓶使用统计表

序号	变电站	气室名称	补气时间	气瓶编号	补气前重量（kg）	补气后重量（kg）	气体使用量（kg）
1	示例：阳光变	春熙线111断路器	2022.09.14	152061318	48.5	46.0	2.5
2							
3							

五、安装检修质量检验

（1）补气结束后，观察密度继电器，压力指针应处于额定值或以上，若是无温度补偿型密度继电器应结合气体温度曲线进行判断。

（2）根据相关规程要求，补气完成静置24h后开展气室检漏和湿度测试，具体操作方式参照本书《SF_6气体湿度、纯度和分解产物检测》内容。

【任务小结】

通过本课程的学习和实操，可以掌握GIS组合电器带电补气的要点和安全防护要求，防止在作业过程中发生人身伤害和设备损害。做好补气前后的气体重量记录和计算，可以掌握气室的漏气量和漏气速度的分析。

模块三

试 验 检 测

【模块描述】

本模块主要讲解 GIS 组合电器试验检测项目内容，包括 SF$_6$ 气体湿度、纯度和分解产物检测，SF$_6$ 气体红外成像检测，GIS 特高频检测，GIS 超声波检测，开关柜暂态地电压检测，开关柜超声波检测，变压器油色谱分析，电力设备红外热像检测，紫外成像带电检测，避雷器泄漏电流带电检测，断路器机械特性试验，SF$_6$ 气体密度继电器校验，主变温控器校准方法等。通过上述内容讲解，准确掌握 GIS 组合电器各试验检测项目的检测目的、检测仪器、检测方法、检测流程、注意事项等内容。

任务一：SF$_6$ 气体湿度、纯度和分解产物检测

【任务描述】

此任务主要是开展 SF$_6$ 气体绝缘设备的气体检测，项目包括湿度、纯度和分解产物。SF$_6$ 气体纯度不足或是分解物含量超标可能会造成气室绝缘性能下降。而湿度过高可能会造成气体绝缘性能下降或降低气室沿面闪络电压，在电弧作用还会与电弧分解物产生化学反应造成设备腐蚀，严重影响设备的安全运行，同时危害检修人员的安全。因此，对 SF$_6$ 气体开展湿度、纯度和分解产物检测是十分必要的。

【任务目标】

知识目标	1. 熟练掌握 GIS 设备 SF$_6$ 气体湿度、纯度及分解物的测试的危险点、控制措施及操作流程。 2. 熟练掌握 GIS 设备 SF$_6$ 气体湿度、纯度及分解物的检测检测原理及分析技术，包括 SF$_6$ 气体湿度、纯度及分解物的含量标准和异常诊断
技能目标	1. 能够落实 SF$_6$ 气体湿度、纯度及分解物检测作业安全措施。 2. 能够规范使用 SF$_6$ 气体综合测试仪进行标准化测试。 3. 能够编制检测报告，并进行异常分析，提出检修建议和策略
素质目标	通过任务实施，树立安全意识、风险防范意识，养成细心、严谨的岗位态度，保证 SF$_6$ 气体湿度、纯度及分解物检测流程标准化、规范化、安全化

【知识与技能】

一、检测目的

SF_6 是用于 GIS 设备作为绝缘和灭弧用的气体，GIS 设备运行可靠性与 SF_6 气体的纯度和湿度息息相关，如果 SF_6 气体中混有杂质，超出规定标准，其灭弧性能和绝缘性能会大幅下降。而其中如果含有水分，其电气强度会下降，在高温等条件下，SF_6 气体分解物与水产生化学反应产生有害的物质，严重影响 GIS 设备正常运行，一旦泄漏还会对作业人员产生危害。所以，对 SF_6 气体开展湿度、纯度和分解产物检测是很有必要的。

二、检测原理

（一）SF_6 气体湿度常用检测方法

1. 露点法

露点法检测原理是使 SF_6 气体在恒定压力下，以一定流量经过测试室的抛光金属镜曲，金属镜面用半导体制冷。当 SF_6 气体中的水蒸气随镜面温度的降低而达到饱和时，镜表曲开始结露（此时的温度称为露点）通过光电测试系统指示出露点值，并根据露点值与 SF_6 气体含水量的关系计算出 SF_6 水分含量。

2. 电阻电容法

利用吸湿物质的电学参数随湿度变化的原理借以进行湿度测量的仪器。属于这一类的湿度计主要有氧化铝湿度计、碳和陶瓷湿度传感器，以及利用高聚物膜和各种无机化合物晶体等制作的电阻式湿度传感器等。

（二）SF_6 气体纯度常用检测方法

1. 气相色谱检测法

气相色谱是以惰性气体（载气）为流动相，以固体吸附剂或涂渍有固定液的固体载体为固定相的柱色谱分离技术，配合热导检测器（TCD），检测出被测气体中的 CF_4 含量，从而得到 SF_6 气体纯度。

2. 热导法

目前大部分仪器采用热导法。其原理是利用 SF_6 气体内含有其他去气体后，其热导系数会产生变化，引起热导传感器的阻值发生变化，电桥失去平衡，影响输出电压，最终计算出 SF_6 气体含量。

（三）SF_6 气体分解产物常用检测方法

1. 气体检测管检测法

被测气体与检测管内填充的化学试剂发生反应生成特定的化合物，引起指示剂颜色变化，根据颜色变化指示长度得到备测气体所测组分的含量。

2. 电化学传感器法

根据被测气体在高温催化剂作用的化学反应，改变电化学传感器输出的电信号，从而确定被测气体中的组分及其含量。

三、检测要求

（一）环境要求

（1）作业现场的环境的相对湿度应不大于 80%，温度不宜低于 5℃。

（2）室外雷、雨、雾、雪的环境不宜开展检测。

（3）风力大于 5 级时，不宜在室外展检测。

（二）待测设备要求

（1）SF_6 设备气体压力在正常压力范围内。

（2）GIS 设备的断路器、隔离开关均无操作，且无任何外部工作。

（3）设备的充气接口应干燥无积水，必要时用吹风机烘干。

（4）内部气体状态符合检测周期的要求。

（三）人员要求

（1）熟悉 SF_6 湿度、纯度和分解产物检测基本原理、诊断分析方法。

（2）了解 SF_6 气体综合测试仪的工作原理、技术参数、性能及操作方法。

（3）了解被测设备的结构特点、工作原理、运行状况和导致设备故障的基本因素。

（4）具有一定的现场工作经验，熟悉各种影响试验结论的原因及消除方法，并能严格遵守电力生产和工作现场的相关安全管理规定。

（5）经过上岗培训并考试合格。

（四）安全要求

（1）检测 GIS 高压室内的 SF_6 气体含量应小于 1000μL/L。

（2）检测 GIS 高压室内含氧量应处于 19.5%～23.5%。

（3）GIS 高压室入口处应安装有能报警的 SF_6 含量及氧含量显示仪，并定期检查。

（4）GIS 高压室安装有强力通风装置，同时将控制开关设置在门外。

（五）仪器要求

仪器主要技术指标：

（1）湿度检测：冷凝式露点仪的测量露点范围在环境温度为 20℃时，应满足 −60～0℃，其测量误差不超过 ±0.6℃；阻容式湿度计测量范围应满足 −60～0℃，其测量误差不应超过 ±2.0℃。

（2）纯度检测：测量量程 90%～100%（质量分数），65%～100%（体积分数）；重复性不大于 0.1%；分辨率不大于 0.03%（质量分数）；相应时间不大于 30s；测量流量（200±5）mL/min。

（3）分解物检测：对 SO_2 和 H_2S 气体的检测量程应不低于 100μL/L，CO 气体的检测量程应不低于 500μL/L；检测时所需气体流量应不大于 300mL/min，响应时间应不大于 60s；最小检测量应不大于 0.5μL/L。

（六）检测周期

检测周期如表 3−1−1～表 3−1−3 所示。

表 3-1-1　　　　　　　　　　SF$_6$湿度检测基准周期

设备类型	基准周期
SF$_6$变压器	1 年
35kV 及以下 SF$_6$断路器、SF$_6$互感器、GIS	4 年
110kV 以上 SF$_6$断路器、SF$_6$互感器、GIS	3 年

表 3-1-2　　　　　　　　　　SF$_6$分解产物检测周期

电压等级	检测周期	备注
750kV、1000kV	新安装和解体检修后投运 3 个月内检测 1 次； 交接验收耐压试验前后； 正常运行每年测 1 次； 诊断性检测	诊断性检测： 发生断路故障、断路器跳闸时； 设备遭受过电压冲击如雷击等； 设备有异常声响、强烈电磁振动响声时； 超声波、特高频测试有异常者
330~500kV	新安装和解体检修后投运 1 年内检测 1 次； 交接验收耐压试验前后； 正常运行每 3 年测 1 次； 诊断性检测	
66~220kV	交接验收耐压试验前后； 与状态检修周期一致； 诊断性检测	
35kV 及以下	诊断性检测	

表 3-1-3　　　　　　　　　　特殊项目的检测周期

测试项目	周期要求
SF$_6$气体纯度及分解物	SF$_6$气体在充入电气设备 24h 后方可进行检测； 灭弧气室的检测时间应在设备正常开断额定电流及以下电流 48h 后； 充气完毕静置 24h 后必要时进行 SF$_6$分解产物检测
SF$_6$气体湿度	新投运测一次，若接近注意值，半年之后应再测一次； 新充（补）气 48h 之后至 2 周之内应测量一次； 气体压力明显下降时应定期跟踪测量气体湿度； 充气完毕静置 24h 后进行 SF$_6$湿度检测

四、检测准备

（一）待测设备工况

（1）准备上次的检测数据，与本次测试情况进行对比。

（2）检查设备的运行情况，断路器近期有无开断操作、气室有无补气情况。

（3）断路器、隔离开关均无操作，且无任何外部工作。

（4）检查密度继电器校验阀为开启状态，且标记压力正常。

（二）仪器、工器具、耗材准备及检查

仪器、工器具、耗材准备及检查如表 3-1-4 所示。

表 3-1-4　　　　　　　　仪器、工器具、耗材准备及检查

序号	仪器、工器具、耗材准备	检查标准
1	JH6000D-4 型 SF_6 气体测试仪	仪器电量充足 校验周期内 有充电器和备用电池
2	XP-1A 型便携式检漏仪	校验周期内 电量充足
3	测试头套装	多种接头的组合套装形式，测试头齐全
4	无毛纸	足量
5	无水乙醇	足量，密封良好
6	风速仪	校验周期内
7	12 寸活动扳手	部件齐全，使用正常
8	测量管路	聚四氟乙烯管，长度不超过 6m，无破损，弯曲
9	电吹风	使用正常
10	尾气回收袋	外观无破损
11	防毒面具	检查防毒面具表面无有裂痕、破口，面具与脸部贴合紧，保证良好的气密性；口鼻罩呼气阀片有无变形，弹性正常，无破裂及裂缝；头网应完好无破损
12	温湿度记	校验合格，指示正常

（三）安全风险防控

安全风险防控如表 3-1-5 所示。

表 3-1-5　　　　　　　　安 全 风 险 防 控

序号	危险点	防范措施
1	人员窒息	（1）工作人员进入 SF_6 高压室，应查看 SF_6 气体含量显示仪的氧气含量和 SF_6 气体含量，合格方可进入，即工作区空气中 SF_6 气体含量不得超过 1000μL/L，含氧量应处于 19.5%～23.5%。 （2）工作人员进入 SF_6 高压室，入口处若无 SF_6 气体含量显示器，应先通风 15min，并用检漏仪测量 SF_6 气体含量合格。 （3）严禁一人进入 GIS 高压室从事 SF_6 气体湿度、纯度及分解产物测试工作。 （4）室外检测时应站在上风侧
2	人员伤害	（1）工作人员不准在 SF_6 设备防爆膜附近停留，作业区域应避开防爆膜。 （2）SF_6 断路器或者隔离开关进行操作时，禁止检修人员在其外壳上进行工作
3	设备损坏	（1）应检查测试口处是否有积水，如有应进行烘干，避免潮气进入气室。 （2）应选用尺寸、顶针合适的测试头，防止选型不当导致的泄漏或设备损坏
4	气体泄漏	（1）测试人员应佩戴防毒面具。 （2）SF_6 配电装置发生大量泄漏等紧急情况时，人员应迅速撤出现场，开启所有排风机进行排风

（四）办理工作许可

根据现场设备的实际情况，办理变电站（发电厂）第二种工作票，并严格按照相关安全规定履行工作许可手续，在工作地点悬挂"在此工作"标识牌（见图 3-1-1）。

图 3-1-1　"在此工作"标识牌

五、检测流程

检测流程如图 3-1-2 所示。

（一）检查环境及气室压力

（1）检查测试环境，相对湿度应不大于 80%，温度不宜低于 5℃（见图 3-1-3），室外是雷、雨、雾、雪的环境不宜开展检测且风力应不大于 5 级。

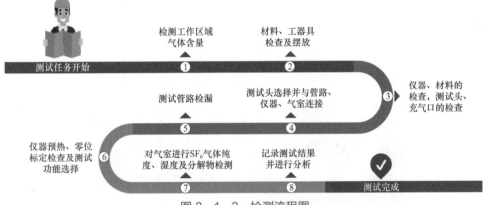

图 3-1-2　检测流程图

（2）检查待测气室的气压，应在额定值以上（见图 3-1-4）。

图 3-1-3　温湿度计

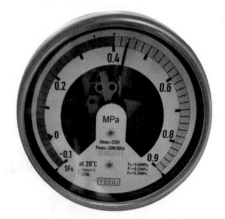

图 3-1-4　气压表

（二）检查仪器及安全工器具

（1）检查防毒面具符合使用要求，更换新的滤芯（见图 3-1-5）。

图 3-1-5　防毒面具

（2）检查使用的测试接头以及检漏仪测试头，应确保接头清洁，焊剂和油脂等污染物应清除掉（见图 3-1-6）。

图 3-1-6　测试接头

（三）仪器接地线连接

应先接接地端，后接仪器端；接地端处如有漆面，应先将漆面打磨（见图 3-1-7）。

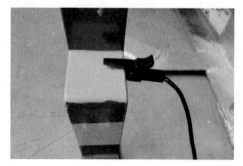

图 3-1-7　仪器接地线连接

（四）连接测试管路

（1）管路连接示意图如图 3-1-8 所示。

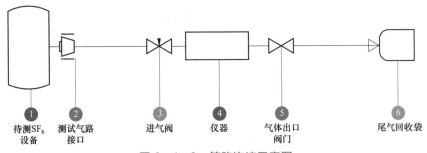

图 3-1-8 管路连接示意图

（2）排气口应接试验尾气回收装置或气体收集袋回收尾气，若使用尾气回收袋，应放至 5m 外低洼处（见图 3-1-9）。

图 3-1-9 尾气回收装置及尾气回收袋

（3）将测试头与管路按图 3-1-10 中方向推入连接，听到"咔哒"声，卡环顺利复位时，即顺利完成连接。

图 3-1-10 测试头与管路连接头

（4）检查待测气室压力和充气口的洁净程度，充气口受潮或有积水的应使用吹风机吹干，有脏污的应使用无水乙醇和无毛纸清洁干净（见图 3-1-11）。

图 3-1-11　充气口

（5）将测试头拧入气室充气口，拧入前应调整测试头的顶针，确保可以打开气路（见图 3-1-12）。

图 3-1-12　测试头拧入气室充气口

（6）使用检漏仪对仪器气路系统的阀门、管头进行检漏，防止泄漏导致大气水分进入影响测试结果（见图 3-1-13）。

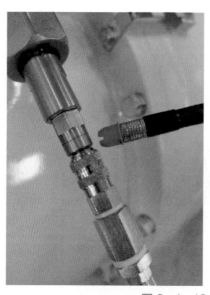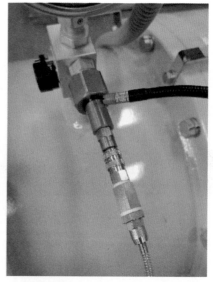

图 3-1-13　检漏仪检漏

（五）仪器开机及预热

首先点击"电源"键，仪器开机，仪器开始预热，一般为 180s（见图 3-1-14）。

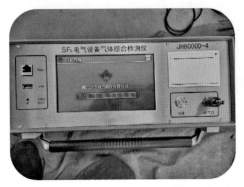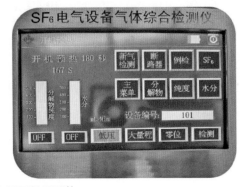

图 3-1-14 仪器开机及预热

（六）仪器零位检查

预热完成后，点击"零位"按键，观察仪器零位，当前零位与原零位差值大于 10%，需要打开气泵清洗，清洗时间 3min。清洗完成后，零位差值大于 10%应点击保存，小于 10%直接返回主界面（见图 3-1-15）。

（七）湿度、纯度、分解物测试

根据测试需要选择对应的功能，有新气、断路器、其他气室、例行试验、交接试验、SF_6 气体、N_2 气体，而测试项目可以根据需要点亮湿度、纯度、分解物按钮中的一个或多个，仪器将自动根据选择的项目开始测试和诊断数据。被测气体切换时，流量会自动调节（见图 3-1-16）。

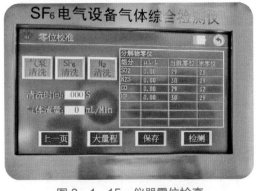

图 3-1-15 仪器零位检查

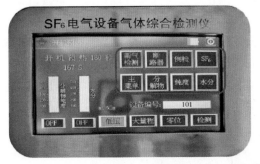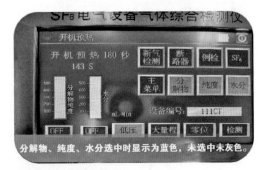

图 3-1-16 SF_6 电气设备气体综合检测仪

点击设备编号框可以输入设备的双重编号及气室名称（打印测试结果时可以显示，如手动记录可以忽略此步）（见图 3-1-17）。

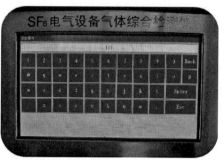

图 3-1-17　输入设备编号及气室名称

在操作界面选定测试项目后,屏幕左侧的流量阀门将自动开启并调整流量,包括湿度流量阀和纯度分解物流量阀,确认流量(气压)符合测试要求后点击"检测"开始测试(见图 3-1-18)。

图 3-1-18　调整流量

图 3-1-19　湿度、纯度/分解物流量、温度、气压等参数显示

仪器会根据气室气压自动调整流量,在页面下方会显示湿度、纯度/分解物流量、温度、气压等参数(见图 3-1-19)。

测试完成后,仪器会自动弹出测试结果页面,并给出测试结论,如需打印可以点击打印按钮(见图 3-1-20)。

检测完成后,无需断开气路连接,开展第二次测试,取两次的平均值作为测试结果。

图 3-1-20　测试结论

（八）拆除测试管路及清洗仪器管路

检测完毕后，关闭取样阀门，断开仪器管路与取样口连接，对测试口进行检漏，并恢复保护盖；然后对仪器关机，关机会提示管路清洗，完成后会自动关机。

图3-1-21 拆除测试管路及清洗仪器管路

（九）终结工作及清理现场

整理工器具，恢复现场，办理工作票终结手续。

六、检测结果诊断分析及检测报告编写

（一）SF$_6$气体湿度超标的危害

在电弧作用下，水与SF$_6$气体发生水解反应，产生产生多种有毒、腐蚀性气体及固体分解产物如氟化亚硫酰（SOF$_2$）、氟化硫酰（SO$_2$F$_2$）、四氟化硫（SF$_4$）、四氟化硫酰（SOF$_4$）等，这些物质均为剧毒物质，会严重危害作业人员的身体健康，或者是对设备产生危害。

SF$_6$气体纯度或分解物超标的危害：在大电流开断时增加生成有害的含硫低氟化物的比例。当有水分和氧存在时，这些物质会与电极材料、水分等进一步反应，组成复杂的多种化合物。这些化合物不仅会造成设备内部有机绝缘材料的性能劣化或金属的腐蚀，致使设备绝缘性能下降，而且会对人身带来严重不良后果。

（二）检测数据判断标准

参照规程（详见表3-1-6和表3-1-7）：

Q/GDW 1896—2013《SF$_6$气体分解物带电检测技术现场应用导则》

Q/GDW 11305—2014《SF$_6$气体湿度带电检测技术现场应用导则》

Q/GDW 1168—2013《输变电设备状态检修试验规程》

表3-1-6　　　　　　　　湿度测试标准（20℃体积比）

气室类别	交接	运行中
有电弧分解物的气室	≤150μL/L	≤300μL/L（注意值）
无电弧分解物的气室	≤250μL/L	≤500μL/L（注意值）
箱体及开关（SF$_6$绝缘变压器）	≤125μL/L	≤220μL/L（注意值）
电缆箱及其他（SF$_6$绝缘变压器）	≤220μL/L	≤ 5μL/L（注意值）

表 3-1-7　　　　　　　　　纯度及分解物测试标准

类别		标准
分解产	SO$_2$	≤1μL/L
	H$_2$S	≤1μL/L
纯度（体积分数）	SF$_6$新气	99.99%
	SF$_6$气室运行	97%

（三）检修策略

湿度异常检修策略见表 3-1-8。

表 3-1-8　　　　　　　　湿 度 异 常 检 修 策 略

气室类型	湿度值（运行中）	评价指数	检修策略
灭弧室	≤300μL/L	正常	按照正常检修周期进行常规检查、维护、试验，按需要安排带电测试和不停电维修
	>300μL/L	注意	按照实际情况提前进行常规检查、维护、试验，之前加强排带电测试和不停电维修
	>300μL/L 对照历史数据快速上升	异常	综合判断检修内容，并适时安排停电检修，之前加强带电测试和不停电维修
	>500μL/L 对照历史数据快速上升	严重	综合判断检修内容，并适时安排停电检修，之前加强带电测试和不停电维修
其他气室	≤500μL/L	正常	按照正常检修周期进行常规检查、维护、试验，按需要安排带电测试和不停电维修
	>500μL/L	注意	按照实际情况提前进行常规检查、维护、试验，之前加强排带电测试和不停电维修
	>500μL/L 对照历史数据快速上升	异常	综合判断检修内容，并适时安排停电检修，之前加强带电测试和不停电维修
	>800μL/L 对照历史数据快速上升	严重	综合判断检修内容，并适时安排停电检修，之前加强带电测试和不停电维修

纯度异常检修策略见表 3-1-9。

表 3-1-9　　　　　　　　纯 度 异 常 检 修 策 略

纯度值（体积分数）	评价指数	检修策略
≥97%	正常	按正常检修周期执行
95%~97%	注意	缩短检测周期，跟踪检测
<95%	异常	综合诊断，加强监护

分解物异常检修策略见表 3-1-10。

表 3－1－10 分解物异常检修策略

分解物类型	含量值（μL/L）	评价指数	检修策略
SO₂	≤1	正常	按正常检修周期执行
	1～5	注意	缩短检测周期，跟踪检测
	5～10	异常	综合诊断，加强监护
	>10	异常	综合诊断，加强监护
H₂S	≤1	正常	按正常检修周期执行
	1～1	注意	缩短检测周期，跟踪检测
	2～5	异常	综合诊断，加强监护
	>5	异常	综合诊断，加强监护

（四）检测报告编写（见表 3－1－11）

表 3－1－11 检测报告示例

一、基本信息					
变电站	阳光变	双重名称	春熙线 111	测试性质	例行
测试日期	2022.09.20	测试单位	××培训班	测试天气	晴
测试负责人	李×	测试人员		张×、王×	
环境相对湿度（%）	42	环境温度（℃）	25	报告日期	2022.09.21
编制人	张×	审核人	乔×	批准人	范×

二、设备铭牌					
设备型号	ZF－126	出厂日期	2021.09	出厂编号	202109003
生产厂家	山东泰开高压电气有限公司	额定电压（kV）	126	设备类型	GIS

三、检测数据

序号	气室名称	额定气压（MPa）	湿度20℃（μL/L）	纯度体积比（%）	SO₂（μL/L）	H₂S（μL/L）	CO（μL/L）	HF（μL/L）
1	111 断路器	0.6	44.5	99.89	0	0	7.8	0
2	111－1 隔离开关	0.5	58.3	99.96	0	0	4.2	0
3	111－3 隔离开关	0.5	59.6	99.94	0	0	0	0
4	111 出线套管	0.5	47.5	99.95	0	0	0	0
仪器型号	JH6000D－4							
诊断分析	气室测试数据符合技术要求							
结论	合格							
备注								

七、典型案例

某变电站 GIS 断路器放电故障：

2018 年 4 月，某变电站 114 间隔线路保护动作出口、110kV 母线保护稳态量差动跳 I 母及母联出口，跳开 110kV 母联及 110kV I 母所带所有出线间隔，110kV I 母母线失压。

对 114 间隔、110kV 母线组合电器进行外观检查，设备外观无异常，各气室 SF_6 压力正常。对 110kV I 母母线及所带出线间隔气室进行 SF_6 分解产物、纯度检测，发现 114 间隔断路器（含 CT）气室 SO_2、CO 检测值超过标准，且较其他间隔数值明显增加，初步判断故障点位于 114 间隔断路器（含 CT）气室，如表 3-1-12 所示。

表 3-1-12　　　　气室测试统计表

序号	气室名称	SO_2（μL/L）	CO（μL/L）	H_2S（μL/L）	HF（μL/L）	湿度 20℃（μL/L）	纯度体积比（%）
1	114 断路器 A 相	832.3	＞60	0	40	14.8	99.98
2	114 断路器 B 相	0.3	0	0	0	14	99.99
3	114 断路器 C 相	0.2	26	0	0	19	99.98
4	101 断路器	0	0	0	0	14.2	99.99
5	119 断路器	0	33	0	0.04	14	99.99
6	110kV I 母母线 1 段	0.1	0	0	0	19.3	99.80
7	110kV I 母母线 2 段	0	0	0	0	145.9	99.98
8	110kV I 母母线 3 段	0	0	0	0	14.2	99.99
9	110kV I 母母线 4 段	0	0	0	0.01	14	99.99
10	114-1	0	0	0	0	12	99.99
11	101-1	0	0	0	0	12	98.11
12	115-1	0.2	0	0	0	14.2	99.99
13	116-1	0	23	0	0	162.5	99.99
14	100-1	0	0	0	0.1	14	99.99
15	117-1	0	0	0	0.09	14	99.99
16	102-1	0	0	0	0	14	99.99
17	118-1	0	0	0	0	14	99.99
18	119-1	0	0	0	0	14.2	99.99
19	120-1	0	0	0	0	14	99.99

故障原因：

通过拆解返厂断路器，可以发现短路位置为断路器下屏蔽罩对壳体发生放电。造成短路的原因是电流互感器导体与连接触座接触不良，致使此位置接触电阻增大，运行时温升逐步升高，弹簧在高温后性能逐渐下降，触头与触指间的抱紧力减弱，最终导致触指弹簧全部烧断如图 3-1-22 所示。

图 3-1-22 触指弹簧全部烧断

触座无法紧固导电杆产生电弧，在保护动作前电弧初期为对筒壁放电，然后随着电动力作用下，从导电杆对筒壁烧至断路器与电流互感器连接处筒壁，由于场强在此处最为集中，电弧持续在连接处筒壁灼烧随后保护动作。

【任务小结】

通过本课程的学习和操作，可以掌握 SF_6 气体纯度、湿度和分解产物检测的要点和安全防护要求，防止在作业过程中发生人身伤害和设备损害。结合检测结果和检测标准，能够判断 SF_6 气体是否合格并初步判断其故障原因。

任务二：SF_6 气体红外成像检漏

【任务描述】

SF_6 气体红外成像检漏法是采用红外成像仪对 SF_6 漏气点进行远距离查找的测试方法，相比于传统的接触式卤素探测法，具有安全性高和测试效率高的优势，同时可以弥补无法对带电部位进行测试的不足，对实现 SF_6 气体泄漏全覆盖的目标有着举足轻重的作用。本课程主要是对指定 SF_6 泄漏位置进行检漏，学会 SF_6 红外检漏仪的使用和操作，并做好数据、图像记录和分析。

【任务目标】

知识目标	1. 熟练掌握 GIS 设备 SF_6 气体红外成像检漏测试的危险点、控制措施及操作流程； 2. 熟练掌握 SF_6 气体红外成像检漏测试的检测原理及分析技术，查找泄漏原因，针对泄漏情况提出检修策略
技能目标	1. 能够落实 SF_6 气体红外成像检漏测试安全措施； 2. 能够规范使用 SF_6 气体红外成像检漏仪进行标准化测试； 3. 能够编制检测报告，并进行异常分析，提出检修建议和策略
素质目标	通过任务实施，树立安全意识、风险防范意识，养成细心、严谨的岗位态度，保证 SF_6 气体红外成像检漏测试流程标准化、规范化、安全化

【知识与技能】

一、检测目的

SF$_6$是用于 GIS 设备作为绝缘和灭弧用的气体,一旦出现泄漏,一方面会造成其电气强度下降,严重威胁设备的正常运行,另一方面会对作业人员产生危害。所以,当 SF$_6$气室出现压力异常时,通过检漏测试找到其泄漏点是十分迫切的。

二、检测原理

红外成像检漏仪由红外光学镜头、红外探测器、数据处理系统、显示单元组成。利用 SF$_6$对特定波长光谱的吸收特性强于空气,使两者反映的红外影像不同的特性,将可见光下看不到的 SF$_6$气体泄漏,以红外视频的形式反映出来,并具有如下特点:

(1)可进行带电检测,减少因检漏而引起的停电。

(2)非接触,远距离监测,人员检测更安全。

(3)可实时捕捉微量 SF$_6$气体泄漏,准确定位故障点,省时省力。

(4)适合各种环境、天气、背景的检测。

(5)灵敏度较高,成像清晰,发现漏气点的能力强。

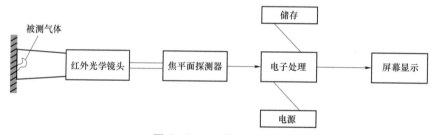

图 3-2-1 检测原理图

三、检测要求

(一)环境要求

(1)室外检测宜在晴朗天气下进行。

(2)环境温度不宜低于 5℃。

(3)相对湿度不宜大于 80%。

(4)检测时风速一般不大于 5m/s。

(5)检测时避免阳光直接照射或反射进入仪器镜头。

(二)待测设备要求

(1)设备气室内已经充入合格的 SF$_6$气体。

(2)待测设备上无其他外部作业。

(3)检漏作业应在发现泄漏后 24h 内开展。

（三）人员要求

（1）熟悉红外成像检漏技术的基本原理和诊断程序，了解红外成像检漏仪的工作原理、技术参数和性能，掌握红外成像检漏仪的操作程序和使用方法。

（2）了解被检测设备的结构特点、易泄漏部位、补气时间间隔等基本知识。

（3）具有一定的现场工作经验，熟悉并能严格遵守电力生产和工作现场的有关安全管理规定，掌握 SF_6 气体安全防护技能。

（4）应经过上岗培训并考试合格。

（四）安全要求

检测工作不得少于两人。负责人应由有经验的人员担任，开始检测前，负责人应向全体检测人员详细布置检测中的安全注意事项，交代带电部位，以及其他安全注意事项。

严禁一人独自开展工作。

（五）仪器要求

（1）探测灵敏度：≤1μL/s。

（2）热灵敏度：≤0.035℃。

（3）探头分辨率：≥320×240。

（4）帧频：≥45帧/s。

（5）数字信号分辨率：≥12bit。

（六）推荐检测周期

正常运行的 SF_6 设备出现压力异常时，宜开展此项目。

四、检测准备

（一）工作现场检查

检测前，应结合历史检测记录和运行记录了解漏气设备类型、型号、制造厂家、安装日期等信息。

查询气室历史漏气记录，了解被检测设备的结构特点、工作原理、运行情况和导致设备故障的基本因素，提前预估设备的故障点。

熟悉红外成像检漏技术的基本原理和诊断程序，了解红外成像检漏仪的工作原理、技术参数和性能，掌握红外成像检漏仪的操作程序和使用方法。

（二）仪器及材料准备

仪器及材料准备见表3-2-1。

表3-2-1　　　　　　　　　　仪 器 及 材 料 准 备

序号	仪器及材料名称	检查标准
1	SF_6 红外检漏仪（FLIR GF306）	开机正常；仪器电量充足；校验周期内；有充电器和备用电池
2	温湿度计	检验合格，指示正常
3	风速仪	校验周期内，开机正常
4	三脚架	使用正常
5	绝缘人字梯	1.5m或2m规格，在检验合格期内，外观正常

（三）安全风险防控

安全风险防控措施见表 3-2-2。

表 3-2-2   安 全 风 险 防 控 措 施

序号	危险点	防范措施
1	人员窒息	（1）工作人员进入 SF_6 高压室，应查看 SF_6 气体含量显示仪的氧气含量和 SF_6 气体含量，合格方可进入，即工作区空气中 SF_6 气体含量不得超过 $1000\mu L/L$，含氧量应处于 $19.5\% \sim 23.5\%$。 （2）工作人员进入 SF_6 高压室，入口处若无 SF_6 气体含量显示器，应先通风 15min，并用检漏仪测量 SF_6 气体含量合格。 （3）严禁一人进入 GIS 高压室从事 SF_6 气体湿度、纯度及分解产物测试工作。 （4）室外检测时应站在上风侧。 （5）如果在有限空间如 GIS 高压室内进行检漏，应始终开启风机或其他通风措施进行通风
2	人员伤害	（1）工作人员不准在 SF_6 设备防爆膜附近停留，作业区域应避开防爆膜。 （2）SF_6 断路器或者隔离开关进行操作时，禁止检修人员在其外壳上进行工作。 （3）移动时注意脚下，防止踩踏设备管道或坑洞
3	气体泄漏	室内 SF_6 配电装置发生大量泄漏等紧急情况时，人员应迅速撤出现场，开启所有排风机进行排风
4	人员触电	（1）做好现场监护工作，检测时应与设备带电部位保持足够的安全距离。 （2）在进行检测时，加强监护，防止误碰误动运行设备

（四）办理工作许可

根据现场设备的实际情况，办理变电站（发电厂）第二种工作票，并严格按照相关安全规定履行工作许可手续，在工作地点悬挂"在此工作"标识牌。

五、检测流程

SF_6 气体红外成像检漏按照图 3-2-2 开展。

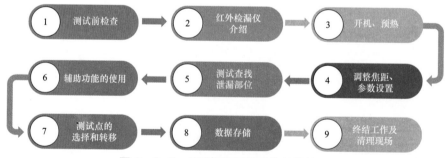

图 3-2-2 SF_6 气体红外成像检漏流程

（一）测试前检查

对 GIS 设备进行巡视检查，查找压力降低的气室，根据其密封结构开展针对性检漏。

测试环境，相对湿度应不大于 80%，温度不宜低于 5℃。

天气为晴天，风力应不大于 5 级（≤8m/s）。

检查仪器外观是否良好，电池是否放入电池仓，测试前检查设备，见图 3-2-3。

图 3-2-3　测试前检查设备

（二）红外检漏仪介绍

本任务使用 FLIR GF306 型检漏仪，以下是设备基本介绍（图 3-2-4 为左视图，图 3-2-5 为右视图，图 3-2-6 为后视图）。

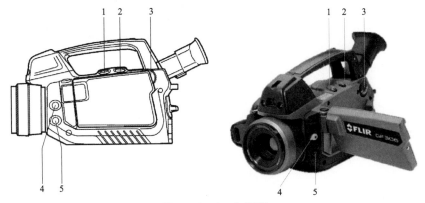

图 3-2-4　左视图

1—可编程按钮；2—温度范围按钮；3—模式轮具；4—激光开关按钮；
5—在红外模式和可见光模式之间进行切换的按钮

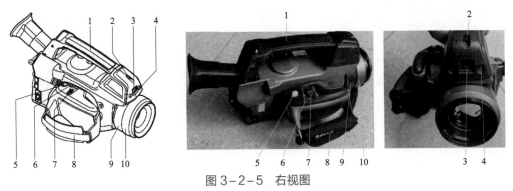

图 3-2-5　右视图

1—热像仪手柄；2—激光指示器；3—可见光摄像机；4—相机照明灯；5—按钮（预览/保存）；
6—A/M 按钮（自动/手动）；7—调焦按钮；8—手带；9—红外镜头上的聚焦环；10—红外镜头

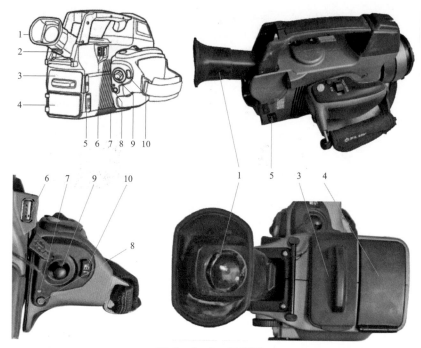

图 3-2-6 后视图

1—取景器；2—取景器的屈光度校正调节钮；3—接口盒盖；4—电池盒盖；5—电池盒盖的释放按钮；

6—外部 USB 设备的 USB-A 接口；7—电源 LED 指示灯；8—按钮（开/关）；

9—操纵杆；10—按钮（菜单/返回）

（三）开机、预热

开机：点击开机键⓿启动检漏仪，仪器会自动进行冷却预热，冷却时间约 10min 左右（见图 3-2-7）。

图 3-2-7 开机图示

预热完成后，仪器显示屏会显示测试参数，如图 3-2-8 所示。

（四）调整焦距、参数设置

转动模式调节转轮，调整至测试模式，即摄像头标识📷（见图 3-2-9）。

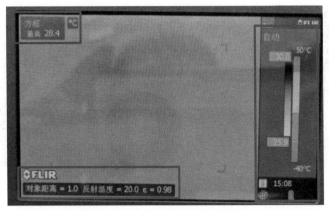

图 3-2-8　仪器显示屏参数图示

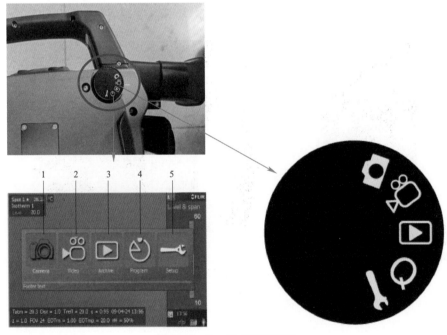

图 3-2-9　模式调节图示

使用 AM 按钮选择自动/手动/HSM 模式，手动模式需要手动进行对焦和温度范围选择，初次检测时选择自动模式即可（见表 3-2-3 和图 3-2-10）。

表 3-2-3　　　　　　　　　　　测 试 模 式 对 比

模式	测试模式对比
自动	自动调整方法，自动将图像调整到最佳亮度和对比度
HSM	HSM = High Sensitivity Mode（高灵敏度模式）。专用于漏气检测应用的调整方法。使用此模式时，可以调整灵敏度使图像质量达到最佳
手动	手动调整方法，根据场景中对象的温度手动设置合适的温度电平和温度跨度。对于气体检测应用，此模式能让您侧重于气体与背景空气的温差，从而使气体显得更清晰

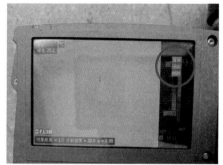

图 3-2-10　测试模式图示

（五）测试查找泄漏部位

打开镜头防护盖，将镜头对准测试部位，按压 Focus/Zoom 按钮的中心自动对焦，左右推动 Focus/Zoom 按钮可以手动对焦，也可以使用镜头处的旋钮进行调整（见图 3-2-11）。

图 3-2-11　测试查找泄漏部位

测试过程中不要触碰镜头表面通过调整焦距来调整画面清晰度，待相对于背景能够清晰地观察到设备轮廓时，观察有无气体泄漏现象，泄漏点漏气图像类似于一缕烟气（见图 3-2-12）。

如果使用自动/手动模式无法发现漏气点，可以使用 HSM（高灵敏度模式）进行检测，但是相应的背景噪声影响也很大（见图 3-2-13）。

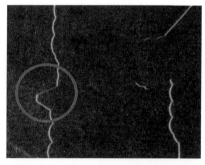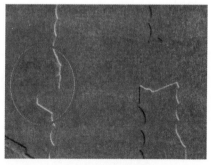

图 3-2-12　泄漏点漏气图像示例　　　　图 3-2-13　HSM（高灵敏度模式）检测图示

　　找到泄漏点时，可以使用 🅢 按钮进行视频拍摄。通过红外/可见光切换键，拍摄可见光照片，并做好记录，便于后期查找泄漏点。在满足安全要求的前提下，可以在漏气点使用记号笔做标记以备后续复测（见图 3-2-14）。

图 3-2-14　视频拍摄和漏气点标记图示

（六）辅助功能的使用

　　（1）调整调色板：可以选择不同的颜色模式进行检漏工作，转动模式轮到 📷，按按钮 🅑 以显示菜单，左右移动操纵杆，转到图像选项卡，上下移动操纵杆，找到并选择调色板，按动操纵杆以启用调色板列表，上下移动操纵杆以选择新调色板，按操纵杆，按按钮 🅑 退出设置模式（见图 3-2-15）。

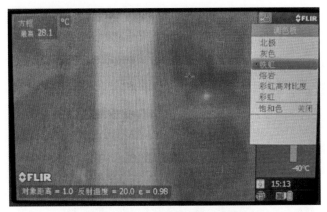

图 3-2-15　调整调色板图示

　　（2）对焦时可以使用辅助红外线指示灯，持续按下红外指示灯开关按钮不放，释放后即关闭（见图 3-2-16）。

　　测试注意事项：

　　（1）操作过程中应准确调整仪器的精度，防止背景干扰过大对测试造成影响。

图 3-2-16　红外指示灯开关按钮图示

（2）对发现的漏气部位应同时保存视频及可视图像。

（3）可以根据测试环境的影响和测试效果选择黑白或者彩色图像。

（4）红外指示灯不应照射人眼。

（七）测试点的选择和转移

检测完成后，应转移至下一个部位检测。每个密封面至少选择三个不同方位对检测，以保证全面性（见图 3-2-17）。

（八）数据存储

在检测过程中，应随时保存红外成像检漏原始数据，存放方式如图 3-2-18 所示。

建立一级文件夹，文件夹名称：变电站名＋检测日期（如×××站 20220912）。

建立二级文件夹，文件夹名称：设备名称及运行编号（如 2 号主变 37202 断路器）。

图 3-2-17　测试点的选择和转移图示

文件名：设备泄漏位置。

名称	修改日期	类型	大小
📁 1号主变37101	2022/8/14 21:22	文件夹	
📁 1号主变37101-3隔离开关	2022/8/14 21:22	文件夹	
📁 1号主变37101-3套管	2022/8/14 21:22	文件夹	
📁 2号主变37202- 3隔离开关	2022/8/14 21:22	文件夹	
📁 2号主变37202-1隔离开关	2022/8/14 21:22	文件夹	
📁 2号主变37202-2 隔离开关	2022/8/14 21:22	文件夹	
📁 2号主变37202断路器A相	2022/8/14 21:22	文件夹	
📁 2号主变37202断路器B相	2022/8/14 21:22	文件夹	
📁 2号主变37202断路器C相	2022/8/14 21:22	文件夹	

图 3-2-18 数据存储图示

（九）终结工作及清理现场

整理工器具，恢复现场，办理工作终结手续。

六、检测结果诊断分析及检测报告编写

（一）常见问题及原因分析

常见问题及原因分析如表 3-2-4 所示。

表 3-2-4 常见问题及原因分析

序号	泄漏部位	泄漏原因	泄漏概率	位置图片
1	密度继电器表座密封处	密封圈老化或安装工艺不到位	高	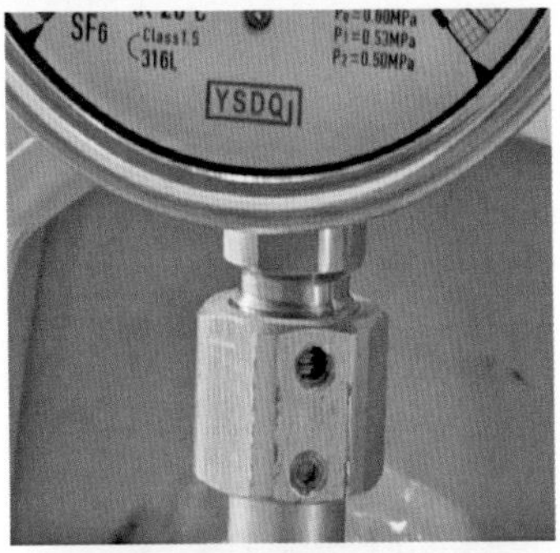
2	GIS 组合电器、法兰密封面	安装工艺不到位；密封圈存在缺陷引起	高	

序号	泄漏部位	泄漏原因	泄漏概率	位置图片
3	SF_6 气室连接管路	管路焊缝有沙眼；密封圈老化引起	较高	
4	三通阀或充气口	充气或是气体检测时带入异物； 逆止阀存在故障导致密封不严； 三通阀或充气口制造工艺不合格	较高	
5	设备本体沙眼	设备制造工艺不良	较低	
6	密度继电器本体漏气	设备制造工艺不良	较低	
7	断路器、隔离开关或接地开关操动机构与气室触头联动轴	设备制造工艺不良	较低	

（二）检修策略

红外检漏仪检测无漏点，则认为密封性良好。

若发现有漏点，应进行定量检漏确认设备年泄漏率是否满足要求。

漏气严重的设备，应于补气 24h 后测试设备 SF_6 气体湿度。

（三）检测报告编写

检测报告示例如表 3-2-5 所示。

表 3-2-5　　　　　检　测　报　告　示　例

一、基本信息

变电站	阳光变	双重名称	春熙线111	测试单位	×培训班	试验性质	诊断
试验日期	2022.09.10	负责人	李×	测试人员	张×、王×		
测试天气	晴	环境温度（℃）	26	环境相对湿度（%）	42	风速（m/s）	5
报告日期	2022.09.11	编制人	张×	审核人	乔×	批准人	范×

二、设备铭牌

设备型号	ZF-126	出厂日期	2021.09	出厂编号	202109003
生产厂家	山东泰开高压电气有限公司	额定电压（kV）	126	设备类型	GIS

三、检测数据

序号	额定气压（MPa）	检测位置	红外泄漏图像	可见光图像
1	0.5	春熙线111出线套管		
2	0.6	春熙线111断路器		
仪器型号		FLIR GF306		
诊断分析		春熙线111出线套管底部预留孔有泄漏 春熙线111断路器与电流互感器盆式绝缘子处有泄漏		
结论		检漏不合格		
备注				

七、典型案例

（一）某变电站 220kV GIS 设备三通阀漏气

2019 年 12 月，某变电站 220kV GIS 设备 31 – 9 隔离开关气室三通阀报低气压告警信号，现场使用 SF_6 气体红外成像检漏法，在低灵敏状态下，即可清晰地观察到白雾状的 SF_6 气体泄漏现象，后经过解体发现，三通阀旋钮处的密封不良导致严重漏气，属于生产工艺问题，更换新的合格产品后恢复正常（见图 3 – 2 – 19）。

图 3 – 2 – 19　某变电站 220kV GIS 设备三通阀漏气

（二）某变电站 35kV 瓷柱式断路器灭弧室下法兰漏气缺陷

2019 年 11 月，某变电站 35kV 瓷柱式断路器报低气压告警信号，现场经过 SF_6 气体红外成像检漏，发现灭弧室的漏气故障。其下部密封圈因安装工艺原因出现严重漏气，在低灵敏度的状态下可清晰观察到白雾状的 SF_6 气体泄漏现象。在彩色背景下，可以清晰地观察到淡黄色的 SF_6 气体泄漏现象（见图 3 – 2 – 20）。

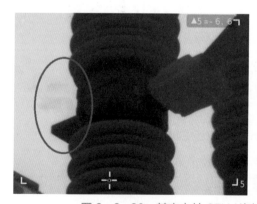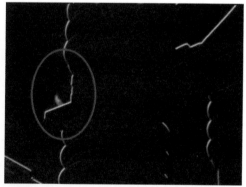

图 3 – 2 – 20　某变电站 35kV 瓷柱式断路器灭弧室下法兰漏气缺陷

（三）某 SF_6 电流互感器底座法兰漏气故障

某 220kV 瓷柱式 SF_6 电流互感器常年有轻微漏气现象，使用 SF_6 气体红外成像检漏法发现，其底座法兰与固定基座处有漏气现象，由于其漏气量较小，在高灵敏度的状态下可清晰观察到白雾状的 SF_6 气体泄漏现象。后解体发现，为底座法兰密封圈年久老化导致密封不良（见图 3-2-21）。

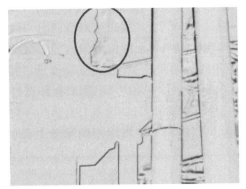

图 3-2-21 某 SF_6 电流互感器底座法兰漏气故障

【任务小结】

通过本次实际 SF_6 气体红外成像检漏的学习和实操，使学员熟练操作红外检漏仪，同时根据设备的型式、类型可以提前预估漏气点的故障位置，结合红外成像检漏的查找检测，准确定位漏气点，对后期 SF_6 设备的维护起到积极作用。

任务三：GIS 特高频局部放电检测

【任务描述】

本任务使用特高频局部放电测试仪，在变电站对 110kV GIS 设备进行特高频局部放电带电检测。

【任务目标】

知识目标	1. 理解 GIS 设备特高频局部放电检测原理； 2. 读懂典型 GIS 设备特高频局部放电图谱； 3. 掌握 GIS 设备特高频局部放电检测方法
技能目标	1. 按照标准化检测流程完成 GIS 设备特高频局部放电检测； 2. 基于检测特高频局部放电信号，给出相应的放电缺陷类型，并能开展相应的缺陷位置定位
素质目标	通过任务实施，保证检测过程的标准化，树立安全意识、风险防范意识，培养细心、严谨的工作态度

【知识与技能】

一、检测目的

GIS 设备内部绝缘缺陷会引起不同程度的局部放电，常见的典型绝缘缺陷有金属突出物、自由颗粒、绝缘子表面金属污染、固体绝缘与导体间间隙以及绝缘子内部裂纹等。当 GIS 设备内部绝缘结构中产生较强的局部放电时，会伴随有电磁辐射，若相应的电磁辐射不能被有效地检测，将不同程度地损伤 GIS 绝缘介质，使其绝缘性能逐步下降，最终导致绝缘失效，对运维人员人身安全、系统的稳定运行带来威胁。特高频法是通过检测局部放电辐射的特高频电磁波进行局部放电信号检测，检测频带为 300～3000MHz，具有良好的抗干扰性能和检测灵敏度，并通过对放电类型、放电发展阶段的诊断分析，可提前对 GIS 局部放电发展过程进行智能预警，避免突发性绝缘击穿事故发生。从而掌握 GIS 设备特高频局部放电检测流程及方法，并在 GIS 设备内部存在局部放电缺陷下准确给出缺陷类型及缺陷的严重等级具有重要意义。

二、检测原理

GIS 设备在处于高气压下的 SF_6 气体环境中发生局部放电，具有非常快的上升沿，一般小于 1ns，持续时间为几十纳秒。快速上升时沿的局部放电陡脉冲含有从低频到微波频段的频率成分，其频率分量可达数吉赫兹，以电磁波形式向外传播。在 GIS 设备中，由于其结构特点，电磁波在其中以波导的方式传播，特定频率的电磁波衰减较小，有利于局部放电信号的检测。特高频局部放电检测法是利用装设在 GIS 设备内部或外部的天线传感器，接收局部放电激发并传播的特高频信号进行检测和分析，从而避开常规电气测试方法中难以避开的电晕放电等最大的强电磁干扰。当电力设备内部绝缘缺陷发生局部放电时，激发出的电磁波会透过环氧树脂等非金属部件传播出来，便可通过外置式特高频传感器进行检测。同理，若采用内置式特高频传感器，则可直接从设备内部检测局部放电激发出来的电磁波信号。根据现场设备情况的不同，可以采用内置式特高频传感器和外置式特高频传感器，图 3-3-1 为特高频局部放电检测法基本原理示意图。

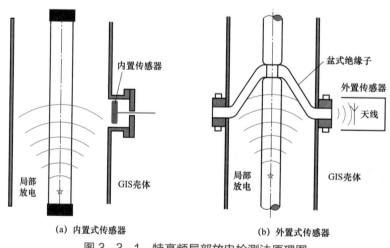

(a) 内置式传感器   (b) 外置式传感器

图 3-3-1　特高频局部放电检测法原理图

三、检测要求

（一）环境要求

除非另有规定，特高频局部放电检测均在当地大气条件下进行，且检测期间，大气环境条件相对稳定，同时应满足如下条件：

（1）待检设备及环境温度不宜低于 5℃。

（2）环境相对湿度不宜大于 85%，若在室外不应在有雷、雨、雾、雪环境下进行检测。

（3）检测时应避免手机、雷达、电动马达、照相机闪光灯等无线信号的干扰。

（4）室内检测避免气体放电灯、电子捕鼠器等对检测数据的影响。

（二）待测设备要求

（1）待测 GIS 设备应满足如下要求：

（2）设备处于运行状态或加压到额定运行电压。

（3）设备外壳清洁。

（4）绝缘盆子为非金属封闭或者有金属屏蔽但有浇注口或内置有 UHF 传感器，并具备检测条件。

（5）设备上无各种外部作业。

（6）气体绝缘设备应处于额定气体压力状态。

（三）人员要求

进行特高频局部放电带电检测的人员应具备如下条件：

（1）熟悉特高频局部放电检测技术的基本原理、诊断分析方法。

（2）了解特高频局部放电检测仪的工作原理、技术参数和性能。

（3）掌握特高频局部放电检测仪的操作方法。

（4）了解被测设备的结构特点、工作原理、运行状况和导致设备故障的基本因素。

（5）具有一定的现场工作经验，熟悉并能严格遵守电力生产和工作现场的相关安全规定。

（四）安全要求

为提升 GIS 设备特高频局部放电带电检测过程中人身、设备安全，特高频局部放电检测应满足如下安全要求：

（1）严格执行《国家电网有限公司电力安全工作规程（变电部分）》的相关要求。

（2）带电检测工作不得少于两人。检测负责人应由有经验的人员担任，开始检测前，检测负责人应向全体检测人员详细布置安全注意事项。

（3）进行室外检测时，应避免雨、雪、雾、露等湿度大于 85% 的天气条件对 GIS 设备外壳表面的影响，并记录背景噪声。

（4）检测时应与设备带电部位保持足够的安全距离，并避开设备防爆口或压力释放口。

（5）进行检测时要防止误碰误动设备。

（6）行走中注意脚下，防止踩踏设备管道。

（7）防止传感器坠落而误碰运行设备和试验设备。

（8）保证被测设备绝缘良好，防止低压触电。

（9）在使用传感器进行检测时，应戴绝缘手套，避免手部直接接触传感器金属部件。

（10）测试现场出现明显异常情况时（如异音、电压波动、系统接地等），应立即停止测试工作并撤离现场。

（11）使用同轴电缆的检测仪器在检测中应保持同轴电缆完全展开，并避免同轴电缆外皮受到剐蹭。

（五）仪器要求

1. 主要技术指标

特高频局部放电检测系统由特高频传感器、数据采集单元、信号放大器（可选）、数据处理单元、分析诊断单元等组成。其中，仪器的主要技术指标应满足如下条件：

检测频率范围：通常选用 300～3000MHz 的某个子频段，典型的如 400～1500MHz。

检测灵敏度：不大于 7.6V/m。

2. 主要功能

GIS 特高频局部放电检测主要包括 DMS 局部放电检测系统、华乘 PDS G1500、T90、T95 等局部放电检测定位系统、格鲁布 PD74i 多功能局部放电带电检测仪，以及莫克 EC4000P 局部放电检测系统，仪器应具备的主要功能如下：

（1）可显示信号幅值大小。

（2）报警阈值可设定。

（3）检测仪器具备抗外部干扰的功能。

（4）测试数据可存储于本机并可导出。

（5）可用外施高压电源进行同步，并可通过移相的方式，对测量信号进行观察和分析。

（6）可连接 GIS 内置式特高频传感器。

（7）能够进行时域与频域的转换。

（8）按预设程序定时采集和存储数据的功能。

（9）具备检测图谱显示，提供局部放电信号的幅值、相位、放电频次等信息中的一种或几种，并可采用波形图、趋势图等谱图中的一种或几种进行展示。

（10）具备放电类型识别功能。宜具备模式识别功能的仪器应能判断 GIS 中的典型局部放电类型（自由金属颗粒放电、悬浮电位体放电、沿面放电、绝缘件内部气隙放电、金属尖端放电等），或给出各类局部放电发生的可能性，诊断结果应当简单明确。

（六）检测周期

异常 GIS 设备特高频局部放电检测依据检测结果缩短，常规 GIS 设备带电检测周期应满足如下要求：

（1）投运后及大修后 1 个月内应对本体进行一次局部放电检测。

（2）正常情况下，半年至一年检测一次。

（3）检测到 GIS 有异常信号但不能完全判定时，可根据 GIS 设备的运行工况，应缩短检测周期，增加检测次数，应并分析信号的特点和发展趋势。

（4）必要时，对重要部件（如断路器、隔离开关、母线等）进行局部放电重点检测。

（5）对于运行年限超过 15 年以上的 GIS 设备，宜考虑缩短检测周期，迎峰度夏（冬）、重大保电活动前应增加检测次数。

（七）标准化作业步骤

（1）按照设备接线图连接测试仪各部件，将传感器固定在盆式绝缘子非金属封闭处，传感器应与盆式绝缘子紧密接触并在测量过程保持相对静止，并避开紧固绝缘盆子螺栓，将检测仪相关部件正确接地，电脑、检测仪主机连接电源，开机。

（2）开机后，运行检测软件，检查仪器通信状况、同步状态、相位偏移等参数。

（3）进行系统自检，确认各检测通道工作正常。

（4）设置变电站名称、检测位置并做好标注，利用外露的盆式绝缘子处或内置式传感器，在断路器断口处、隔离开关、接地开关、电流互感器、电压互感器、避雷器、导体连接部件等处均应设置测试点。一般每个 GIS 间隔取 2～3 点，对于较长的母线气室，可 5～10m 取一点，应保持每次测试点的位置一致，便于进行比较分析。

（5）将传感器放置在空气中，检测并记录为背景噪声，根据现场噪声水平设定各通道信号检测阈值。

（6）打开连接传感器的检测通道，观察检测到的信号，测试时间不少于 30s。如果发现信号无异常，保存数据，退出并改变检测位置继续下一点检测。如果发现信号异常，则延长检测时间并记录多组数据，进入异常诊断流程。必要时，可以接入信号放大器。测量时应尽可能保持传感器与盆式绝缘子的相对静止，避免因为传感器移动引起的信号而干扰正确判断。

（7）记录三维检测图谱（PRPS 图谱），在必要时进行二维图谱（PRPD 图谱）记录。每个位置检测时间要求 30s，若存在异常，应出具检测报告。

四、检测准备

（一）工作现场检查

为加强特高频局部放电检测过程中人身、设备安全，提升现场带电检测效率，检测前应做好如下准备工作：

（1）检测前，应了解被检测设备数量、型号、制造厂家安装日期、内部构造等信息以及运行情况，制定相应的技术措施。

（2）配备与检测工作相符的图纸、上次检测的记录、标准化作业工艺卡。

（3）现场具备安全可靠的独立电源，禁止从运行设备上接取检测用电源。

（4）检查环境、人员、仪器、设备满足检测条件。

（5）按相关安全生产管理规定办理工作许可手续。

（二）仪器、工器具、耗材准备

带电检测仪器设备见表 3−3−1。

表 3-3-1 带电检测仪器设备

序号	仪器仪表	工器具	耗材
1	局部放电巡检仪	电源盘	扎带
2	信号模拟器	绝缘手套	绝缘胶带
3	万用表	绝缘卷尺	—
4	温湿度计	—	—

（三）安全风险防控

现场安全风险防控措施见表 3-3-2。

表 3-3-2 现场安全风险防控措施

序号	危险点	防范措施
1	无票作业	依据电力安全工作规程办理第二种工作票
2	工作内容不清楚	召开班前会，宣贯工作内容
3	工作过程无人监护	工作负责人不在现场停止检测
4	人身触电	工作中与带电部分安全距离符合电力安全工作规程规定，110kV 设备不低于 1.5m，电源接取设备运维人员应在现场，电源接取应设专人监护
5	感应电伤人	被试设备外壳及接地良好，运行状态正常
6	防爆口破裂伤人	检测过程中应避开防爆口
7	设备误动	测试过程中严禁随意操作设备

五、检测流程

（一）创建测试任务

档案创建（设备），进入档案管理界面，选择设备、所属变电站，点击"导出设备模板"生成设备模板表格（见图 3-3-2）。

图 3-3-2 导出设备模板

根据现场情况，在设备模板中填写设备信息，主要包括设备厂家、型号、出厂编号、出厂日期、间隔名称等信息（见图 3-3-3）。

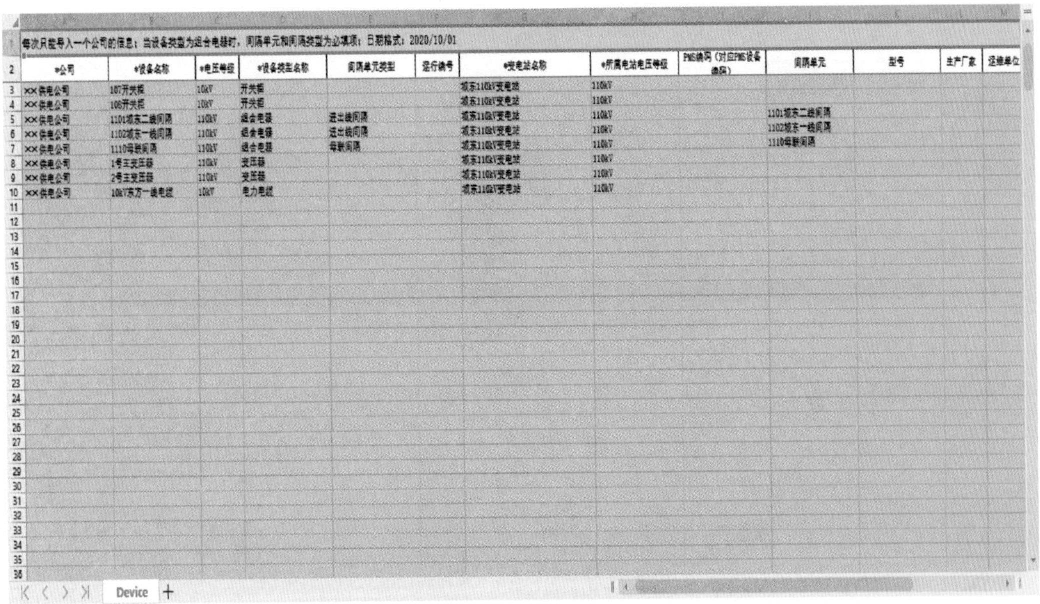

图 3-3-3　编制设备信息

导入设备模板表格，完成变电站设备创建（见图 3-3-4）。

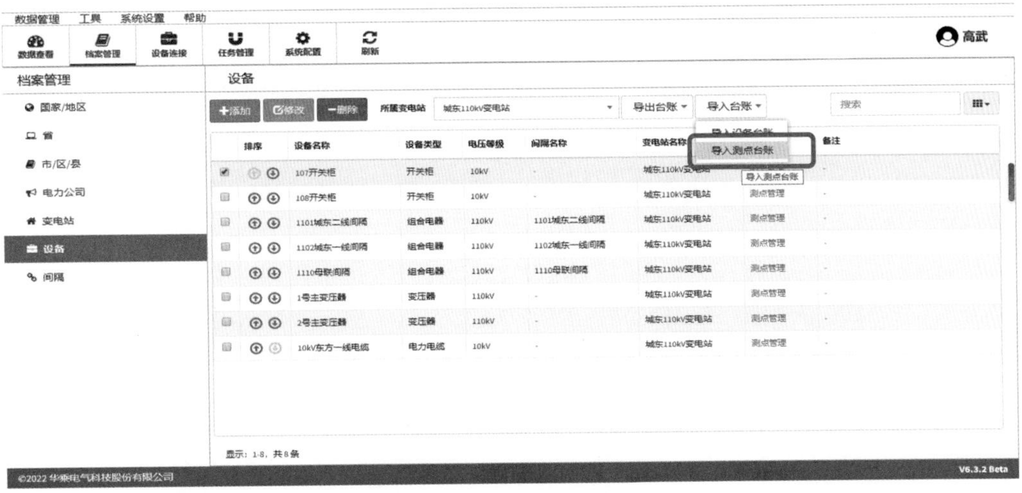

图 3-3-4　导入测点台账

档案创建（测点），进入档案管理界面，选择"设备""导出测点模板"，选择模板的信息，生成测点模板表格（见图 3-3-5）。

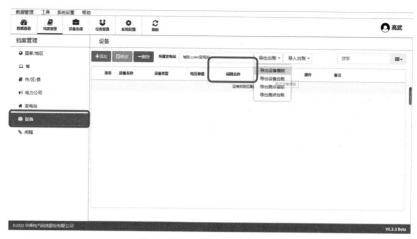

图 3-3-5　导出测点模板

导入测点模板，完成设备测点创建（见图 3-3-6）。

图 3-3-6　完成测试点创建

创建测试任务，在任务管理栏中选择"新建"，填写任务信息，选择测试设备、测试配置，完成测试任务创建（见图 3-3-7）。

图 3-3-7　完成测试任务创建

下发测试任务，将 T95 主机通过数据线与电脑连接，并进入智能巡检界面；在任务管理界面选择已建立任务右侧的"发送任务"将测试任务发送至主机（见图 3-3-8）。

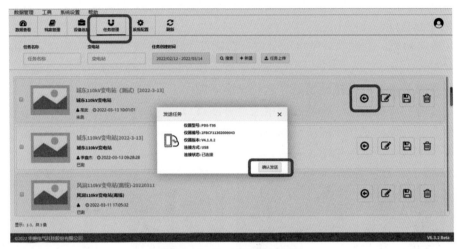

图 3-3-8 下发测试任务

（二）办理工作许可

严格执行《电力安全工作规程（变电部分）》的相关要求，申报作业计划，编制现场安全注意事项，填写变电站第二种工作票（见图 3-3-9）。

变电站（发电厂）第二种工作票

单位：国网××培训中心 编号：20220316-01

1. 工作负责人（监护人）：__高武__ 班组：2022 年变电设备电气试验技能模块化培训

2. 工作班人员（不包括工作负责人）

　　高培

_____共_1_人

3. 工作的变电站名称及设备双重名称

阳光 110kV 变电站 　　　 110kV 春熙线 101 间隔

4. 工作任务

工作地点及设备双重名称	工作内容
室外：110kV 春熙线 101 间隔	110kV 春熙线 101 间隔特高频局部放电检测

5. 计划工作时间

　　自 2022 年××月××日××时××分至 2022 年××月××日××时××分

6. 安全措施（必要时可附页绘图说明）

图 3-3-9 办理试验用第二种工作票

（三）召开班前班后会

工作票办理审批结束后，召开班前班后会，向工作班成员进行工作内容、人员分工、测点布置说明，指明工作中的危险点及相应的安全防护措施，布置现场安全措施。试验过程中的风险源包括：

（1）人身触电，工作中与带电部分安全距离符合电力安全工作规程规定，110kV 设备不低于 1.5m；

（2）被试设备外壳及接地良好，运行状态正常；

（3）防爆口破裂伤人，检测过程中应避开防爆口。

工作负责人询问工作班成员现场风险辨识是否明白，得到确认答复后履行签字确认手续，履行签名确认手续（见图 3－3－10）。

（a）召开班前班后会　　　　　　　　　　　　（b）指明测试点位置

图 3－3－10　履行开工手续

（四）设备检查

核实设备名称、编号是否同工作票所列间隔名称相同，抄录被测设备铭牌，检测被测设备工况，被试 GIS 间隔名称 101 间隔，电压等级 126kV，设备型号 ZF126，设备生产厂家××公司，出厂日期 2020 年 11 月，出厂编号 201001。

检查被试开关处于带电状态，且为额定气体压力，检查被试设备外壳接地良好。

被试设备无外部作业。

温度、湿度满足特高频局部放电检测条件。

根据设备结构，设定××为 1 号绝缘盆子，××为 2 号绝缘盆子，工作班成员检查被试设备是否具备检测条件，并对 1 号绝缘盆子与 2 号绝缘盆子状态进行确认（见图 3－3－11）。

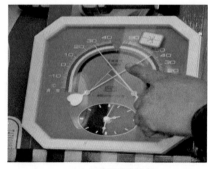 

（a）环境温湿度检查　　　　　　　　　　　　（b）测试点选择

图 3－3－11　履行开工手续

（五）仪器连接和自检

采用上海华乘电气 PDS－T95 局部放电检测仪器进行特高频局部放电检测，使用前应进行设备状态自检，确认主机基本功能、各检测通道工作正常。首先单击"自检"菜单；之后点击"开始自检"，设备自检完成，功能正常后右侧显示绿色√（见图 3－3－12）。

(a) 自检界面　　　　　　　　(b) 自检状态

图 3－3－12　仪器自检

（六）外设匹配

在初次使用 PDS－T95 局部放电检测仪器前，需要将仪器信号调理器、信号同步器与主机进行匹配，匹配成功后，各个模块才能与主机进行无线通信。按照设备接线图连接测试仪各部件（见图 3－3－13）。

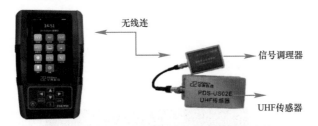

图 3－3－13　特高频局部放电检测系统连接

运行检测软件，检查仪器通信状况、同步状态、相位偏移等参数。进入测试图谱中查看主机与调理器的通信是否正常打开信号调理器开关，主机进入外设匹配界面，选择需要匹配的信号调理器类型（主机搜索附近的信号调理器），选择对应的信号调理器编号，仪器显示匹配成功（信号调理器运行指示灯闪烁）。当图谱左上角显示"无信号"说明信号调理器与主机连接失败，需要检查调理器的开关是否打开或调理器是否与主机进行了匹配（见图 3－3－14）。

图 3-3-14　特高频信号调理器匹配

同步包括内同步""电源同步"两种模式，其中内同步为通过主机内部电源进行同步，电源同步（外同步）及通过外部工频 220V 电源进行同步。主机启动后默认进入"内同步"，检测界面左上角显示"内同步"字样（见图 3-3-15）。

图 3-3-15　仪器内同步

将电源同步器插入 220V 交流电源插座，同步器指示灯闪烁，主机进入"电源同步"模式。检测界面左上角显示"电源同步"字样（见图 3-3-16）。

图 3-3-16　电源同步（外同步）匹配

（七）背景信号检测

进入 GIS 设备区后，先在空气中进行特高频背景测试，判断周围空间信号是否会对 GIS 本体的测试造成影响。在智能巡检模式下，进去 GIS 局部放电测试任务，增益选择：关，带宽选择：全通。依据现场背景干扰情况进行现场滤波，在最小测试量程下观察特高频背景的测试情况（见图 3-3-17）。

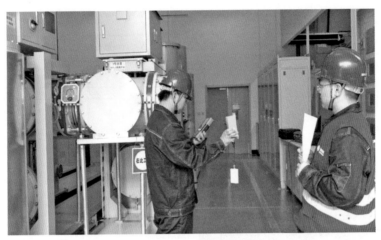

图 3-3-17　背景信号测试

空间中没有特高频信号，则继续进行 GIS 本体的测试。如果有一定的特高频信号，但放在 GIS 盆式绝缘子等测点该信号变小不影响测试，则继续进行 GIS 本体的测试。如果特高频信号较大，影响所有 GIS 本体的测试，则需要改变设置直到能够很好地排除外部干扰信号对所有 GIS 特高频测试的影响。设置可根据以下顺序进行调整，首先：增益选择：开，带宽选择：高通；其次：增益选择：关，带宽选择：全通；最后：增益选择：关，带宽选择：高通。

（八）检测部位及测量点选择

特高频局部放电检测法是利用装设在 GIS 设备内部或外部的天线传感器，接收局部放电激发并传播的特高频信号进行检测和分析，从而避开常规电气测试方法中难以避开的电晕放电等最大的强电磁干扰。当电力设备内部绝缘缺陷发生局部放电时，激发出的电磁波会透过环氧树脂等非金属部件传播出来，便可通过外置式特高频传感器进行检测。同理，若采用内置式特高频传感器，则可直接从设备内部检测局部放电激发出来的电磁波信号。根据现场设备情况的不同，可以采用内置式特高频传感器和外置式特高频传感器，检测过程中传感器应与盆式绝缘子紧密接触，且应放置于两根禁锢盆式绝缘子螺栓的中间，以减少螺栓对内部电磁波的屏蔽及传感器与螺栓产生的外部静电干扰。测量时应尽可能保证传感器与盆式绝缘子的接触，不要因为传感器移动引起的信号而干扰正确判断（见图 3-3-18）。

对于 GIS 设备，利用外露的盆式绝缘子处或内置式传感器，在断路器断口处、隔离开关、接地开关、电流互感器、电压互感器、避雷器、导体连接部件等处均应设置测试点。一般每个 GIS 间隔取 2～3 点，对于较长的母线气室，可 5～10m 左右取一点，应保持每

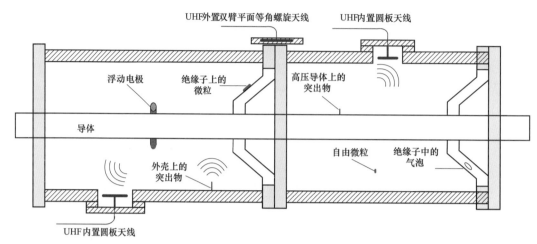

图 3-3-18　特高频检测法检测 GIS 设备示意图

次测试点的位置一致，以便于进行比较分析。打开连接传感器的检测通道，观察检测到的信号，测试时间不少于 30s（见图 3-3-19）。

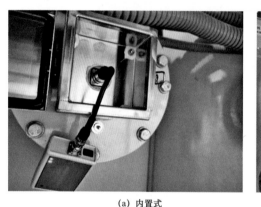

　　　　(a) 内置式　　　　　　　　　　　(b) 外置式

图 3-3-19　现场特高频局部放电巡检

（九）特高频局放信号检测

　　根据背景测试后的特高频检测方式设置，对所有 GIS 间隔进行特高频局部放电信号巡检，测试点按照前面所述进行选择。测试时在特高频 PRPD/PRPS 模式下观察是否具有局部放电典型缺陷特征图谱。如有，则返回特高频测试模式，保存特高频 PRPD/PRPS 图谱及特高频周期图谱，并记录特高频信号的最大值（dB 值），并记录盆式绝缘子位置及间隔名称。现场对信号进行初步分析判断。如测试过程未发现异常特高频图谱，则每个测点按顺序需要保存一张正常的特高频 PRPD/PRPS 图谱。

1. 幅值检测模式

　　该检测模式幅值以 dB 形式显示当前的特高频测量值。颜色灯指示通过颜色灯对测得的 UHF 幅值进行颜色指示。历史显示以不同的颜色柱形图来显示最近 10 次的测量值。最大读数记录当前 UHF 周期检测模式下，进行 10 次测试所获得的最大读数。幅值检测下有两种模式，连续、单次检测，幅值检测界面能显示测得的特高频局部放电幅值，并通过颜色对测得的 UHF 幅值进行警示显示（见图 3-3-20）。

2. 周期图谱模式

该检测模式周期显示局部放电在一周期内的脉冲与相位的关系。颜色灯指示通过颜色灯对测得的 UHF 幅值进行颜色指示。最大读数记录当前 UHF 周期检测模式下，图谱上脉冲显示的最大数值。量程显示主机可测试最大幅值。电源同步显示当前相位同步的连接方式（见图 3-3-21）。

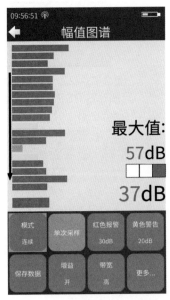

图 3-3-20　特高频局部放电幅值检测模式

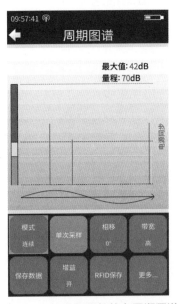

图 3-3-21　特高频局部放电周期图谱模式

3. PRPS/PRPD 图谱检测模式

PRPD2D-PRPS3D 检测图谱是通过脉冲序列相位分布谱图（phase resolved pulse sequence，PRPS）和局部放电相位分布谱图（phase resolved partial discharge，PRPD）的实时显示来表征局部放电活动的图谱。UHF PRPD2D-PRPS3D 检测图谱是 UHF 检测分析局部放电类型最主要、最常用的分析图谱。该检测模式可以实时获取局部放电信号强度、相位特征、周期性等特征参数，便于对局部放电类型进行诊断分析。颜色指示表示所检测特高频结果的严重、密集程度。Max 读数记录当次使用当次模式测试下，图谱上脉冲显示的最大幅值。光同步显示当前相位同步的连接方式。

UHF PRPD2D-PRPS3D 检测图谱是通过脉冲序列相位分布谱图（phase resolved pulse sequence，PRPS）和局部放电相位分布谱图（phase resolved partial discharge，PRPD）的实时显示来表征局部放电活动的图谱。UHF PRPD2D-PRPS3D 检测图谱是 UHF 检测分析局部放电类型最主要、最常用的分析图谱。PRPD 显示实时测试数据的一种平面点分布图，横轴表示相位，纵轴表示幅值。根据测试点的分布情况可判断信号主要集中的相位、幅值及放电次数情况。PRPS 显示测试数据的一种实时三维图，X 轴表示相位，Y 轴表示信号周期数量，Z 轴表示信号强度或幅值。本仪器所示的信号周期数量为 50 个周期（见图 3－3－22）。

（十）终结工作

清洁壳体，清理试验用仪器，工作负责人现在召开班后会，录入特高频局部放电检查试验内容，并告知运维人员特高频局部放电检测结果，得到运维人员回复后办理工作票终结手续，撤离工作现场。

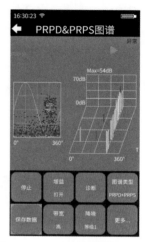

图 3－3－22　特高频局部放电 PRPS/PRPD 图谱检测模式

六、检测结果分析

（一）特高频局部放电类型

1. 尖端（电晕）放电

金属尖端放电是处于高电位或低电位的金属毛刺或尖端，由于电场集中产生的 SF_6 电晕放电，是极不均匀电场所特有的一种自持放电形式。比如高压输电线路或者高压变压器等，这些高压电气设备的高压接线端子暴露在空气中，因此发生电晕放电的概率相对较大。其中尖端的 PRPS、PRPD 图谱、周期图谱呈现的放电特征为：放电次数较多，放电幅值分散性小，时间间隔均匀。放电的极性效应非常明显，通常仅在工频相位的负半周出现（见图 3－3－23）。

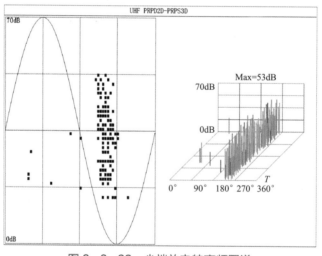

图 3－3－23　尖端放电特高频图谱

2. 沿面放电

沿面放电为绝缘表面金属颗粒或绝缘表面脏污导致的局部放电。电气设备中用来固定支撑带电部分的固体介质，多数是在空气中。当电压超过一定限制时，常在固体介质和空气的分界面上出现沿着固体介质表面的放电现象。沿面放电的 PRPS、PRPD 图谱、周期图谱呈现的放电特征为放电幅值分散性较大，放电时间间隔不稳定，极性效应不明显（见图 3－3－24）。

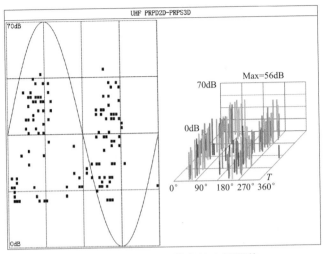

图 3-3-24　沿面放电特高频图谱

3. 气隙（空穴）放电

气隙放电为固体绝缘内部开裂、气隙等缺陷引起的放电。绝缘介质在加工的过程中，由于工艺和材料的缺陷，绝缘体内会存在杂质或气隙，形成绝缘介质中的缺陷。气隙放电的 PRPS、PRPD 图谱、周期图谱呈现的放电特征为：放电次数少，周期重复性低。放电幅值也较分散，但放电相位较稳定，无明显极性效应（见图 3-3-25）。

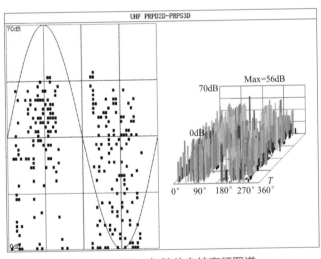

图 3-3-25　气隙放电特高频图谱

4. 悬浮放电

悬浮放电为松动金属部件产生的局部放电,电气设备中用来固定支撑带电部分的固体介质,多数是在空气中。当电压超过一定限制时,常在固体介质和空气的分界面上出现沿着固体介质表面的放电现象。悬浮放电的 PRPS、PRPD 图谱、周期图谱呈现的放电特征为放电脉冲幅值稳定,且相邻放电时间间隔基本一致,当悬浮金属体不对称时,正负半波检测信号有极性差异（见图 3-3-26）。

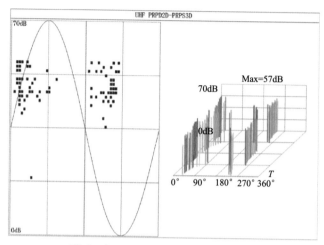

图 3-3-26 悬浮放电特高频图谱

5. 自由颗粒放电

自由金属颗粒放电为金属颗粒和金属颗粒间及金属颗粒和金属部件间的局部放电。颗粒放电：自由颗粒主要产生于 GIS 制造、装配和运行过程中。当金属颗粒在电场力作用下跳动时，在跳起后，颗粒会在电场作用下积累电荷，但是由于颗粒往往较小，所带电荷非常有限，在落下接触罐体或碰撞其他颗粒前不会引起放电。当颗粒落下后，在接触罐体的一瞬间，会将自身所带电荷释放掉，形成一次较微弱的放电，放电量与放电瞬间电压相位有关。自由颗粒特高频局部放电检测图谱中放电幅值分布较广，放电时间间隔不稳定，其极性效应不明显，在整个工频周期相位均有放电信号分布（见图 3-3-27）。

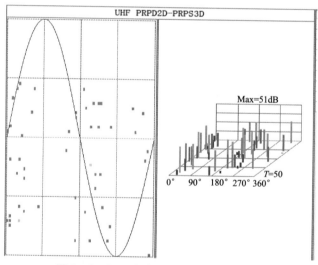

图 3-3-27 自由颗粒放电特高频图谱

（二）缺陷自诊断

在特高频 PRPS 图谱模式下具备云诊断功能。云诊断功能需要通过 T95 设备内部的 4G IC 卡或 WIFI 功能与大数据平台连接，将检测数据实时上传至数据平台比对，并将比对后的结果实时下发至 T95 设备端。诊断结果包含信号类型和置信度。大数据平台学习了大量异常图谱数据，使云诊断的诊断结果，准确度较高。放电类型本地诊断。本地诊断提供的放电类型参考，可帮助测试人员确定放电类型，初步确定局放源具体位置，提供可分析的数据（见图 3 - 3 - 28）。

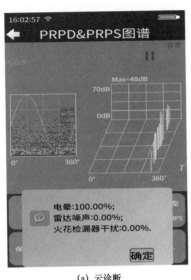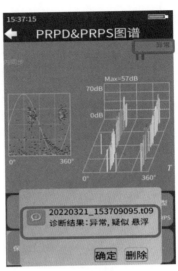

(a) 云诊断　　　　　　　　　　　　(b) 本地诊断

图 3 - 3 - 28　局部放电缺陷自诊断

（三）缺陷定位

检测相邻间隔的局部放电信号，根据各检测间隔的幅值大小（即信号衰减特性）初步定位局放部位。必要时可使用工具将传感器固定在绝缘盆子处进行长时间检测，时间不少于 15min。在条件具备时，综合应用超声波局放仪、示波器等仪器进行幅值衰减法、声 - 电联合法精确定位。

1. 幅值定位

幅值定位依靠各个检测部位检测信号大小定位，是最常用定位方法，但只能大概确定某一气室或区域，且有时几个检测部位信号幅值差别很小无法判断，甚至某些情况会出现离信号远的部位幅值比离信号源近的部位还要大。GIS 设备内部特高频信号幅值衰减强度为盆式绝缘子 2dB，T 形接口 6dB，法兰手孔 8dB（见图 3 - 3 - 29）。

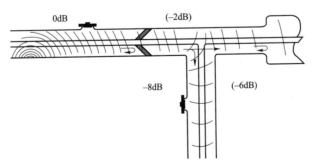

图 3 - 3 - 29　局部放电缺陷自诊断

2. 电–电定位

特高频局部放电电–电定位法采用多个传感器采集信号，经过相同规格和长度的线缆分别接入高速示波器，通过比较信号起始点时间先后及时间差判断信号来源，并且能够精确计算位置。根据被定位信号源位置的不同时差定位法又可进一步分为平分面法和时差法。时差定位法的基本思路是距离放电源最近的传感器检测到的时域信号最超前。定位步骤主要包括定位信号源是否来自 GIS 内部、时差计算法定位内部放电位置以及平分面法对空气中信号定位（见图 3–3–30）。

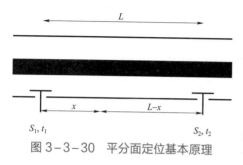

图 3–3–30 平分面定位基本原理

$$\Delta t = t_2 - t_1 = (L - 2x)/c \tag{3-1}$$
$$x = (L - c\Delta t)/2 \tag{3-2}$$

3. 声–电定位

声–电联合定位法根据声信号与电信号之间的耦合关系分为声–电组合式与声–电联合式两种，其中声–电组合式为通过特高频局部放电信号进行缺陷一次定位，之后通过声信号完成局部放电源的二次精准定位。同声–电组合式相比，声–电联合式以传播速度、信号频率远高于声信号的电信号作为触发源，依据声信号与电信号的到达时间差完成电气设备内部放电缺陷的精准定位。GIS 声–电联合定位法以特高频作为触发信号，通过超声波传感器阵列对局部放电源进行定位，圆形阵列直径依据 GIS 设备的不同进行调整（见图 3–3–31）。

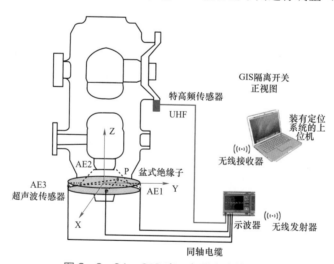

图 3–3–31 GIS 声–电联合定位模型

七、试验报告编制

将 PDS–T95 主机开机，通过 USB Type–C 数据线将主机与电脑连接，进入"设备连接"界面，选择"测试数据""测试时间""数据类型"，填写变电站和设备名称，点击"数据上传"可将检测主机的测试数据上传至电脑（见图 3–3–32）。

图 3-3-32　数据上传

进入"数据查看"界面，选择不同类型数据可查看上传的测试数据或巡检数据详情；数据软件会对已上传数据自动进行异常诊断分析，诊断结果包含信号类型和置信度；测试数据的图谱可以以报告的形式导出（见图 3-3-33）。

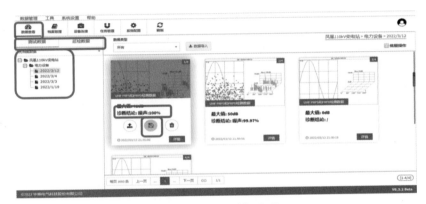

图 3-3-33　数据查看

进入"数据查看"界面，选择对应的测试日期，选择"批量操作"，"全选"；选择"批量导出图片"（见图 3-3-34）。

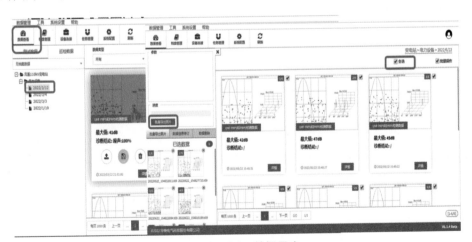

图 3-3-34　数据导出

数据导入将原始数据导入"数据分析软件"生成测试图谱，进行查看（见图3-3-35）。

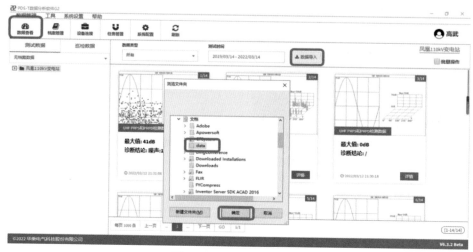

图3-3-35　数据导入

生成报告，在已上传数据的测试任务中，选择"详情"完成任务信息，点击"生成报告"，选择报告模板，即可自动生成 Word 版报告，无需再对报告进行排版、插入测试数据、测试图谱，节省大量的人力资源（见图3-3-36）。

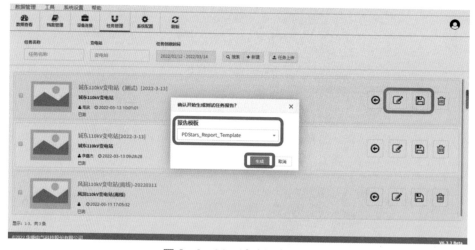

图3-3-36　试验报告生成

八、GIS 局部放电典型案例

某110kV变电站126kV GIS 11-9隔离开关例行带电检测过程中发现异常特高频局部放电信号，通过 PD-T95 局部放电检测仪对异常位置进行检测，分析11-9B相隔离开关气室存在绝缘放电信号，定位确定绝缘缺陷位于隔离开关绝缘拉杆部位（见图3-3-37）。

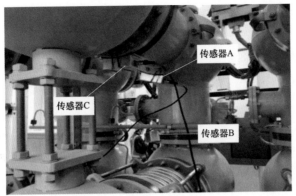

(a) 缺陷位置

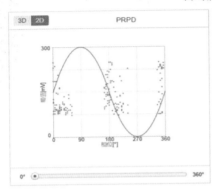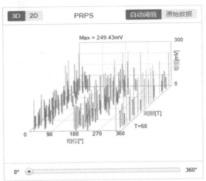

(b) 传感器A

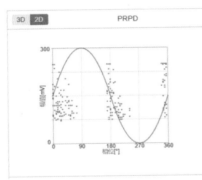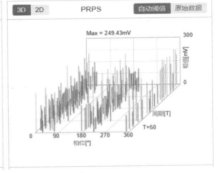

(c) 传感器B

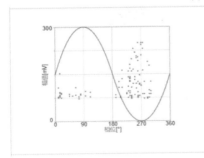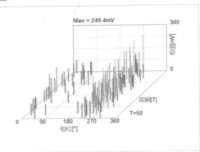

(d) 传感器C

图 3-3-37　传感器布置位置及检测图谱

对 11-9 B 相隔离开关解体检查。发现 11-9 B 相绝缘拉杆底部浇注部位有龟裂，表面有放电痕迹。对绝缘拉杆进行 X 射线检测，发现拉杆内部存在贯穿性气孔。经分析，放电原因为绝缘拉杆底部因浇注工艺不良产生龟裂，导致绝缘拉杆受潮，引起局部放电，现场解体后与局放检测、定位结果相匹配。之后对异常绝缘拉杆进行更换，并现场进行交流耐压过程中局部放电检测，检测结果无异常（见图 3-3-38）。

(a) 底部浇注部位有龟裂

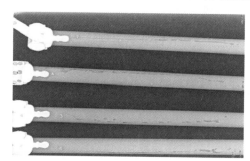 

(b) X 射线检测图谱

(c) 剖分结果

图 3-3-38　异常绝缘拉杆解体

【任务小结】

根据本模块的学习，帮助学员掌握 GIS 特高频带电检测的目的、条件、准备要求、方法、数据分析、处理、记录。

表 3-3-3 　　　　　　　　试 验 报 告 模 板

一、基本信息							
变电站		委托单位		检测单位		运行编号	
试验性质		试验日期		试验人员		试验地点	
报告日期		编制人		审核人		批准人	
试验天气		环境温度（℃）		环境相对湿度（%）		负荷（A）	

二、设备铭牌					
生产厂家		出厂日期		出厂编号	
设备型号		额定电压			

三、检测数据				
序号	检测位置	特高频（UHF）测试图谱	特高频（UHF）测试图谱	结论
1	背景			
2	测点 1			
3	测点 2			
特征分析				
仪器厂家				
仪器型号				
仪器编号				
测试结论				
备注				

任务四：GIS 超声波局部放电检测

【任务描述】

本任务主要在 GIS 变电站，使用超声波局部放电测试仪，对 110kV GIS 进行超声波局部放电检测。

【任务目标】

知识目标	1. 理解 GIS 设备超声波局部放电检测原理； 2. 读懂典型 GIS 设备超声波局部放电图谱； 3. 掌握 GIS 设备超声波局部放电检测方法
技能目标	1. 按照标准化检测流程完成 GIS 设备超声波局部放电检测； 2. 基于超声波局部放电信号，给出相应的放电缺陷类型，并能开展相应的缺陷位置定位
素质目标	通过任务实施，保证检测过程的标准化，树立安全意识、风险防范意识，养成细心、严谨的工作态度

【知识与技能】

一、检测目的

通常情况下，GIS 设备内部各种绝缘缺陷都会引起不同程度的局部放电，常见的典型绝缘缺陷有金属突出物、自由颗粒、绝缘子表面金属污染等。当在 GIS 设备内部绝缘结构中产生较强的局部放电时，会产生较陡的电流脉冲，电流脉冲的作用将使局部放电发生的区域瞬间受热膨胀，放电结束后受热膨胀区域会恢复到原来体积，一张一缩的体积变化会产生相应的超声波信号，若相应的超声波信号不能被有效地检测，将不同程度地损伤 GIS 绝缘介质，最终导致绝缘击穿性损坏。GIS 超声波法是通过检测局部放电过程中的超声波信号特征进行，具有良好的抗干扰性能和检测灵敏度，并通过对放电类型、放电发展阶段的诊断分析，可以提前对 GIS 局部放电发展过程进行智能预警，把绝缘故障消灭在萌芽接地。从而掌握 GIS 设备超声波局部放电检测流程及方法，并在 GIS 设备内部存在局部放电缺陷下准确给出缺陷类型及缺陷的严重等级具有重要意义。

二、检测原理

GIS 设备局部放电过程中往往存在电荷中和，相应会产生较陡的电流脉冲，电流脉冲的作用将使局部放电发生的区域瞬间受热膨胀，产生一个类似局部热爆炸的现象，放电结束后原来受热膨胀区域会恢复到原来的体积，局部放电产生的一涨一缩的体积变化就会引起介质的疏密瞬间变化，形成所谓的超声波，从局部放电点以球面波的方式向四周传播。因此，当发生局部放电时也伴随着超声波的产生，相应的超声波频谱在 $10\sim10^7$Hz 范围内，GIS 超声波局部放电检测一般通过 $10\sim100$kHz 范围频段进行超声波信号进行检测和分析。当电力设备内部绝缘缺陷发生局部放电时，激发出的超声波波会透过环氧树脂、罐体壳体等部件传播出来，便可通过超声波传感器进行检测。图 3-4-1 为超声波局部放电检测法基本原理示意图。

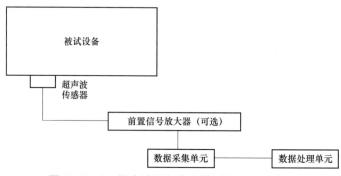

图 3-4-1　超声波局部放电检测法原理示意图

三、检测要求

（一）环境要求

除非另有规定，超声波局部放电检测均在当地大气条件下进行，且检测期间，大气环境条件相对稳定，同时应满足如下条件：

（1）环境温度不宜低于5℃。

（2）环境相对湿度不宜大于 80%，若在室外不应在有大风、雷、雨、雾、雪的环境下进行检测。

（3）在检测时应避免大型设备振动、人员频繁走动等干扰源带来的影响。

通过超声波局部放电检测仪器检测到的背景噪声幅值较小、无 50Hz/100Hz 频率相关性（一个工频周期出现 1 次/2 次放电信号），不会掩盖可能存在的局部放电信号，不会对检测造成干扰。

（二）待测设备要求

（1）待测 GIS 设备应满足如下要求：

（2）设备处于带电状态且为额定气体压力。

（3）设备外壳清洁、无覆冰。

（4）运行设备上无各种外部作业。

（5）应尽量避开视线中的封闭遮挡物，如门和盖板等。

（三）人员要求

进行超声波局部放电带电检测的人员应具备如下条件：

（1）熟悉超声波局部放电检测技术的基本原理、诊断分析方法。

（2）了解超声波局部放电检测仪的工作原理、技术参数和性能。

（3）掌握超声波局部放电检测仪的操作方法。

（4）了解被测设备的结构特点、工作原理、运行状况和导致设备故障的基本因素。

（5）具有一定的现场工作经验，熟悉并能严格遵守电力生产和工作现场的相关安全规定。

（四）安全要求

为提升 GIS 设备超声波局部放电带电检测过程中人身、设备安全，超声波局放检测应满足如下安全要求：

（1）应严格执行《国家电网有限公司电力安全工作规程（变电部分）》的相关要求。

（2）超声波局部放电带电检测工作不得少于两人。工作负责人应由有超声波局部放电带电检测经验的人员担任，开始检测前，工作负责人应向全体工作人员详细布置检测工作的各安全注意事项。

（3）对复杂的带电检测或在相距较远的几个位置进行工作时，应在工作负责人指挥下，在每一个工作位置分别设专人监护，带电检测人员在工作中应思想集中，服从指挥。

（4）检测人员应避开设备防爆口或压力释放口。

（5）在进行检测时，要防止误碰、误动设备。

（6）在进行检测时，要保证人员、仪器与设备带电部位保持足够安全距离。

（7）防止传感器坠落而误碰设备。

（8）检测中应保持仪器使用的信号线完全展开，避免与电源线（若有）缠绕一起，收放信号线时禁止随意舞动，并避免信号线外皮受到剐蹭。

（9）保证检测仪器接地良好，避免人员触电。

（10）在使用传感器进行检测时，如果有明显的感应电压，应戴绝缘手套，避免手部直接接触传感器金属部件。

（11）检测现场出现异常情况时，应立即停止检测工作并撤离现场。

（五）仪器要求

1. 主要技术指标

超声波局部放电检测仪器一般由超声波传感器、前置信号放大器（可选）、数据采集单元、数据处理单元等组成，为实现对高处目标的检测，宜配备超声波传感器专用的绝缘支撑杆。仪器的主要技术指标应满足如下要求：

（1）峰值灵敏度一般不小于 60dB [V/ (m/s)]，均值灵敏度一般不小于 40dB [V/ (m/s)]。

（2）用于 SF_6 气体绝缘电力设备的超声波检测仪，一般在 20～80kHz 范围内；对于非接触方式的超声波检测仪，一般在 20～60kHz 范围内。

（3）线性度误差不大于 ±20%。

（4）局部放电超声波检测仪连续工作 1h 后，注入恒定幅值的脉冲信号时，其响应值的变化不应超过 ±20%。

2. 主要功能

目前超声波局部放电检测应用仪器主要包括迪杨 AIA－1、AIA－2、华乘 T90、T95 局部放电检测仪、格鲁布 PD74i 多功能局部放电带电检测仪等。现场测试应用超声波局部放电检测仪应满足如下功能：

（1）宜具有"连续模式""时域模式""相位模式""飞行模式"和"特征指数模式"，其中，"连续模式"能够显示信号幅值大小、50Hz/100Hz 频率相关性，"时域模式"能够显示信号幅值大小及信号波形，"相位模式"能够反映超声波信号相位分布情况，"飞行模式"能够反映自由微粒运动轨迹，"特征指数模式"能够反映超声波信号发生时间间隔。

（2）应可记录背景噪声并与检测信号实时比较。

（3）应可设定报警阈值。

（4）应具有放大倍数调节功能，并在仪器上直观显示放大倍数大小。

（5）应具备抗外部干扰的功能。

（6）应可将测试数据存储于本机并导出至电脑。

（7）若采用可充电电池供电，充电电压为 220V、频率为 50Hz，充满电单次连续使用时间不低于 4h。

（8）宜具备内、外同步功能，从而在"相位模式"下对检测信号进行观察和分析。

（9）应可进行时域与频域的转换。

（10）宜具备检测图谱显示功能。提供局部放电信号的幅值、相位、放电频次等信息中的一种或几种，并可采用波形图、趋势图等谱图中的一种或几种进行展示。

（11）宜具备放电类型识别功能。具备模式识别功能的仪器应能判断设备中的典型局部放电类型（自由金属微粒放电、悬浮电位放电、沿面放电、绝缘内部气隙放电、金属尖端放电等），或给出各类局部放电发生的可能性，诊断结果应当简单明确。

（六）检测周期

异常 GIS 设备超声波局部放电检测依据检测结果缩短，常规 GIS 设备带电检测周期应满足如下要求：

（1）新设备投运前耐压试验通过后，进行一次超声局部放电检测；

（2）投运后及大修后 1 个月内应对本体进行一次局部放电检测；

（3）正常情况下，半年至一年检测一次；

（4）检测到 GIS 有异常信号但不能完全判定时，可根据 GIS 设备的运行工况，应缩短检测周期，增加检测次数，应并分析信号的特点和发展趋势；

（5）必要时，对重要部件（如断路器、隔离开关、母线等）进行局部放电重点检测；

（6）对于运行年限超过 15 年以上的 GIS 设备，宜考虑缩短检测周期，迎峰度夏（冬）、重大保电活动前应增加检测次数。

四、检测准备

（一）工作现场检查

为加强超声波局部放电检测过程中人身、设备安全，提升现场带电检测效率，检测前应做好如下准备工作：

（1）检测前，应了解被检测设备数量、型号、制造厂家安装日期、内部构造等信息以及运行情况，制定相应的技术措施。

（2）配备与检测工作相符的图纸、上次检测的记录、标准化作业工艺卡。

（3）现场具备安全可靠的独立电源，禁止从运行设备上接取检测用电源。

（4）检查环境、人员、仪器、设备满足检测条件。

（5）按相关安全生产管理规定办理工作许可手续。

（二）仪器、工器具、耗材准备

带电检测仪器设备如表 3-4-1 所示。

表 3-4-1　　　　　　带 电 检 测 仪 器 设 备

序号	仪器仪表	工器具	耗材
1	局部放电巡检仪	电源盘	扎带
2	信号模拟器	绝缘手套	绝缘胶带
3	万用表	绝缘卷尺	—
4	温湿度计	—	—

（三）安全风险防控

现场安全风险防控措施如表 3-4-2 所示。

表 3-4-2　　　　　　　　现场安全风险防控措施

序号	危险点	防范措施
1	无票作业	依据电力安全工作规程办理第二种工作票
2	工作内容不清楚	召开班前会，宣贯工作内容
3	工作过程无人监护	工作负责人不在现场停止检测
4	人身触电	工作中与带电部分安全距离符合电力安全工作规程规定，110kV 设备不低于1.5m，电源接取设备运维人员应在现场，电源接取应设专人监护
5	感应电伤人	被试设备外壳及接地良好，运行状态正常
6	防爆口破裂伤人	检测过程中应避开防爆口
7	设备误动	测试过程中严禁随意操作设备

（四）标准化作业步骤

检查仪器完整性，按照仪器说明书连接检测仪器各部件，将检测仪器正确接地后开机。开机后，运行检测软件，检查界面显示、模式切换是否正常稳定。

进行仪器自检，确认超声波传感器和检测通道工作正常。

若具备该功能，设置变电站名称、设备名称、检测位置并做好标注。

将检测仪器调至适当量程，传感器悬浮于空气中，测量空间背景噪声并记录，根据现场噪声水平设定信号检测阈值。

将检测点选取于断路器断口处、隔离开关、接地开关、电流互感器、电压互感器、避雷器、导体连接部件以及水平布置盆式绝缘子上方部位，检测前应将传感器贴合的壳体外表面擦拭干净，检测点间隔应小于检测仪器的有效检测范围，测量时测点应选取于气室侧下方。

在超声波传感器检测面均匀涂抹专用检测耦合剂，施加适当压力紧贴于壳体外表面以尽量减小信号衰减，检测时传感器应与被试壳体保持相对静止，对于高处设备，例如某些GIS 母线气室，可用配套绝缘支撑杆支撑传感器紧贴壳体外表面进行检测，但须确保传感器与设备带电部位有足够的安全距离。

在显示界面观察检测到的信号，观察时间不低于 15s，如果发现信号有效值/峰值无异常，50Hz/100Hz 频率相关性较低，则保存数据，继续下一点检测。

如果发现信号异常，则在该气室进行多点检测，延长检测时间并记录多组数据进行幅值对比和趋势分析，为准确进行相位相关性分析，可利用具有与运行设备相同相位关系的电源引出同步信号至检测仪器进行相位同步。

填写设备检测数据记录表，对于存在异常的气室，应附检测图片和缺陷分析。

五、检测流程

（一）创建测试任务

档案创建（设备），进入档案管理界面，选择设备、所属变电站，点击"导出设备模板"生成设备模板表格（见图3-4-2）。

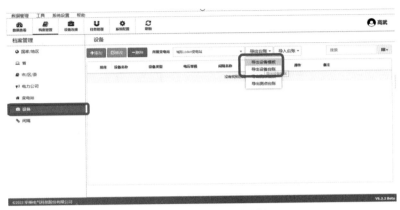

图3-4-2　导出设备模板

根据现场情况，在设备模板中填写设备信息，主要包括设备厂家、型号、出厂编号、出厂日期、间隔名称等信息（见图3-4-3）。

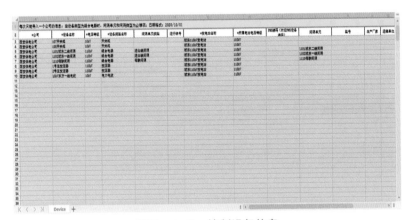

图3-4-3　编制设备信息

导入设备模板表格，完成变电站设备创建（见图3-4-4）。

图3-4-4　导入测点台账

　　档案创建（测点），进入档案管理界面，选择"设备""导出测点模板"，选择模板的信息，生成测点模板表格（见图 3-4-5）。

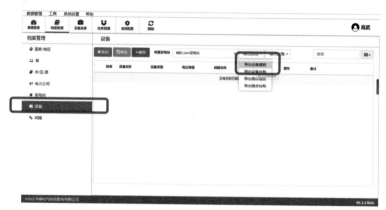

图 3-4-5　导出测点模板

导入测点模板，完成设备测点创建（见图 3-4-6）。

图 3-4-6　完成测试点创建

　　创建测试任务，在任务管理栏中选择"新建"，填写任务信息，选择测试设备、测试配置，完成测试任务创建（见图 3-4-7）。

图 3-4-7　完成测试任务创建

下发测试任务，将 T95 主机通过数据线与电脑连接，并进入智能巡检界面；在任务管理界面选择已建立任务右侧的"发送任务"将测试任务发送至主机（见图3-4-8）。

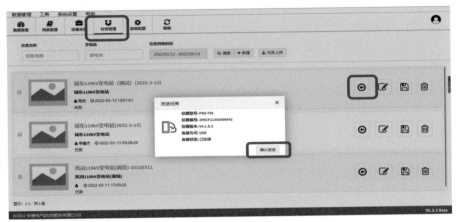

图 3-4-8　下发测试任务

（二）办理工作许可

严格执行《电力安全工作规程（变电部分）》的相关要求，申报作业计划，编制现场安全注意事项，填写变电站第二种工作票（见图3-4-9）。

变电站（发电厂）第二种工作票

单位：国网××培训中心　　　　编号：20220316-02

1. 工作负责人（监护人）：　高武　　　班组：2022年变电设备电气试验技能模块化培训

2. 工作班人员（不包括工作负责人）

　　高培

　　　　　　　　　　　　　　　　　　　　　　　　　　　　　共 1 人

3. 工作的变电站名称及设备双重名称

阳光110kV变电站　　　　　110kV 春熙线101间隔

4. 工作任务

工作地点及设备双重名称	工作内容
室外：110kV 春熙线 101 间隔	110kV 春熙线 101 间隔超声波局部放电检测

5. 计划工作时间

　　自 2022 年 ××月 ××日 ×× 时 ××分至 2022 年 ××月 ××日×× 时 ××分

6. 安全措施（必要时可附页绘图说明）

图 3-4-9　办理试验用第二种工作票

（三）召开班前班后会

工作票办理审批结束后，召开班前班后会，向工作班成员进行工作内容、人员分工、测点布置说明，指明工作中的危险点及相应的安全防护措施，布置现场安全措施，现场危险源辨识及预控措施有：

（1）人身触电，工作中与带电部分安全距离符合电力安全工作规程规定，110kV 设备不低于 1.5m；

（2）检查设备外壳及接地良好，运行状态正常；

（3）检测人员应避开设备防爆口或压力释放口，检测时如发生危及人员安全的放电，应立即撤离现场；

（4）检测时防止传感器坠落，误碰运行设备；

（5）检测时应保持仪器用的信号线完全展开，并避免信号线外皮受到剐蹭。工作负责人询问工作班成员现场风险辨识是否明白，得到确认答复后履行签字确认手续（见图 3-4-10）。

（a）履行签名确认手续　　　　　　　（b）指明测试点位置

图 3-4-10　履行开工手续

（四）设备检查

核实设备名称、编号是否同工作票所列间隔名称相同，抄录被测设备铭牌，检测被测设备工况，被试 GIS 间隔名称 101 间隔，电压等级 126kV，设备型号 ZF126，设备生产厂家××公司，出厂日期 2020 年 11 月，出厂编号 201001。

检查被试开关处于带电状态，且为额定气体压力，检查被试设备外壳接地良好。

设备外壳清洁，无覆冰。

被试设备无外部作业。

尽量避开视线中的封闭遮挡物。

当前温湿度计检测温度、湿度满足超声波局部放电检测条件（见图 3-4-11）。

（五）仪器连接和自检

采用上海华乘电气 PDS-T95 局部放电检测仪器进行超声波局部放电检测，使用前应进行设备状态自检，确认主机基本功能、各检测通道工作正常。首先单击"自检"菜单；之后点击"开始自检"，设备自检完成，功能正常后右侧显示绿色√（见图 3-4-12）。

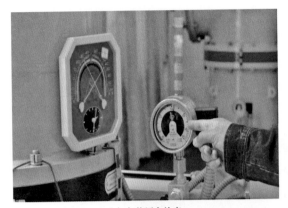

(a) 气体压力检查　　　　　　　　　(b) 设备状态检查

图 3-4-11　履行开工手续

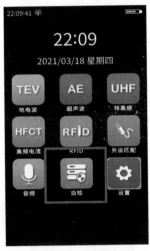

(a) 自检界面　　　　　　　　　(b) 自检状态

图 3-4-12　仪器自检

（六）外设匹配

在初次使用 PDS-T95 局部放电检测仪器前，需要将仪器信号同步器与主机进行匹配，匹配成功后，各个模块才能与主机进行无线通信。按照设备接线图连接测试仪各部件（见图 3-4-13）。

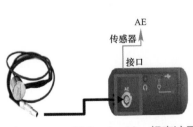

图 3-4-13　超声波局部放电检测系统连接

运行检测软件，检查仪器同步状态。电源同步器匹配流程，将同步器插入现场220V电源；主机进入外设匹配，选择同步器（主机搜索附近通电的同步器）；选择对应的同步器编号，仪器显示匹配成功（同步器指示灯闪烁）。T95局部放电检测仪具备两种同步方式："内同步""电源同步"；主机启动后默认进入"内同步"，检测界面左上角显示"内同步"字样（见图3-4-14）。

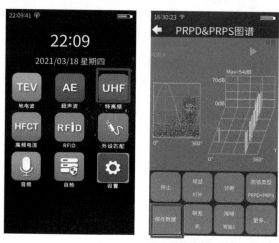

图3-4-14 内同步

将电源同步器插入220V交流电源插座，同步器指示灯闪烁，主机进入"电源同步"模式。检测界面左上角显示"电源同步"字样（见图3-4-15）。

图3-4-15 电源同步（外同步）匹配

（七）背景信号检测

检测之前，在指定地点进行背景检测，设置局部放电检测仪为连续检测模式，开始进行超声波局部放电检测，传感器与被测设备应通过专用耦合剂进行耦合并适当施加压力，保持稳定，减少两者气隙对检测结果的影响。背景检测结束，做好检测频率成分1、频率成分2、有效值、峰值等数据记录，背景测量位置应尽量选择被测设备附近金属构架。检测过程中，应避免敲打被测设备，防止外界振动信号对检测结果造成影响（见图3-4-16）。

图 3-4-16 背景信号测试

（八）检测部位及测量点选择

将检测点选取于断路器断口处、隔离开关、接地开关、电流互感器、电压互感器、避雷器、导体连接部件以及水平布置盆式绝缘子上方部位，检测前应将传感器贴合的壳体外表面擦拭干净，检测点间隔应小于检测仪器的有效检测范围，测量时测点应选取于气室侧下方（见图 3-4-17）。

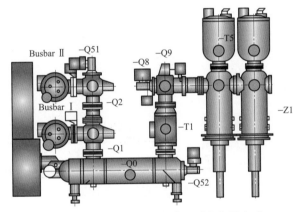

图 3-4-17 超声波传感器测点布置方式

在超声波传感器检测面均匀涂抹专用检测耦合剂，施加适当压力紧贴于壳体外表面以尽量减小信号衰减，检测时传感器应与被试壳体保持相对静止。在显示界面观察检测到的信号，观察时间不低于 15s，如果发现信号有效值/峰值无异常，50Hz/100Hz 频率相关性较低，则保存数据，继续下一点检测。如果发现信号异常，则在该气室进行多点检测，延长检测时间并记录多组数据进行幅值对比和趋势分析，为准确进行相位相关性分析，可利用具有与运行设备相同相位关系的电源引出同步信号至检测仪器进行相位同步。

（九）超声波局部放电信号检测

1. 幅值检测模式（连续模式）

超声波幅值检测图谱显示测量当前电网周期内的超声波信号的有效值、最大值，并显示超声信号与在 10Hz 和 500Hz 的频率相关性。其中，频率成分设置在超声波幅值检测的

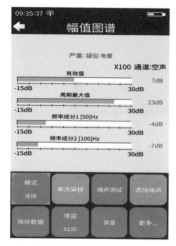

图 3-4-18 幅值检测模式

界面下，频率成分的设置；支持从 10～500Hz 的多挡调节，挡位步进跨度为 10Hz。有效值以 dB 或 mV 形式显示当前的超声波测量有效值。周期最大值以 dB 或 mV 形式显示当前的超声波测量最大值。频率成分 1 为超声波与 50Hz 相关性的幅值。频率成分 2 为超声波与 100Hz 相关性的幅值（见图 3-4-18）。

2. 相位图谱检测

AE 相位图谱检测利用电网频率的同步触发信号，测量超声波脉冲信号，并根据脉冲的幅值及相对触发信号的相位，用图谱中的一个点表示出来，最终进行脉冲分布统计。其中，幅值以 dB 或 mV 形式显示检测图谱的幅值最大量程。脉冲计数为设备被触发后统计的脉冲数量。周期显示放电在一个周期内的对应相位关系，0°～360°。电源同步显示当前相位同步的连接方式（见图 3-4-19）。

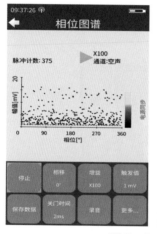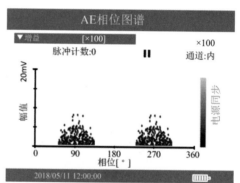

图 3-4-19 相位图谱检测模式

3. 飞行图谱检测

AE 飞行图谱检测用于测量颗粒超声脉冲信号之间的间隔时间。系统测量脉冲信号之间的间隔，并根据幅值及时间间隔，用图谱中的一个点表示出来，最终进行脉冲分布统计。各点根据脉冲在周边区域的概率显示不同的颜色。其中，幅值以 dB 或 mV 形式显示检测图谱的幅值最大量程。脉冲计数为设备被触发后统计的脉冲数量。时间间隔显示颗粒飞行的最长时间。通道显示主机连接内置 AE 传感器或外置表贴传感器（见图 3-4-20）。

4. 波形图谱检测

波形图谱显示超声信号波形的图谱。数据采集时以电网周期频率同步触发，因此可查看波形信号与电网的相关性。幅值以 dB 或 mV 形式显示检测图谱的幅值最大量程。时间显示放电波形图谱的周期相关性。通道显示主机连接内置 AE 传感器或外置表贴传感器。电源同步显示当前相位同步的连接方式（见图 3-4-21）。

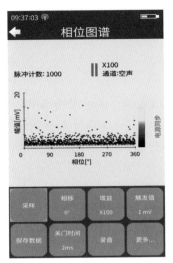

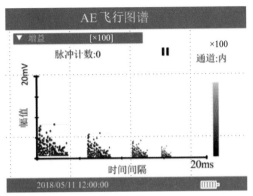

图 3-4-20　飞行图谱检测模式

一般采用表贴式超声波传感器根据建立好的超声波测点，沿着 GIS 金属外壳将传感器经耦合剂贴附在设备外壳上，设置仪器为连续检测模式，通过观察信号有效值、周期峰值、频率成分 1、频率成分 2 的大小，并与背景信号比较，看是否有明显变化进行 GIS 超声波测试。采用耦合剂将超声波传感器贴在电力设备表面，检测局部放电产生的超声波信号在电力设备表面金属板中传播所感应的振动现象。由于超声波衰减较快，在开展局部放电超声波检测时，测试时间不小于 15s。检测过程中应包含所有气室（见图 3-4-22）。

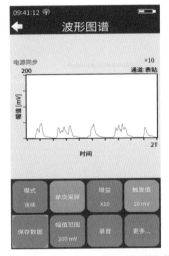

（十）终结工作

清洁壳体，清理试验用仪器，工作负责人现在召开班后会，录入超声波局部放电检查试验内容，并告知运维人员超声波局部放电检测结果，得到运维人员回复后办理工作票终结手续，撤离工作现场。

图 3-4-21　波形图谱检测模式

图 3-4-22　现场超声波局部放电巡检

六、检测结果分析

（一）超声波局部放电类型

1. 尖端（电晕）放电

金属尖端放电，处于高电位或低电位的金属毛刺或尖端，由于电场集中，产生的 SF_6 电晕放电。毛刺一般在壳体上，但导体上的毛刺危害更大。只要信号高于背景值，都是有害的，应根据工况酌情处理。在耐压过程中发现毛刺放电现象，即便低于标准值，也应进行处理。相应的相位谱图一般为单簇，在 90°或者 270°附近（见图 3-4-23）。

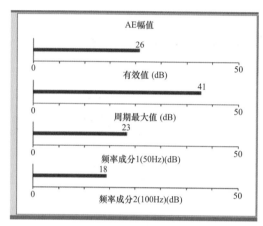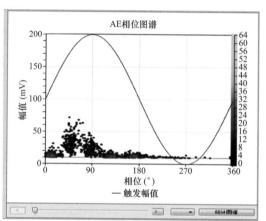

图 3-4-23　尖端放电超声波图谱

2. 沿面放电

一般为附着于绝缘件表面的异物放电，相应的连续图谱呈现悬浮放电特征，而相应的相位图谱则和异物尺寸、异物位置等相关，相位图谱呈现绝缘放电特征，在 90°与 270°分为 2 簇，且幅值不等（见图 3-4-24）。

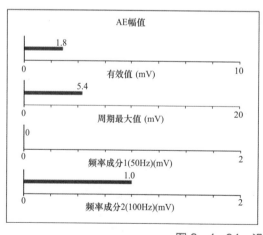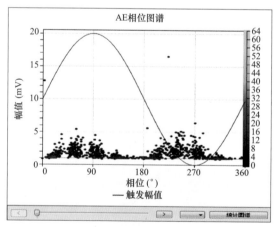

图 3-4-24　沿面放电超声波图谱

3. 气隙（空穴）放电

气隙放电为固体绝缘内部开裂、气隙等缺陷引起的放电。绝缘介质在加工的过程中，由于工艺和材料的缺陷，绝缘体内会存在杂质或气隙，形成绝缘介质中的缺陷。气隙放电连续谱图特征同沿面放电、悬浮放电特征相同，均为周期最大值大于周期有效值，频率成分 2 小于频率成分 1，由于超声波的在固体、气体介质中的衰减特性，超声波局部放电检测手段对绝缘件内部气隙放电不敏感，现场难以通过超声波局部放电检测对该种缺陷检测（见图 3-4-25）。

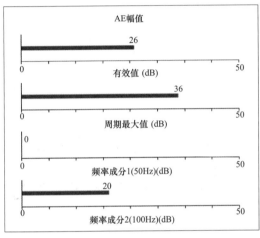
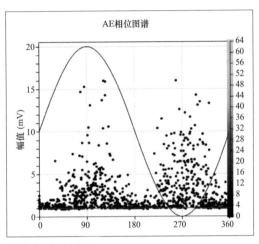

图 3-4-25 气隙放电超声波图谱

4. 悬浮放电

悬浮放电，松动金属部件产生的局部放电，GIS 内部的悬浮电位应加强监测，有条件及时处理。对于 126kV GIS，如果 100Hz 信号幅值远大于 50Hz 信号幅值，且 $V_{peak}>$ 10mV，应缩短检测周期并密切监测其增长量，如果 $V_{peak}>$20mV，应停电处理。对于 363kV 及以上 GIS 设备，应提高标准。其可以通过相应的相位图谱进行诊断分析，相应的相位图谱可发现信号一般在 90°、270°附近，且幅值较大。巡检过程中如需排除外界振动干扰，可通过飞行图谱模式诊断分析（见图 3-4-26）。

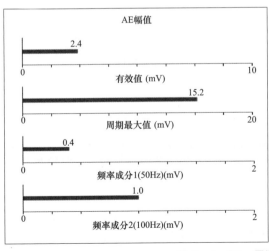
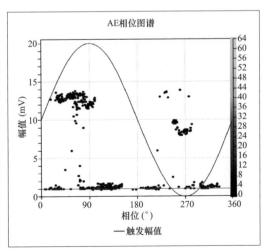

图 3-4-26 悬浮放电超声波图谱

5. 自由颗粒放电

自由金属颗粒放电，金属颗粒和金属颗粒间的局部放电，金属颗粒和金属部件间的局部放电，运行中的 GIS 设备：背景噪声＜V_{peak}＜1.78mV 可不进行处理，1.78mV＜V_{peak}＜3.16mV 应缩短检测周期，监测运行；V_{peak}＞3.16mV 应进行检查。异物放电无频率相关性，有效值、峰值较大，可通过飞行图谱方式进行缺陷诊断分析（见图 3−4−27）。

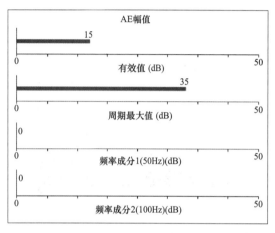
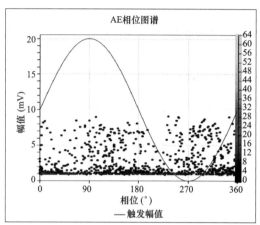

图 3−4−27　自由颗粒放电超声波图谱

6. 缺陷类型判据

通过局部放电检测结果和典型缺陷放电特征及其图谱对比，识别局部放电类型。（见表 3−4−3）。

表 3−4−3　　　　　　　　　缺 陷 类 型 判 断 依 据

判断依据　　　　　缺陷类型	自由微粒缺陷	电晕放电	悬浮电位
信号水平	高	低	高
峰值/有效值	高	低	高
50Hz 频率相关性	无	高	低
100Hz 频率相关性	无	低	高
相位关系	无	有	有

注：局部放电信号 50Hz 相关性指局部放电在一个电源周期内只发生一次放电的概率。概率越大 50Hz 相关性越强。局部放电信号 100Hz 相关性指局部放电在一个电源周期内发生 2 次放电的概率。概率越大 100Hz 相关性越强。

（二）缺陷自诊断

本地诊断提供的放电类型参考，可帮助测试人员确定放电类型，初步确定局部放电源具体位置，提供可分析的数据（见图 3−4−28）。

（三）缺陷定位

利用声－声定位或声－电定位等方法，根据不同布置位置传感器检测信号的幅值变化规律和时延规律来确定缺陷部位，一般先确定缺陷位于哪个隔室、再精确定位到高压导体或壳体等部位。具体判断方法如下：

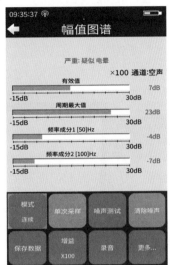

多传感器定位法，利用时延方法实现空间定位。在疑似故障部位利用多个传感器同时测量，并以信号首先到达的传感器作为触发信号源，就可以得到超声波从放电源至各个传感器的传播时间。或使用超声波传感器与超声波传感器获取信号的传播时延，根据超声波在 GIS 媒质中的传播速度和方向，就可以确定放电源的空间位置。

单传感器定位法，移动传感器，测试气室不同的部位，找到信号的最大点，对应的位置即为缺陷点。并通过以下两种方法判断缺陷在罐体或中心导体上：

图3－4－28　局部放电缺陷本地诊断

（1）通过调整测量频带的方法，将带通滤波器测量频率从 100kHz 减小到 50kHz，如果信号幅值明显减小，则缺陷应在壳体上；信号水平基本不变，则缺陷位置应在中心导体上。

（2）如果信号水平的最大值在 GIS 罐体表面圆周方向的较大范围出现，则缺陷位置应在中心导体上。如果最大值在一个特定点出现，则缺陷应在壳体上（见图3－4－29）。

图3－4－29　局部放电源罐体轴向测试

若检测到异常信号，可借助其他检测仪器（如超声波局部放电检测仪、示波器、频谱分析仪以及 SF$_6$ 分解物检测分析仪），对异常信号进行综合分析，并判断放电的类型，根据不同的判据对被测设备进行危险性评估。在条件具备时，利用声－声定位/声－电定位等方法，根据不同布置位置传感器检测信号的强度变化规律和时延规律来确定缺陷部位，以 GIS 检测为例，一般先确定缺陷位于的气室，再精确定位到高压导体/壳体等部位。同时进行缺陷类型识别，可以根据超声波检测信号 50Hz/100Hz 频率相关性、信号幅值水平以及信号的相位关系，进行缺陷类型识别。

七、试验报告编制

将主机开机，通过 USB Type-C 数据线将主机与电脑连接；进入"设备连接"界面，选择"测试数据""测试时间""数据类型"，填写变电站和设备名称，点击"数据上传"可将 T95 主机的测试数据上传至电脑（见图 3-4-30）。

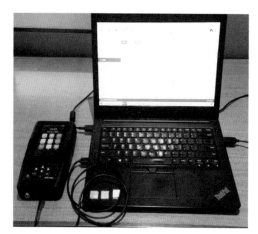
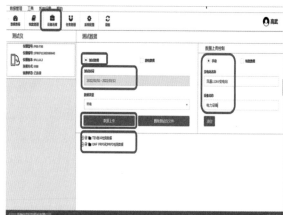

图 3-4-30　数据上传

进入"数据查看"界面，选择不同类型数据可查看上传的测试数据或巡检数据详情；数据软件会对已上传数据自动进行异常诊断分析，诊断结果包含信号类型和置信度；测试数据的图谱可以以报告的形式导出（见图 3-4-31）。

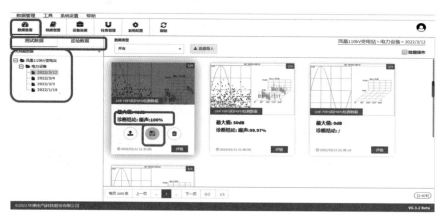

图 3-4-31　数据查看

进入"数据查看"界面，选择对应的测试日期，选择"批量操作"，"全选"；选择"批量导出图片"（见图 3-4-32）。

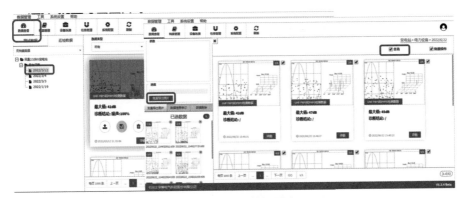

图 3－4－32　数据导出

数据导入将原始数据导入"数据分析软件"生成测试图谱,进行查看(见图 3－4－33)。

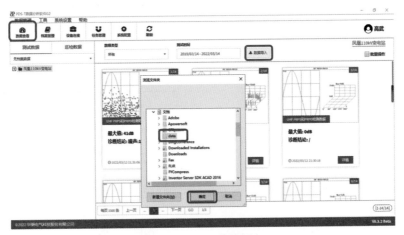

图 3－4－33　数据导入

生成报告,在已上传数据的测试任务中,选择"详情"完成任务信息,点击"生成报告",选择报告模板,即可自动生成 Word 版报告,无需再对报告进行排版、插入测试数据、测试图谱,节省大量的人力资源(见图 3－4－34)。

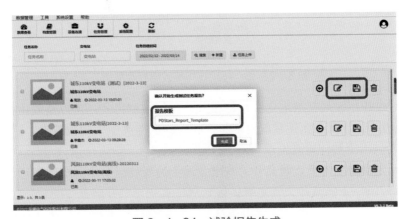

图 3－4－34　试验报告生成

八、GIS 局部放电典型案例

某 110kV 变电站 110kV GIS 进行超声波、超声波局部放电检测时，发现在 110kV 母联 100−1 隔离开关气室例行带电检测过程中存在明显的局部放电信号。采用 PDS−T90 超声波局部放电检测模块检测异常信号超声波幅值图谱见图 3−4−35。放电信号有效值及周期峰值较背景值明显偏大；频率成分1、频率成分2特征不明显。

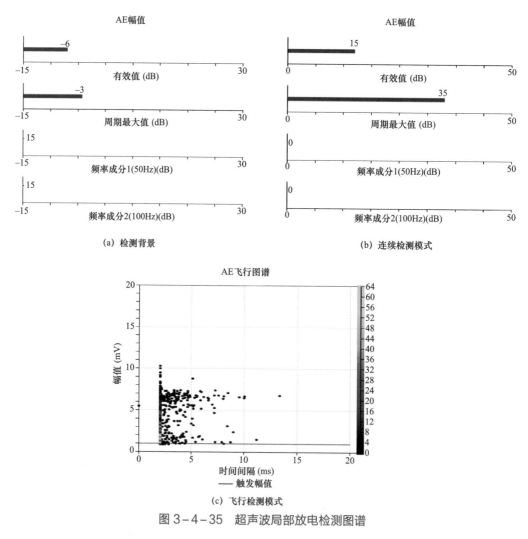

图 3−4−35　超声波局部放电检测图谱

综上，通过超声波局部放电连续检测模式、飞行检测模式，可以反映出在 110kV 母联 100−1 隔离开关气室存在异常放电信号，相应的放电类型为颗粒放电。对 110kV GIS 100−1 隔离开关气室解体检查发现 100−1 隔离开关气室底部存在两处金属固体颗粒，现场解体做好无尘措施后打开该隔离开关气室发现上述异物后采用吸尘器进行清理，对变电站 110kV GIS 100−1 隔离开关气室解体检查后，重新充气并静置24h后，经检测 SF_6 气体湿度、纯度合格后，再次进行交流耐压试验，耐压通过后进行超声波局部放电测试，此次检测发现超声波局部放电无异常（见图3-4-36）。

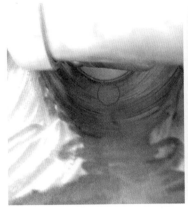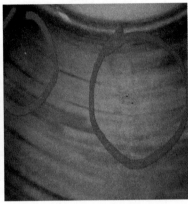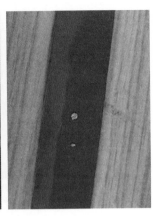

图3-4-36　100-1隔离开关气室底部发现两个金属颗粒

【任务小结】

根据本模块的学习，帮助学员掌握 GIS 超声波带电检测的目的、条件、准备要求、方法、数据分析、处理、记录。

表3-4-4　　　　　　　　　　　试 验 报 告 模 板

一、基本信息							
变电站		委托单位		检测单位		运行编号	
试验性质		试验日期		试验人员		试验地点	
报告日期		编制人		审核人		批准人	
试验天气		环境温度（℃）		环境相对湿度（%）		负荷（A）	

二、设备铭牌					
生产厂家		出厂日期		出厂编号	
设备型号		额定电压			

三、检测数据			
序号	检测位置	超声波（AE）测试图谱	结论
1	背景测点		
2	测点1		
3	测点2		
特征分析			
仪器厂家			
仪器型号			
仪器编号			
测试结论			
备注			

任务五：开关柜暂态地电压局部放电检测

【任务描述】

本任务主要在 GIS 变电站，使用暂态地电压局部放电测试仪，对 10kV 开关柜进行暂态地电压局部放电检测。

【任务目标】

知识目标	1. 理解开关柜暂态地电压局部放电检测原理； 2. 掌握开关柜暂态地电压局部放电检测方法
技能目标	1. 按照标准化检测流程完成开关柜暂态地电压局部放电检测； 2. 基于暂态地电压局部放电信号，给出相应的设备状态检修策略
素质目标	通过任务实施，保证检测过程的标准化，树立安全意识、风险防范意识，养成细心、严谨的工作态度

【知识与技能】

一、检测目的

通常情况下，开关柜设备内部各种绝缘缺陷都会引起不同程度的局部放电，常见的典型绝缘缺陷有金属突出物、自由颗粒、绝缘子表面金属污染等。当在开关柜内部绝缘结构中产生较强的局部放电时，会伴随有电磁波，若相应的电磁波不能被有效地检测，将不同程度地损伤开关柜绝缘介质，使其绝缘性能逐步下降，最终导致绝缘击穿性损坏，对运维人员人身安全、系统的稳定运行带来威胁。开关柜局部放电产生电磁波在金属壁形成趋肤效应，并沿着金属表面进行传播，同时在金属表面产生暂态地电压，暂态地电压信号的大小与局部放电的严重程度及放电点的位置相关，从而判断开关柜内部的局部放电故障，也可根据暂态地电压信号到达不同传感器的时间差或幅值对比进行局部放电源定位，避免突发性绝缘击穿事故发生。从而掌握开关柜设备暂态地电压局部放电检测流程及方法，并在开关柜设备内部存在局部放电缺陷下准确给出缺陷的严重等级具有重要意义。

二、检测原理

开关柜局部放电会产生电磁波，电磁波在金属壁形成趋肤效应，并沿着金属表面进行传播，同时在金属表面产生暂态地电压，暂态地电压信号的大小与局部放电的严重程度及放电点的位置相关。利用专用的传感器对暂态地电压信号进行检测，从而判断开关柜内部的局部放电故障，也可根据暂态地电压信号到达不同传感器时间差或幅值比进行局部放电源定位（见图 3-5-1）。

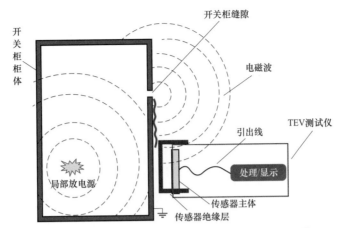

图 3-5-1　开关柜暂态地电压局部放电检测原理图

三、检测要求

（一）环境要求

（1）除非另有规定，检测均在当地大气条件下进行，且检测期间，大气环境条件相对稳定。

（2）环境温度不宜低于 5℃。

（3）环境相对湿度不高于 80%。

（4）禁止在雷电天气进行检测。

（5）室内检测应尽量避免气体放电灯、排风系统电机、手机、相机闪光灯等干扰源对检测的影响。

（6）通过暂态地电压局部放电检测仪器检测到的背景噪声幅值较小，不会掩盖可能存在的局部放电信号，不会对检测造成干扰，若测得背景噪声较大，可通过改变检测频段降低测得的背景噪声值。

（二）待测设备要求

待测开关柜设备应满足如下要求：

（1）开关柜处于带电状态。

（2）开关柜投入运行超过 30min。

（3）开关柜金属外壳清洁并可靠接地。

（4）开关柜上无其他外部作业。

退出电容器、电抗器开关柜的自动电压控制系统（AVC）。

（三）人员要求

进行开关柜暂态地电压局部放电带电检测的人员应具备如下条件：

（1）接受过暂态地电压局部放电带电检测培训，熟悉暂态地电压局部放电检测技术的基本原理、诊断分析方法，了解暂态地电压局部放电检测仪器的工作原理、技术参数和性能，掌握暂态地电压局部放电检测仪器的操作方法，具备现场检测能力。

（2）了解被测开关柜的结构特点、工作原理、运行状况和导致设备故障的基本因素。

（3）具有一定的现场工作经验，熟悉并能严格遵守电力生产和工作现场的相关安全管理规定。

（4）检测当日身体状况和精神状况良好。

（四）安全要求

为提升开关柜设备暂态地电压局部放电带电检测过程中人身、设备安全，暂态地电压局部放电检测应满足如下安全要求：

（1）应严格执行《国家电网有限公司电力安全工作规程（变电部分）》的相关要求，填写变电站第二种工作票。

（2）暂态地电压局部放电带电检测工作不得少于两人。工作负责人应由有检测经验的人员担任，开始检测前，工作负责人应向全体工作人员详细布置检测工作的各安全注意事项，应有专人监护，监护人在检测期间应始终履行监护职责，不得擅离岗位或兼职其他工作。

（3）雷雨天气禁止进行检测工作。

（4）检测时检测人员和检测仪器应与设备带电部位保持足够的安全距离。

（5）检测人员应避开设备泄压通道。

（6）在进行检测时，要防止误碰误动设备。

（7）检测中应保持仪器使用的信号线完全展开，避免与电源线（若有）缠绕一起，收放信号线时禁止随意舞动，并避免信号线外皮受到刮蹭。

（8）在使用传感器进行检测时，应戴绝缘手套，避免手部直接接触传感器金属部件。

（9）检测现场出现异常情况（如异音、电压波动、系统接地等），应立即停止检测工作并撤离现场。

（五）仪器要求

1. 主要技术指标

暂态地电压局部放电检测仪器一般由传感器、数据采集单元、数据处理单元、显示单元、控制单元和电源管理单元等组成。其中，仪器的主要技术指标应满足如下条件：

（1）检测频率范围：3～100MHz。

（2）检测灵敏度：1dBmV。

（3）检测量程：0～60dBmV。

（4）检测误差：不超过±2dBmV。

（5）工作电源：直流电源5～24V，纹波电压不大于1%；交流电源220（1±10%）V，频率50（1±10%）Hz。

2. 主要功能

开关柜暂态地电压局部放电检测主要包括英国 EA、华乘 T90、T95、格鲁布 PD74i 多功能局部放电带电检测仪，以及莫克 EC4000P 局部放电检测系统，仪器应具备的主要功能如下：

（1）可显示暂态地电压信号幅值大小。

（2）具备报警阈值设置及告警功能。

（3）若使用充电电池供电，充电电压为220V、频率为50Hz，充满电后单次连续使用时间不少于 4h。

（4）应具有仪器自检功能。

（5）应具有数据存储和检测信息管理功能。

（6）应具有脉冲计数功能。

（7）宜具有增益调节功能，并在仪器上直观显示增益大小。

（8）宜具有定位功能。

（9）宜具有图谱显示功能，显示脉冲信号在工频 0°～360° 相位的分布情况，具有参考相位测量功能。

（10）宜具备状态评价功能。提供局部放电信号的幅值、相位、放电频次等信息中的一种或几种，并可采用波形图、趋势图等谱图中的一种或几种进行展示。

（11）宜具备放电类型识别功能，判断绝缘沿面放电、绝缘内部气隙放电、金属尖端放电等放电类型，或给出各类局部放电发生的可能性，诊断结果应当简单明确。

（六）检测周期

异常开关柜设备暂态地电压局部放电检测依据检测结果缩短，常规开关柜设备带电检测周期应满足如下要求：

（1）新设备投运前耐压试验通过后，进行一次暂态地电压局部放电检测。

（2）投运后及大修后 1 个月内应对本体进行一次局部放电检测。

（3）正常情况下，半年至一年检测一次。

（4）检测到开关柜有异常信号但不能完全判定时，可根据开关柜设备的运行工况，应缩短检测周期，增加检测次数，应并分析信号的特点和发展趋势。

（5）必要时，对重要部件（如断路器、隔离开关、母线等）进行局部放电重点检测。

（6）对于运行年限超过 15 年以上的开关柜设备，宜考虑缩短检测周期，迎峰度夏（冬）、重大保电活动前应增加检测次数。

四、检测准备

（一）工作现场检查

为加强暂态地电压局部放电检测过程中人身、设备安全，提升现场带电检测效率，检测前应做好如下准备工作：

（1）检测前，应了解被测设备数量、型号、制造厂家、安装日期等信息以及运行情况。

（2）配备与检测工作相符的图纸、上次的检测记录、标准化作业工艺卡。

（3）现场具备安全可靠的独立电源。

（4）检查环境、人员、仪器、设备、工作区域满足检测条件。

（5）按国家电网公司安全生产管理规定办理工作许可手续。

（6）检查仪器完整性和各通道完好性，确认仪器能正常工作，保证仪器电量充足或者现场交流电源满足仪器使用要求。

（二）仪器、工器具、耗材准备

带电检测仪器设备如表 3-5-1 所示。

表 3-5-1　　　　　　　　带 电 检 测 仪 器 设 备

序号	仪器仪表	工器具	耗材
1	局部放电巡检仪	电源盘	扎带
2	信号模拟器	绝缘手套	绝缘胶带
3	万用表	绝缘卷尺	—
4	温湿度计	—	—

（三）安全风险防控

现场安全风险防控措施如表 3-5-2 所示。

表 3-5-2　　　　　　　现场安全风险防控措施

序号	危险点	防范措施
1	无票作业	依据电力安全工作规程办理第二种工作票
2	工作内容不清楚	召开班前会，宣贯工作内容
3	工作过程无人监护	工作负责人不在现场停止检测
4	人身触电	工作中与带电部分安全距离符合电力安全工作规程规定，35kV 设备不低于 1.0m，电源接取设备运维人员应在现场，电源接取应设专人监护
5	感应电伤人	被试设备外壳及接地良好，运行状态正常
6	防爆口破裂伤人	检测过程中应避开防爆口
7	设备误动	测试过程中严禁随意操作设备

（四）标准化作业步骤

（1）有条件情况下，关闭开关室内照明及通风设备，以避免对检测工作造成干扰。

（2）检查仪器完整性，按照仪器说明书连接检测仪器各部件，将检测仪器开机。

（3）开机后，运行检测软件，检查界面显示、模式切换是否正常稳定。

（4）进行仪器自检，确认暂态地电压传感器和检测通道工作正常。

（5）若具备该功能，设置变电站名称、开关柜名称、检测位置并做好标注。

（6）测试环境（空气和金属）中的背景值。一般情况下，测试金属背景值时可选择开关室内远离开关柜的金属门窗；测试空气背景时，可在开关室内远离开关柜的位置，放置一块 20cm×20cm 的金属板，将传感器贴紧金属板进行测试。

（7）每面开关柜的前面和后面均应设置测试点，具备条件时（例如一排开关柜的第一面和最后一面），在侧面设置测试点，检测位置可参考图 3-5-2。

（8）确认洁净后，施加适当压力将暂态地电压传感器紧贴于金属壳体外表面，检测时传感器应与开关柜壳体保持相对静止，人体不能接触暂态地电压传感器，应尽可能保持每次检测点的位置一致，以便于进行比较分析。

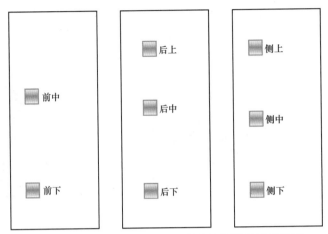

图3-5-2　暂态地电压局部放电检测推荐检测位置

在显示界面观察检测到的信号，待读数稳定后，如果发现信号无异常，幅值较低，则记录数据，继续下一点检测。

如存在异常信号，则应在该开关柜进行多次、多点检测，查找信号最大点的位置，记录异常信号和检测位置。

出具检测报告，对于存在异常的开关柜隔室，应附检测图片和缺陷分析。

五、检测流程

（一）创建测试任务

档案创建（设备），进入档案管理界面，选择设备、所属变电站，点击"导出设备模板"生成设备模板表格（见图3-5-3）。

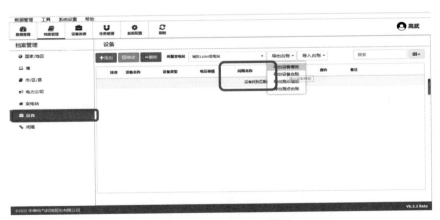

图3-5-3　导出设备模板

根据现场情况，在设备模板中填写设备信息，主要包括设备厂家、型号、出厂编号、出厂日期、间隔名称等信息（见图3-5-4）。

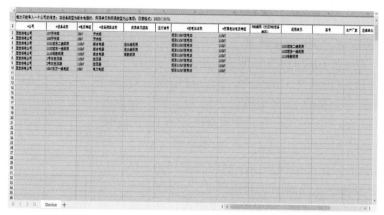

图 3-5-4　编制设备信息

导入设备模板表格，完成变电站设备创建（见图 3-5-5）。

图 3-5-5　导入测点台账

　　档案创建（测点），进入档案管理界面，选择"设备""导出测点模板"，选择模板的信息，生成测点模板表格（见图 3-5-6）。

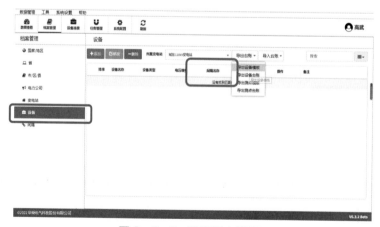

图 3-5-6　导出测点模板

导入测点模板，完成设备测点创建（见图 3-5-7）。

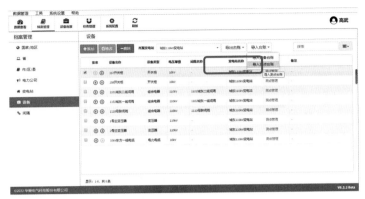

图3-5-7 完成测试点创建

创建测试任务，在任务管理栏中选择"新建"，填写任务信息，选择测试设备、测试配置，完成测试任务创建（见图3-5-8）。

图3-5-8 完成测试任务创建

下发测试任务，将T95主机通过数据线与电脑连接，并进入智能巡检界面；在任务管理界面选择已建立任务右侧的"发送任务"将测试任务发送至主机（见图3-5-9）。

图3-5-9 下发测试任务

（二）办理工作许可

严格执行《国家电网有限公司电力安全工作规程（变电部分）》的相关要求，申报作业计划，编制现场安全注意事项，填写变电站第二种工作票（见图3-5-10）。

变电站（发电厂）第二种工作票

单位：国网××培训中心　　　　编号：20220316-03

1. 工作负责人（监护人）：<u>高武</u>　　班组：<u>2022年变电设备电气试验技能模块化培训</u>

2. 工作班人员（不包括工作负责人）

<u>高培</u>

　　　　　　　　　　　　　　　　　　　　　　　　　　　　　共 <u>1</u> 人

3. 工作的变电站名称及设备双重名称

<u>阳光110kV变电站</u>　　　　<u>35kV光彩线 321 开关柜</u>

4. 工作任务

工作地点及设备双重名称	工作内容
室外：35kV光彩线 321 开关柜	35kV光彩线 321 开关柜暂态地电压局部放电检测

5. 计划工作时间

　　自 2022 年××月××日××时××分至 2022 年××月××日××时××分

6. 安全措施（必要时可附页绘图说明）

图 3-5-10　办理试验用第二种工作票

（三）召开班前班后会

工作票办理审批结束后，召开班前班后会，向工作班成员进行工作内容、人员分工、测点布置说明，指明工作中的危险点及相应的安全防护措施，布置现场安全措施，现场检测风险辨识及预控措施有：

（1）人身触电，工作中与带电部分安全距离符合电力安全工作规程规定，35kV 设备不低于 1.0m；

（2）检查设备外壳及接地良好；

（3）检测人员应避开设备防爆口或压力释放口，检测时如发生危及人员安全的放电，应立即撤离现场。工作负责人询问工作班成员现场风险辨识是否明白履行签名确认手续（见图 3-5-11）。

(a) 召开班前班后会　　　　　　　　　　(b) 指明测试点位置

图 3-5-11　履行开工手续

（四）设备检查

核实设备名称、编号是否同工作票所列间隔名称相同，抄录被测设备铭牌，检测被测设备工况，被试开关柜间隔名称 35kV 光彩线 321 开关柜。

检查被试开关处于带电状态，检查被试设备外壳接地良好。

设备外壳清洁。

被试设备无外部作业。

尽量避开视线中的封闭遮挡物。

当前温湿度计检测温度、湿度满足超声波局部放电检测条件。

（五）仪器连接和自检

采用上海华乘电气 PDS－T95 局部放电检测仪器进行超声波局部放电检测，使用前应进行设备状态自检，确认主机基本功能、各检测通道工作正常。首先单击"自检"菜单；之后点击"开始自检"，设备自检完成，功能正常后右侧显示绿色√（见图 3－5－12）。

(a) 自检界面　　　　　(b) 自检状态

图 3－5－12　仪器自检

（六）仪器自检

主机开机后，进行系统自检，确认主机基本功能、各检测通道状态，单击"自检"菜单；点击"开始自检"，设备自检完成后右侧显示绿色√，设备自检通过（见图 3－5－13）。

(a) 自检界面　　　　　(b) 自检状态

图 3－5－13　仪器自检

将电源同步器插入 220V 交流电源插座，同步器指示灯闪烁，主机进入"电源同步"模式。检测界面左上角显示"电源同步"字样（见图 3-5-14）。

图 3-5-14 电源同步（外同步）匹配

图 3-5-15 背景信号测试

（七）背景信号检测

检测之前，应加强背景检测，将仪器进行黄色报警阈值红色报警阈值设置，开始进行暂态地电压局部放电检测，首先进行空气背景测试，选择 20cm×20cm 铁板进行暂态地电压测试，选择测点不少于 3 个，选取中间值进行空气背景记录。然后选择金属体进行背景测试，金属体选择高压室门、接地母排、备用的断路器手车等，测试方法同空气背景测试方法相同，选取中间值作为背景值进行记录。如背景测试值较大，应查找并消除干扰源后进行局部测试（见图 3-5-15）。

（八）检测部位及测量

根据被测开关柜结构选择测试点。通常按照开关柜正面、背面进行测试点选取。其中，开关柜正面中部、下部位置，开关柜背面上部、中部、下部位置分别进行暂态地电压局部放电检测。在显示界面观察检测到的信号，观察时间不低于 15s，如果发现信号无异常，记录数据继续下一点检测。如果发现信号异常，则在该开关柜进行多点检测，延长检测时间并记录多组数据进行幅值对比和趋势分析，为准确进行相位相关性分析，可利用具有与运行设备相同相位关系的电源引出同步信号至检测仪器进行相位同步（见图 3-5-16）。

（九）暂态地电压局部放电信号检测

暂态地电压检测主要包括五部分数据，其中幅值以 dB 形式显示当前的暂态地电压幅值。脉冲计数显示"计数时长"内的脉冲计数总数。单周期脉冲数显示平均每周期下的暂态地电压脉冲数。放电严重程度显示短期放电严重程度，数值为幅值（mV）×单周期脉

图3-5-16　现场暂态地电压局部放电巡检

冲数。TEV 脉冲检测表示连续或单次采集测试点暂态地电压脉冲数量以及放电严重程度的图谱（见图3-5-17）。

图3-5-17　暂态地电压检测图谱

（十）终结工作

清洁壳体，清理试验用仪器，工作负责人现在召开班后会，录入超声波局部放电检查试验内容，并告知运维人员超声波局部放电检测结果，得到运维人员回复后办理工作票终结手续，撤离工作现场。

六、检测结果分析

（一）暂态地电压局部放电诊断

悬浮电位体放电，高压开关柜内的某一金属部件，由于结构上的原因，运输过程或安装、运行过程中失去接地，或接地不良，处于高压与地电位间，形成相应的悬浮放电，该类局部放电会产生很高的暂态地电压信号幅值，并具有很高的每周期脉冲，为 30～50 个脉冲，甚至更高，暂态地电压局部放电对该类放电较为敏感。沿面放电，沿面放电通常会在绝缘表面产生爬电痕迹，表面放电脉冲较高，通常为 8～30 个脉冲，该类放电会产生很高的暂态地电压脉动，主要通过暂态地电压法来进行检测。表面放电信号特征：产生的 TEV 信号远比内部放电信号低，甚至低于环境噪声水平。此外表面放电产生的电磁波信号在频率上也要低于 TEV 的工作频段，导致大多数情况下，沿面放电难以通过 TEV 法进行检测。

（二）缺陷定位

根据各检测间隔的幅值大小（即信号衰减特性）初步定位局放部位，在巡检测点附近按照 5cm 间隔进行检测，并做好相应的最大值数据记录。在幅值最大处进行精测，并做好数据记录。必要时进行局部放电定位、超声波检测等诊断性检测。

（三）结果判断

（1）若开关柜检测结果与环境背景值的差值大于 20dBmV 需查明原因；

（2）若开关柜检测结果与历史数据的差值大于 20dBmV 需查明原因；

（3）若开关柜检测结果与邻近开关柜的检测的差值大于 20dBmV 需查明原因；

（4）必要时进行局部放电定位、超声波检测等诊断性检测。

七、试验报告编制

将主机开机，通过 USB Type－C 数据线将主机与电脑连接；进入"设备连接"界面，选择"测试数据""测试时间""数据类型"，填写变电站和设备名称，点击"数据上传"可将 T95 主机的测试数据上传至电脑（见图 3－5－18）。

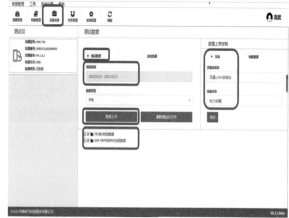

图 3－5－18　数据上传

进入"数据查看"界面，选择不同类型数据可查看上传的测试数据或巡检数据详情；数据软件会对已上传数据自动进行异常诊断分析，诊断结果包含信号类型和置信度；测试数据的图谱可以以报告的形式导出（见图 3－5－19）。

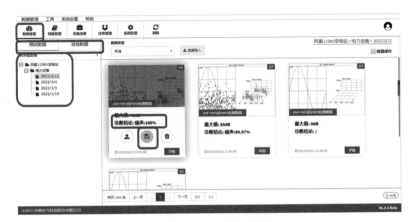

图 3-5-19 数据查看

进入"数据查看"界面，选择对应的测试日期，选择"批量操作"，"全选"；选择"批量导出图片"（见图 3-5-20）。

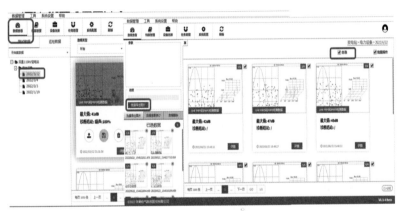

图 3-5-20 数据导出

数据导入将原始数据导入"数据分析软件"生成测试图谱，进行查看（见图 3-5-21）。

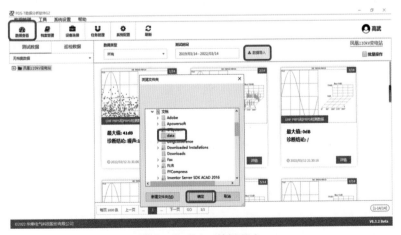

图 3-5-21 数据导入

生成报告，在已上传数据的测试任务中，选择"详情"完成任务信息，点击"生成报告"，选择报告模板，即可自动生成 Word 版报告，无需再对报告进行排版、插入测试数据、测试图谱，节省大量的人力资源（见图 3-5-22）。

图 3-5-22　试验报告生成

八、开关柜局部放电典型案例

某 110kV 变电站 2 号主变 35kV 侧 302 开关柜巡检过程中发现间歇性特高频局部放电信号，采用 T90 进行暂态地电压检测，302 开关柜历史巡检数据最大值为 20dBmV，本次采用同款检测仪器 EA 暂态地电压测试仪对 302 开关柜及临近 TV 柜、322 开关柜进行暂态地电压局部放电检测，相应的检测位置及相应的局部放电检测结果如图 3-5-23 所示。

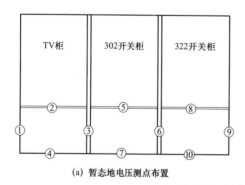

(a) 暂态地电压测点布置

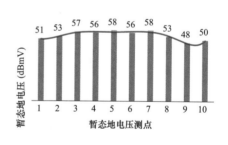

(b) 不同测点暂态地电压检测幅值

图 3-5-23　暂态地电压检测结果

由图 3-5-23 暂态地电压检测结果知，异常开关柜及临近开关柜暂态地电压检测幅值较高，幅值为 48~58dBmV，最大值位于测点 5 与测点 7，为 58dBmV。302 开关柜暂态地电压检测最大值为 58dBmV，同历史最大值 20dBmV 相差 38dBmV。依据 Q/GDW 11060—2013 条款 8.5 规定开关柜暂态地电压检测结果同历史数据差值大于 20dBmV 需查明原因。基于不同缺陷下设备内部绝缘状态电场仿真结果，建议尽快安排停电计划，对 302 异常开关柜进行停电消缺，避免柜内发生绝缘击穿故障（见图 3-5-24）。

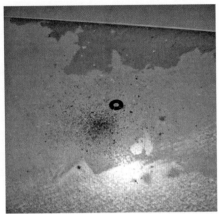

图 3-5-24　可分离连接器端部等连接器烧蚀脱落

【任务小结】

根据本模块的学习，帮助学员掌握开关柜暂态地电压带电检测的目的、条件、准备要求、方法、数据分析、处理、记录。

表 3-5-3　　　　　　　　　　试 验 报 告 模 板

一、基本信息							
变电站		委托单位		检测单位		运行编号	
试验性质		试验日期		试验人员		试验地点	
报告日期		编制人		审核人		批准人	
试验天气		环境温度（℃）		环境相对湿度（%）			

二、设备铭牌					
生产厂家		出厂日期		出厂编号	
设备型号		额定电压			

三、检测数据

序号	开关柜名称		TEV前中幅	TEV前下幅	TEV后上幅	TEV后中幅	TEV后下幅	TEV侧上幅	TEV侧中幅	TEV侧下幅	负荷（A）
1	开关柜1	前次									
		本次									
2	开关柜2	前次									
		本次									

续表

特征分析	
背景值	
仪器厂家	
仪器型号	
仪器编号	
测试结论	
备注	

任务六：开关柜超声波局部放电检测

【任务描述】

本任务主要在 GIS 变电站，使用超声波局部放电测试仪，对 10kV 开关柜进行暂态地电压局部放电检测。

【任务目标】

知识目标	1. 理解开关柜超声波局部放电检测原理； 2. 读懂典型开关柜设备超声波局部放电图谱； 3. 掌握开关柜设备超声波局部放电检测方法
技能目标	1. 按照标准化检测流程完成开关柜设备超声波局部放电检测； 2. 基于超声波局部放电信号，给出相应的放电缺陷类型，并能开展相应的缺陷位置定位
素质目标	通过任务实施，保证检测过程的标准化，树立安全意识、风险防范意识，养成细心、严谨的工作态度

【知识与技能】

一、检测目的

开关柜设备内部各种绝缘缺陷都会引起不同程度的局部放电,常见的典型绝缘缺陷有金属突出物、绝缘子表面金属污染、穿柜套管等电位线安装不良等。当在开关柜设备内部绝缘结构中产生较强的局部放电时,会产生较陡的电流脉冲,电流脉冲的作用将使局部放电发生的区域瞬间受热膨胀,放电结束后受热膨胀区域会恢复到原来体积,相应的一涨一缩的体积变化会产生相应的超声波信号,若相应的超声波信号不能被有效地检测,将不同程度地损伤开关柜内绝缘介质,最终导致绝缘击穿性损坏,对运维人员人身安全、系统的稳定运行带来威胁。开关柜超声波法是通过检测局部放电过程中的超声波信号特征进行,具有良好的抗干扰性能和检测灵敏度,并通过对放电类型、放电发展阶段的诊断分析,可以提前对开关柜局部放电发展过程进行智能预警，把绝缘故障消灭在萌芽阶段。从而掌握开关柜设备超声波局部放电检测流程及方法，并在开关柜设备内部存在局部放电缺陷下准确给出缺陷类型及缺陷的严重等级具有重要意义。

二、检测原理

开关柜设备局部放电过程中往往存在电荷中和，相应会产生较陡的电流脉冲，电流脉冲的作用将使局部放电发生的区域瞬间受热膨胀，产生一个类似局部热爆炸的现象，放电结束后原来受热膨胀区域会恢复到原来的体积，这种由于局部放电产生的一张一缩的体积变化就会引起介质的疏密瞬间变化，形成所谓的超声波，从局部放电点以球面波的方式向四周传播。因此，当发生局部放电时也伴随着超声波的产生，相应的超声波频谱在 $10 \sim 10^7 Hz$ 范围内，开关柜超声波局部放电检测一般通过 $10 \sim 100kHz$ 范围频段进行超声波信号进行检测和分析。当电力设备内部绝缘缺陷发生局部放电时，激发出的超声波波会通过柜体内部气体、柜体等部件传播出来，便可通过超声波传感器进行检测。图 3-6-1 为超声波局部放电检测法基本原理示意图。

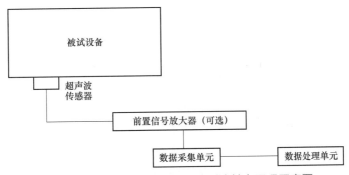

图 3-6-1　超声波局部放电检测法基本原理示意图

三、检测要求

（一）环境要求

除非另有规定，超声波局部放电检测均在当地大气条件下进行，且检测期间，大气环境条件相对稳定，同时应满足如下条件：

（1）环境温度不宜低于 5℃。

（2）环境相对湿度不宜大于 80%，若在室外不应在有大风、雷、雨、雾、雪的环境下进行检测。

（3）在检测时应避免大型设备振动、人员频繁走动等干扰源带来的影响。

（4）通过超声波局部放电检测仪器检测到的背景噪声幅值较小、无 50Hz/100Hz 频率相关性（一个工频周期出现 1 次/2 次放电信号），不会掩盖可能存在的局部放电信号，不会对检测造成干扰。

（二）待测设备要求

待测开关柜设备应满足如下要求：

（1）被试设备应为带电设备，且被测设备上无其他作业。

（2）被测设备的金属封闭外壳必须接地良好。

（3）应直接在开关柜外壳上检测，检测过程中禁止打开开关柜。

（4）禁止在送电过程中对设备进行检测。

（5）应尽量避开视线中的封闭遮挡物，如门和盖板等。

（三）人员要求

进行超声波局部放电带电检测的人员应具备如下条件：

（1）熟悉超声波局部放电检测技术的基本原理、诊断分析方法。

（2）了解超声波局部放电检测仪的工作原理、技术参数和性能。

（3）掌握超声波局部放电检测仪的操作方法。

（4）了解被测设备的结构特点、工作原理、运行状况和导致设备故障的基本因素。

（5）具有一定的现场工作经验，熟悉并能严格遵守电力生产和工作现场的相关安全规定。

（四）安全要求

为提升开关柜设备超声波局部放电带电检测过程中人身、设备安全，超声波局部放电检测应满足如下安全要求：

（1）应严格执行《国家电网有限公司电力安全工作规程（变电部分）》的相关要求。

（2）超声波局部放电带电检测工作不得少于两人。工作负责人应由有超声波局部放电带电检测经验的人员担任，开始检测前，工作负责人应向全体工作人员详细布置检测工作的各安全注意事项。

（3）对复杂的带电检测或在相距较远的几个位置进行工作时，应在工作负责人指挥下，在每一个工作位置分别设专人监护，带电检测人员在工作中应思想集中，服从指挥。

（4）检测人员应避开设备防爆口或压力释放口。

（5）在进行检测时，要防止误碰、误动设备。

（6）在进行检测时，要保证人员、仪器与设备带电部位保持足够安全距离。

（7）防止传感器坠落而误碰设备。

（8）检测中应保持仪器使用的信号线完全展开，避免与电源线（若有）缠绕一起，收放信号线时禁止随意舞动，并避免信号线外皮受到剐蹭。

（9）保证检测仪器接地良好，避免人员触电。

（10）在使用传感器进行检测时，如果有明显的感应电压，应戴绝缘手套，避免手部直接接触传感器金属部件。

（11）检测现场出现异常情况时，应立即停止检测工作并撤离现场。

（五）仪器要求

1. 主要技术指标

超声波局部放电检测仪器一般由超声波传感器、前置信号放大器（可选）、数据采集单元、数据处理单元等组成，为实现对高处目标的检测，宜配备超声波传感器专用的绝缘支撑杆。仪器的主要技术指标应满足如下要求：

（1）峰值灵敏度一般不小于60dB[V/(m/s)]，均值灵敏度一般不小于40dB[V/(m/s)]。

（2）用于 SF_6 气体绝缘电力设备的超声波检测仪，一般在 20～80kHz 范围内；对于非接触方式的超声波检测仪，一般在 20～60kHz 范围内。

（3）线性度误差不大于±20%。

（4）局部放电超声波检测仪连续工作 1h 后，注入恒定幅值的脉冲信号时，其响应值的变化不应超过±20%。

2. 主要功能

目前超声波局部放电检测应用仪器主要包括迪杨 AIA－1、AIA－2、华乘 T90、T95 局部放电检测仪、格鲁布 PD74i 多功能局部放电带电检测仪等。现场测试应用超声波局部放电检测仪应满足如下功能：

（1）宜具有"连续模式""时域模式""相位模式""飞行模式"和"特征指数模式"，其中，"连续模式"能够显示信号幅值大小、50Hz/100Hz 频率相关性，"时域模式"能够显示信号幅值大小及信号波形，"相位模式"能够反映超声波信号相位分布情况，"飞行模式"能够反映自由微粒运动轨迹，"特征指数模式"能够反映超声波信号发生时间间隔。

（2）应可记录背景噪声并与检测信号实时比较。

（3）应可设定报警阈值。

（4）应具有放大倍数调节功能，并在仪器上直观显示放大倍数大小。

（5）应具备抗外部干扰的功能。

（6）应可将测试数据存储于本机并导出至电脑。

（7）若采用可充电电池供电，充电电压为 220V、频率为 50Hz，充满电单次连续使用时间不低于 4h。

（8）宜具备内、外同步功能，从而在"相位模式"下对检测信号进行观察和分析。

（9）应可进行时域与频域的转换。

（10）宜具备检测图谱显示功能。提供局部放电信号的幅值、相位、放电频次等信息中的一种或几种，并可采用波形图、趋势图等谱图中的一种或几种进行展示。

（11）宜具备放电类型识别功能。具备模式识别功能的仪器应能判断设备中的典型局部放电类型（自由金属微粒放电、悬浮电位放电、沿面放电、绝缘内部气隙放电、金属尖端放电等），或给出各类局部放电发生的可能性，诊断结果应当简单明确。

（六）检测周期

异常开关柜设备超声波局部放电检测依据检测结果缩短,常规开关柜设备带电检测周期应满足如下要求：

（1）新设备投运前耐压试验通过后，进行一次超声局部放电检测；

（2）投运后及大修后 1 个月内应对本体进行一次局部放电检测；

（3）正常情况下，半年至一年检测一次；

（4）检测到开关柜有异常信号但不能完全判定时，可根据开关柜设备的运行工况，应缩短检测周期，增加检测次数，应并分析信号的特点和发展趋势；

（5）必要时，对重要部件（如断路器、隔离开关、母线等）进行局部放电重点检测；

（6）对于运行年限超过 15 年以上的开关柜设备，宜考虑缩短检测周期，迎峰度夏（冬）、重大保电活动前应增加检测次数。

四、检测准备

（一）工作现场检查

为加强超声波局部放电检测过程中人身、设备安全，提升现场带电检测效率，检测前应做好如下准备工作：

（1）检测前，应了解被检测设备数量、型号、制造厂家安装日期、内部构造等信息以及运行情况，制定相应的技术措施。

（2）配备与检测工作相符的图纸、上次检测的记录、标准化作业工艺卡。

（3）现场具备安全可靠的独立电源，禁止从运行设备上接取检测用电源。

（4）检查环境、人员、仪器、设备满足检测条件。

（5）按相关安全生产管理规定办理工作许可手续。

（二）仪器、工器具、耗材准备

带电检测仪器设备如表 3-6-1 所示。

表 3-6-1　　　　　　　带电检测仪器设备

序号	仪器仪表	工器具	耗材
1	局部放电巡检仪	电源盘	扎带
2	信号模拟器	绝缘手套	绝缘胶带
3	万用表	绝缘卷尺	—
4	温湿度计	—	—

（三）安全风险防控

现场安全风险防控措施如表 3-6-2 所示。

表 3-6-2　　　　　　　现场安全风险防控措施

序号	危险点	防范措施
1	无票作业	依据电力安全工作规程办理第二种工作票
2	工作内容不清楚	召开班前会，宣贯工作内容
3	工作过程无人监护	工作负责人不在现场停止检测
4	人身触电	工作中与带电部分安全距离符合电力安全工作规程规定，110kV 设备不低于 1.5m，电源接取设备运维人员应在现场，电源接取应设专人监护
5	感应电伤人	被试设备外壳及接地良好，运行状态正常
6	防爆口破裂伤人	检测过程中应避开防爆口
7	设备误动	测试过程中严禁随意操作设备

（四）标准化作业步骤

检查仪器完整性，按照仪器说明书连接检测仪器各部件，将检测仪器正确接地后开机。

开机后，运行检测软件，检查界面显示、模式切换是否正常稳定。

进行仪器自检，确认超声波传感器和检测通道工作正常。

若具备该功能，设置变电站名称、设备名称、检测位置并做好标注。

将检测仪器调至适当量程，传感器悬浮于空气中，测量空间背景噪声并记录，根据现场噪声水平设定信号检测阈值。

将检测点选取于断路器断口处、隔离开关、接地开关、电流互感器、电压互感器、避雷器、导体连接部件以及水平布置盆式绝缘子上方部位，检测前应将传感器贴合的壳体外表面擦拭干净，检测点间隔应小于检测仪器的有效检测范围，测量时测点应选取于气室侧下方。

在超声波传感器检测面均匀涂抹专用检测耦合剂，施加适当压力紧贴于壳体外表面以尽量减小信号衰减，检测时传感器应与被试壳体保持相对静止，对于高处设备，例如某些开关柜母线气室，可用配套绝缘支撑杆支撑传感器紧贴壳体外表面进行检测，但须确保传感器与设备带电部位有足够的安全距离。

在显示界面观察检测到的信号，观察时间不低于15s，如果发现信号有效值/峰值无异常，50Hz/100Hz频率相关性较低，则保存数据，继续下一点检测。

如果发现信号异常，则在该气室进行多点检测，延长检测时间并记录多组数据进行幅值对比和趋势分析，为准确进行相位相关性分析，可利用具有与运行设备相同相位关系的电源引出同步信号至检测仪器进行相位同步。

填写设备检测数据记录表，对于存在异常的气室，应附检测图片和缺陷分析。

五、检测流程

（一）创建测试任务

档案创建（设备），进入档案管理界面，选择设备、所属变电站，点击"导出设备模板"生成设备模板表格（见图3-6-2）。

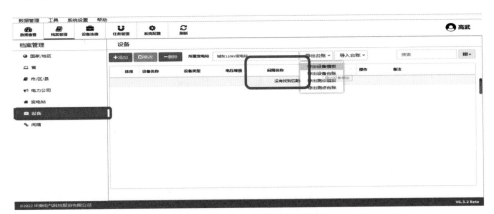

图3-6-2 导出设备模板

根据现场情况，在设备模板中填写设备信息，主要包括设备厂家、型号、出厂编号、出厂日期、间隔名称等信息（见图3-6-3）。

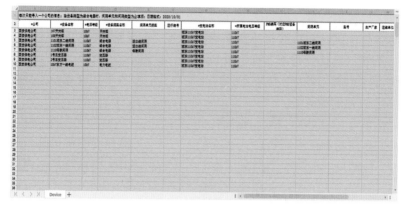

图 3-6-3　编制设备信息

导入设备模板表格，完成变电站设备创建（见图 3-6-4）。

图 3-6-4　导入测点台账

档案创建（测点），进入档案管理界面，选择"设备""导出测点模板"，选择模板的信息，生成测点模板表格（见图 3-6-5）。

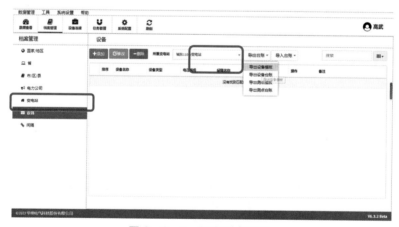

图 3-6-5　导出测点模板

导入测点模板，完成设备测点创建（见图 3-6-6）。

图 3-6-6 完成测试点创建

创建测试任务，在任务管理栏中选择"新建"，填写任务信息，选择测试设备、测试配置，完成测试任务创建（见图 3-6-7）。

图 3-6-7 完成测试任务创建

下发测试任务，将 T95 主机通过数据线与电脑连接，并进入智能巡检界面；在任务管理界面选择已建立任务右侧的"发送任务"将测试任务发送至主机（见图 3-6-8）。

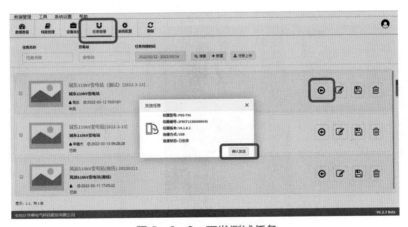

图 3-6-8 下发测试任务

（二）办理工作许可

严格执行《电力安全工作规程（变电部分）》的相关要求，申报作业计划，编制现场安全注意事项，填写变电站第二种工作票（见图3-6-9）。

变电站（发电厂）第二种工作票

单位：国网××培训中心　　　编号：20220316-03

1. 工作负责人（监护人）：**高武**　　班组：2022年变电设备电气试验技能模块化培训

2. 工作班人员（不包括工作负责人）

　　高培

　　　　　　　　　　　　　　　　　　　　　　　　　　　　　　　共 **1** 人

3. 工作的变电站名称及设备双重名称

阳光110kV变电站　　　　　　　35kV光彩线 321开关柜

4. 工作任务

工作地点及设备双重名称	工作内容
室外：35kV光彩线 321开关柜	35kV光彩线 321开关柜超声波局部放电检测

5. 计划工作时间

　　自2022年××月××日××时××分至2022年××月××日××时××分

6. 安全措施（必要时可附页绘图说明）

图3-6-9　办理试验用第二种工作票

（三）召开班前班后会

工作票办理审批结束后，召开班前班后会，向工作班成员进行工作内容、人员分工、测点布置说明，指明工作中的危险点及相应的安全防护措施，布置现场安全措施。工作中的风险辨识及预控措施有：

（1）人身触电，工作中与带电部分安全距离符合电力安全工作规程规定，35kV设备不低于1.0m；

（2）检查设备外壳及接地良好；

（3）检测时防止传感器坠落，误碰运行设备；

（4）检测时应保持仪器用的信号线完全展开，并避免信号线外皮受到剐蹭。工作负责人询问工作班成员现场风险辨识是否明白，履行签名确认手续（见图3-6-10）。

(a) 召开班前班后会　　　　　　　　　　　　(b) 指明测试点位置

图3-6-10　履行开工手续

（四）设备检查

核实设备名称、编号是否同工作票所列间隔名称相同，抄录被测设备铭牌，检测被测设备工况，被试开关柜间隔名称 35kV 光彩线 321 开关柜。

检查被试开关处于带电状态，检查被试设备外壳接地良好。

设备外壳清洁。

被试设备无外部作业。

尽量避开视线中的封闭遮挡物。

当前温湿度计检测温度、湿度满足超声波局部放电检测条件。

（五）仪器连接和自检

采用上海华乘电气 PDS－T95 局部放电检测仪器进行超声波局部放电检测，使用前应进行设备状态自检，确认主机基本功能、各检测通道工作正常。首先单击"自检"菜单；之后点击"开始自检"，设备自检完成，功能正常后右侧显示绿色 √（见图 3－6－11）。

(a) 自检界面　　　　　　　(b) 自检状态

图 3－6－11　仪器自检

（六）外设匹配

在初次使用 PDS－T95 局部放电检测仪器前，需要将仪器信号同步器与主机进行匹配，匹配成功后，各个模块才能与主机进行无线通信。按照设备接线图连接测试仪各部件（见图 3－6－12）。

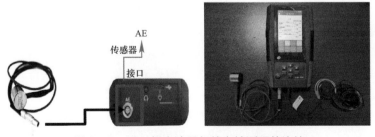

图 3－6－12　超声波局部放电检测系统连接

运行检测软件，检查仪器通信状况、同步状态、相位偏移等参数。电源同步器匹配流程，将同步器插入现场220V电源；主机进入外设匹配，选择同步器（主机搜索附近通电的同步器）；选择对应的同步器编号，仪器显示匹配成功（同步器指示灯闪烁）。T95局部放电检测仪具备两种同步方式："内同步""电源同步"；主机启动后默认进入"内同步"，检测界面左上角显示"内同步"字样（见图3-6-13）。

图3-6-13　内同步

将电源同步器插入220V交流电源插座，同步器指示灯闪烁，主机进入"电源同步"模式。检测界面左上角显示"电源同步"字样（见图3-6-14）。

图3-6-14　电源同步（外同步）匹配

（七）背景信号检测

检测之前，在指定地点进行背景检测，设置局部放电检测仪为连续检测模式，开始进行超声波局部放电检测，传感器与被测设备应通过专用耦合剂进行耦合并适当施加压力，保持稳定，减少两者气隙对检测结果的影响。背景检测结束，做好检测频率成分1、频率成分2、有效值、峰值等数据记录，背景测量位置应尽量选择被测设备附近金属构架。检测过程中，应避免敲打被测设备，防止外界振动信号对检测结果造成影响（见图3-6-15）。

（八）检测部位及测量

根据被测开关柜结构选择测试点。通常按照开关柜正面、背面进行测试点选取。其中，

开关柜正面，选择观察窗下方的左、右、上、下部位置分别进行超声波局部放电检测。在显示界面观察检测到的信号，观察时间不低于15s，如果发现信号有效值/峰值无异常，50Hz/100Hz 频率相关性较低，则保存数据，继续下一点检测。如果发现信号异常，则在该气室进行多点检测，延长检测时间并记录多组数据进行幅值对比和趋势分析，为准确进行相位相关性分析，可利用具有与运行设备相同相位关系的电源引出同步信号至检测仪器进行相位同步（见图 3-6-16）。

图 3-6-15　背景信号测试

图 3-6-16　现场超声波局部放电巡检

（九）超声波局放信号检测

1. 幅值检测模式（连续模式）

超声波幅值检测图谱模式是局部放电超声波检测法应用最为广泛的一种检测模式。该模式主要用于快速获取被测设备信号特征，具有显示直观、响应速度快的特点。幅值检测检测模式可显示被测信号在一个工频周期内的有效值、周期峰值，以及被测信号与50Hz、100Hz 的频率相关性（即 50Hz 频率成分、100Hz 频率成分）。通过不同参数值的大小组合

可快速判断被测设备是否存在异常局部放电以及可能的放电类型（见图 3-6-17）。

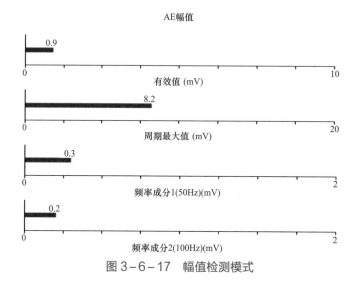

图 3-6-17　幅值检测模式

2. 相位图谱检测

相位图谱检测利用电网频率的同步触发信号，测量超声波脉冲信号，并根据脉冲的幅值及相对触发信号的相位，用图谱中的一个点表示出来，最终进行脉冲分布统计。由于局部放电信号的产生与工频电场具有相关性，因此可以将工频电压作为参考量，通过观察被测信号的发生相位是否具有聚集效应来判断被测信号是否因设备内部放电引起。当连续检测模式中频率成分 1 或频率成分 2 较大时，可进入相位检测模式。该模式主要用于进一步确认异常信号发生的具体相位，以便判断异常信号是否与工频电压存在相关性，进而判断异常信号是否为放电信号，以及潜在的放电类型（见图 3-6-18）。

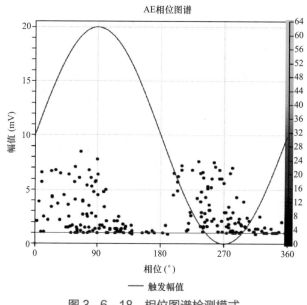

图 3-6-18　相位图谱检测模式

3. 飞行图谱检测

飞行图谱检测用于测量颗粒超声脉冲信号之间的间隔时间。系统测量脉冲信号之间的间隔，并根据幅值及时间间隔，用图谱中的一个点表示出来，最终进行脉冲分布统计。各点根据脉冲在周边区域的概率显示不同的颜色。当连续检测模式中有效值或周期峰值幅值偏大，但频率成分 1 及频率成分 2 较小时，可进入飞行图谱检测模式。该模式主要用于自由微粒缺陷的进一步确认。微粒每碰撞壳体一次，就发射一个宽带瞬态声脉冲，它在壳体内来回传播。这种颗粒的声信号是颗粒端部的局部放电和颗粒碰撞壳体的混合信号。飞行图谱模式可记录微粒每次碰撞壳体时的时间和产生的脉冲幅值，并以飞行图的形式显示出来（见图 3-6-19）。

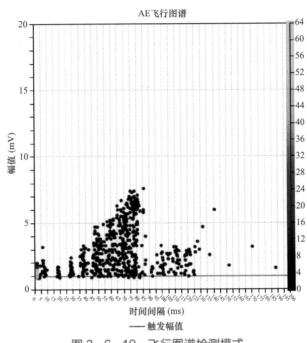

图 3-6-19　飞行图谱检测模式

4. 波形图谱检测

波形图谱显示超声信号波形的图谱。数据采集时以电网周期频率同步触发，因此可查看波形信号与电网的相关性。波形检测模式用于对被测信号的波形进行诊断分析，以便直观的观察被测信号脉冲特征及周期性特征。幅值以 dB 或 mV 形式显示检测图谱的幅值最大量程。时间显示放电波形图谱的周期相关性。通道显示主机连接内置 AE 传感器或外置表贴传感器。电源同步显示当前相位同步的连接方式（见图 3-6-20）。

（十）终结工作

清洁壳体，清理试验用仪器，工作负责人现在召开班后会，录入超声波局部放电检查试验内容，并告知运维人员超声波局部放电检测结果，得到运维人员回复后办理工作票终结手续，撤离工作现场。

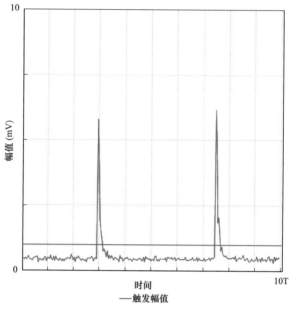

图 3-6-20　波形图谱检测模式

六、检测结果分析

（一）超声波局部放电类型

1. 尖端（电晕）放电

金属尖端放电，处于高电位或低电位的金属毛刺或尖端，由于电场集中，产生的 SF_6 电晕放电。毛刺一般在壳体上，但导体上的毛刺危害更大。只要信号高于背景值，都是有害的，应根据工况酌情处理。在耐压过程中发现毛刺放电现象，即便低于标准值，也应进行处理。相应的相位谱图一般为单簇，在 90°或者 270°附近（见图 3-6-21）。

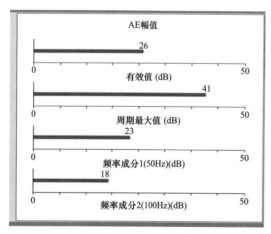
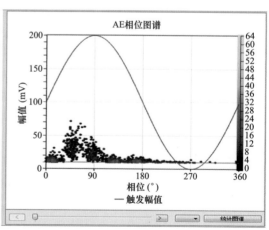

图 3-6-21　尖端放电超声波图谱

2. 沿面放电

一般为附着于绝缘件表面的异物放电，相应的连续图谱呈现悬浮放电特征，而相应的相位图谱则和异物尺寸、异物位置等相关，相位图谱呈现绝缘放电特征，在90°与270°分为2簇，且幅值不等（见图3-6-22）。

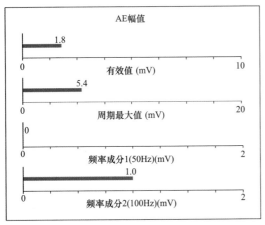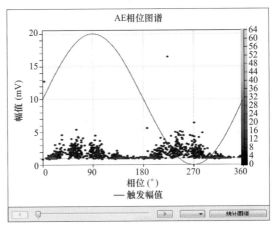

图3-6-22　沿面放电超声波图谱

3. 气隙（空穴）放电

气隙放电为固体绝缘内部开裂、气隙等缺陷引起的放电。绝缘介质在加工的过程中，由于工艺和材料的缺陷，绝缘体内会存在杂质或气隙，形成绝缘介质中的缺陷。气隙放电连续谱图特征同沿面放电、悬浮放电特征相同，均为周期最大值大于周期有效值，频率成分2小于频率成分1，由于超声波的在固体、气体介质中的衰减特性，超声波局部放电检测手段对绝缘件内部气隙放电不敏感，现场难以通过超声波局部放电检测对该种缺陷检测（见图3-6-23）。

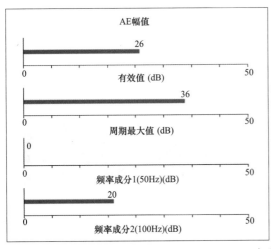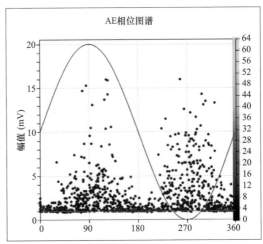

图3-6-23　气隙放电超声波图谱

4. 悬浮放电

悬浮放电，松动金属部件产生的局部放电，如超声波局部放电检测幅值小于8dBmV，开关柜内有轻微声音信号，同时检测到相应的放电现象，应缩短检测周期。如超声波局部放电检测幅值大于8dBmV，开关柜内有明显声音信号，同时检测到明显的放电现象，应对设备采取相应的措施（见图3-6-24）。

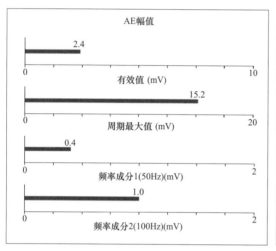
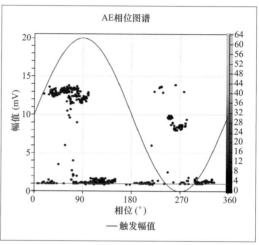

图3-6-24　悬浮放电超声波图谱

5. 自由颗粒放电

自由金属颗粒放电，金属颗粒和金属颗粒间的局部放电，金属颗粒和金属部件间的局部放电，运行中的开关柜如超声波局部放电检测幅值小于8dBmV，开关柜内有轻微声音信号，同时检测到相应的放电现象，应缩短检测周期。如超声波局部放电检测幅值大于8dBmV，开关柜内有明显声音信号，同时检测到明显的放电现象，应对设备采取相应的措施（见图3-6-25）。

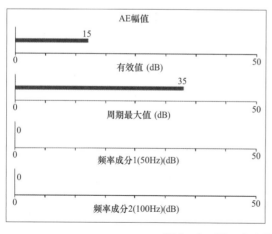
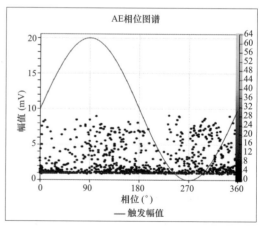

图3-6-25　自由颗粒放电超声波图谱

6. 缺陷类型判据

通过局部放电检测结果和典型缺陷放电特征及其图谱对比，识别局部放电类型（见表3-6-3）。

表3-6-3　缺陷类型判断依据

判断依据 ＼ 缺陷类型	自由微粒缺陷	电晕放电	悬浮电位
信号水平	高	低	高
峰值/有效值	高	低	高
50Hz 频率相关性	无	高	低
100Hz 频率相关性	无	低	高
相位关系	无	有	有

注：局部放电信号50Hz相关性指局部放电在一个电源周期内只发生一次放电的概率。概率越大50Hz相关性越强。局部放电信号100Hz相关性指局部放电在一个电源周期内发生2次放电的概率。概率越大100Hz相关性越强。

（二）缺陷定位

停电处理前，应对放电源进行精准定位。操作步骤如下：

（1）开关柜横向定位时，移动A、B两个传感器直至同时触发，则放电源位置可判断在两个传感器中线C、D上。

（2）开关柜纵向定位时，移动C、D两个传感器直至同时触发，则放电源位置可判定在两个传感器中线A、B上。两根中线的交点O就是放电源位置。

（3）当检测位置远离放电源时，可能难以区分信号的到达先后顺序。

（4）当存在多处放电时，若发现在某个特定检测区域内两个传感器均能检测到信号但很难区分先后，而传感器一旦出了这个区域就能明显分出信号的先后，则此特定区域通常就是放电点的分布范围（见图3-6-26）。

七、试验报告编制

将主机开机，通过 USB Type-C 数据线将主机与电脑连接；进入"设备连接"界面，选择"测试数据""测试时间""数据类型"，填写变电站和设备名称，点击"数据上传"可将 T95 主机的测试数据上传至电脑（见图3-6-27）。

进入"数据查看"界面，选择不同类型数据可查看上传的测试数据或巡检数据详情；数据软件会对已上传数据自动进行异常诊断分析，诊断结果包含信号类型和置信度；测试数据的图谱可以以报告的形式导出（见图3-6-28）。

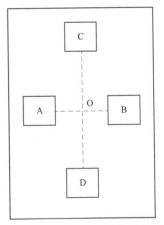

图3-6-26　缺陷定位示意图

图 3-6-27　数据上传

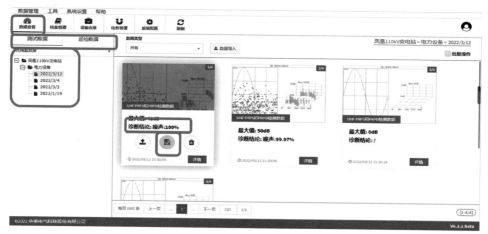

图 3-6-28　数据查看

进入"数据查看"界面，选择对应的测试日期，选择"批量操作"，"全选"；选择"批量导出图片"（见图 3-6-29）。

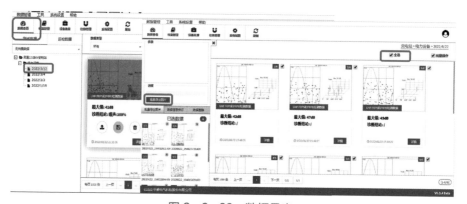

图 3-6-29　数据导出

数据导入将原始数据导入"数据分析软件"生成测试图谱,进行查看(见图3-6-30)。

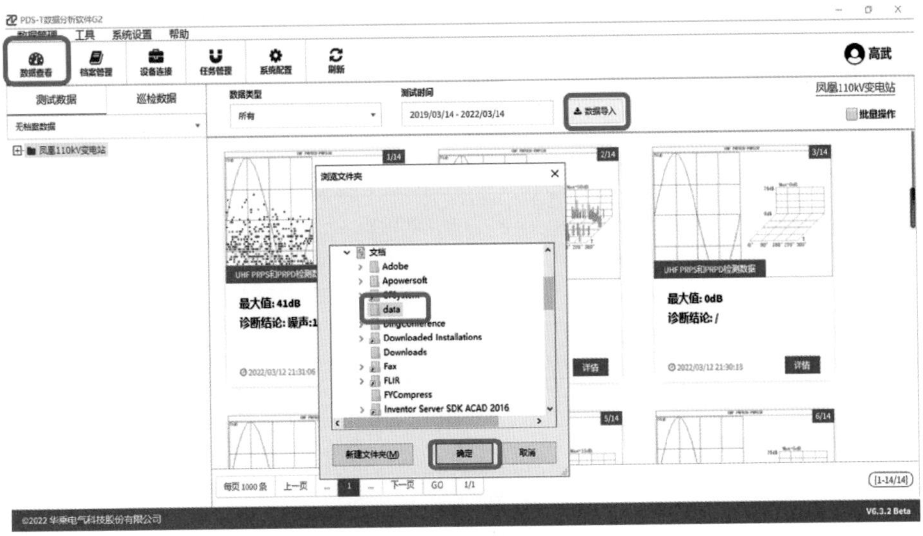

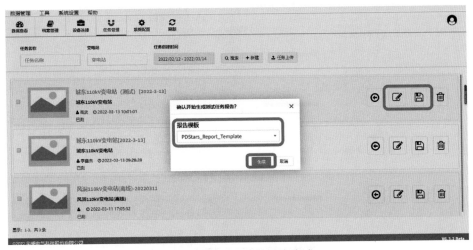

图3-6-30　数据导入

生成报告,在已上传数据的测试任务中,选择"详情"完成任务信息,点击"生成报告",选择报告模板,即可自动生成 Word 版报告,无需再对报告进行排版、插入测试数据、测试图谱,节省大量的人力资源(见图3-6-31)。

图3-6-31　试验报告生成

八、开关柜局部放电典型案例

(一)穿柜套管气隙放电

某 330kV 变电站 323 开关柜例行带电检测过程中发现异常暂态地电压信号,通过超声波局部放电检测发现 323 开关柜内存在悬浮放电特征,相应的超声波局部放电检测图谱如表3-6-4所示。

表 3-6-4　　　　　　　　超声波局部放电检测图谱

序号	检测部位	检测图谱	备注
1	背景	**AE幅值** 0.2 0 ——————————— 10 **有效值 (mV)** 1.1 0 ——————————— 20 **周期最大值 (mV)** 0 0 ——————————— 2 **频率成分1(50Hz)(mV)** 0 0 ——————————— 2 **频率成分2(100Hz)(mV)**	—
2	35kV 4号电容器321 断路器开关柜	**AE幅值** 1.0 0 ——————————— 10 **有效值 (mV)** 6.2 0 ——————————— 20 **周期最大值 (mV)** 0.2 0 ——————————— 2 **频率成分1(50Hz)(mV)** 0.5 0 ——————————— 2 **频率成分2(100Hz)(mV)**	存在异常 放电信号
3	35kV Ⅱ母避雷器 323 开关柜	**AE幅值** 2.2 0 ——————————— 10 **有效值 (mV)** 11.4 0 ——————————— 20 **周期最大值 (mV)** 0.3 0 ——————————— 2 **频率成分3(50Hz)(mV)** 1.0 0 ——————————— 2 **频率成分2(100Hz)(mV)**	存在异常 放电信号

根据 Q/GDW 11060—2013 可知，当开关柜超声波局放大于 8dBmV 有明显声音信号，应采取相应措施。由于 35kV Ⅱ 母避雷器 323 开关柜且有明显声音信号及较高浓度的臭氧味，建议对该开关柜进行解体检查。发现 323 开关柜内穿墙套管内存在水珠以及相应套管内相应螺丝锈蚀，如图 3-6-32 所示。

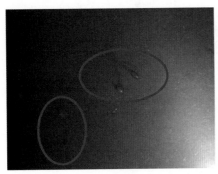

图 3-6-32　超声波局部放电检测图谱

通过加热设备对该套管加热，直至干燥，继续对其进行耐压试验，在电压加至 20kV，未出现异常放电。

（二）穿柜套管均压弹簧放电

对某站 35kV 开关柜进行超声波、暂态地电压、特高频局放联合带电测试，发现"3531 1 号所变 35kV 开关柜"存在幅值为 42dB 的异常超声波信号，特高频放电信号幅值为 64dB，暂态地电压信号后下部位置检测到最大值 60dB（见图 3-6-33）。

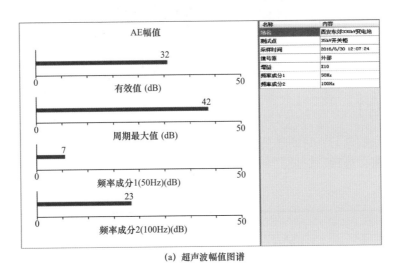

(a)　超声波幅值图谱

图 3-6-33　超声波局部放电检测图谱（一）

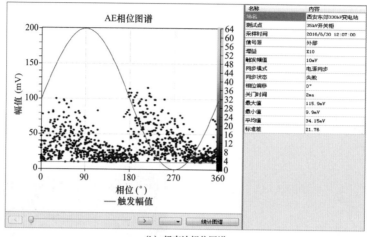

(b) 超声波相位图谱

图3-6-33　超声波局部放电检测图谱（二）

通过定位分析，最终判断信号来自开关柜后上部母线仓 B 相穿柜套管位置，为悬浮放电。最后停电处理发现 3531 1 号所变 35kV 开关柜母线仓 B 相穿柜套管内的均压弹片烧蚀严重（见图3-6-34）。

(a) 专业检修消除隐患

(b) 精确定位找到缺陷位置

图3-6-34　解体检查结果

【任务小结】

根据本模块的学习，帮助学员掌握开关柜超声波带电检测的目的、条件、准备要求、方法、数据分析、处理、记录。

表3-6-5　　　　　　　　　　试 验 报 告 模 板

一、基本信息						
变电站		委托单位		检测单位		运行编号	
试验性质		试验日期		试验人员		试验地点	
报告日期		编制人		审核人		批准人	
试验天气		环境温度（℃）		环境相对湿度（%）		

二、设备铭牌					
生产厂家		出厂日期		出厂编号	
设备型号		额定电压			

三、检测数据					
序号	开关柜名称	柜前超声波（AE）测试图谱	柜后超声波（AE）测试图谱		结论
1	开关室背景				
2	开关柜1				
3	开关柜2				
特征分析					
仪器厂家					
仪器型号					
仪器编号					
测试结论					
备注					

任务七：变压器油色谱分析

【任务描述】

本任务主要针对变压器绝缘油中溶解气体检测,通过对绝缘油色谱分析仪使用方法及操作流程的讲解,检测出绝缘油中各类溶解气体含量,根据实验结果对变压器内绝缘油品质及可能存在的故障进行分析判断。

【任务目标】

知识目标	掌握油中溶解气体的色谱分析方法和技术要求
技能目标	能够按照标准化检测流程完成油中溶解气体色谱分析操作，掌握检测结果分析及报告编写技能
素质目标	通过任务实施，保证测试流程标准化，树立安全意识、风险防范意识，养成细心、严谨的岗位工作态度

【知识与技能】

一、检测目的

变压器油中溶解气体色谱分析法，能够对绝缘油中溶解气体的成分及含量进行测定，从而检验变压器是否存在潜伏性故障，是目前对变压器运行状态最灵敏、最有效的技术监督手段，本任务以典型检测仪器为例，详细描述了变压器油中溶解气体检测方法，使学员能够熟练掌握仪器使用步骤，并根据检测数据对故障进行判断。

二、检测仪器

进行变压器油色谱分析时，需将溶解的气体从油中定量的脱离出来，再通过色谱仪进行组分和含量的测定。本次检测使用的油中溶解气体检测系统包括恒温定时振荡器、气相色谱仪及色谱工作站、便携式全自动气相色谱仪及工作站、其他材料。

（一）恒温定时振荡器

恒温定时振荡器（如图3-7-1所示）是一种油气分离装置，用于将溶解的气体从油中定量的脱离出来，其方法是基于亨利分配定律的顶空取气法，即在一定恒温恒压下，油样与洗脱气体构成的密闭体系内，使油中溶解气体在气、液两相达到分配平衡。通过测定气相气体中各组分浓度，并根据分配定律和物料平衡原理所导出的公式，求出油样中的溶解气体各组分浓度。

恒温定时振荡器参数要求，往复振荡频率：275次/min±5 次/min；振幅：35mm±3mm；控温精确度：±0.3℃；定时精确度±2min。

图3-7-1　恒温定时振荡器

（二）气相色谱仪及色谱工作站

气相色谱仪（如图3-7-2所示）是利用色谱分离技术和检测技术，对多组分的复杂混合物进行定性和定量分析的仪器。油中溶解气体检测所用的色谱仪应具备热导检测器、氢焰离子化检测器及镍触媒转化炉，色谱柱对所检测组分的分离度应满足定量分析要求，仪器应配有色谱工作站。

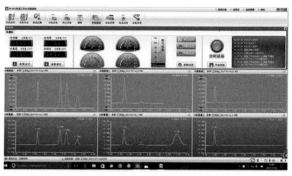

图3-7-2　气相色谱仪及色谱工作站

气相色谱仪常用的气路流程如表3-7-1所示。

表3-7-1 色 谱 流 程

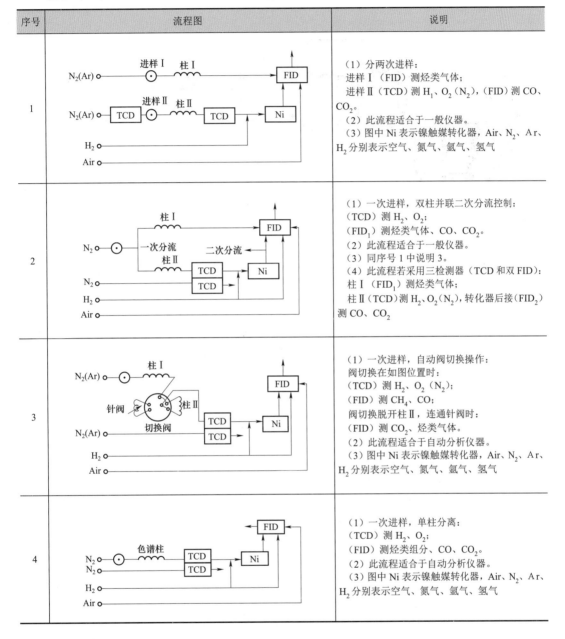

序号	流程图	说明
1		（1）分两次进样： 进样Ⅰ（FID）测烃类气体； 进样Ⅱ（TCD）测 H_1、O_2（N_2），（FID）测 CO、CO_2。 （2）此流程适合于一般仪器。 （3）图中 Ni 表示镍触媒转化器、Air、N_2、Ar、H_2 分别表示空气、氮气、氩气、氢气
2		（1）一次进样，双柱并联二次分流控制： （TCD）测 H_2、O_2； （FID_1）测烃类气体、CO、CO_2。 （2）此流程适合于一般仪器。 （3）同序号1中说明3。 （4）此流程若采用三检测器（TCD 和双 FID）： 柱Ⅰ（FID_1）测烃类气体； 柱Ⅱ（TCD）测 H_2、O_2（N_2），转化器后接（FID_2）测 CO、CO_2
3		（1）一次进样，自动阀切换操作： 阀切换在如图位置时： （TCD）测 H_2、O_2（N_2）； （FID）测 CH_4、CO； 阀切换脱开柱Ⅱ，连通针阀时： （FID）测 CO_2、烃类气体。 （2）此流程适合于自动分析仪器。 （3）图中 Ni 表示镍触媒转化器、Air、N_2、Ar、H_2 分别表示空气、氮气、氩气、氢气
4		（1）一次进样，单柱分离： （TCD）测 H_2、O_2； （FID）测烃类组分、CO、CO_2。 （2）此流程适合于自动分析仪器。 （3）图中 Ni 表示镍触媒转化器、Air、N_2、Ar、H_2 分别表示空气、氮气、氩气、氢气

（三）便携式全自动气相色谱仪及工作站

便携式全自动气相色谱仪（如图3-7-3所示）把主机、气源、等必要的部件集成到了一个可移动的机型内，方便携带和运输。仪器的功能显示及操作全部由安装在平板电脑上的工作站实现。色谱工作站既可对仪器进行测量、控制，又可进行色谱数据分析处理，并带有专家智能诊断系统，现场可立即对变压器故障状况进行分析诊断。系统内置负压自动脱气装置，无需外部辅助脱气装置，可直接注油分析。系统具有自动的智能化操作程序，正常连接油样后，系统自动完成从冲洗、进油、脱气、进样到气体含量分析的整个过程，无论在现场或实验室都可快速、准确地获得准确可靠的测量结果。

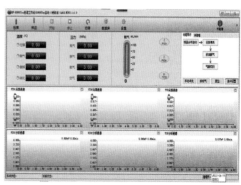

图 3-7-3　便携式全自动气相色谱仪

（四）其他材料

其他材料包括玻璃注射器、不锈钢注射针头、不锈钢注射针头、注射器用橡胶封帽、标准混合气体及其他气体。

1. 玻璃注射器

玻璃注射器根据用途不同分为 100mL、5mL、1mL 医用或专用玻璃注射器。要求气密性良好、周漏氢量不大于 2.5%，刻度准确，芯塞灵活无卡涩。100mL 注射器用作采样容器；5mL 注射器用于加平衡载气和转移平衡气；1mL 注射器用于进样。

2. 不锈钢注射针头体

牙科 5 号针头或合适的医用针头。用于加平衡载气和进样。

3. 不锈钢注射针头（机械振荡法专用）

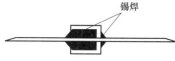

图 3-7-4　双头针头

双头针头由针柄、双头针芯组成，其结构见图 3-7-4，可用牙科 5 号针头制作。用于排除 5mL 注射器内的空气和试油及转移平衡气。

4. 注射器用橡胶封帽

注射器用橡胶封帽要求弹性好，不透气。用于 100mL 注射器、5mL 注射器出口密封。

5. 标准混合气体

应由国家计量部门授权的单位配制，具有组分浓度含量、检验合格证及有效使用期。常用浓度以接近变压器故障判断注意值换算成气体组分的浓度。用于仪器的标定。

6. 其他气体（压缩气瓶或气体发生器）

用于载气、助燃性的其他气体有氮气（或氩气）、氢气、空气三种气体，其纯度要求如下：

（1）氮气（或氩气）：纯度不低于 99.99%。

（2）氢气：纯度不低于 99.99%。

（3）空气：纯净无油。

三、危险点分析及控制措施

使用气相色谱仪及色谱工作站检测危险点及控制措施如下：

（1）检查仪器接地是否良好。

（2）使用玻璃注射器及针头时应轻拿轻放，避免玻璃注射器破裂造成伤害。

（3）氮气瓶应放在专用气室内避免潮湿、阳光照射。

（4）色谱工作台应能承受整套仪器重量，不发生振动，便于操作；在安装色谱仪工作台后应预留 30～40cm 的通道和至少 30cm 的空间，以便检修和仪器散热。

（5）贮气室最好与实验室分开，单独设置；室内变化不应过大，避免阳光直射；空气与氢气应分开贮放，以免发生爆炸危险。

（6）请注意观察氢气发生器的液位，如液位下限指示灯报警请及时补水，建议选择蒸馏水或纯净水。

（7）当载气钢瓶压力降到 2MPa 以下时，请及时予以更换或充装，标气压力处于红色区域时及时更换。

四、使用气相色谱仪及色谱工作站检测

使用气相色谱仪及色谱工作站检测应做好检测前的准备工作、熟悉检测步骤及测试注意事项。

（一）检测前的准备工作

（1）查阅该设备的历史色谱数据、相关规程、技术资料，明确试验安全注意事项。

（2）材料准备包括：100mL、5mL、1mL 医用或专用玻璃注射器、牙科 5 号针头、牙口双头针头、牙口进样针头、橡胶封帽、标准混合气体、载气及烧杯。

（3）检查 100mL、5mL、1mL 玻璃注射器气密性良好，芯塞灵活无卡涩。

（4）检查氮气瓶的压力、减压阀，确保氮气充裕，减压阀正常。

（5）打开载气、空气发生器、氢气发生器的气源阀，观察并调节流量控制器压力表的压力。

（6）观察并调节各气体流量，通入载气 15min 左右，打开气相色谱仪电源。

（7）打开色谱工作站，观察色谱工作站各表计压力显示值是否正常，观察基线是否稳定。

（8）排列并记录待测样品。

（二）检测步骤及要求

1. 脱气操作步骤

（1）贮气玻璃注射器的准备：取 5mL 玻璃注射器 A，抽取少量试油冲洗器筒内壁 1～2 次后，吸入约 0.5mL 试油，套上橡胶封帽，插入双头针头，针头垂直向上。将注射器内的空气和试油慢慢排出，使试油充满注射器内壁缝隙而不致残存空气。

（2）试油体积调节：将 100mL 玻璃注射器 B 中油样推出部分，准确调节注射器芯至

40.0mL 刻度（V1），立即用橡胶封帽将注射器出口密封。为了排除封帽凹部内空气，可用试油填充其凹部或在密封时先用手指压扁封帽挤出凹部空气后进行密封。操作过程中应注意防止空气气泡进入油样注射器 B 内。

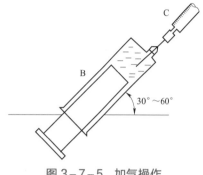

图 3-7-5 加气操作

（3）加平衡载气：取 5mL 玻璃注射器 C，用氮气（或氩气）清洗 1～2 次，再准确抽取 5.0mL 氮气（或氩气），然后将注射器 C 内气体缓慢注入有试油的注射器 B 内，操作示意如图 3-7-5 所示。含气量低的试油，可适当增加注入平衡载气体积，但平衡后气相体积应不超过 5mL。一般分析时，采用氮气做平衡载气，如需测定氮组分，则要改用氩气做平衡载气。

（4）振荡平衡：将注射器 B 放入恒温定时振荡器内的振荡盘上。注射器放置后，注射器头部要高于尾部约 5°，且注射器出口在下部（振荡盘按此要求设计制造）。启动振荡器振荡操作钮，连续振荡 20min，然后静止 10min。室温在 10℃ 以下时，振荡前，注射器 B 应适当预热后，再进行振荡。

（5）转移平衡气：将注射器 B 从振荡盘中取出，并立即将其中的平衡气体通过双头针头转移到注射器 A 内。室温下放置 2min，准确读其体积 V_g（准确至 0.1mL），以备色谱分析用。为了使平衡气完全转移，也不吸入空气，应采用微正压法转移，即微压注射器 B 的芯塞，使气体通过双头针头进入注射器 A。不允许使用抽拉注射器 A 芯塞的方法转移平衡气。注射器芯塞应洁净，以保证其活动灵活。转移气体时，如发现注射器 A 芯塞卡涩时，可轻轻旋动注射器 A 的芯塞。

2. 仪器的标定

采用外标定量法，标定仪器应在仪器运行工况稳定且相同的条件下进行，标定仪器步骤如下：

（1）在"标样参数"菜单下准确输入混合标气中各组分的浓度。

（2）在色谱工作站中"标样采样"菜单下准确输入室内大气压力和环境温度。

（3）用 1mL 玻璃注射器准确抽取已知各组分浓度的标准混合气 0.5mL（或 1mL）进样标定。

（4）进样结束后，按照色谱工作站程序计算校正因子。

（5）至少重复操作两次，取其平均值，两次标定的重复性应在其平均值的 ±2% 以内。每次试验均应标定仪器。

3. 试样分析

（1）进入色谱分析工作站，在设备库中输入该设备，而后选用该样品。

（2）进行分析参数设置，包括脱气方式的选择、输入室内大气压和环境温度、本次分析的油样体积，脱出气体体积等。

（3）用 1mL 玻璃注射器从注射器 A 中准确抽取样品气 0.5mL（或 1mL），进样分析。

（4）油样分析结束后，色谱分析工作站会自动计算结果。

（5）按照色谱分析工作站功能存储数据。

（三）测试注意事项

使用气相色谱仪及色谱工作站检测应注意以下事项：

（1）环境温度应不低于+5℃，且环境相对湿度一般不高于80%。

（2）振荡脱气法取油样的注射器应特别注意保持注射器芯塞洁净，灵活不卡涩。

（3）振荡用载气最好由一专用气瓶取用。如从色谱仪载气气路上装设分支取气，要注意取气过程中有无其他气路气体串入的可能（如 H_2），以免造成误差。

（4）用注射器全密封取样，且不能有气泡。如遇注射器油样在放置与运输过程中析出气泡，在试验时，可不必排出气泡，仍留于油样中投入试验。

（5）用5mL针管取氮气脱气时，应先用氮气冲洗针管针筒2～3次，排除内部可能存在的气体，然后正式取气、准确读取体积后立即加入油中（时间控制在5s左右），加入时注意不让加入气体从橡胶封帽处漏掉。

（6）振荡完成后，对平衡气的转移动作应迅速，以免油样注射器从振荡器内取出在外放置过久油温下降，以致破坏平衡状态带来试验误差；如振荡完成后的油样平衡气，来不及分析，应延迟气体转移操作，仍将油样注射器保存在恒温的振荡器内，待分析操作准备好时在进行转移气体操作。

（7）进样前应检查进样针的气密性，如密封不好则应更换针头或注射器；进样前应反复抽推注射器，以保证进样的真实性，以防止标气或其他样品气污染注射器，造成定量计算误差。

（8）仪器标定与分析应使用同一支进样注射器，取相同进样体积。

（9）仪器较长时间不用再次使用时，应先用载气冲洗管路，时间20min左右。

五、使用便携式全自动气相色谱仪检测

使用气相色谱仪及色谱工作站检测应做好检测前的准备工作、熟悉检测步骤及测试注意事项。

（一）检测前的准备工作

（1）查阅该设备的历史色谱数据、相关规程、技术资料，明确试验安全注意事项。

（2）材料准备包括：装有大于80mL待测油品的专用玻璃注射器、橡胶封帽、标准混合气体、载气。

（3）检查待测油品玻璃注射器气密性良好，芯塞灵活无卡涩。

（4）检查标准混合气、载气气瓶的压力、减压阀，确保标准混合气、载气充裕，减压阀正常。

（5）打开标准混合气、载气的气源阀，观察并调节流量控制器压力表的压力。

（6）排列并记录待测样品。

（二）检测步骤及要求

1. 设备检查

（1）打开主机箱体上盖，检查电源线是否连接，笔记本电脑是否与主机连接。

图3-7-6 色谱工作站

（2）检查气源发生装置气路管束是否连接到位：

蓝色 $\phi3$-空气气路管；淡绿色 $\phi3$-氢气气路管；黄色 $\phi3$-载气气路管；白色 $\phi3$-标气气路管；白色 $\phi4$-废油管路。

（3）确认连接到位后，将载气以及标气瓶打开，同时开启主机运行。

（4）打开电脑端工作站（见图3-7-6）。

（5）进入工作站主界面，首先检查各路温度、压力、检测器状态是否正常，如下：

1）温度检查。

柱箱：升温并稳定至65℃。脱气：升温并稳定至50℃。氢焰：升温并稳定至150℃。转化：升温并稳定至360℃。

2）压力检查。

载气：0.15MPa 左右。脱气：0.1MPa 左右。氢气：0.14MPa 左右。空气：0.03MPa 左右。

3）检测器检查。

FID1、FID2、TCD 三路检测器灯常亮。

2. 标样分析

当以上所述均处于稳定的状态下，这时，右上角状态指示灯会显示正常状态，说明仪器已进入分析状态，此时先进一次标准样品，通过标准样品的浓度计算油中的浓度。在进标样之前，先将标样瓶的各组分浓度输入进工作站内，如下：

（1）点击"设置"，选中"标准样品"，点击"添加"，将标样瓶各组分浓度输入下方组分含量内，点击确定并打"√"采用（如图3-7-7所示）。

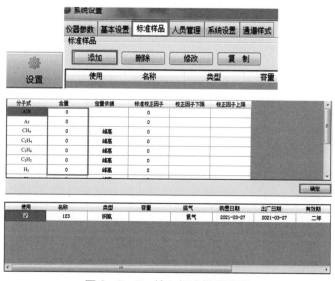

图3-7-7 输入标准样品浓度

（2）将标准样品信息添加好之后，开始进一次标样：点击左上角"标样"，在弹出的小窗口内选择"自动"，选择进样一次，点击"确定"，此时仪器就会进入自动采集状态，整个流程 9min 左右，等待结果出现即可（如图 3-7-8 所示）。

图 3-7-8 标样采集

（3）分析结束后会弹出绘制校正曲线弹窗，保证 7 个组分的曲线图以及曲线值都有数据，采用打"√"，过原点打"√"点击确定，将此次标样选为标定标样（如图 3-7-9 所示）。

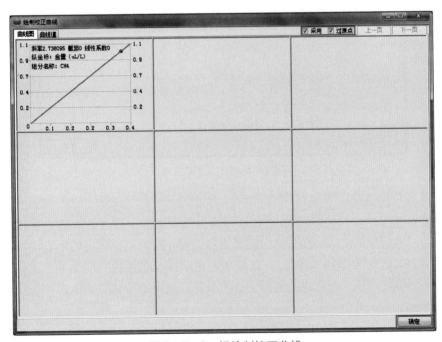

图 3-7-9 标绘制校正曲线

3. 试样分析

（1）添加待测设备信息。

进入油样分析前先添加待测设备信息，首先在"数据库"—"单位库"建立本次所做油样相关联的设备，选中一级设备，添加下级设备，直至添加到主变设备，将信息填写完全，点击确定完成添加（如图 3-7-10 所示）。

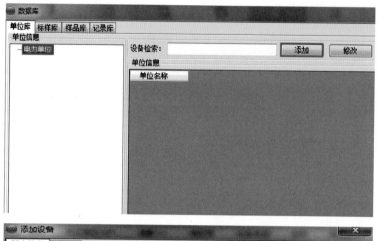

图 3-7-10 添加设备

（2）连接待测油品。

在主机箱托盘进油口处连接 100mL 玻璃注射器取好的油样（油样需大于 80mL），将其插入医用三通阀接口处，旋转拧紧，放置正确位置，同时三通阀旋转至进油口与玻璃注射器两通状态，点击工作站"样品"，在弹出的窗口处，选择建立的设备单位。进样方式选择自动，填写大气压、湿度、取油部位、负荷等，点击确定仪器进入自动采集状态，整个流程 17min 左右，等待结果出现即可（如图 3-7-11 所示）。

六、检测结果分析及报告编写

（一）检测结果

取两次平行检测结果的算术平均值为测定值。测定值的精密度应符合以下要求。

1. 重复性 r

（1）油中溶解气体浓度大于 10μL/L 时，两次测定值之差应小于平均值的 10%。

（2）油中溶解气体浓度小于等于 10μL/L 时，两次测定值之差应小于平均值的 15% 与

2倍该组分气体最小检测浓度之和。

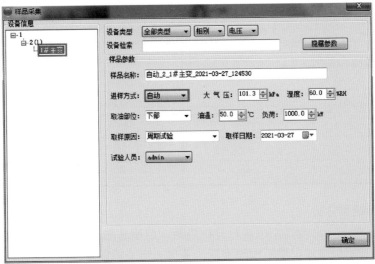

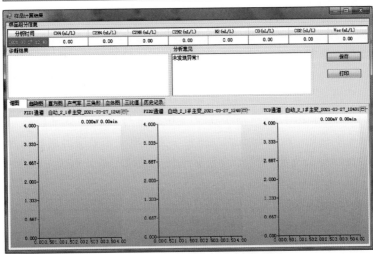

图3-7-11　样品采集及试验结果

2. 再现性R

两个试验室测定值之差的相对偏差：

（1）在油中溶解气体浓度大于10μL/L时，为小于15%。

（2）在油中溶解气体浓度小于等于10μL/L时，为小于30%。

（二）检测标准及要求

根据《变压器油中溶解气体分析和判断导则》（DL/T 2014）、《输变电设备状态检修试验规程》（Q/GDW 1168—2013）、《750kV电气设备预防性试验规程》（Q/GDW 158—2007）、《10kV～500kV输变电设备交接试验规程》（Q/GDW 11447—2015）及《750kV电力设备交接试验规程》（Q/GDW 1157—2013）相关规定，变压器油中溶解气体检测标准如表3-7-2所示。

表 3-7-2　　　　　　　　变压器油中溶解气体含量要求

设备状态	气体组分	含量（μL/L）		
		220kV 及以下	330kV 及以上	750kV
新设备投运前	氢气	<30	<10	<10
	乙炔	<0.1	<0.1	=0
	总烃	<20	<10	<20
运行设备	氢气	<150	<150	<150
	乙炔	<5	<1	<1
	总烃	<150	<150	<150

（三）检测结果分析

根据表 3-7-2，对测试结果进行分析判断，当超过注意值时，在排除人员和仪器的影响情况下，按照标准规定缩短检测周期，并进一步分析设备存在的故障原因。

（四）检测报告编写

检测报告填写应包括检测时间、检测人员、天气情况、环境温度、湿度、使用地点、变压器的运行编号、变压器型号及参数、油温、负荷、检测结果、检测结论、检测性质（交接试验、预防性试验、检查、施行状态检修的应填明例行试验或诊断试验）、标准气体批号、标准气体使用期限，备注栏写明其他需要注意的内容。

实例：2022 年 4 月 20 日，沙湖 750kV 变电站 2 号 A 相主变油色谱在线监测乙炔值报警，氢气含量基本稳定，现场设备运行稳定，负荷电流未见明显增长，为确保设备良好运行状况，变电检修中心检测专业对该主变开展离线油色谱分析（见表 3-7-3）。

表 3-7-3　　　　　　　　油中溶解气体检测记录

一、基本信息							
变电站	沙湖 750kV 变电站	委托单位	贺兰山运维中心	检测单位	变电检修中心	运行编号	2 号
检测性质	例行	检测日期	2022.04.20	检测人员	王×	检测地点	化验室
报告日期	2022.04.20	编写人员	陈×	审核人员	李×	批准人员	马×
检测天气	晴	环境温度（℃）	25	环境相对湿度（%）	30	大气压力（MPa）	88.5
取样日期	2022.04.20						

二、设备铭牌							
设备信息	设备名称	2 号主变	型号	ODFPS-500000/750	电压等级（kV）		750
	容量（MVA）	1500	油重（t）	99.10	油种		45 号
	出厂序号	201403062	出厂年月	2014.08.01	投运日期		2015.08.06
	冷却方式	强迫油循环风冷（OFAF）		调压方式			无励磁调压
取样条件	取样原因	例行	油温（℃）	34.20	负荷（MVA）		489.81

续表

三、标准气体信息					
标准气体批号	21-090623	标准气体状态	☑ 正常 □ 异常	最佳使用期限	2022.09.06

四、检测数据			
相别	A	B	C
氢气 H_2（μL/L）	2.05	2.55	2.70
一氧化碳 CO（μL/L）	356.36	328.97	324.13
二氧化碳 CO_2（μL/L）	417.67	429.81	415.95
甲烷 CH_4（μL/L）	6.65	6.29	6.17
乙烯 C_2H_4（μL/L）	0.38	0.51	0.43
乙烷 C_2H_6（μL/L）	1.15	1.10	1.06
乙炔 C_2H_2（μL/L）	0.00	0.00	0.00
总烃（μL/L）	8.18	7.90	7.66
检测仪器	ZF-301		
检测结论	合格		
备注			

【任务小结】

本任务明确了变压器油中溶解气体色谱分析法的作用和意义，介绍了油色谱分析危险点分析及控制措施、准备工作、步骤及要求、注意事项和对检测数据的分析。通过完成本项任务，可以掌握变压器油中溶解气体色谱分析方法，锻炼实际操作能力，提高技能水平。

任务八：电力设备红外热像检测

【任务描述】

本任务主要针对电力设备红外热像的检测与分析。通过测试工作流程的介绍，掌握红外热像的原理、测试前的准备工作和相关安全、技术措施、测试方法、技术要求，并能够按照标准化检测流程完成电力设备红外热像检测。

【任务目标】

知识目标	掌握电力设备红外热像检测的测试方法和相关技术要求
技能目标	能够按照标准化检测流程完成电力设备红外热像检测，掌握检测结果分析及报告编写技能
素质目标	通过任务实施，保证测试流程标准化，树立安全意识、风险防范意识，养成细心、严谨的岗位工作态度

【知识与技能】

一、检测目的

红外热像技术引入电力设备故障诊断后，为电力设备状态维护提供了有力的技术支持。它能在不影响电力设备正常运行的情况下，准确有效地检测运行设备的温度状况，从而判断设备运行是否正常。它有着高效、快捷、准确、不影响设备正常运行等诸多优点。

二、检测仪器

红外测温仪一般由光学系统、光电探测器、信号放大及处理系统、显示和输出、存储单元等组成。红外测温仪应经具有资质的相关部门校验合格，并按规定粘贴合格标识。

（一）主要技术指标

（1）空间分辨率：不大于 1.5 毫弧度（标准镜头配置）。

（2）温度分辨率：不大于 0.1℃。

（3）帧频：不低于 25Hz。

（4）像素：一般检测不低于 320×240，精确检测不低于 480×640。

（5）测温准确度应不大于±2℃或±2%（取绝对值大者）。

（6）测温一致性应满足测温准确度的要求。

（二）功能要求

（1）满足有最高点温度自动跟踪。

（2）采用优质显示屏，操作简单，仪器轻便，图像比较清晰、稳定。

（3）可采用目镜取景器，分析软件功能丰富。

（4）温度单位设置可℃和℉相互转换。

（5）可以大气透过率修正、光学透过率修正、温度非均匀性校正。

（6）有测量点温、温差功能、温度曲线，显示区域的最高温度。

（7）可以进行红外热像图及各种参数设置，各参数应包括：时间日期、物体的发射率、环境温度湿度、目标距离、所使用的镜头、所设定的温度范围。

（8）电源必须采用可充电锂电池，一组电池连续工作时间不小于 2h，电池组应不少于两组。

（9）能够对不同的被测试设备外壳材料进行相关参数的调整。

（三）主要参数选择

（1）不受测量环境中高压电磁场的干扰，图像清晰，稳定，具有图像稳定、记录和必要的图像分析功能。

（2）测量时的响应波长，一般在 8～14μm。

（3）空间分辨率应满足实测距离的要求，一般对变电站内电气设备实测距离不小于 500m，对输电线路实测距离不小于 1000m。

（4）具有较高的测量精确度和合适的测温范围，一般精确度不小于 0.1℃，测温范围为–50～600℃。

（四）红外热像仪

红外热像仪外观图如图 3-8-1 所示。

图 3-8-1 红外热像仪外观图

1. 仪器部件介绍

红外热像仪仪器部件介绍如图 3-8-2～图 3-8-5 所示。

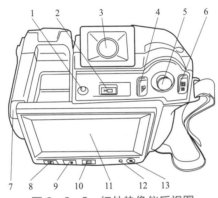

图 3-8-2 红外热像仪后视图

1—用于自动调整触摸屏式液晶显示器亮度的传感器；2—用于在触摸屏 LCD 模式和取景器模式之间切换的按钮（注意：取决于热像仪型号）；3—取景器（取决于热像仪型号）；4—可编程按钮；5—操纵杆；6—双功能按钮（① 显示菜单系统；② "后退" 按钮）；7—手写笔；8—用于在不同图像模式之间进行切换的按钮（① 红外热像仪；② 数码相机；③ 热成像融合；④ 画中画）；9—用于在自动模式、手动模式、手动最小化模式和手动最大化模式之间进行切换的按钮；10—图像存档按钮；11—触摸屏式液晶显示器；12—电源指示灯；13—开/关按钮

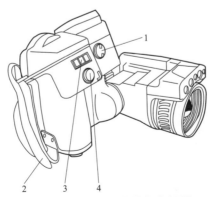

图 3-8-3 红外热像仪右视图

1—用于更改取景器视觉校正的旋钮；2—手带；3—数字缩放按钮；4—自动对焦/保存按钮

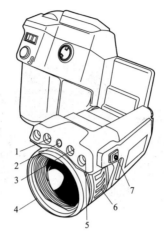

图 3-8-4 红外热像仪左视图

1—数码相机照明灯；2—激光指示器；3—数码相机照明灯；4—红外镜头；

5—数码相机；6—聚焦环；7—用于操作激光指示器的按钮

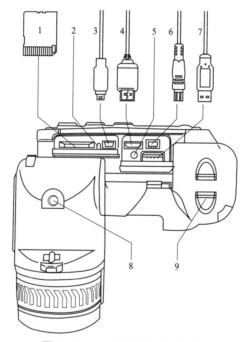

图 3-8-5 红外热像仪俯视图

1—存储卡；2—显示存储卡正忙的指示符（注意：① 此 LED 闪烁时，切勿弹出存储卡；② 此 LED 闪烁时，切勿将
热像仪连接到计算机）；3—USB Mini-B 线缆（用于将热像仪连接到计算机）；4—HDMI 线缆（用于数字视频输出）；
5—电池状态 LED 指示灯；6—电源线（为热像仪供电，并为电池充电）；7—USB-A 线缆（用于将外部
USB 设备连接到热像仪）；8—三脚架接口，需要适配器（已包括）；9—用于松开电池的锁扣

2. 屏幕元素

红外热像仪屏幕元素介绍如图 3-8-6 所示。

3. 仪器开机使用步骤

（1）打开热像仪，按下并松开 🔘 按钮。

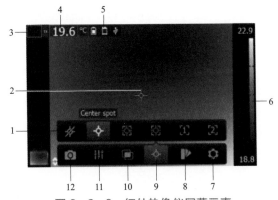

图3-8-6　红外热像仪屏幕元素

1—测量工具栏；2—测量工具（例如测温点）；3—缩放系数；4—结果表；5—状态图标；6—温标；7—"设置"
工具栏按钮；8—"颜色"工具栏按钮；9—"测量"工具栏按钮；10—"图像模式"工具栏按钮；
11—"测量参数"工具栏按钮；12—"记录模式"工具栏按钮

（2）对取景器进行校准。要进行取景器的视觉校正，可一边注视屏幕上显示的文字或图形，一边顺时针或逆时针旋转调节钮以获得最佳的清晰度（如图3-8-7所示）。

注意：最大视觉校正：+2；最小视觉校正：-2。

（3）调整镜头角度（如图3-8-8所示）。

图3-8-7　校准取景器

图3-8-8　调整镜头角度

（4）对焦红外镜头。

1）手动步骤（如图3-8-9所示）。

对于远焦，请顺时针转动聚焦环（从触摸屏LCD那一侧看）；对于近焦，请逆时针转动聚焦环（从触摸屏LCD那一侧看）。

注意：手动调整红外热像仪焦距时，请不要触碰镜头表面；聚焦环可无限制旋转，但是聚焦时只需进行一定量的旋转。

2）自动步骤（如图3-8-10所示）。

要在禁用连续自动对焦功能的情况下自动对

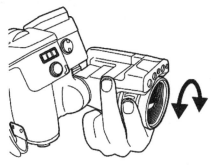

图3-8-9　手动对焦红外镜头

图3-8-10　自动对焦红外镜头

焦热像仪，将"自动调焦/保存"按钮向下按到一半。

（5）调整红外图像。

可以自动或手动调整红外图像。当手动图像调整模式处于活动状态时，将显示状态图标$\mathbb{I}$。在实时模式中，按下按钮$\mathbb{I}$以在自动和手动图像调整模式之间进行切换。可以触摸屏幕上的温标，以便在不同模式之间进行切换。在预览/编辑模式下，手动图像调整模式处于活动状态。

示例1：图3-8-11是两张建筑物的红外图像。在左图中（自动调整），晴朗的天空和高温建筑物之间形成一个较大的温宽，这便难以进行正确分析。将温标更改为接近建筑物温度的值，便可对建筑物进行更加详细的分析。

示例2：图3-8-12是两张电力设备引线的红外图像。为了便于分析引线连接部位温度变化，已将右图中的温标更改为接近电力设备温度的值。

图3-8-11　示例1：红外图像

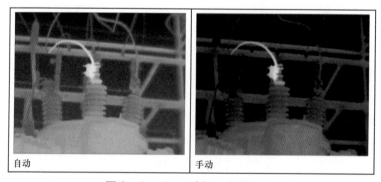

图3-8-12　示例2：红外图像

步骤：在实时模式中，按下按钮$\mathbb{I}$以进入手动图像调整模式。要同时更改温标的最小和最大限制，请上下移动操纵杆。要更改温标最小或最大限制，执行以下操作：左右移动操纵杆，选择（突出显示）最高或最低温度。上下移动操纵杆，以更改突出显示温度的值。在预览/编辑模式中，按下按钮$\mathbb{I}$以执行一次性自动调整序列。

4. 保存图片

可以将图像保存到存储卡上。热像仪可保存图形文件，包括所有热像和可见光信息。在稍后的某个阶段中打开图像文件并执行操作，例如选择另一种图像模式、应用颜色报警和添加测量工具。图像 jpg 文件包含全部数据，可实现无丢失保存，从而允许在 FLIR Tools 中进行完整的后期处理。还有一种常规 jpg 文件可在非 FLIR Systems 软件（资源管理器）中方便地查看，但是图像质量会有下降。

5. 关机

关闭热像仪，按下并按住 ① 按钮超过 0.2s。

6. 注意事项

（1）仪器最好专人使用，专人保管。

（2）开机时，按一下电源键就行，不要反复按电源开关。

（3）插入存储卡要注意方向的正确性，往里推时，用力要适当，不要使劲往里推；插拔存储卡，请先关闭仪器。

（4）使用时，注意不要刮伤镜头；不使用仪器时应盖上镜头盖，保护好镜头。

（5）请勿用强光源（比如激光）照射镜头，以防止永久性烧坏仪器的探测器。

（6）请勿用仪器去测量太阳的温度，并在实际测量中要尽量避免太阳光直射或反射镜头，以防闪坏仪器的探测器。

（7）电池充电完毕，应该停止充电，如要延长充电时间，最好不要超过 30min，不能对电池进行长时间充电。首次充电时间为 4h。

（8）仪器使用完毕，要记住关闭电源，取出电池，盖好镜头盖，把仪器放在便携箱保存。

（9）如果镜头脏污，可用镜头纸轻轻擦拭。不要用水等清洗，也不要用手或纸巾直接擦；仪器表面也应该保持清洁。

（10）仪器长时间放置时，最好隔一段时间拿出来开机运行一段时间，以保持仪器性能稳定。

（11）没有使用的时候，尽量避免在强烈太阳光下长时间暴晒。

三、检测条件

（一）环境要求

1. 一般检测要求

（1）环境温度不宜低于 5℃。

（2）环境相对湿度不宜大于 85%。

（3）风速：一般不大于 5m/s，若检测中风速发生明显变化，应记录风速，必要时可参照表 A-4。

（4）天气以阴天、多云为宜，夜间图像质量为佳。

（5）不应在有雷、雨、雾、雪等气象条件下进行。

（6）户外晴天要避开阳光直接照射或反射进入仪器镜头，在室内或晚上检测应避开灯光的直射，宜闭灯检测。

2. 精确检测要求

除满足一般检测的环境要求外，还满足以下要求：

（1）风速一般不大于 0.5m/s；

（2）检测期间天气为阴天、多云天气、夜间或晴天日落 2h 后；

（3）避开强电磁场，防止强电磁场影响红外热像仪的正常工作；

（4）被检测设备周围应具有均衡的背景辐射，应尽量避开附近热辐射源的干扰，某些设备被检测时还应避开人体热源等的红外辐射。

（二）待测设备要求

（1）待测设备处于运行状态；

（2）精确测温时，待测设备连续通电时间不小于 6h，最好在 24h 以上；

（3）待测设备上无其他外部作业；

（4）电流致热型设备最好在高峰负荷下进行检测。否则，一般应在不低于 30%的额定负荷下进行，同时应充分考虑小负荷电流对测试结果的影响。

（三）人员要求

进行电力设备红外热像检测的人员应具备如下条件：

（1）熟悉红外诊断技术的基本原理和诊断程序；

（2）了解红外热像仪的工作原理、技术参数和性能；

（3）掌握热像仪的操作程序和使用方法；

（4）了解被测设备的结构特点、工作原理、运行状况和导致设备故障的基本因素；

（5）具有一定的现场工作经验,熟悉并能严格遵守电力生产和工作现场的相关安全管理规定；

（6）应经过上岗培训并考试合格。

（四）安全要求

（1）应严格执行《国家电网有限公司电力安全工作规程（变电部分）》及《国家电网有限公司电力安全工作规程（线路部分）》的相关要求。

（2）应在良好的天气下进行，如遇雷、雨、雪、雾不得进行该项工作，风力大于 5m/s 时，不宜进行该项工作。

（3）检测时应与设备带电部位保持相应的安全距离。

（4）进行检测时，要防止误碰误动设备。

（5）行走中注意脚下，防止踩踏设备管道。

（6）应有专人监护，监护人在检测期间应始终履行监护职责，不得擅离岗位或兼任其它工作。

四、危险点分析及控制措施

（一）防止人员误触电

应注意与带电设备的安全距离，移动测量时应小心行进，避免跌碰。红外检测人员在测量过程中不得随意进行任何电气设备操作或改变、移动、接触运行设备及其附属设施。当需要打开柜门或移开遮拦时，应在运维人员监护下进行。

（二）防止仪器损坏

强光源会损伤红外热像仪，严禁用红外热像仪测量强光源物体（如太阳、探照灯等）。检测时应注意仪器的温度测量范围，不能把测温探头随意长时间对准温度过高的物体。

五、检测方法

（一）检测前的准备工作

1. 了解测量现场情况及试验条件

检测前，应了解相关设备数量、型号、制造厂家、安装日期等信息，了解现场设备运行方式，并记录待测设备的负荷电流，制定相应的技术措施。搜集需检测变电站内设备或线路的负荷周期，选择高峰负荷时段进行红外检测，查阅相关技术资料、相关规程等，了解缺陷情况。

2. 测试仪器、设备准备

检查环境、人员、仪器、设备满足检测条件。配备与检测工作相符的图纸、上次检测的记录、标准化作业指导卡。检查红外热像仪存储卡空间是否足够，电池电能是否足够，并查阅测试仪器检定证书的有效期。

3. 办理工作票并做好试验现场安全和技术措施

进入试验现场后，按相关安全生产管理规定办理工作票和工作许可手续，并做好试验现场安全措施，向其余试验人员交代工作内容、带电部位、现场安全措施、现场作业危险点，明确人员分工。

（二）检测步骤及要求

1. 检测原理图

探测器成像原理示意图如图3-8-13所示。

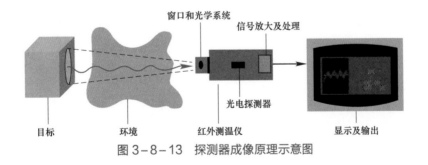

图3-8-13　探测器成像原理示意图

2. 检测步骤

（1）一般检测。

1）仪器开机，进行内部温度校准，自检正常，待图像稳定后对仪器的参数进行设置，根据环境温度调整仪器背景温度（记录环境温度）。

2）根据被测设备的材料设置辐射率，作为一般检测，被测设备的辐射率一般取0.9左右。

3）设置仪器的色标温度量程，一般宜设置在环境温度加10~20K左右的温升范围。

4）开始测温，远距离对所有被测设备进行全面扫描（根据变电站大小或线路远近调整），寻找可疑的发热点。宜选择彩色显示方式，调节图像使其具有清晰的温度层次显示，并结合数值测温手段，如热点跟踪、区域温度跟踪等手段进行检测。应充分利用仪器的有关功能，如图像平均、自动跟踪等，以达到最佳检测效果。

5）环境温度发生较大变化时，应对仪器重新进行内部温度校准。

6）发现有异常后，再有针对性地近距离对异常部位和重点被测设备进行精确检测，以区分是电压或电流引起的发热及综合致热。

7）测温时，应确保现场实际测量距离满足设备最小安全距离及仪器有效测量距离的要求。

（2）精确检测。

1）为了准确测温或方便跟踪，应事先设置几个不同的方向和角度，确定最佳检测位置，并可做上标记，以供今后的复测用，提高互比性和工作效率。

2）将大气温度、相对湿度、测量距离等补偿参数输入，进行必要修正，并选择适当的测温范围。

3）正确选择被测设备的辐射率，特别要考虑金属材料表面氧化对选取辐射率的影响，辐射率选取具体可参见表 A−5。

4）检测温升所用的环境温度参照物体应尽可能选择与被测试设备类似的物体，且最好能在同一方向或同一视场中选择。

5）对可疑发热点进行拍摄时，应有设备整体成像、发热点的局部成像以及可供参考的同类正常设备的对比成像。

6）测量设备发热点、正常相的对应点及环境温度参照体的温度值时，应使用同一仪器相继测量。

7）在安全距离允许的条件下，红外仪器宜尽量靠近被测设备，使被测设备（或目标）尽量充满整个仪器的视场，以提高仪器对被测设备表面细节的分辨能力及测温准确度，必要时，可使用中、长焦距镜头。

8）记录被检设备的编号、相别、发热点的方位、实际负荷电流、额定电流、运行电压，被检物体温度及环境参照体的温度值。

9）收集发热设备的实时负荷情况及最高负荷情况。

3. 检测验收

（1）检查检测数据是否准确、完整。

（2）恢复设备到检测前状态。

（3）发现检测数据异常及时上报相关运维管理单位。

（三）测试注意事项

（1）应尽量选择在阴天或夜间进行测量，晴天时应选择在背光面进行测量，强日照天气严禁测量。晴天测试时阳光在设备表面形成反射（尤其是绝缘子表面），红外成像仪会误测反射表面温度（通常会在 200℃ 以上）。室内检测宜闭灯进行，被测物应避免灯光直射。

（2）测量时环境的温度不宜低于 5℃，空气湿度不宜大于 85%。不应在有雷、雨、雾、雪及风速超过 5m/s 的环境下进行检测。

（3）针对不同的检测对象选择不同的现环境温度参照体。

（4）测量设备发热点、正常相的对应点互及环境温度参照体的温度值时，应使用同一仪器相继测量。

（5）应从不同方位进行检测，测出最热点的温度值。

（6）记录异常设备的实际负荷电流和发热相、正常相及环境温度参照体的温度值。

六、检测结果分析及报告编写

一般来说运行设备发热可分为：电流通过导体引起发热（如电气设备与金属部件的连接、金属部件与金属部件的连接的接头和线夹等）、运行设备在电压下绝缘受潮或劣化引起发热（如电流互感器、电压互感器、耦合电容器、移相电容器、高压套管、充油套管、氧化锌避雷器、绝缘子、电缆头等）、涡流引起设备金属表面发热（变压器、电抗器等）等三大类。

对不同类型的设备采用相应的判断方法和判断依据，并由热像特点进一步分析设备的缺陷特征，判断出设备的缺陷类型。

（一）判断方法

（1）表面温度及温升判断法：温升是指被测设备表面温度和环境温度参照体表面温度之差。主要适用于电流致热型和电磁效应引起发热的设备，根据测得的设备表面温度值，对照 GB/T 11022 中高压开关设备和控制设备各种部件、材料及绝缘介质的温度和温升极限的有关规定（详细规定见附录 A），结合环境气候条件、负荷大小进行分析判断。凡温度（或温升）超过标准者可根据设备温度超标的程度、设备负荷率的大小、设备的重要性及设备承受机械应力的大小来确定设备缺陷的性质。

某些设计制造不合理的电气设备用导磁材料作外壳，而且没有采取限制磁通的措施，因涡流损耗大而发热。对涡流引起设备金属表面发热在分析时，可用表面温度判断法进行分析判断。

（2）温差判断法：温差值是指不同被测设备或同一被测设备不同部位之间的温度差。对与电压致热的设备（如电压互感器、耦合电容器、避雷器等），根据同类设备的正常及异常状态的热成像图，结合表 A－3 进行分析判断。必要时可配合色谱及电气试验结果综合分析，确定缺陷的性质及处理意见。一旦温差值超对标准，视为危急缺陷。

（3）相对温差判断法：主要适用于电流致热型设备。特别是对小负荷电流致热型设备，采用相对温差判断法可降低小负荷缺陷的漏判率。对电流至热型设备，发热点温升值小于 15K 时，不宜采用相对温差判断法。

对电流致热型设备，若发现设备的导流部分热态异常，应按式（2－8－1）算出相对温差值，再按附录 B，进行分析判断，即

$$\delta_t = (\tau_1 - \tau_2) / \tau_1 \times 100\% = (T_1 - T_2) / (T_1 - T_0) \times 100\% \qquad （3-3）$$

式中 τ_1 和 T_1 ——发热点的温升和温度；

τ_2 和 T_2 ——正常相对应点的温升和温度；

T_0 ——环境温度参照体的温度。

（4）同类比较判断法：根据同组三相设备、同相设备之间及同类设备之间对应部位的温差，结合温差判断法、相对温差判断法进行比较分析、判断。

（5）图像特征判断法：主要适用于电压致热型设备。根据同类设备的正常状态和异常状态的热像图，判断设备是否正常。注意尽量排除各种干扰因素对图像的影响，必要时结合电气试验或化学分析的结果，进行综合判断。

（6）档案分析判断法：分析同一设备不同时期的温度场分布，找出设备致热参数的变化，判断设备是否正常。

（7）实时分析判断法：在一段时间内使用红外热像仪连续检测某被测设备，观察设备温度随负荷、时间等因素变化的方法。

（二）判断依据

（1）电流致热型设备的判断依据详细见表 A-2。

（2）电压致热型设备的判断依据详细见表 A-3。

（3）当缺陷是由两种或两种以上因素引起的，应综合判断缺陷性质。对于磁场和漏磁引起的过热可依据电流致热型设备的判据进行处理。

（三）缺陷类型的确定及处理方法

根据过热缺陷对电气设备运行的影响程度将缺陷分为以下三类：

1. 一般缺陷

（1）指设备存在过热，有一定温差，温度场有一定梯度，但不会引起事故的缺陷。这类缺陷一般要求记录在案，注意观察其缺陷的发展，利用停电机会检修，有计划地安排试验检修消除缺陷。

（2）当发热点温升值小于 15K 时，不宜采用附录 B 的规定确定设备缺陷的性质。对于负荷率小、温升小但相对温差大的设备，如果负荷有条件或机会改变时，可在增大负荷电流后进行复测，以确定设备缺陷的性质，当无法改变时，可暂定为一般缺陷，加强监视。

2. 严重缺陷

（1）指设备存在过热，程度较重，温度场分布梯度较大，温差较大的缺陷。这类缺陷应尽快安排处理。

（2）对电流致热型设备，应采取必要的措施，如加强检测等，必要时降低负荷电流。

（3）对电压致热型设备，应加强监测并安排其他测试手段，缺陷性质确认后，立即采取措施消缺。

（4）电压致热型设备的缺陷一般定为严重及以上的缺陷。

3. 危急缺陷

（1）指设备最高温度超过 GB/T 11022 规定的最高允许温度的缺陷。这类缺陷应立即安排处理。

（2）对电流致热型设备，应立即降低负荷电流或立即消缺。

（3）对电压致热型设备，当缺陷明显时，应立即消缺或退出运行，如有必要，可安排其他试验手段，进一步确定缺陷性质。

（四）检测报告编写

检测工作结束后，应在 15 个工作日内将试验报告整理完毕并录入系统。对于存在缺陷设备应提供检测报告，检测报告填写应包括天气情况、环境温度、湿度、检测日期、检测人员、发热设备名称、具体发热部位、三相温度、环境参照体温度、风速、温差、相对温差、负荷电流、额定电流/电压、测试仪器（厂家/型号）红外图像（图像应有必要信息的描述，如测试距离、反射率、测试具体时间等）、可见光图（必要时），备注栏写明其他需要注意的内容。

示例：2022 年 01 月 20 日，正值迎峰度冬期间，国网宁夏超高压公司贺兰山运维中心徐家庄变电站运维人员陈民，在进行例行红外测温工作时发现，330kV 徐莲 I 线 33121 隔离开关 C 相刀口异常发热。结合以上情况，按照国网宁夏电力有限公司相关安全管理要求，于 2022 年 01 月 20 日开展进一步精确测温，做以下红外热像检测记录及报告。

表 3-8-1　　　　　　　　　红 外 热 像 检 测 记 录

一、基本信息							
变电站	徐家 330kV 变电站	检测单位	贺兰山运维中心	试验性质	诊断性	大气压力（MPa）	88.5
试验日期	2022.01.20	试验天气	晴	温度（℃）	10	湿度（%）	30
报告日期	2022.01.20	检测人员	陈×	审核人员	李×	批准人员	马×

二、检测数据								
序号	间隔名称	设备名称	缺陷部位	表面温度	正常温度	环境温度	负荷电流	图谱编号	备注（辐射系数/风速/距离等）
1	330kV 徐莲 I 线	33121 隔离开关 C 相	33121 刀口	37.4℃	15.9℃	10℃	363.65A	20220120110	0.92（辐射系数）、1m/s（风速）、10m（距离）
2								
3								
4								
5								
6								
7								
8								
...								

检测仪器	FLIR T630 型红外热像仪
检测结论	一般缺陷
备注	可能因为刀口螺丝接触不良或者螺栓被腐造成电阻过大发热

表 3-8-2 红外热像检测报告

检测日期： 2022 年 01 月 20 日

一、基本信息

变电站名称	330kV 徐家庄变电站	间隔单元	330kV 徐莲Ⅰ线
设备名称	33121 刀口	相别	C 相
设备类别	隔离开关	位置备注	330kV 徐莲Ⅰ线 331267 地刀上方 33121 C 相刀口
辐射系数	0.92	测试距离	10m
环境湿度	30%	风速	1m/s
环境温度 T_0	10℃	热点温度	37.4℃
负荷电流	363.65A	额定电流	3150A
运行电压	349.1kV	额定电压	363kV
检测人员	陈×	审核人员	李×

二、检测分析

名称	图谱
异常相红外	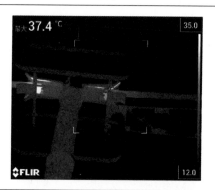
异常相可见光	

续表

名称	图谱
正常相红外	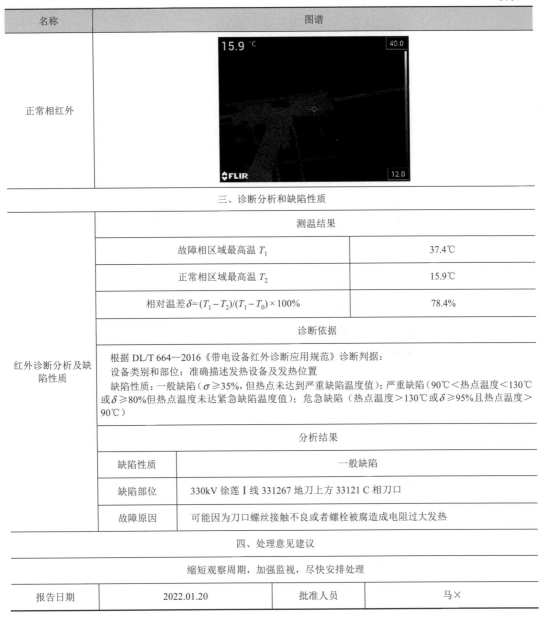

三、诊断分析和缺陷性质

红外诊断分析及缺陷性质	测温结果	
	故障相区域最高温 T_1	37.4℃
	正常相区域最高温 T_2	15.9℃
	相对温差 $\delta = (T_1 - T_2)/(T_1 - T_0) \times 100\%$	78.4%
	诊断依据	
	根据 DL/T 664—2016《带电设备红外诊断应用规范》诊断判据： 设备类别和部位：准确描述发热设备及发热位置 缺陷性质：一般缺陷（$\sigma \geqslant 35\%$，但热点未达到严重缺陷温度值）；严重缺陷（90℃＜热点温度＜130℃ 或 $\delta \geqslant 80\%$ 但热点温度未达紧急缺陷温度值）；危急缺陷（热点温度＞130℃ 或 $\delta \geqslant 95\%$ 且热点温度＞90℃）	
	分析结果	
	缺陷性质	一般缺陷
	缺陷部位	330kV 徐莲 I 线 331267 地刀上方 33121 C 相刀口
	故障原因	可能因为刀口螺丝接触不良或者螺栓被腐造成电阻过大发热

四、处理意见建议

缩短观察周期，加强监视，尽快安排处理			
报告日期	2022.01.20	批准人员	马×

【任务小结】

本任务明确了电力设备红外热像的检测和分析,介绍了红外热像检测的危险点分析及控制措施、检测前的准备工作、步骤及要求、测试注意事项和对检测结果的分析。通过完成本项任务，学员可以掌握电力设备红外热像的检测方法，锻炼实际操作能力，提高技能水平。

附 录 A

（资料性附录）

表 A-1 高压开关设备和控制设备各种部件、材料和绝缘介质的温度和温升极限

部件、材料和绝缘介质的类别 （见说明1、说明2和说明3）	最大值	
	温度（℃）	周围空气温度不超过40℃时的温升（K）
触头（见说明4）： （1）裸铜或裸铜合金： 1）在空气中； 2）在 SF_6（六氟化硫）中（见说明5）； 3）在油中。 （2）镀银或镀镍（见说明6）： 1）在空气中； 2）在 SF_6（六氟化硫）中（见说明5）； 3）在油中。 （3）镀锡（见说明6）： 1）在空气中； 2）在 SF_6（六氟化硫）中（见说明5）； 3）在油中	 75 105 80 105 105 90 90 90 90	 35 65 40 65 65 50 50 50 50
用螺栓或与其等效的联结（见说明4）： （1）裸铜、裸铜合金或裸铝合金： 1）在空气中； 2）在 SF_6（六氟化硫）中（见说明5）； 3）在油中。 （2）镀银或镀镍： 1）在空气中； 2）在 SF_6（六氟化硫）中（见说明5）； 3）在油中。 （3）镀锡： 1）在空气中； 2）在 SF_6（六氟化硫）中（见说明5）； 3）在油中	 90 115 100 115 115 100 105 105 100	 50 75 60 75 75 60 65 65 60
其他裸金属制成的或其他镀层的触头、联结	见说明7	见说明7
用螺钉或螺栓与外部导体连接的端子（见说明8）： （1）裸的； （2）镀银、镀镍或镀锡； （3）其他镀层	 90 105 见说明7	 50 65 见说明7
油断路器装置用油（见说明9和说明10）	90	50
用作弹簧的金属零件	见说明11	见说明11

续表

部件、材料和绝缘介质的类别 （见说明1、说明2和说明3）	最大值	
	温度（℃）	周围空气温度不超过40℃ 时的温升（K）
绝缘材料以及与下列等级的绝缘材料接触的金属材料（见说明12）：		
（1）Y；	90	60
（2）A；	105	65
（3）E；	120	80
（4）B；	130	90
（5）F；	155	115
（6）瓷漆：油基；	100	60
合成：	120	80
（7）H；	180	140
（8）C 其他绝缘材料	见说明13	见说明13
除触头外，与油接触的任何金属或绝缘件	100	60
可触及的部件：		
（1）在正常操作中可触及的；	70	30
（2）在正常操作中不需触及的	80	40

在现场测量时由于环境温度不断变化，当环境温度高于40℃时，附录A中所列"温升"作为参考值，以"温差"作为判断值。

说明1：按其功能，同一部件可以属于本表列出的几种类别。在这种情况下，允许的最高温度和温升值是相关类别中的最低值。

说明2：对真空开关装置，温度和温升的极限值不适用于处在真空中的部件。其余部件不应该超过本表给出的温度和温升值。

说明3：应注意保证周围的绝缘材料不遭到损坏。

说明4：当接合的零件具有不同的镀层或一个零件是裸露的材料制成的，允许的温度和温升应该是：

a）对触头，表项1中有最低允许值的表面材料的值；

b）对联结，表项2中的最高允许值的表面材料的值。

说明5：SF$_6$是指纯SF$_6$或SF$_6$与其他无氧气体的混合物。

注1：由于不存在氧气，把SF$_6$开关设备中各种触头和连接的温度极限加以协调看来是合适的。在SF$_6$环境下，裸铜和裸铜合金零件的允许温度极限可以等于镀银或镀镍零件的值。在镀银零件的特殊情况下，由于摩擦腐蚀效应，即使在SF$_6$无氧的条件下，提高其允许温度也是不合适的。因此镀锡零件仍取原来的值。

注2：裸铜和镀银触头在SF$_6$中的温升正在考虑中。

说明6：按照设备有关的技术条件，即在关合和开断试验（如果有的话）后、在短时耐受电流试验后或在机械耐受试验后，有镀层的触头在接触区应该有连续的镀层，不然触头应该被看作是"裸露"的。

说明7：当使用表A.1中没有给出的材料时，应该研究它们的性能，以便确定最高的允许温升。

说明8：即使和端子连接的是裸导体，这些温度和温升值仍是有效的。

说明9：在油的上层。

说明10：当采用低闪点的油时，应当特别注意油的汽化和氧化。

说明11：温度不应该达到使材料弹性受损的数值。

说明12：绝缘材料的分级在GB/T 11021中给出。

说明13：仅以不损害周围的零部件为限

表 A-2　　　　　　　　　　　　电流致热型设备缺陷诊断判据

设备类别和部位		热像特征	故障特征	缺陷性质			处理建议	备注
				一般缺陷	严重缺陷	危急缺陷		
电气设备与金属部件的连接	接头和线夹	以线夹和接头为中心的热像，热点明显	接触不良	温差超过15K，未达到严重缺陷的要求	热点温度>80℃或δ≥80%	热点温度>110℃或δ≥95%		δ相对温差，如附录B的图B.7、图B.8和图B.16所示
金属导线		以导线为中心的热像，热点明显	松股、断股、老化或截面积不够					
金属部件与金属部件的连接	接头和线夹	以线夹和接头为中心的热像，热点明显	接触不良	温差超过15K，未达到严重缺陷的要求	热点温度>90℃或δ≥80%	热点温度>130℃或δ≥95%		如附录B的图B.42所示
输电导线的连接器（耐张线夹、接续管、修补管、并沟线夹、跳线线夹、T形线夹、设备线夹等）								如附录B的图B.41所示
隔离开关	转头	以转头为中心的热像	转头接触不良或断股					如附录B的图B.43所示
	刀口	以刀口压接弹簧为中心的热像	弹簧压接不良				测量接触电阻	如附录B的图B.45所示
断路器	动静触头	以顶帽和下法兰为中心的热像，顶帽温度大于下法兰温度	压指压接不良	温差超过10K，未达到严重缺陷的要求	热点温度>55℃或δ≥80%	热点温度>80℃或δ≥95%	测量接触电阻	内外部的温差为50～70K，如附录B的图B.46和图B.48所示
	中间触头	以下法兰和顶帽为中心的热像，下法兰温度大于顶帽温度						内外部的温差为40～60K，如附录B的图B.47所示
电流互感器	内连接	以串并联出线头或大螺杆出线头为最高温度的热像或以顶部铁帽发热为特征	螺杆接触不良	温差超过10K，未达到严重缺陷的要求	热点温度>55℃或δ≥80%	热点温度>80℃或δ≥95%	测量一次回路电阻	内外部的温差为30～45K，如附录B的图B.9所示
套管	柱头	以套管顶部柱头为最热的热像	柱头内部并线压接不良					如附录B的图B.31和图B.33所示
电容器	熔丝	以熔丝中部靠电容侧为最热的热像	熔丝容量不够				检查熔丝	环氧管的遮挡，如附录B的图B.13所示
	熔丝座	以熔丝座为最热的热像	熔丝与熔丝座之间接触不良				检查熔丝座	如附录B的图B.13所示

表 A-3　　　　　　　　　　　　电压致热型设备缺陷诊断判据

设备类别		热像特征	故障特征	温差（K）	处理建议	备注
电流互感器	10kV 浇注式	以本体为中心整体发热	铁芯短路或局部放电增大	4	伏安特性或局部放电量试验	
	油浸式	以瓷套整体温升增大，且瓷套上部温度偏高	介质损耗偏大	2～3	介质损耗、油色谱、油中含水量检测	含气体绝缘的，如附录 B 的图 B.6 所示
电压互感器（含电容式电压互感器的互感器部分）	10kV 浇注式	以本体为中心整体发热	铁芯短路或局部放电量增大	4	特性或局部放电量试验	
	油浸式	以整体温升偏高，且中上部温度高	介质损耗偏大、匝间短路或铁芯损耗增大	2～3	介质损耗、空载、油色谱及油中含水量测量	铁芯故障特征相似，温升更明显
耦合电容器	油浸式	以整体温升偏高或局部过热，且发热符合自上而下逐步的递减的规律	介质损耗偏大，电容量变化、老化或局部放电	2～3	介质损耗测量	如附录 B 的图 B.10、图 B.11、图 B.12 和图 B.17 所示
移相电容器		热像一般以本体上部为中心的热像图，正常热像最高温度一般在宽面垂直平分线的 2/3 高度左右，其表面温升略高，整体发热或局部发热	介质损耗偏大，电容量变化、老化或局部放电			采用相对温差判别即 $\delta > 20\%$ 或有不均匀热像，如附录 B 的图 B.14 和图 B.15 所示
高压套管		热像特征呈现以套管整体发热热像	介质损耗偏大		介质损耗测量	穿墙套管或电缆头套管温差更小
		热像为对应部位呈现局部发热区故障	局部放电故障，油路或气路的堵塞			
充油套管	瓷瓶柱	热像特征是以油面处为最高温度的热像，油面有一明显的水平分界线	缺油			如附录 B 的图 B.30、图 B.31 和图 B.36 所示
氧化锌避雷器	10～60kV	正常为整体轻微发热，较热点一般在靠近上部且不均匀，多节组合从上到下各节温度递减，引起整体发热或局部发热为异常	阀片受潮或老化	0.5～1	直流和交流试验	合成套比瓷套温差更小，如附录 B 的图 B.18、图 B.19 和图 B.20 所示
绝缘子	瓷绝缘子	正常绝缘子串的温度分布同电压分布规律，即呈现不对称的马鞍型，相邻绝缘子温差很小，以铁帽为发热中心的热像图，其比正常绝缘子温度高	低值绝缘子发热（绝缘电阻在 10～300MΩ）	1		如附录 B 的图 B.40 所式

续表

设备类别		热像特征	故障特征	温差（K）	处理建议	备注
绝缘子	瓷绝缘子	发热温度比正常绝缘子要低，热像特征与绝缘子相比，呈暗色调	零值绝缘子发热（0～10MΩ）	1		如附录 B 的图 B.40 所示
		其热像特征是以瓷盘（或玻璃盘）为发热区的热像	由于表面污秽引起绝缘子泄漏电流增大	0.5		如附录 B 的图 B.39 所示
	合成绝缘子	在绝缘良好和绝缘劣化的结合处出现局部过热，随着时间的延长，过热部位会移动	伞裙破损或芯棒受潮	0.5～1		如附录 B 的图 B.37 所示
		球头部位过热	球头部位松脱、进水			如附录 B 的图 B.38 所示
电缆终端		以整个电缆头为中心的热像	电缆头受潮、劣化或气隙	0.5～1		采用相对温差判别即 $\delta >$ 20%或有不均匀热像
		以护层接地连接为中心的发热	接地不良	5～10		
		伞裙局部区域过热	内部可能有局部放电	0.5～1		
		根部有整体性过热	内部介质受潮或性能异常			

表 A-4   风速、风级的关系表

风力等级	风速（m/s）	地面特征
0	0～0.2	静烟直上
1	0.3～1.5	烟能表示方向，树枝略有摆动，但风向标不能转动
2	1.6～3.3	人脸感觉有风，树枝有微响，旗帜开始飘动，风向标能转动
3	3.4～5.4	树叶和微枝摆动不息，旌旗展开
4	5.5～7.9	能吹起地面灰尘和纸张，小树枝摆动
5	8.0～10.7	有叶的小树摇摆，内陆水面有水波
6	10.8～13.8	大树枝摆动，电线呼呼有声，举伞困难
7	13.9～17.1	全树摆动，迎风行走不便

  在现场测量时，根据表 A-4 中所列的现象，判断风速的大小，以便进行一般检测和精确检测。

  一般检测时环境温度一般不低于 5℃，相对湿度一般不大于 85%，天气以阴天、多云为宜，最好在夜间进行，在室内或晚上检测应避开灯光直射，宜闭灯检测。风速一般不大于 5m/s，应尽量避开视线中的封闭遮挡物。检测电流致热设备，最好在高峰负荷下进行。否则，一般应在不低于 30%的额定负荷下进行，同时应充分考虑小负荷电流充对测试结

果的影响。

精确检测时除了满足上述要求外，还应满足：风速一般不大于 0.5m/s；设备通电时间不小于 6h，最好在 24h 以上；检测期间天气为阴天、夜间或晴天日落 2h 后；被检测设备周围应具有均衡的背景辐射，应尽量避开附近热辐射源的干扰，在某些设备被检时还应避开人体热源等的红外辐射；避开强电磁场，防止强电磁场影响红外热像仪的正常工作。

表 A-5 常用材料发射率的参考值

材料	温度（℃）	发射率近似值	材料	温度（℃）	发射率近似值
抛光铝或铝箔	100	0.09	棉纺织品（全颜色）	—	0.95
轻度氧化铝	25～600	0.10～0.20	丝绸	—	0.78
强氧化铝	25～600	0.30～0.40	羊毛	—	0.78
黄铜镜面	28	0.03	皮肤	—	0.98
氧化黄铜	200～600	0.59～0.61	木材	—	0.78
抛光铸铁	200	0.21	树皮	—	0.98
加工铸铁	20	044	石头	—	0.92
完全生锈轧铁板	20	0.69	混凝土	—	0.94
完全生锈氧化钢	22	0.66	石子	—	0.28～0.44
完全生锈铁板	25	0.80	墙粉	—	0.92
完全生锈铸铁	40～250	0.95	石棉板	25	0.96
镀锌亮铁板	28	0.23	大理石	23	0.93
黑亮漆（喷在粗糙铁上）	26	0.88	红砖	20	0.95
黑或白漆	38～90	0.80～0.95	白砖	100	0.90
平滑黑漆	38～90	0.96～0.98	白砖	1000	0.70
亮漆	—	0.90	沥青	0～200	0.85
非亮漆	—	0.95	玻璃（面）	23	0.94
纸	0～100	0.80～0.95	碳片	—	0.85
不透明塑料	—	0.95	绝缘片	—	0.91～0.94
瓷器（亮）	23	0.92	金属片	—	0.88～0.90
电瓷	—	0.90～0.92	环氧玻璃板	—	0.80
屋顶材料	20	0.91	镀金铜片	—	0.30
水	0～100	0.95～0.96	涂焊料的铜	—	0.35
冰	—	0.98	铜丝	—	0.87～0.88

表 A-6　　　　　　　　　　精确测量红外热像仪的基本要求

技术内容		技术要求	备注说明
探测器	探测器类型	焦平面、非制冷	
图像、光学系统	响应波长范围	长波（8~14μm）	
	空间分辨率（瞬时视场、FOV）	不大于 1.5 毫弧度（标准镜头配置）	长焦镜头不大于 0.7 毫弧度
	温度分辨率	不大于 0.1℃	30℃ 时
	帧频	高于 25Hz	线路航测、车载巡检等应不低于 50Hz
	聚焦范围	0.5m~无穷远	
	视频信号制式	PAL	
	信号数字化分辨率	不低于 12bit	
	镜头扩展能力	能安装长焦距镜头	
	像素	不低于 320×240	
温度测量	范围	标准范围：−20~200℃ 并可扩展至更宽的范围	
	测温准确度	±2% 或 ±2℃	取绝对值大者
	发射率 ε	0.01~1 连续可调	以 0.01 为步长
	背景温度修正	可	
	温度单位设置	℃ 和 ℉ 相互转换	
	大气透过率修正	可	应包括目标距离、湿度，环境温度
	光学透过率修正	可	
	温度非均匀性校正	有	有内置黑体和外置两种，建议选取内置黑体型的
显示功能	黑白图像（灰度）	有，且能反相	
	伪彩色图像	有，且能反相	
	伪彩色调色色板	应至少包括铁色和彩虹	
	测量点温	有，至少三点	最高温度跟踪
	温差功能	有	
	温度曲线	有	
	区域温度功能	显示区域的最高温度	
	各参数显示	有	
	存储内容	红外热像图及各种参数	各参数应包括：时间日期、物体的发射率、环境温度湿度、目标距离、所使用的镜头、所设定的温度范围
记录存储	存储方式	能够记录并导出	

续表

技术内容		技术要求	备注说明
记录存储	存储内容	红外热像图及各种参数	各参数应包括： 时间日期、物体的发射率、环境温度湿度、目标距离、所使用的镜头、所设定的温度范围
	储存容量	500 幅以上图像	
	屏幕冻结	可	
信号输出	视频输出	有	
工作环境	工作环境	温度：−10～50℃ 湿度：≤90%	
	仪器封装	符合 IP54 IEC 359	
	电磁兼容	符合 IEC 61000	
	抗冲击和振动	符合 IEC 60068	
存放环境	存放环境	温度：−20～60℃ 湿度：≤90%	
电源	交流电源	220V 50Hz	
	直流电池	可充电锂电池，一组电池连续工作时间不小于 2h，电池组应不少于三组	
人机界面	操作界面	中文或英文	以中文为佳
	操作方式	按键控制	
	人体工程学	要求眼不离屏幕即可完成各项操作，操作键要少	按键设置合理按键主要不应用眼睛到处找
仪器其他	仪器启动	启动时间小于 1min	
	携带	高强度抗冲击的便携箱	
	重量	<3kg	标配含电池
	显示器	角度可调整，并且有防杂光干扰能力	
	固定使用	有三脚架安装孔	
软件	操作界面	全中文界面	
	操作系统	Windows9x/2000/XP 或以上版本	
	加密	无	
	图像格式转换	有，转成通用格式	转成 bmp 格式或 jpg 格式

续表

技术内容		技术要求	备注说明
记录存储	存储方式	能够记录并导出	
	热像图分析	点、线、面分析 等温面分析 各参数的调整	
	热像报告	报告内容应能体现各设置参数	从热像图中自动生成
	报告格式	能根据用户要求定制	
	软件二次开发	能根据用户要求开发	

表 A-7　　　　　　　一般测量红外热像仪的基本要求模板

技术内容		技术要求	备注说明
探测器	探测器类型	焦平面、非制冷	微量热型探测器
	响应波长范围	长波，（8~14μm）	
图像、光学系统	空间分辨率 （瞬时视场、FOV）	不大于 1.9 毫弧度（标准镜头配置）	
	温度分辨率	不大于 0.15℃	30℃时
	帧频	不低于 25Hz	
	像素	不低于 160×120	
温度测量	范围	标准范围：-20~200℃ 并可扩展至更宽的范围	
	测温准确度	±2%或±2℃	取绝对值大者
	发射率 ε	0.01~1 连续可调	以 0.01 为步长
	背景温度修正	可	
	温度单位设置	℃和℉相互转换	
显示功能	黑白图像（灰度）	有，且能反相	
	伪彩色图像	有，且能反相	
	伪彩色调色色板	应至少包括铁色和彩虹	
	测量点温	有，起码一点	最高温度跟踪
	各参数显示	有	
记录存储	存储容量	不少于 50 幅	
	屏幕冻结	可	
	数据传输	USB 接口或 SD 卡存储	
工作环境	工作环境	温度-10~50℃ 湿度 10%~90%	

技术内容		技术要求	备注说明
工作环境	仪器封装	符合 IP54 IEC 359	
	电磁兼容	符合 IEC 61000	
	抗冲击和振动	符合 IEC 60068	
存放环境	存放环境	温度−20～70℃ 湿度 10%～90%	
电源	交流电源	220V 50Hz	
	直流电池	可充电锂电池，一组电池连续 开机时间不小于 2h	
人机界面	操作界面	中文或英文	以中文为佳
	操作方式	按键控制	
仪器其他	仪器启动	启动时间小于 1min	
	携带	高强度抗冲击的便携箱	
	重量	＜1kg	标配含电池
	固定使用	有三脚架安装孔	

表 A−8 在线型红外热像仪的基本要求模板

技术要求		技术内容	备注说明
探测器	探测器类型	焦平面、非制冷	
	响应波长范围	长波 8～14μm	
温度测量	温度分辨率	0.1℃	
	帧频	不低于 25Hz	
	聚集范围	0.5m～无穷远	
	视频信号制式	PAL	
	信号数字化分辨率	不低于 12bit	
	镜头相对孔径、F	按实际情况选定	
	镜头扩展能力	能安装长焦距镜头	
	像素	不低于 160×120	
	范围	标准范围：−20～500℃	
		并可扩展至更宽的范围	
	测温准确度	±2%或±2℃	取绝对值大者
	发射率ε	0.01～1 连续可调	
	背景温度修正	可	
	温度单位设置	℃和℉相互转换	

续表

技术要求		技术内容	备注说明
温度测量	大气透过率修正	可	
	光学透过率修正	可	
	温度非均匀性校正	有	
工作环境	连续稳定工作时间	不小于 10h	（也可根据用户要求确定更长时间）
	接口方式	RS485	
	工作环境	温度−20～60℃ 湿度 10%～90%	
	仪器封装	符合 IP67	
	电磁兼容	符合 IEC 61000	
	抗冲击和振动	符合 IEC 60068	

附 录 B
（资料性附录）
电气设备红外缺陷典型图谱

B.1 变压器类设备

变压器类设备红外缺陷典型图谱如图 B−1～图 B−6 所示。

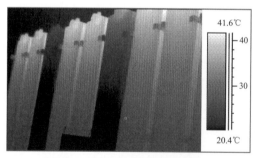

图 B−1 变压器散热器进油管关上

图 B−2 变压器磁屏蔽不良

图 B−3 变压器低压侧涡流引起发热

图 B−4 变压器漏磁通引起的螺栓发热

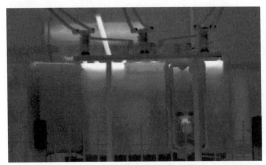

图 B-5　变压器散热风扇马达

图 B-6　互感器介损偏高发热，B 相

B.2　互感器类设备

互感器类设备红外缺陷典型图谱如图 B-7～图 B-9 所示。

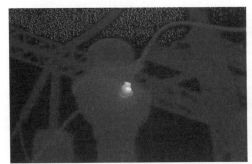

图 B-7　互感器变比接头发热

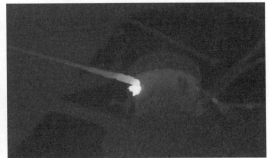

图 B-8　电流互感器接头发热

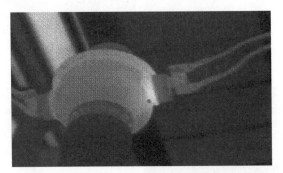

图 B-9　互感器内接头发热

B.3　电容器类设备

电容器类设备红外缺陷典型图谱如图 B-10～图 B-17 所示。

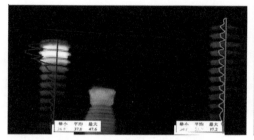

图 B-10　耦合电容器电容量减少 10%，
引起发热

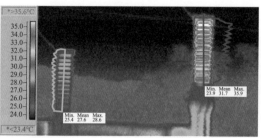

图 B-11　耦合电容器介损超标，发热

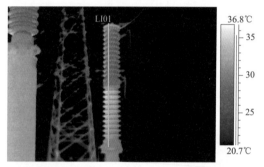

图 B-12　耦合电容器下节介损偏大发热

图 B-13　电容器熔丝发热

图 B-14　电容器局部发热

图 B-15　电容器介损偏大引起发热

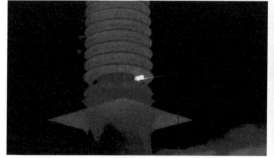

图 B-16　耦合电容器电容接头发热

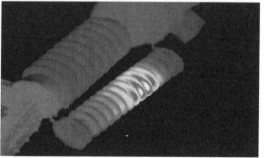

图 B-17　断路器并联电容发热

B.4 避雷器类设备

避雷器类设备红外缺陷典型图谱如图 B-18～图 B-20 所示。

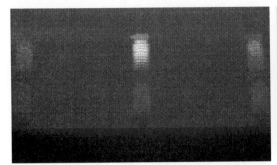

图 B-18 220kV 氧化锌避雷器发热

图 B-19 110kV 氧化锌避雷器发热

图 B-20 220kV 避雷器发热

B.5 电缆类设备

电缆类设备红外缺陷典型图谱如图 B-21～图 B-29 所示。

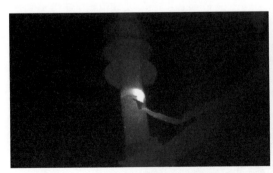

图 B-21 电缆屏蔽层发热，电场不均匀

图 B-22 电缆接头发热，连接不良

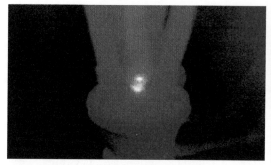

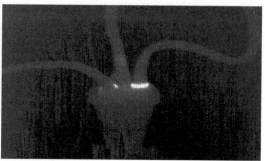

图 B-23　10kV 油纸电缆接头发热，
终端电容放电

图 B-24　10kV 油纸电缆接头发热，
分相处电容放电

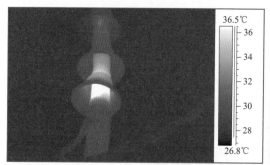

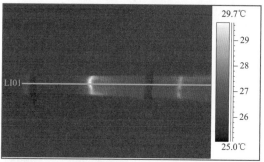

图 B-25　电缆头包接不良，发热

图 B-26　穿墙套管异常发热，套管浇注问题

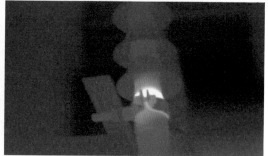

图 B-27　电缆护套受损，发热

图 B-28　35kV 交联电缆终端场
强不均匀，发热

图 B-29　35kV 电缆接头发热，接触不良

B.6　套管类设备

套管类设备红外缺陷典型图谱如图 B-30～图 B-36 所示。

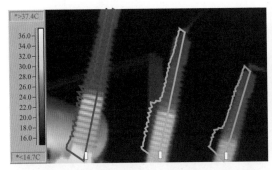

图 B-30　变压器的套管温度异常，套管缺油

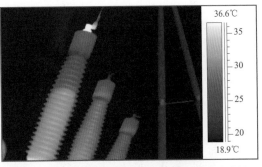

图 B-31　变压器套管发热套管缺油及柱头发热

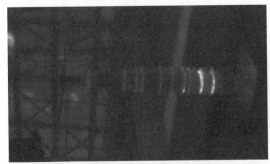

图 B-32　穿墙套管发热，套管外表污秽

图 B-33　套管柱头发热，内联接接触不良

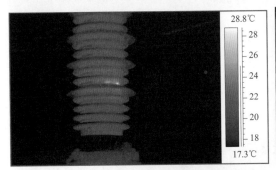

图 B-34　套管伞裙套粘接不良发热

图 B-35　穿墙套管的钢板发热，电磁环流

图 B-36　变压器一套管发暗，套管缺油

B.7　绝缘子类

绝缘子类设备红外缺陷典型图谱如图 B-37～图 B-40 所示。

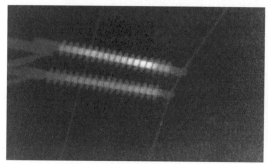

图 B-37　合成绝缘子内部受潮，发热

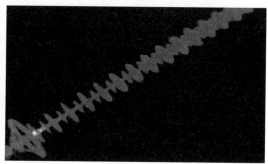

图 B-38　合成绝缘子端部棒芯受潮，发热

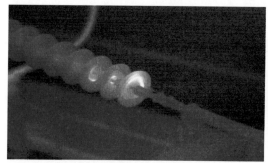

图 B-39　瓷绝缘子发热，表面污秽

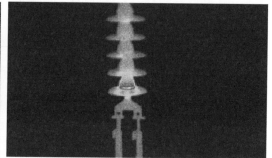

图 B-40　瓷绝缘子低值，发热

B.8　金属连接类设备

金属连接类设备红外缺陷典型图谱如图 B-41～图 B-45 所示。

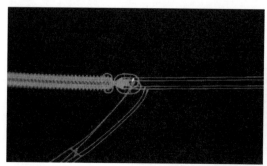

图 B-41　500kV 线路线夹发热，接触不良

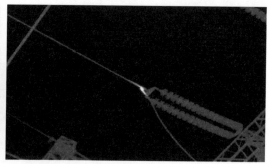

图 B-42　220kV 线夹发热，接触不良

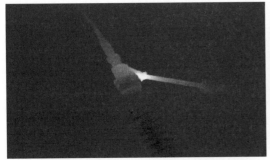

图 B-43 刀闸内转头发热，接触不良

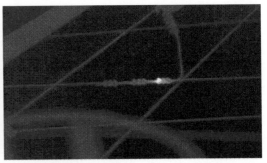

图 B-44 线路夹头发热，接触不良

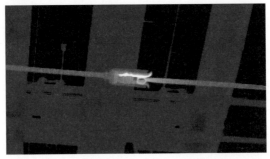

图 B-45 刀闸刀口发热，刀口弹簧压接触不良

B.9 开关类设备

开关类设备红外缺陷典型图谱如图 B-46～图 B-49 所示。

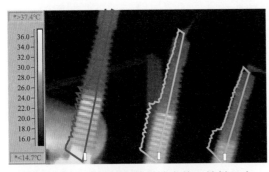

图 B-46 断路器内静触头发热，接触不良

图 B-47 断路器中间触头发热，接触不良

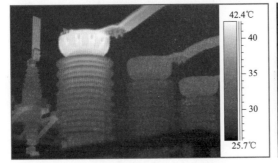

图 B-48 断路器触头发热，内部接触不良

图 B-49 断路器支柱发热，支柱磁套污秽

任务九：紫外成像带电检测

【任务描述】

本任务主要针对紫外成像带电检测，通过接受放电产生的太阳日盲区内的紫外信号，经过处理与可见光图像叠加，从而确定电晕位置和强度，根据检测数据对高压设备表面放电及可能存在的故障进行分析判断。

【任务目标】

知识目标	掌握紫外成像带电检测分析方法和技术要求
技能目标	能够按照标准化检测流程完成紫外成像带电检测，掌握检测结果分析及报告编写技能
素质目标	通过任务实施，保证测试流程标准化，树立安全意识、风险防范意识，养成细心、严谨的岗位工作态度

【知识与技能】

一、检测目的

紫外成像带电检测能够接受放电产生的太阳日盲区内的紫外信号，经过处理与可见光图像叠加，从而确定电晕位置和强度，是目前对高压设备表面放电的一种可靠的检测方法。本任务详细描述了紫外成像带电检测，使学员能够熟练掌握仪器使用步骤，并根据检测数据对故障进行判断。

二、检测仪器

（一）紫外仪组成部分

1. 紫外镜头

由紫外仪工作原理知，从信号源传输到成像镜头的除了信号源自身的紫外辐射，还有被信号源反射的背景光（包括可将光、紫外光和红外光等）。选用紫外光成像镜头能减少背景噪声，从而检测出信号源自身辐射的紫外光图像。紫外镜头的透镜采用在 $0.2\sim0.4\mu m$ 的光谱范围内的合适材料，如尚矽石和氟化钙。目前，虽然开发了几种玻璃来降低 $0.4\mu m$ 以下的吸收，但其使用仍受限。

2. 紫外光滤光技术

先用宽带紫外光滤光片滤除背景光中的可见光和红外光。再选用"日盲"紫外窄带滤光片滤除背景光中日盲波段外的紫外光，从而得到信号源自身辐射的紫外光图像。实际应用中，在检测紫外信号的同时，为检测背景图像，采用"双光谱成像技术"，使紫外光和背景光分路成像，经增强后，做适时融合处理。使得在保证紫外信号质量的同时，又保留了背景图像的信息。

3. 紫外光增强技术

在紫外成像检测系统中，若直接用对 UV 灵敏的 CCD 探测紫外信号，由于紫外辐射一般比较微弱、强度太小，而探测不到。为解决这个问题，先对紫外信号进行增强放大，然后再进行探测，紫外像增强器可以实现紫外光信号的增强放大。

利用光诸转换技术加微光像增强器同样可实现增强紫外光的目的。由于光谱转换技术及微光像增强器的制造技术都比较成熟，所以实现起来比较容易，过程也比较简单。两种途径各有优缺，前者的优点是分辨率高，但后者实现起来比较简单。

4. 光谱转换技术

现有的光谱转换技术有两种，通过光电阴极进行光谱转换；用转换屏实现光谱转换，前者要研制合适的光电阴极；而后者须研制适当的转换屏。在紫外成像检测系统中，光谱转换可通过紫外光电阴极或紫外光转掖屏来实现。若系统采用光谱转化加微光像增强器结构，则用转换屏比较好。

紫外光作用于转换屏的人射面，经转换屏转化后，出来的光为我们所需的可见见光，对于紫外成像检测技术来说，最主要的是它的分辨率和光谱转换效率。其次，光谱特性、余辉时间、稳定性和寿命也很重要。

分辨率是它分辨图像细节的能力。影响它的因素有发光粉层的厚度、粉的颗粒度、与基地表面的接触状态、屏表面结构的均匀性等。在既要保证足够的光谱转换效率的同时又要保证高的辨率的情况下，选择最佳的粉层厚度是很重要的。

5. CCD

CCD（charge coupled device），中文名称为电荷耦合元件，是一种半导体器件，其作用类似胶片，但它是把光信号转换成电荷信号，可以称为 CCD 图像传感器。CCD 上植入的微小光敏物质称作像素（pixel1），一块 CCD 上包含的像素数越多，其提供的画面分辨率越高。CCD 上有许多排列整齐的光电二极管，能感应光线，并将光信号转变成电信号，经外部采样放大及模数转换电路转换成数字图像信号。

（二）仪器要求

紫外成像仪（如图 3-9-1 所示）应操作简单，携带方便，图像清晰、稳定，具有较高的分辨率和动、静态图像储存功能，在移动巡检时，不出现拖尾现象，对设备进行准确检测且不受环境中电磁场的干扰。

1. 主要技术指标

（1）最小紫外光灵敏度：不大于 $8\times(10\sim18)$ W/cm^2。

（2）最小可见光灵敏度：不大于 0.7Lux。

（3）电晕探测灵敏度：小于 5pC。

2. 功能要求

（1）自动/手动调节紫外线、可见光焦距。

（2）可调节紫外增益。

（3）具备光子数计数功能。

（4）检测仪器应具备抗外部干扰的功能。

（5）测试数据可存储于本机并可导出。

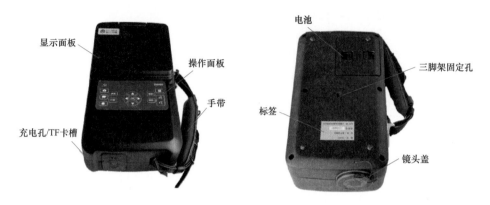

图 3-9-1　紫外成像仪外形图

各组件为：LCD 液晶显示屏、按键操作控制面板、电源充电口和 TF 卡槽、手带、三脚架等固定孔、电池、镜头盖。

三、检测条件

（一）环境要求

（1）应在良好的天气下进行，如遇雷、中（大）雨、雪、雾、沙尘不得进行该项工作。

（2）一般检测时风速宜不大于 5m/s，准确检测时风速宜不大于 1.5m/s。

（3）检测温度不宜低于 5℃。

（4）应尽量减少或避开电磁干扰或强紫外光干扰源。

（二）待测设备要求

被测设备是带电设备，应尽量避开影响检测的遮挡物。

（三）人员要求

进行电力设备紫外成像检测的人员应具备如下条件：

（1）熟悉紫外成像检测技术的基本原理、诊断分析方法。

（2）了解紫外成像检测仪的工作原理、技术参数和性能。

（3）掌握紫外成像检测仪的操作方法。

（4）了解被测设备的结构特点、工作原理、运行状况和导致设备故障的基本因素。

（5）具有一定的现场工作经验，熟悉并能严格遵守电力生产和工作现场的相关安全管理规定。

（6）应经过上岗培训并考试合格。

（四）安全要求

（1）应严格执行《国家电网有限公司电力安全工作规程（变电部分）》的相关要求。

（2）检测时应与设备带电部位保持相应的安全距离。

（3）在进行检测时，要防止误碰误动设备。

（4）行走中注意脚下，防止踩踏设备管道。

四、检测方法

（一）检测前的准备工作

（1）检测前，应了解相关设备数量、型号、制造厂家、安装日期等信息以及运行情况，制定相应的技术措施。

（2）检测前，应制定测试路线，测试路线的选择应包括所有待测设备，不漏项。

（3）配备与检测工作相符的图纸、上次检测的记录、标准化作业工艺卡。

（4）检查环境、人员、仪器、设备满足检测条件。

（5）按相关安全生产管理规定办理工作许可手续。

（二）检测原理

在发生外绝缘局部放电过程中，周围气体被击穿而电离，气体电离后放射光波的频率与气体的种类有关，空气中的主要成分是氮气，氮气在局部放电的作用下电离，电离的氮原子在复合时发射的光谱（波长$\lambda=280\sim400nm$）主要落在紫外光波段。利用紫外成像仪接受放电产生的太阳日盲区内的紫外信号，经过处理与可见光图像叠加，从而确定电晕位置和强度。

1. 导电体表面电晕放电有下列情况

（1）由于设计、制造、安装或检修等原因，形成的锐角或尖端。

（2）由于制造、安装或检修等原因，形成表面粗糙。

（3）运行中导线断股（或散股）。

（4）均压、屏蔽措施不当。

（5）在高电压下，导电体截面偏小。

（6）悬浮金属物体产生的放电。

（7）导电体对地或导电体间间隙偏小。

（8）设备接地不良及其他情况。

2. 绝缘体表面电晕放电有下列情况

（1）在潮湿情况下，绝缘子表面破损或裂纹。

（2）在潮湿情况下，绝缘子表面污秽。

（3）绝缘子表面不均匀覆冰。

（4）绝缘子表面金属异物短接及其他情况。

（三）使用方法

紫外成像仪采用一键式按键控制，操作简单方便，按键操作面板如图3-9-2所示。

1. 开机和关机

如图3-9-2所示，长按"![]"键1s，当指示灯亮起后表示开机，开机后自动进入预设的显示画面。

开机后长按"![]"键1s，当按钮旁边指示灯熄灭后完成关机。

图3-9-2 按键操作面板

2. 相机控制

（1）"▦"为模式按键：实现显示模式的一键式切换，分别为可见光模式、紫外模式以及融合模式。按照如图3-9-3所示的顺序，点击"▦"按钮表示调节成当前模式的下一个工作模式。

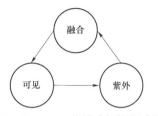

图3-9-3　工作模式切换顺序图

（2）"▣"和"▣"为紫外增益控制按键：实现增益进行一键式调节，调节范围为0%～100%，"▣"为增加增益，"▣"为减小增益。

（3）"▣"和"▣"为变焦控制按键：

1）在融合模式下使用，实现融合大小视场切换，"▣"实现"融合L"模式，"▣"实现"融合H"；

2）在可见光模式下使用，实现可见光的变焦，"变焦＋"将图像拉近，"变焦－"将图像拉远。

（4）"▣"为拍照按键：当插入TF后，点击该按钮可将当前视频区域显示的内容截取成一幅图片存储于TF卡中，并生成Image_xxxx.jpg视频文件，xxxx表示文件编号。

（5）"▣"为录像按键：当插入TF后，实现录像的开始和停止，当按下后图像右上角录像指示开始闪烁表示正在录像，当再次按下后录像指示消失表示录像停止，并生成FILE_MP4_xxxx.mp4视频文件，xxxx表示文件编号。

（6）"▣"为紫外光子数计数按键：实现光子计数框和计数值的显示、切换，有5级可选。

（7）"▣"为参数设置按键：菜单调出与退出，调出菜单后，按照菜单可进行时间设置、录像/图片回放和参数控制，具体见图3-9-2。

（8）"▣"为参数保存按键：对当前已设置的参数进行保存。

3. 参数设置

点击"▣"按键进入参数设置界面如图3-9-4所示。

（1）"积分"为紫外积分：通过"▣"和"▣"按键，选中该选项，通过"▣"和"▣"进行参数设置，"OFF"为关闭积分，"×2"为2倍积分，"×4"为4倍积分，"×8"为8倍积分，"×16"为16倍积分。

（2）"颜色"为紫外颜色：通过"▣"和"▣"按键，选中该选项，通过"▣"和"▣"进行参数设置，可改变紫外融合颜色。

（3）"视频"和"图像"分别表示为录像及拍照文件，数值为相应的文件数：通过"▣"和"▣"按键，选中该选项，通过"▣"可进入文件列表菜单，通过"▣"和"▣"按键选中相应的文件后，通过"▣"可进行回放；通过"▣"和"▣"可以对选中的图像或视频进行删除。

（4）"阈值"为紫外光子数报警阈值：通过"▣"和"▣"按键，选中该选项，通过"▣"和"▣"进行阈值大小参数设置。

（5）"参数"为二级参数设置：通过"▣"和"▣"按键，选中该选项，通过"▣"可进入二级参数菜单如图3-9-5所示。

图 3-9-4 参数设置界面　　　　图 3-9-5 二级参数设置界面

（6）"聚焦"为仪器聚焦设置：通过"▲"和"▼"按键，选中该选项，通过"◀"和"▶"进行参数设置，Auto 为自动聚焦，右下角显示 AF，Manual 为手动聚焦，右下角显示 MF。

（7）"阈值"为紫外光子数报警开关：通过"▲"和"▼"按键，选中该选项，通过"◀"和"▶"进行参数设置，"ON"为开启紫外光子数报警，当紫外光子数超过"阈值"设定值后显示"超限"，否则显示"正常"。

（8）"版本"为仪器软件版本，无法更改。

（9）"时间"为时间设置：通过"▲"和"▼"按键，选中该选项，通过"◉"可进入时间设置，当前闪烁字符可进行修改，通过"◀"和"▶"进行更换参数，修改后通过"◉"退出并保存时间。

（四）检测步骤

（1）开机后，增益设置为最大。根据光子数的饱和情况，逐渐调整增益。

（2）调节焦距，直至图像清晰度最佳。

（3）图像稳定后进行检测，对所测设备进行全面扫描，发现电晕放电部位进行精确检测。

（4）在同一方向或同一视场内观测电晕部位，选择检测的最佳位置，避免其他设备放电干扰。

（5）在安全距离允许范围内，在图像内容完整情况下，尽量靠近被测设备，使被测设备电晕放电在视场范围内最大化，记录此时紫外成像仪与电晕放电部位距离，紫外检测电晕放电量的结果与检测距离呈指数衰减关系，在测量后需要进行校正。

（6）在一定时间内，紫外成像仪检测电晕放电强度以多个相差不大的极大值的平均值为准，并同时记录电晕放电形态、具有代表性的动态视频过程、图片以及绝缘体表面电晕放电长度范围。若存在异常，应出具检测报告。

（五）检测验收

检查检测数据是否准确、完整。

五、检测数据分析与处理

根据设备外绝缘的结构、当时的气候条件及未来天气变化情况、周边微气候环境，综合判断电晕放电对电气设备的影响。

六、检测原始数据和记录

（一）原始数据

在检测后，应注意保存紫外测试原始数据，存放方式如下：

（1）建立一级文件夹，文件夹名称：变电站名＋检测日期（如：××站20150101）。

（2）建立二级文件夹，文件夹名称：设备名称及运行编号（如：×××线2210断路器）。

（3）文件名：设备电晕位置。

（二）检测记录

检测工作完成后，应在15个工作日内完成检测记录整理，记录格式见表3-9-1。

表3-9-1　　　　　　　　紫外成像检测记录

一、基本信息							
变电站		委托单位		试验单位			
试验性质		试验日期		试验人员		试验地点	
报告日期		报告人		审核人		批准人	
试验天气		温度（℃）		湿度（%）			

二、设备铭牌					
运行编号		生产厂家		额定电压	
投运日期		出厂日期		出厂编号	
设备型号					

三、检测数据			
序号	检测位置	紫外图像	可见光图像
1			
2			
3			
4			
5			
...			
仪器增益		测试距离（m）	
光子计数		图像编号	
检测仪器			
诊断分析			
检测结论			

七、紫外成像带电检测案例

示例：2022 年 4 月 18 日上午，运行人员巡视发现，罗山 330kV 变电站 330kV Ⅰ 母 3127 接地刀闸及 330kV Ⅱ 母 3227 接地刀闸刀口均压环处出现"啪啪啪"的放电声响。

2022 年 4 月 18 日下午，检测人员携带紫外成像检测仪进站进行测试，测试结果显示电晕信号较强，光子束为 3 万～4 万。

检测报告如表 3-9-2 所示。

表 3-9-2　　　　　　　　　紫 外 检 测 报 告

变电站	罗山 330kV 变电站	设备类型	一次设备
环境温度（℃）	6.7	环境湿度（%）	30
试验原因	诊断性试验	试验日期	2015.12.09
仪器型号	UV260	编号	201601250012

试验标准：Q/GDW 1168—2013《输变电设备状态检修试验规程》、DL/T 345—2010《带电设备紫外诊断技术应用导则》

罗山 330kV 变电站 330kV 设备区紫外测试数据

序号	设备类型	运行编号	图谱	结论
1	接地刀闸	330kV Ⅰ 母 3127 接地刀闸 A 相		有电晕放电现象
		330kV Ⅰ 母 3127 接地刀闸 B 相		
		330kV Ⅰ 母 3127 接地刀闸 C 相		
		330kV Ⅱ 母 3227 接地刀闸 A 相		

续表

序号	设备类型	运行编号	图谱	结论
1	接地刀闸	330kV Ⅱ 母 3227 接地刀闸 B 相 330kV Ⅱ 母 3227 接地刀闸 C 相		有电晕放电现象

结论	从电晕放电情况来看属于接地刀口部位均压环表面不光滑，有个别划伤及脏污所致电场不均匀造成电晕放电现象出现，电晕放电情况来看不影响设备正常运行			
试验人员	陈×	报告整理	梁×	审核	马×
检测单位	超高压公司变电检修中心电气检测二班			

【任务小结】

本任务明确了紫外成像带电检测的作用和意义，介绍了紫外成像带电检测的仪器、检测条件、准备工作、步骤及原理和对检测数据的分析。通过完成本项任务，学员可以掌握紫外成像带电检测分析方法，锻炼实际操作能力，提高技能水平。

任务十：避雷器泄漏电流带电检测

【任务描述】

本任务主要针对避雷器泄漏电流带电检测，通过对泄漏电流检测方法及操作流程的讲解，检测出避雷器全电流、阻性电流基波及其谐波分量、有功功率、相角等值，其中主要是测量避雷器的全电流和阻性电流基波峰值，根据这两个值的变化来判断避雷器内部是否受潮、金属氧化物阀片是否发生劣化等。

【任务目标】

知识目标	掌握避雷器泄漏电流带电检测方法和技术要求
技能目标	能够按照标准化检测流程完成避雷器泄漏电流带电检测操作，掌握检测结果分析及报告编写技能
素质目标	通过任务实施，保证测试流程标准化，树立安全意识、风险防范意识，养成细心、严谨的岗位工作态度

【知识与技能】

一、检测目的

避雷器泄漏电流检测技术，能够检测避雷器全电流、阻性电流基波及其谐波分量、有功功率、相角等值，其中主要是测量避雷器的全电流和阻性电流基波峰值，根据这两个值的变化来判断避雷器内部是否受潮、金属氧化物阀片是否发生劣化等，是目前对避雷器工况最精准、最稳定的技术监督手段，本课程以典型检测方法为例，详细描述了避雷器泄漏电流的检测方法，使学员能够熟练掌握仪器使用步骤，并根据检测数据对故障进行判断。

二、检测仪器

进行金属氧化物避雷器泄漏电流带电测试时，需进行全电流及参考电压信号取样，取样方式各不相同，按照检测接线图正确连接测试引线和测试仪器，正确进行仪器设置，包括电压选取方式、电压互感器变比等参数，测试并记录数据，记录全电流、阻性电流，运行电压数据，相邻间隔设备运行情况。本次检测使用的避雷器泄漏电流带电检测系统是济南泛华 AI－6106 氧化锌避雷器阻性电流测试仪。

1. 概述

（1）简介。

氧化锌避雷器（MOA）阻性电流测试仪（如图 3－10－1 所示）是一种测量 MOA 的阻性电流装置，用于 MOA 全电流的测量分析，其方法是通过无线或有线传输参考电压到仪器，参考电压可使用三相、单相或 B 相接地的 TV 二次电压，也可以使用检修电源或任何 220V 电源电压或采用电场强度信号即感应板法（用一个安放在 B 相 MOA 底座的感应板提供母线电压的相位信息，以分解阻性电流），然后同时测量三相 MOA 的阻性电流，并自动补偿相间干扰，也可以单相测量。

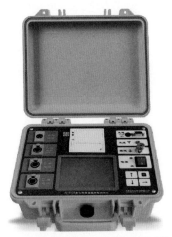

图 3－10－1 AI－6106 氧化锌避雷器阻性电流测试仪

（2）技术参数。

AI-6106 氧化锌避雷器阻性电流测试仪参数要求如下：

总泄漏电流测量范围：0～10mA 有效值，50Hz / 60Hz，准确度：±（读数×5%＋5μA）；阻性电流基波测量准确度（二次法不含相间干扰）：±（读数×5%＋5μA）；阻性电流基波测量准确度（电流法）：±（读数×15%＋5μA）；电流谐波测量准确度：±（读数×10%＋10μA）；电流通道输入电阻：≤2Ω；参考电压输入范围：25～250V 有效值，总谐波含量＜30%，50Hz/60Hz；参考电压测量准确度：±（读数×5%＋0.5V）；电压谐波测量准确度：±（读数×10%）；参考电压通道输入电阻：≥300kΩ；电场强度输入范围：30～300kV/m，总谐波含量＜30%；电场强度测量准确度：±（读数×10%）；电场谐波测量准确度：±（读数×10%）；电池工作时间：主机 6h，电压隔离器：有线传输 6h，无线发射 2h；充电电源：220kV±10%，50Hz/60Hz；充电时间：约 5h；主机体积：320mm（长）×275mm（宽）×135mm（高）；主机重量：3.6kg（不含线缆）；电压隔离器体积：160mm（长）×90mm（宽）×60mm（高）；电压隔离器重量：0.8kg（不含线缆）；工作环境温度：-10～50℃；工作相对湿度：＜90%。

（3）主要特点。

1）可同时测量三相 MOA 的阻性电流，并自动补偿相间干扰，也可以单相测量。

2）无线传输参考电压，节省了收放电缆的时间。仪器也支持有线传输参考电压方式。

3）支持三相、单相或 B 相接地的 TV 二次电压。如果不是待测相的参考电压，仪器会自动选择合适的补偿角度。

4）特有的感应板替代 TV 二次电压测量技术，使测量更安全快捷。

5）全数字波形分析，配合高速微处理器，实现精确稳定地测量。

6）所有测量均符合规范的电工理论，仪器性能可以实验室验证和校准。

7）外置电压隔离器，双重隔离，更加安全可靠。

8）仪器操作简便，汉字菜单，测量数据丰富，并能显示波形。

9）带背光的大屏幕液晶显示器，白天夜间均能清晰观察。

10）仪器内含充电电池，方便现场使用。

11）自带日历时钟，热敏打印机，能存储 100 次测量数据。

12）带计算机接口，可把测量数据传送到计算机进行数据处理和报表输出。

13）使用检修电源或任何 220V 电源电压做参考，使用非常安全，仪器会自动补偿合适的角度。

2. 主机面板

主机面板示意图如图 3-10-2 所示。

（1）参考信号。

1）采用有线方式连接电压隔离器。

用屏蔽电缆连接该插座与电压隔离器的"有线隔离输出"插座。1 脚接电缆芯线，2 脚接电缆屏蔽，1、2 脚对机壳隔离，最高隔离电压 380V AC。采用无线传输方式时，该插座闲置。

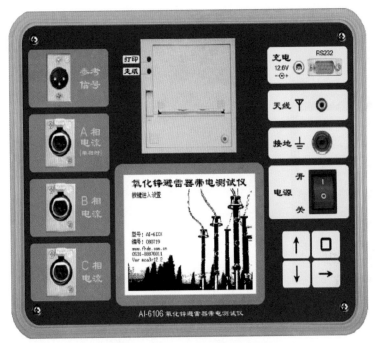

图 3-10-2　主机面板示意图

2）采用电场强度信号做参考。

将感应板插头插到该插座上。3 脚输入感应信号，电缆的屏蔽连接插头壳体，同时接仪器地。

注意：感应板不要使用加长线。

（2）电流输入。

1、2、3 脚分别对应 A（黄）、B（绿）、C（红）三通道电流信号，最大 10mA 有效值。4 脚为公共端，连接仪器地。仪器配有 1 拖 3 引线，连接 A（黄）、B（绿）、C（红）加长线。

注意：单相测量时，无论是 A、B 或 C 相电流，都使用 A（黄）通道输入。

（3）接地。

仪器必须可靠接地。现场接地线可能有油漆或锈蚀，必须清除干净。连接其他测试线之前要首先连接接地线。拆除其他测试线之后，再拆除接地线。

（4）天线。

使用无线传输时，将天线插到该插孔，以便接收无线信号。采用有线或感应板方式时，天线闲置。

（5）电源开关。

打开开关，仪器即进入测量菜单。

（6）通信充电。

用通信线连接计算机，按需要设置仪器地址和波特率。2、3、5 脚用于通信。用充电器连接该插座即充电。插座左侧充电指示灯长亮表示充电，充电结束熄灭。4、5 脚用于充电。

图 3-10-3　电压隔离器面板

注意：充电时，指示灯闪烁表示电池严重亏电，应等待指示灯长亮后再开机。

（7）按键。

4 个按键↑、↓、→、■，用于各个菜单的操作。

（8）液晶显示器。

显示菜单、数据和波形等。

（9）打印机。

按走纸键走纸，按打印键即拷贝屏幕。热敏打印纸宽 58mm。换纸时开启上盖，放入纸卷并拉出部分纸带，然后关闭上盖。如果不能打印，应将纸卷取出，调转 180°后放入。

3. 电压隔离器面板

电压隔离器与对应主机配套使用。电压隔离器面板如图 3-10-3 所示。

（1）参考电压输入。

1、2、3 脚分别对应 A（黄）、B（绿）、C（红）三通道参考电压。4、5 脚（黑）接中性点。只取单相参考电压时，都使用 A（黄）通道输入。如果 TV 二次是 B 相接地的，1 脚可以接 A 或 C 相，4、5 脚接地。引线上串联了 100mA 保险管，如果保险管损坏应检查原因，并更换相同规格的保险管。为安全起见，仪器只配置 A（黄）通道输入引线，如果用户有需求也可提供 3 通道输入引线。

（2）有线隔离输出。

使用有线传输方式可以减少隔离器耗电。用加长电缆连接到主机参考信号插座，并关闭发射开关。

1、2 脚输出信号，它们与输入端隔离。

（3）充电。

用充电器连接该插座即充电。充电指示灯长亮表示充电，充电结束熄灭。4、5 脚用于充电。充电时，指示灯闪烁表示电池严重亏电，应等待指示灯长亮后再开机。

（4）电源开关。

必须插入参考电压插头，并开启电源开关才能接通电源，电源指示灯点亮。停止使用时，断开电源开关，并拔下参考电压插头。电源指示灯闪烁时，需充电。通过主机也可监视电池电量，过低时应充电。

（5）发射开关。

插入天线，开启发射开关。发射指示灯点亮表示发射信号。无线发射时，隔离器可以放到 TV 接线箱上方以提高高度，增加距离。天线应垂直向上，不要靠近金属物体。请不要在插上天线之前开启发射开关，否则可能损坏发射电路。

4. 菜单和数据

（1）调节屏幕对比度。

在仪器断电情况下，在按住"|"或"!"不动的同时，打开电源。然后再按"|"或"!"

调节屏幕对比度，按退出。

（2）开机和参数设置。

打开电源，仪器显示型号、编号和软件版本等，之后自动进入测量画面。显示开机画面时，按一下任何按键便进入参数设置画面，可设置时钟、通信地址、波特率和谐波补偿算法（如图3-10-4所示）。

图3-10-4　开机和参数设置

按↑、↓移动光标，按修改选项。选择"退出"即退出。

注意：① 不合理的时钟不能接受。② 通信地址的设置范围为0~31。③ 波特率要跟电脑主机的相同。④ 谐波补偿算法详见校验说明部分。建议使用"分解法"。

（3）测量选项。

按↑、↓时光标可在（1）~（11）之间移动。按■修改选项（如图3-10-5所示）。

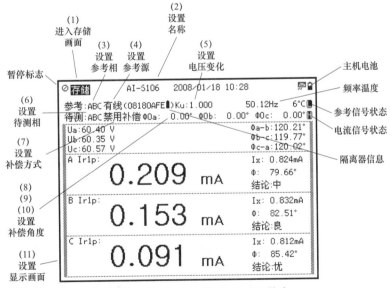

图3-10-5　光标位置和提示信息

1）存储。

2）设置名称：按进入，按一移动小光标，按门逐位修改字符，再按退出。该名称表示待测线路或编号等。

3）设置参考相：按循环显示 A/B/C/A－B/C－B/ABC。A/B/C 表示参考电压是单相 A、B、或 C；A－B/C－B 表示在 B 相接地的 TV 二次端，使用 A 对 B 或者 C 对 B 做参考电压；ABC 表示使用三相电压做参考。按隔离器使用要求，除 ABC 方式外，其他电压都由隔离器的 A 通道（黄线）输入。

4）设置参考源：按循环显示"有线、无线、感应"。选择有线时，用电缆连接主机的参考信号和隔离器的有线隔离输出插座，关闭隔离器的发射开关；选择无线时，主机和隔离器都要插上天线，开启隔离器的发射开关；选择感应时，将感应板电缆插头插到参考信号插座。应注意：感应板的参考相只能选择 B，感应板应放到 B 相 MOA 底座上，且与 A、C 相对称的位置。

5）设置变比：按■进入设置。有线、无线方式置入 TV 变比，可以直接显示母线电压。感应板方式没有变比。

6）设置待测相：按■循环显示 A/B/C/ABC。A/B/C 表示单相测量，都用 A（黄）通道输入电流。ABC 表示三相同时测量，ABC（黄绿红）引线分别输入三相电流。

7）设置补偿方式：按■循环显示"禁用补偿、手动补偿、自动边补"（单相电流方式没有自动边补），同时右侧会显示 1 个或 3 个补偿角度。禁用补偿：表示补偿角度为 0。如果只选择一个参考电压，而且待测相与参考相不同时，仪器会从表 3－10－1 选择一个理论补偿角度。

表 3－10－1 理论补偿角度（正相序）

参考相	待测相 A（°）	待测相 B（°）	待测相 C（°）
A	0	120	240
B	240	0	120
C	120	240	0
A－B	30	150	270
C－B	90	210	330
ABC	0	0	0

说明：补偿角度总是被"加到"电流电压角度中的。例如补偿角度为 1°，电流实际超前电压 80°，则补偿后电流超前电压 81°。

8）仪器假定三相交流电是"正相序"，即 A 超前 B 120°，B 超前 C 120°。对于反相序系统，参考信号和电流的 A、C 相都应颠倒使用。手动补偿：选择"手动补偿"后可以设置（8）（9）（10）处的补偿角度。仪器将角度定义在 0°～359.99° 之间。所有角度都可以加减 360°，例如 120° 与－240° 或者 180° 与－180° 分别表示同一个角度。

注意：补偿什么角度一定要有依据。自动边补：测量三相 MOA 时，由于相间干扰影响，A、C 相电流相位都要向 B 相方向偏移，一般偏移角度 2°～4° 左右，这导致 A 相阻性电流增加，C 相变小甚至为负（如图 3－10－6 所示）。

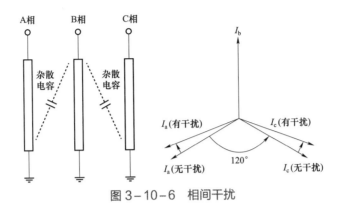

图 3-10-6　相间干扰

自动边补（边相补偿）原理是：假定 B 相对 A、C 影响是对称的，测量出 I_c 超前 I_a 的角度 Φ_{ca}，A 相补偿 $\Phi_{0a}=(\Phi_{ca}-120°)/2$，C 相补偿 $\Phi_{0c}=-(\Phi_{ca}-120°)/2$。这种方法实际上对 A、C 相阻性电流进行了平均，也有可能掩盖问题。因此还是建议考核没有边相补偿的原始数据。现场的干扰可能是复杂的，如果不能进行合理补偿，则建议记录没有补偿的原始数据，考查数据的变化趋势。

9）数据区，虚线框变为实线框，按切换不同的数据画面。详细说明见（5）。

（4）辅助信息。

1）暂停。

按→将显示或取消左上角暂停符号"◎"。

2）主机电池。

"▯"表示当前主机电池电量，显示"▯"时应充电。最好提前充电，也可以边充电边工作。

3）频率温度。

频率和温度。

4）参考信号状态。

"▮"表示信号过低，"▮"表示信号过高，过低过高都不能正常测量。

5）电流信号状态（同"参考信号状态"）。

6）隔离器信息。

括弧内 8 个字符是隔离器编号，最后一个电池符号表示隔离器电池电量。如果长时间显示"等待信号"，或者电池位置显示"?"，则表示没有接收信号，需要检查。如果接收信号中断，仪器会发出声音提示。感应板方式不显示该信息。

（5）测量数据。

1）测量数据说明（如图 3-10-7 所示）。

U：参考电压有效值。三相电压用下标 a/b/c 区分。它仅含基波和 3、5、7 次谐波。计算公式为

$$U=\sqrt{(U_1)^2+(U_3)^2+(U_5)^2+(U_7)^2}$$

变比 K_u＝1.000 已经乘到 U 中，如果 K_u 设置为 TV 变比，将显示母线电压。

感应板方式用 E 表示电场强度，基本单位为 V，计算公式与电压类似。

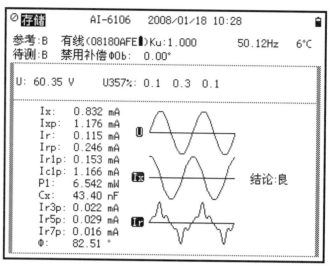

图 3-10-7　单相全数据画面

$U_{357}\%$：电压的 3、5、7 次谐波占电压基波的相对含量，单位为%。

感应板方式 $E_{357}\%$ 表示。

I_x：全电流有效值。三相电流用下标 a/b/c 区分。它仅含基波和 3、5、7 次谐波。

I_{xp}：全电流峰值，即 I_x 的峰值。

I_r：阻性电流有效值。它仅含阻性电流基波和阻性电流 3、5、7 次谐波。

I_{rp}：阻性电流峰值，即 I_r 的峰值。

I_{r1p}：阻性电流基波峰值。

I_{c1p}：容性电流基波峰值。

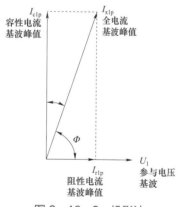

图 3-10-8　投影法

MOA 全电流既含有 MOA 非线性产生的高次谐波，也含有母线电压谐波产生高次谐波。与 I_{rp} 相比 I_{r1p} 更加稳定真实。因此建议用 I_{r1p} 作为阻性电流指标。

仪器采用投影法（如图 3-10-8 所示）计算：

$$I_{r1p} = I_{x1p} \sin\Phi$$

$$I_{c1p} = I_{x1p} \cos\Phi$$

其中，Φ 为电流超前电压角度，已经包含补偿角度 Φ_0。

注意：① Φ 超过 90° I_{r1p} 为负值，超过 180° I_{c1p} 也为负值。② 如果 I_x 波形是平顶的，I_{c1p} 可大于 I_{xp}。

P_1：基波功耗。P_1 等于阻性电流基波有效值与电压基波有效值的乘积。

说明：① K_u 应设置为 TV 变比以获得运行电压下 MOA 功耗。② 如果参考电压是 A-B 或 C-B 方式，U_1 还除以 $\sqrt{3}$。③ 感应板方式假定 $U_1 = 1000V$，功率名称改为 P_{kv}，可以乘实际电压（以 kV 为单位）以获得运行电压下 MOA 功耗。C_x：MOA 电容量。计算公式如下：

$$C_x = \frac{I_{c1}}{2\pi f U_1}$$

式中：I_{c1} 为容性电流有效值；U_1 是基波电压有效值；f 是电网频率。

说明：① K_u 应设置为 TV 变比以获得运行电压下 MOA 电容量。② 如果参考电压是 A–B 或 C–B 方式，U_1 还除以 $\sqrt{3}$。③ 感应板方式假定 $U_1 = 1000V$，电容名称改为 C_{kv}，可以除以实际电压（以 kV 为单位）以获得运行电压下 MOA 电容。I_{r3p}、I_{r5p}、I_{r7p}：3、5、7 次阻性电流谐波峰值。④ I_{r3p}、I_{r5p}、I_{r7p} 与谐波算法有关。

因此 I_r、I_{rp} 和阻性电流波形都受到谐波算法影响。详见校验说明部分。

Φ：电流超前电压角度，其中已经包含补偿角度 Φ_0。仪器按表 3–10–2 给出结论。

表 3–10–2　　　　　　　　　　结论对应的角度

结论	劣	差	中	良	优	有干扰
Φ	$0°\sim74.99°$	$75°\sim76.99°$	$77°\sim79.99°$	$80°\sim82.99°$	$83°\sim87.99°$	$\geq88°$

U：电压波形。

E：电场强度波形

I_x：全电流波形。

I_r：阻性电流波形。

注意：仪器能自动放大波形幅度，因此不要用波形幅度判断数据的大小。

2）主要数据画面。

移动光标到数据区，虚线框变实线框，按切换不同的数据画面，开机默认主要数据画面如图 3–10–9 所示。

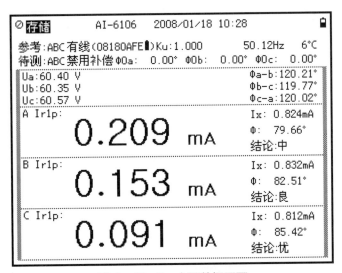

图 3–10–9　主要数据画面

对于三相参考电压，增加了 3 个角度显示：Φ_{a-b} 为 A 相电压超前 B 相电压角度，Φ_{b-c} 为 B 超前 C 角度，Φ_{c-a} 为 C 超前 A 角度。

3）其他画面。

其他画面如图 3–10–10～图 3–10–13 所示。

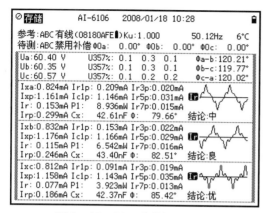

图 3-10-10 全数据画面

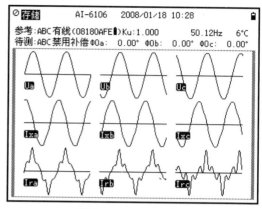

图 3-10-11 波形画面

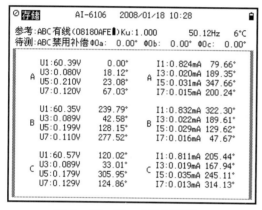

图 3-10-12 全数据画面

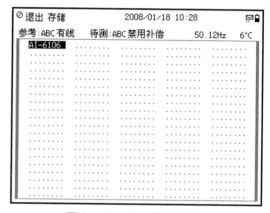

图 3-10-13 数据存储画面

幅度相位表显示了电压电流幅度和相位角。电压电流都只包括基波和 3、5、7 次谐波，都用有效值表示。第一个参考相的基波角度定义为 0°，其他角度都是以它为参考的相对角度。

（6）数据存储。

↑、↓、→移动光标，■确认；在退出位置，按■退出；在存储位置，按■存储。每次进入存储画面只能存储 1 次。存储数据按时间排序，最近的数据排在左上角。查看数据：选择一个数据名称，会显示日期、参考、待测、频率温度等信息。按进入查看数据画面。

说明：① 查看数据画面跟测量数据画面一致，但增加"查看"两字以提示。② 查看数据时，仍然可以修改 K_u 和补偿角度，但是修改的内容不会存储。③ 在查看数据画面选择"存储"会退回存储画面，如果按→会直接退到测量画面。删除数据：选择一个数据名称，快按 2 次■会在光标左侧显示叉号"×"，再按■会删除选中数据。连续按■会连续删除数据。停止按键叉号消失。

5. 测量接线

（1）要点。

1）仪器主机接地。

2）取全电流：单相 MOA 接 A（黄）通道，三相对应接 A（黄）B（绿）C（红）。

3）取参考电压：单相参考电压接隔离器 A（黄）通道，三相对应接 A（黄）B（绿）C（红）。

4）如用感应板总是放到 B 相 MOA 底座。

5）为减少隔离器耗电，可以采用有线传输方式，应关闭发射开关。

6）隔离器不插信号插头无法通电。无线传输要先插天线后开发射开关。隔离器放到 TV 端子箱上比放到地面上能增加发射距离。

7）主机和隔离器都可以边充电边工作。但是不要在充电指示灯闪烁时工作。

8）连接 TV 电压的电线上都有 100mA 保险管，不要用其他规格保险管或导线代替。

9）仪器只能用于低压小电流测试，所有引线必须远离高电压。

（2）有线传输接线示意图（如图 3-10-14 所示）。

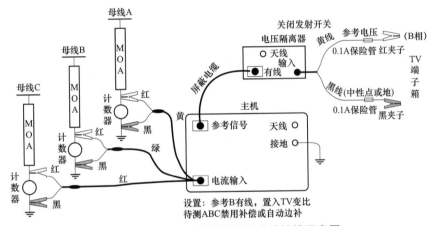

图 3-10-14　三相测量有线传输接线示意图

电流按正确相序连接，用电缆连接主机和隔离器，关闭发射开关。

（3）无线传输接线示意图（如图 3-10-15 所示）。

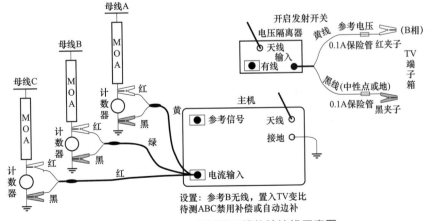

图 3-10-15　三相测量无线传输接线示意图

电流电压按正确相序连接，主机和电压隔离器插上天线，开启发射开关。

（4）感应板接线示意图（如图 3-10-16 所示）。

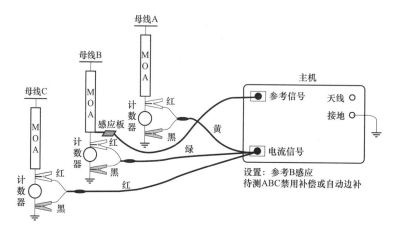

图 3-10-16 三相测量感应板方式接线示意图

电流按正确相序连接，感应板放置在 B 相 MOA 底座上，与 A、C 相对称的位置。

6. 校验说明

（1）施加信号。

1）参考电压。

不要只施加谐波而不施加基波。只施加电压谐波，仪器无法正确检测信号，可能引起信号严重波动。建议电压基波控制在 25～250V 之间，总谐波含量控制在 30% 以内。频率波动控制在 0.05Hz/s 以内。

2）电场。

校验感应板方式时，建议使用 3 端标准电容模拟电场信号。电场计算公式为：

$$E = \frac{CU}{\varepsilon_0 S}$$

其中，C 为标准电容电容量（单位为 F），U 为交流电压有效值（单位为 V），$S=0.01\mathrm{m}^2$ 为仪器配用的感应板面积，$\varepsilon=8.854\times10\times12\mathrm{F/m}$ 为真空介电常数。电压要求同上。例如 $C=100\mathrm{pF}$，$U=100\mathrm{V}$ 可以模拟 $E=113\mathrm{kV/m}$。

3）电流。

电流可只施加谐波（0901.33.0 及以后版本）。建议总电流峰值控制在 15mA 以内，峰值过大可能导致仪器显示"田"（信号过高）。

注意：非屏蔽引线会引入杂散电流，当校验频率与电网频率不严格一致时，会按差频产生相位波动。即便同频，也会引入固定误差。应该用屏蔽线连接校验台和仪器。如果使用非屏蔽线，则应该尽量缩短引线长度。仪器接地有利于减小杂散电流。

（2）谐波算法。

谐波处理的目的是设法消除母线电压谐波的影响，得到 MOA 自身产生的电流谐波，即阻性电流谐波，进而计算 I_r、I_{rp} 和阻性电流波形。

1）不使用参考电压（不补偿）。

该方法假定母线电压不含谐波，总电流的谐波就是阻性电流谐波。运行电压下 MOA 的非线性并不明显，而母线电压谐波产生的电流谐波可能大于 MOA 自身非线性产生的电流谐波。

2）使用参考电压基波（分解法）。

电流谐波"投影"在参考电压"基波"方向的分量为阻性电流谐波：

$$I_{rnp} = I_{np} \times \cos(\Phi_n), \quad n = 3、5、7$$

Φ_n 是 n 次电流谐波相对于参考电压"基波"的角度。或者说 Φ_n 是 n 次电流谐波对 n 次参考电压谐波的角度，只是这些 n 次参考电压谐波与参考电压基波是"同相"的［如图 3−10−17（a）。阻性电流谐波波形与电压基波有相同的过 0 点［图 3−10−17（b）。阻性电流波形相对电压基波是对称的［如图 3−10−17（c）。

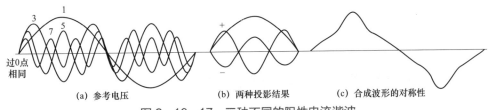

图 3−10−17　三种不同的阻性电流谐波

这种算法的好处是，允许使用非同相电压做参考（例如将 B 相电压移相 120° 做 A 相参考）。缺点是只能部分消除母线谐波影响。

3）使用参考电压基波和谐波。

与 2）相似，电流谐波投影到各自的电压谐波上面，而不是使用图 3−10−17（a）那样的谐波做参考。

这种方法可以得到电压谐波产生的阻性电流谐波，但是 MOA 自身的谐波也被投影分解。

4）使用参考电压基波和谐波的另外一种方法。

用基波电流 I_1 和基波电压 U_1 可以得到 MOA 的基波线性阻抗 U_1/I_1。用 RC 并联模型（补偿法）时，MOA 呈现的导纳为 $G_n = 1/R + jn\omega C$，扣除电压谐波产生的电流就得到 MOA 自身产生的电流谐波：

$$I_{rn} = I_n - G_n U_n, \quad n = 3、5、7$$

这种方法能很好地消除母线谐波影响，最终效果相当于母线电压为纯净正弦波。而谐波电流皆由 MOA 产生。用 RC 串联模型（补偿法 1）时，MOA 呈现的阻抗为 $Z_n = R + 1/(jn\omega C)$，计算公式：

$$I_{rn} = I_n - U_n/Z_n, \quad n = 3、5、7$$

用 RC 串联模型模拟 MOA 时，可以采用这种算法。补偿法存在的问题是，如果采用非同相电压做参考，U_n 不是待测相的电压谐波，可能导致数据异常。AI−6106 提供不补偿法、分解法、补偿法和补偿法 1 四种算法供选用。采用非同相电压做参考时，建议使用

"分解法"。同相参考时建议使用"补偿法"。实验室用 RC 串联模型模拟 MOA 时建议采用"补偿法 1"。

三、危险点分析及控制措施

（1）应严格执行《国家电网有限公司电力安全工作规程（变电部分）》的相关要求。

（2）应在良好的天气下进行，如遇雷、雨、雪、雾不得进行该项工作，风力大于 5 级时，不宜进行该项工作。

（3）检测时应确保操作人员及试验仪器与电力设备的高压部分保持足够的安全距离。

（4）在进行检测时，要防止误碰误动其他设备。

（5）在使用传感器进行检测时，应戴绝缘手套，避免手部直接接触传感器金属部件。

（6）从电压互感器获取电压信号时，一定要看清要夹的部位，并且夹子一定要加实，端子箱门要固定，应有专人做监护并做好防止二次回路短路的措施。

（7）仪器可靠接地。

（8）取全电流 I_x 时，计数器电流表指针要回零。

四、使用氧化锌避雷器阻性电流测试仪检测

（一）检测条件

1. 环境要求

除非另有规定，检测均在当地大气条件下进行，且检测期间，大气环境条件应相对稳定。

（1）检测温度不宜低于 5℃。

（2）检测宜在晴天进行，空气相对湿度不宜大于 80%。

2. 待测设备要求

（1）设备处于运行状态。

（2）设备外表面清洁。

（3）设备上无其他外部作业。

3. 人员要求

（1）避雷器泄漏电流带电检测人员应具备如下条件：

（2）熟悉泄漏电流检测技术的基本原理、诊断分析方法。

（3）了解泄漏电流检测仪的工作原理、技术参数和性能。

（4）掌握泄漏电流检测仪的操作方法。

（5）了解被测设备的结构特点、工作原理、运行状况和导致设备故障的基本因素。

（6）熟悉并能严格遵守电力生产和工作现场的相关安全管理规定。

（7）经过上岗培训并考试合格。

4. 安全要求

（1）应严格执行《国家电网有限公司电力安全工作规程（变电部分）》的相关要求。

（2）应在良好的天气下进行，如遇雷、雨、雪、雾不得进行该项工作，风力大于 5

级时，不宜进行该项工作。

（3）检测时应确保操作人员及试验仪器与电力设备的高压部分保持足够的安全距离。

（4）在进行检测时，要防止误碰误动其他设备。

（5）在使用传感器进行检测时，应戴绝缘手套，避免手部直接接触传感器金属部件。

（6）从电压互感器获取电压信号时，应有专人做监护并做好防止二次回路短路的措施。

5. 仪器要求

泄漏电流检测仪能够检测避雷器全电流、阻性电流基波及其谐波分量、有功功率、相角等值。

6. 主要技术指标

（1）全电流测量范围：$1\mu A \sim 50mA$ 准确度：$\pm 1\%$或$\pm 1\mu A$，测量误差取两者最大值。

（2）阻性电流测量范围：$1\mu A \sim 10mA$ 准确度：$\pm 1\%$或$\pm 1\mu A$，测量误差取两者最大值。

（3）仪器充电电源：$100 \sim 250V$、$50Hz$。

（4）仪器电池持续工作时间不小于$6h$。

7. 功能要求

（1）所有测量均符合规范的电工理论，仪器性能可以实验室验证和校准。

（2）全数字波形处理软件，配合高速微处理器，实现精确稳定地测量。

（3）带背光的大屏幕液晶显示器，白天夜间均能清晰观察，可观察全部数据，也可以观察主要数据。

（4）可显示参考电压、全电流、阻性电流基波、基波容性电流值、有功功率。

（5）检测仪器具备抗外部干扰的功能，并且可以手动设置由于相间干扰引起的偏移角，消除干扰。

（6）可选择测量方式。

（7）外接电源时，保证仪器使用的电源电压为$220V$，频率为$50Hz$。

（8）电压采集单元宜具备无线传输功能。

（二）检测准备

（1）检测前，应了解相关设备数量、型号、制造厂家、投运日期等信息以及运行情况，制定相应的技术措施。

（2）配备与检测工作相符的图纸、历次设备检测记录、标准化作业指导书。

（3）现场具备安全可靠的独立电源，禁止从运行设备上接取检测用电源。

（4）检查环境、人员、仪器、设备满足检测条件。

（5）按相关安全生产管理规定办理工作许可手续。

（三）检测方法

1. 检测原理

泄漏电流带电检测主要是测量避雷器的全电流和阻性电流基波峰值，根据这两个值的变化来判断避雷器内部是否受潮、金属氧化物阀片是否发生劣化等。

2. 全电流测试

全电流通过在放电计数器两端并接专用测试仪器获取或通过带有泄漏电流监测功能的避雷器放电计数器直接读取。

3. 阻性电流测试

阻性电流测试是通过采集避雷器电压和全电流信号,经过数字信号处理后得到基波或各次谐波电流和电压的幅值及相角,将基波电流投影到基波电压上就可以得出阻性电流基波。

检测方法分为三次谐波法、电容电流补偿法、基波法、波形分析法等。

(1)三次谐波法。三次谐波法是基于氧化锌避雷器的总阻性电流与阻性电流三次谐波在大小上存在一定函数关系,通过检测氧化锌避雷器三相总泄漏电流中阻性电流三次谐波分量来判断其总阻性电流的变化。

(2)电容电流补偿法。电容电流补偿法原理是将金属氧化物避雷器电压信号进行90°移相,得到一个与容性电流相位相同的补偿信号,然后与容性电流相减将容性分量抵消,得到阻性电流。

在现场测试时,不能将容性电流进行完全补偿,测量存在误差。测试接线见图 3-10-18。

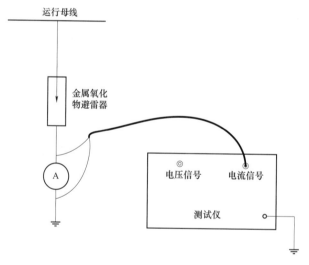

图 3-10-18　全电流法测试接线

(3)基波法。基波法是同步地采集氧化锌避雷器上的电压和总泄漏电流信号,得到基波电流和基波电压的幅值及相角。再将基波电流投影到基波电压上就可以得出阻性基波电流。测试接线见图 3-10-19。

(4)波形分析法。波形分析法是运用 FFT 变换对同步检测到的电压和电流信号进行谐波分析,获得电压和阻性电流各次谐波的幅值和相角,然后计算各次谐波的有功无功分量。目前用得较多的是对 1、3、5、7 次谐波进行分析处理。测试接线见图 3-10-20。

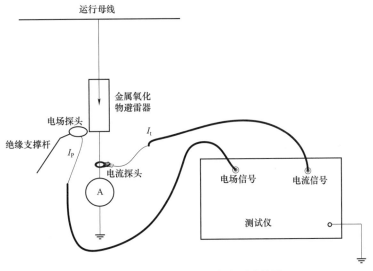

图 3-10-19 三次谐波法测试接线

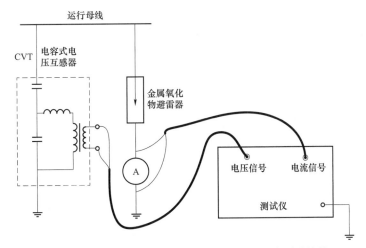

图 3-10-20 补偿法、基波法及波形分析法测试接线

4. 检测步骤

（1）将仪器可靠接地，先接接地端，后接信号端。

（2）按照检测接线图正确连接测试引线和测试仪器，信号采集方式参见附录 A。

（3）正确进行仪器设置，包括电压选取方式、电压互感器变比等参数。

（4）测试并记录数据，记录全电流、阻性电流，运行电压数据，相邻间隔设备运行情况。

（5）测试完毕，关闭仪器。拆除试验线时，先拆信号侧，再拆接地端，最后拆除仪器接地线。

5. 检测验收

（1）检查检测数据是否准确、完整。

（2）恢复设备到检测前状态。

6. 检测数据分析与处理

对实际测得的数据进行分析，主要有三类：

（1）纵向比较。同一产品，在相同的环境条件下，与上次或初始值比较，阻性电流初值差应≤50%，全电流初值差应≤20%。当阻性电流增加 0.5 倍时应缩短试验周期并加强监测，增加 1 倍时应停电检查。

（2）横向比较。同一厂家、同一批次的产品，避雷器各参数应大致相同，彼此应无显著差异。如果全电流或阻性电流差别超过 70%，即使参数不超标，避雷器也有可能异常。

（3）综合分析法。当怀疑避雷器泄漏电流存在异常时，应排除各种因素的干扰，测试结果的影响因素见附录 B，并结合红外精确测温、高频局放测试结果进行综合分析判断，必要时应开展停电诊断试验。

7. 检测原始数据和记录

检测工作完成后，应在 15 个工作日内完成检测记录整理并录入 PMS 系统，记录格式见附录 A。

五、影响 MOA 带电测试精度的原因分析

（一）周围强电场的静电耦合对 MOA 带电测试的影响

许多文献对三相电压之间的静电耦合对 MOA 带电测试的全电流及阻性电流的影响已经做了精辟论述，这里对此不再赘述，它们也有比较一致地得到以下结论：A 相泄漏全电流对 A 相电压的相位角受 B 相电压感应而变小，使 A 相阻性电流变大，C 相泄漏全电流对 C 相电压的相位角受 B 相电压感应而变大，使 C 相阻性电流变小，B 相的泄漏全电流及阻性电流受感应电压的影响甚微，因为 A、C 相对 B 相的感应互相"抵消"，以上结论也几乎成为一般现场试验人员的普遍认知，甚至有人建议避雷器带电测试仪应基于这个结论对测试结果进行补偿。

对于周围其他运行设备相离较远而等距一字排列布置的避雷器来说，现场的测试结果与以上结论基本吻合，但对于其他布置方式的避雷器，现场的测试结果与以上结论相差甚远，显然，以上结论是基于特定布置方式的避雷器所得出的分析结果，然而许多运行的氧化性避雷器周围的电磁场分布是比较复杂的，以上结论需要更多补充。首先，以上结论相对忽略了同相高压导体对避雷器各节下端法兰及其连接导体的静电耦合，特别是对测试法兰（底节的底部法兰）的感应对泄漏电流的幅值及相位都可能有不容忽视的影响，此影响与空气的湿度、成分及同相高压导体对避雷器各节下端法兰之间的距离密切相关，沿海地区带电测试的全电流及阻性电流都相对较大证明了这个影响，并且目前对运行避雷器基于安全方面的考虑无法用屏蔽方法消除这个影响，这也是带电测试的结果与停电试验结果无法等效的重要原因之一。再者，以上结论忽略了其他周围较近的运行电压对避雷器带电测试的影响，现在密集型变电站设备之间的距离比较近，甚至有更高电压等级的运行电压与被测试避雷器相距很近，因此其他周围较近的运行电压对避雷器带电测试的影响要视实际情况而定，不能一概忽略。

最后，因避雷器的布置分式不同造成三相之间的感应电压各有差异，以上结论也显然

无法概括。总之，周围强电场的静电耦合对 MOA 带电测试的影响是相对复杂的，各应避雷器所处不同实际场所而异，不可以一概而论，也不应盲目用预先设定的补偿来校正。

（二）参考电压的相位差对 MOA 带电测试的影响

MOA 带电测试取参考电压有以下两种方式：

（1）取就近的电压互感器（TV）或 CVT 的二次电压为参考电压，一般测试仪都可以采用这种方式，也有部分测试仪基于安全和方便方面的考虑，全站取定一组 TV 或 CVT 的二次电压为参考电压，通过无线通信办法远传给所有避雷器测试提供参考电压，如 LCD.2006C.AI–6106 型等测试仪就支持这种方式。

（2）取交流 220V 电压为虚拟参考电压，再通过相角补偿求出参考电压，如 RCD4，AI–6109 型等测试仪也支持这种方式。

第一种方式所产生的误差主要原因是 TV 或 CVT 的一次电压与二次电压之间固有的相角差，当然采用远传方式另外增加一个误差（不考虑通信误差），这个误差取决于参考 TV 或 CVT 与被测避雷器之间的阻抗及潮流，它们之间的阻抗及潮流越大，误差就越大，不过一般在一个站内此因素的影响有限，现场的测试数据也验证了这点，但如果测试结果比较临界，就应避免采用这种远传方式取参考电压。

第二种方式是基于以下三个条件而选取一个虚拟参考电压的：该矢量的频率与电网的频率完全相同；矢量与电网 A、B、C 三相的角差稳定；矢量的模较稳定。第二种方式取交流 220V 电压为虚拟参考电压，产生的误差必须进行修正。尽管第一种方式有以上所分析的误差，但总的来说相对第二种方式它的误差还是最小的，并且是可控的，因为一般取 TV 或 CVT 计量绕组的电压，其正常角度最大误差不大，并且这个误差在投运前已经测定，若按预先测定的角度差进行测试时的相角补偿，第一种方式取参考电压所产生的误差就基本可以忽略。

（三）系统谐波对 MOA 带电测试的影响系统

MOA 泄漏电流的阻性分量对其受潮、老化及内部放电故障都是比较灵敏的，测量阻性电流通常用为相位比较法和 3 次谐波分析法等，而阻性电流的两种测量方法都是较容易受系统谐波的影响。3 次谐波分析法就是把泄漏全电流进行傅立叶分解求出 3 次谐波分量，再等效计算出阻性电流，然而在直流输电中，其施加在避雷器中同样响应出 3 次谐波电流。3 次谐波分析法从泄漏全电流分解出的 3 次谐波分量到底是系统电压谐波造成的还是氧化锌元件的非线性造成的，以及它们各自占的比例等问题难以求解甚至到底是使测量结果增大或减小都难以确定，因此，带电测试用 3 次谐波分析法测量阻性电流引起的误差是难以控制的。相位比较法是取同相 TV 或 CVT 的二次电压做参考电压，测量出同相电压电流的相角，然后计算出阻性分量，但测量电压电流的相角通常采用过零点算法，这样系统电压的谐波分量就可能造成零点的偏移而影响相角计算，就会造成阻性电流的计算误差。

（四）实际运行电压与 MOA 持续运行电压的差异对带电测试的影响

氧化锌元件的伏安特性是非线性的，随着外加电压的增大，伏安特性曲线的斜率不断增大，也即是泄漏电流的增长速率不断增大，当电压超过达到阈值（其额定电压）时，避雷器的电流跳跃性增长形成放电特性，电压也随之下降至残压。一般避雷器的持续运行电压和参考电压都是其伏安特性的拐点，而持续运行电压比实际运行电压高，所有出厂试验及现场停电试验的全电流与阻性电流都是在持续电压下测试的,这样在实际运行电压下测得的全电流与阻性电流就难以与停电试验比较，甚至由于每次带电测试的电压不同，致使每次带电测试的结果都不好比较。因为存在固有可比性差的缺点，带电测试结果的灵敏性就较差，处于萌芽状态的 MOA 内部问题就难以发现，而问题过了萌芽阶段后，发展的速度都变得很快，避雷器在测试周期内发生严重问题的概率就加大，因此带电测试结果因测试电压差异造成纵向可比性差的问题是非常需要解决的问题。

根据实测数值分析，MOA 两端电压由相电压（63kV）向上波动 5%时，其阻性电流一般增加 13%左右。因此在对 MOA 泄漏电流进行横向或纵向比较时，应详细记录 MOA 两端电压值，据此正确判定 MOA 的质量状况。

（五）MOA 外表面污秽的影响

MOA 外表面的污秽，除了对电阻片柱的电压分布的影响而使其内部泄漏电流增加外，其外表面泄漏电流对测试精度的影响也不能忽视。污秽程度不同，环境温度不同，其外表面的泄漏电流对 MOA 的阻性电流的测量影响也不一样。由于 MOA 的阻性电流较小，因此即使较小的外表面泄漏电流也会给测试结果带来误差。

（六）其他

此外，还有气候、测试仪器的技术水平等因素影响着 MOA 带电测试，但以上所分析的 5 个因素是最普遍存在又最关键的因素，而目前还没有很好的措施来消除其影响，严重限制带电测试的有效性。许多专家对此做了大量的工作，基本研究方向是企图从大量的带电测试数据中总结出与停电测试等效的规律，但在没有采取新的消除干扰措施之前，不敢对此抱有乐观态度，因为目前的测试数据精度低、随机性高、可比性低，从这种基础数据上得出的规律难以符合实际，因此认为改变 MOA 带电测试现状的首要任务是采用消除干扰的新措施。

六、提高 MOA 带电测试精度的新措施

（一）对法兰及引下线进行屏蔽

如果采用较好的屏蔽措施，以上所述的第 1 个影响因素就可以较好地抑制，GIS 避雷器的带电测试结果都比较稳定，并且没有相间差别，就是因为其金属外壳起了很好的屏蔽作用，但基于安全方面的考虑，在常规避雷器运行时采取屏蔽措施是不可行的，因此这必须是在避雷器制造阶段采取的措施。

如果 MOA 制造过程中在不减弱外绝缘的条件下增加一个结构紧固的法兰屏蔽层（因为中间各节法兰屏蔽层是悬浮导体，其结构必须紧固，否则会在运行中放电和振动），把各节法兰都进行屏蔽，并且通过带屏蔽层的引下线接到计数器，在计数器上方预留测试孔或测试端子，如图 3-10-21所示，虚线部分为屏蔽层这样就达到了停电测试时采取屏

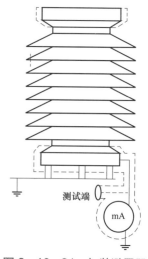

图 3-10-21 加装避雷器
法兰屏蔽层示意图

蔽的效果，不但消除了周围强电场的静电耦合影响，还基本消除了表面污秽及气候条件的影响，无论对带电测试还是对在线监测，都是颇有益处。

（二）取就近 TV 或 CVT 的计量绕组二次电压为参考电压，并进行补偿

对于这一措施的原理，五、（二）部分已做了分析，这里不再重复，但需要 MOA 带电测试仪器支持用户进行电压相角补偿功能，目前多数仪器都具备此功能，这样第 2 个影响就基本消除。

（三）对电压进行谐波分析，按电压的谐波进行谐波补偿

根据以上分析知道，带电测试的阻性电流谐波中有电压谐波激励产生的谐波分量和氧化锌非线性特性产生的谐波分量，后者是指示老化的重要参数，而前者是干扰因素应该消除。如何消除电压谐波激励产生的电流谐波分量？首先，测试仪器需对电压进行傅里叶分解，取出电压的谐波分量，然后，根据各种型号避雷器电流的频率响应特性（应由 MOA 厂家提供，如果厂家不提供，可用氧化锌元件一般频率响应特性近似代替）进行谐波补偿，最后得出的阻性电流及其谐波分量基本是避雷器老化或受潮的信息。

（四）在避雷器的型式试验中增加伏安特性测试，为现场不同电压下的测试数据提供等效依据

如果厂家在 MOA 的型式试验中增加伏安特性测试，其中必须包括系统额定运行电压、持续运行电压及交流参考电压等重要点下的全电流及阻性电流，并把各种型号 MOA 的伏安特性曲线提供给用户（若厂家不提供，可用 ZnO 压敏电阻片的伏安特性代替），这样，用户在不同运行电压下测得的数据就可以根据被测避雷器的伏安特性进行插值等效至同一电压下，每次测试数据的可比性就大大加强。

（五）结论与建议

（1）对新投运的 110kV 以上 MOA，在投运初期，应每月带电测量一次 MOA 在运行电压下的泄漏电流，三个月后改为半年一次。有条件的尽可能安装在线监测仪，以便在巡视时观察运行状况，防止泄漏电流的增大。

（2）不同生产厂家，对同一电压等级的 MOA 在同一运行电压下测得的泄漏电流值差别很大，不应用泄漏电流的绝对值作为判定 MOA 质量状况的依据，而应与前几次测得的数据作纵向比较，三相之间作横向比较。

（3）电压升高、温度升高、湿度增大，污秽严重都会引起 MOA 总电流、阻性电流和功率损耗的增大，这是应该注意的。

（4）谐波含量偏大时，会使测得的阻性电流峰值 IRP 数据不真实，而阻性电流基波 IRIP 值是一个比较稳定的值，因此在谐波含量比较大时，应以测得的 IRIP 值为准。

（5）建议测量 MOA 阻性电流的单位，应根据现场和仪器的条件，加强对影响测试精度的因素进行分析，正确判断 MOA 运行状况，提高运行可靠性。

（6）在带电测试时，对发现异常的 MOA，在排除各种因素的干扰后，仍存在问题，建议停电作直流试验，测取直流参考电压及 75%直流参考电压下的泄漏电流，以确诊 MOA 是否质量合格。确认 MOA 存在质量问题，应及时与制造厂联系，以便妥善处理。

七、MOA 质量状况的判断方法

（一）参照标准法

由于每个厂家的阀片配方和装配工艺不同，所以 MOA 的泄漏电流和阻性电流标准也不一样，测试时可以根据厂家提供的标准来进行测试。若全电流或阻性电流基波值超标，则可初步判定 MOA 存在质量问题，然后需停电做直流试验，根据直流测试数据作出最终判断。

（二）横向比较法

同一厂家、同一批次的产品，MOA 各参数应大致相同，如果全电流或者阻性电流差别较大，即使参数不超标，MOA 也可能有异常。

（三）纵向比较法

对同一产品，在同样的环境条件下，不同时间测得的数据可以作纵向比较，发现全电流或阻性电流有明显增大趋势时，应缩短检测周期或停电作直流试验，以确保安全。

（四）综合分析法

在实际运行中，有的 MOA 存在劣化现象但并不太明显时，从测得的数据不能直观地判断出 MOA 的质量状况。根据我们多年现场测试经验，总结出对 MOA 测试数据进行综合分析的方法，即一看全电流，二看阻性电流，三看谐波含量，再看夹角，对各项参数作系统分析后，判定出 MOA 的运行情况。

八、避雷器泄漏电流带电检测案例

示例：2019 年 4 月 3 日，运维人员雨后巡视过程中，发现启明 330kV 变电站 1 号主变 110kV 侧避雷器表面存在异常放电声音，避雷器表计泄漏电流增大，雨过两小时后数据随即恢复正常，为确保一次设备运行状态良好，变电检修中心随即对该组避雷器开展阻性电流测试工作，测试结果如表 3-10-3 所示。

表 3-10-3　　　　　　　氧化锌避雷器阻性电流试验报告

变电站：启明 330kV 变电站　　　　　　　　　　　　　　　　试验日期：2019.04.03

设备编号	1 号主变 110kV 侧		试验性质	例行试验
温度（℃）	25		湿度（%）	35
设备型号	Y10W-108/281		额定电压（kV）	108
直流 1mA 参考电压（kV）			出厂日期	2013.11.01
制造厂	宁波市镇海国创高压电器有限公司			
出厂编号	A：5016	B：5080		C：5023
运行中持续电流测试（仪器：AI-6106 氧化锌避雷器阻性电流测试仪）				
相　别	A	B		C
全电流 I_x（μA）	350	327		342
补偿方式	自动补偿	自动补偿		自动补偿

续表

阻性电流基波峰值 I_{r1p}（μA）	30	30	27
电容电流基波峰值 I_{c1p}（μA）	494	461	482
参考电压 U（kV）	66.62	66.84	66.62
相角差 Φ（°）	86.45	86.20	86.69
校正角 Φ_0（°）	1.90	0	−1.90
运行总电流 I（mA）	0.4	0.4	0.4
功率损耗（mW/kV）	21.66	21.65	19.69
结论	依据《国网电气设备状态检修规程（2013 年版）》，以上项目试验数据与初始值比较无明显差别，所测数据均在合格范围内，该设备试验合格		

试验人员	王×、马×、王××	报告整理	陈×	审核	李×

【任务小结】

本任务明确了避雷器泄漏电流带电测试的作用和意义，介绍了避雷器泄漏电流带电测试危险点分析及控制措施、准备工作、步骤及要求、注意事项和对检测数据的分析。通过完成本项任务，可以掌握避雷器泄漏电流带电测试方法，锻炼实际操作能力，提高技能水平。

附　录　A

（资料性附录）

全电流及参考电压信号取样方式

A.1　电流取样方式

电流取样方式有放电计数器短接法、钳形电流传感器法两种方式，见图 A-1。

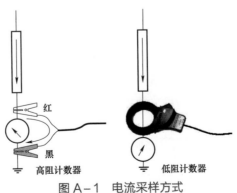

图 A-1　电流采样方式

（1）放电计数器短接法：若避雷器下端泄漏电流表为高阻型，则采用测试线夹将其短接，通过测试仪器内部的高精度电流传感器获得电流信号。

（2）钳形电流传感器法：若避雷器下端泄漏电流表为低阻型，则采用高精度钳形电流传感器采样。

A.2　电压取样方式

电压取样方式通常有二次电压法、检修电源法、感应板法、末屏电流法四种方法。

（1）二次电压法。电压信号取与自待测金属氧化物避雷器同间隔的电压互感器二次电压。其传输方式分为有线传输和无线传输方式两种。

（2）检修电源法。通过测取交流检修电源 220V 电压作为虚拟参考电压，再通过相角补偿求出参考电压，避免了通过取电压互感器端子箱内二次参考电压的误碰、误接线存在的风险。

（3）感应板法。即将感应板放置在金属氧化物避雷器底座上，与高压导体之间形成电容。仪器利用电容电流做参考对金属氧化物避雷器总电流进行分解。由于感应板对位置比较敏感，该种测试方法受外界电场影响较大，如测试主变侧避雷器或仪器上方具有横拉母线时，测量结果误差较大。

（4）末屏电流法。选取同电压等级的容性设备末屏电流做参考量，取样方式见图 A–2。容性设备可选取电流互感器、电压互感器，用钳形电流表测容性设备末屏电流误差较大。

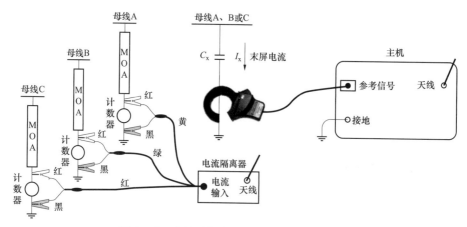

图 A–2　容性设备末屏电流取样方式接线图

附　录　B

（资料性附录）

泄漏电流测试结果影响因素

B.1　瓷套外表面受潮污秽的影响

瓷套外表面潮湿污秽引起的泄漏电流，如果不加屏蔽会进入测量仪器，会使测量结果偏大。

B.2　温度对金属氧化物避雷器泄漏电流的影响

由于金属氧化物避雷器的氧化锌电阻片在小电流区域具有负的温度系数及金属氧化物避雷器内部空间较小，散热条件较差，加之有功损耗产生的热量会使电阻片的温度高于环境温度。这些都会使金属氧化物避雷器的阻性电流增大，电阻片在持续运行电压下从20～60℃，阻性电流增加 79%，而实际运行中的金属氧化物避雷器电阻片温度变化范围是比较大的，阻性电流的变化范围也很大。因此在进行检测数据的纵向比较时应充分考虑该因素。DL/T 474.5 指出，温度每升高 10℃，电流增大 3%～5%，可参照换算。

B.3　湿度对测试结果的影响

湿度比较大的情况下，会使金属氧化物避雷器瓷套的表面泄漏电流明显增大，同时引起金属氧化物避雷器内部阀片的电位分布发生变化，使芯体电流明显增大。严重时芯体电流能增大 1 倍左右，瓷套表面电流会成几十倍增加。

B.4　相间干扰的影响

对于一字排列的三相金属氧化物避雷器，在进行泄漏电流带电检测时，由于相间干扰影响，A、C 相电流相位都要向 B 相方向偏移，一般偏移角度为 2°～4°，这导致 A 相阻性电流增加，C 相变小甚至为负，如图 B–1 所示。由于相间干扰是固定的，采用历史数据的纵向比较，仍能较好地反映金属氧化物避雷器运行情况。

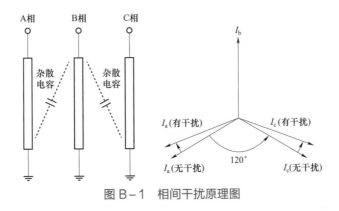

图 B–1　相间干扰原理图

B.5　电网谐波的影响

电网含有的电压谐波，会在避雷器中产生谐波电流，可能导致无法准确检测金属氧化物避雷器自身的谐波电流。

B.6　参考电压方法选取的不同

金属氧化物避雷器测量仪一般具有 TV 二次电压法、检修电源法、感应板法、容性设备末屏电流法几种参考电压方式，各种方法不同带来系统性的电压误差，影响试验结果。

B.7　测试点电磁场对测试结果的影响

测试点电磁场较强时，会影响到电压 U 与总电流 I_x 的夹角，从而会使测得的阻性电流数据不真实，给测试人员正确判断金属氧化物避雷器的质量状况带来不利影响。测试时应选取多个测试点进行分析比较。

任务十一：断路器机械特性试验

【任务描述】

断路器机械特性测试是断路器性能测试主要项目。机械特性的好坏将直接影响断路器的开断和关合性能。若机械特性不符合要求，将会影响断路器的安全运行，严重时会引起爆炸。所以，做好机械特性测试对断路器的运行维护有着至关重要的作用。本文通过讲述断路器机械特性的试验方法，包括分合闸时间测试、合－分时间测试、动作电压测试及分合闸速度测试 4 个项目，熟悉机械特性的参数说明，掌握测试的方法和对数据的判断。

【任务目标】

知识目标	1. 熟练掌握断路器机械特性测试的危险点、控制措施及操作流程； 2. 熟练掌握断路器机械特性测试分析技术，包括合闸时间、分闸时间、合－分时间及最低动作电压的测试标准和异常诊断
技能目标	1. 能够落实断路器机械特性测试作业安全措施； 2. 能够规范开展断路器机械特性测试的标准化测试； 3. 能够编制检测报告，并进行异常分析，提出检修建议和策略
素质目标	通过任务实施，树立安全意识、风险防范意识，培养细心、严谨的岗位态度，保证断路器机械特性测试流程标准化、规范化、安全化

【知识与技能】

一、试验目的

按照标准化流程开展断路器分合闸时间、合－分时间、分合闸速度及最低动作电压 4 个项目的机械特性测试，并对试验数据进行分析并提出检修策略。

二、试验要求

（一）环境要求

环境温度不宜低于 5℃；

环境相对湿度不大于 80%；

现场测试区域满足设备不停的时的安全距离要求。

（二）待测设备要求

待试断路器处于停电检修状态；

待试断路器的控制电源、储能电源已断开；

断路器操作把手为"就地"位置；

断路器无各种其他作业；

SF_6 断路器的气室压力应为额定值或以上。

（三）人员要求

熟悉断路器机械特性测试的各项安全要求，能够辨识危险点；

了解断路器的基本结构、性能、特点；

熟悉变电站电气主接线及系统运行方式；

熟悉机械特性测试仪的使用方法；

能正确完成测试及现场各种测试项目的接线、操作及测量；

熟悉各种影响测试结论的因素及消除方法。

（四）安全要求

若 GIS 断路器安装于高压室内，应检测 SF_6 气体含量及氧含量符合作业要求；

如果有外露的带电体，人体与工器具应符合与设备不停电时的安全距离；

工作负责人应做好现场监护，防止人员触电或是机械伤害。

（五）仪器要求

（1）仪器的测量时间、测量行程和测量速度应满足如下要求：

1）测量时间：不小于断路器分、合闸时间，分辨率为 0.01ms；

2）测量行程：由不同传感器确定（不小于断路器行程的 120%）；

3）测量速度：真空断路器不小于 2m/s，非真空断路器不小于 15m/s。

（2）仪器的测量误差应满足如下要求：

1）时间测量误差：200ms 以内为 ±0.1ms，200ms 以上为 ±2%；

2）同期性时间测量误差：测试仪同期性时间不大于 ±0.1ms；

3）行程测量误差：对于真空断路器为 ±0.5mm，对于非真空断路器为 ±2mm；

4）速度测量误差：0～2m/s 以内为 ±0.1m/s，2m/s 以上为 ±0.2m/s。

（3）仪器及配件要求如下：

1）断路器机械特性测试所用仪器应至少配备直线及旋转传感器，同时使用单位应具备与所测试断路器相配套的传感器支架；

2）断路器机械特性测试所用仪器应根据所测试断路器断口数量配置足够数量的断口时间测试通道；

3）断路器合分时间测量时，应能设置合闸电源与分闸电源的触发时间差；

4）测试仪器应具备调压功能，调整精度应不大于 1V，并采用机械指针或数字显示功能。

5）能够测试以下项目：分、合闸时间：断路器分、合闸时间及同期性；合－分时间；弹跳次数及时间；分、合闸速度；开距；超程；总行程；分、合闸电磁铁的最低动作电压。

（六）推荐试验周期

断路器机械特性测试周期见表 3－11－1。

表 3－11－1　　　　　　　　断路器机械特性测试周期

电压等级	基准周期
35kV 及以下 SF$_6$ 断路器、GIS 断路器	4 年
110kV 以上 SF$_6$ 断路器、GIS 断路器	3 年

三、试验准备

（一）工作现场检查

（1）勘察现场需要停电的部分及工作区域、相邻带电部位等，据此编制标准作业卡及制定相应的技术措施；

（2）应详细了解设备的运行情况，如上次测试报告、历史缺陷及消除情况等；

（3）勘察现场应具备安全可靠的交流 220V 测试电源，禁止从运行设备上接取测试电源；

（4）勘察现场，确定需要使用的安全工器具及仪器等。

（二）仪器及材料准备

仪器及材料准备见表 3－11－2。

表 3－11－2　　　　　　　　仪 器 及 材 料 准 备

序号	仪器及材料名称	检查标准
1	断路器机械特性仪（DK－45JX）	仪器启动正常，在校验合格周期内
2	断路器机械特性仪线箱	电源线、测试线、控制输出线等齐全、无断裂，速度传感器配件齐全
3	电源盘	交流 220V 电源输入，有漏电保护开关
4	工具箱	包括螺丝刀、扳手、尖嘴钳、自粘带等工具耗材
5	万用表	能够测量交流、直流电压，电阻等，在校验合格周期内
6	绝缘人字梯	1.5m 或 2m 规格，在检验合格期内，外观正常
7	绝缘手套	外观正常无破损，在检验合格期内

（三）安全风险防控

安全风险防范措施见表 3 – 11 – 3。

表 3 – 11 – 3　　　　　安 全 风 险 防 范 措 施

序号	危险点	防范措施
1	监护不到位导致的误入带电间隔、误碰运行设备等	（1）测试工作不得少于 2 人； （2）测试负责人应由有经验的人员担任，测试负责人在测试期间应始终行使监护职责，不得擅离岗位或兼职其他工作； （3）开始测试前，测试负责人应向全体测试人员详细布置测试中的安全注意事项，交待邻近间隔的带电部位以及其他安全注意事项； （4）测试现场出现明显异常情况时（如异音、电压波动、系统接地等），应立即停止测试工作并撤离现场
2	操作人员触电	（1）测试前，应将测试仪器可靠接地后，方可进行其他接线； （2）对于周围存在较高电压等级的运行设备的测试场地，拆除接地排时会产生感应电，220kV 及以上接线过程中应使用绝缘手套； （3）控制电源及电机电源完全断开； （4）测试前必须认真检查测试接线，尤其是接入断路器的分、合闸控制电源，应正确无误； （5）变更接线或测试结束时，应首先断开测试电源； （6）接入控制输出线时，应对接线端子进行电压测量，确认无电后方可接入
3	机械伤人	（1）断路器处禁止其他工作； （2）安装、拆除传感器前应确认断路器分、合闸能量完全释放； （3）传感器安装时应选择合适的位置，防止由于传感器安装不当，造成断路器动作时损坏仪器及断路器； （4）测试前，应通知有关人员离开被试设备，并取得测试负责人许可，方可开机测试； （5）测试过程中应有人监护并呼唱
4	现场清理不彻底影响设备运行	（1）测试结束时，测试人员应拆除自装的接地短路线及测试夹； （2）对被试设备进行检查，恢复测试前的状态； （3）经测试负责人复查后，进行现场清理

（四）办理工作许可

根据现场设备的实际情况，结合工作内容、停电范围办理变电站（发电厂）第一种工作票，并严格按照相关安全规定履行工作许可手续。认真核对工作票安全措施，确保断路器两侧有接地保护。向工作班成员交底时，应指明停电范围和带电部位，工作流程及分工等。

四、试验流程

断路器机械特性测试按照图 3 – 11 – 1 所示的流程开展。

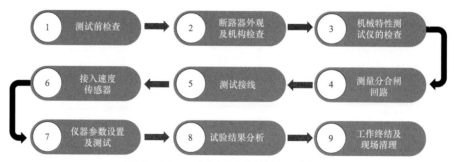

图 3-11-1 断路器机械特性测试流程

（一）测试前检查

检查测试环境温度不低于 5℃，相对湿度不大于 80%。

现场测试区域满足设备不停的时的安全距离要求。

确认断路器处于检修状态。

断路器控制及储能电源已断开，断路器操动机构弹簧能量已完全释放。

将断路器的"远方/就地"把手切换至"就地"位置。

电源盘检查：线缆外观完好无破损、外观及插头外观正常、漏电保护功能正常。

绝缘人字梯的检查：人字梯的检验标签在合格期内、开合正常、外观正常无变形及破损。

万用表的检查：在校验合格周期内、测试线外观完好无破损、可以正常显示和测试。

（二）断路器外观及机构检查

首先对断路器弹簧机构进行检查，本文以 ZF-126 型 GIS 断路器为例。检查正常后，方可开始机械特性测试。

1. 外观检查

外壳无锈蚀、损坏，漆膜无局部颜色加深或烧焦起皮现象。

本体及支架无异物，运行环境良好。

盆式绝缘子分类标示清楚，可有效分辨通盆和隔盆，外观无损伤、裂纹。

外壳间导流排外观完好、连接无松动。

金属表面无锈蚀（见图 3-11-2）。

图 3-11-2 外观检查

断路器、隔离开关、接地开关等位置指示正确，清晰可见，机械指示与电气指示一致，符合现场运行方式（见图 3−11−3）。

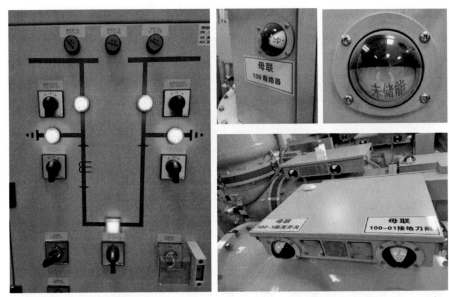

图 3−11−3　断路器、隔离开关、接地开关检查

2. 弹簧机构检查

相间连杆与拐臂所处位置无异常；

连杆接头和连板无裂纹、锈蚀；

拐臂箱无裂纹；

挡圈无脱落、轴销无开裂、变形、锈蚀；

机构内金属部分及二次元器件外观完好（见图 3−11−4）；

图 3−11−4　弹簧机构检查（一）

图 3-11-4　弹簧机构检查（二）

机构箱密封良好；

内部清洁无异物；

无进水受潮，加热驱潮装置功能正常（见图 3-11-5）；

图 3-11-5　弹簧机构检查（三）

储能电机齿轮无破损、啮合深度不少于 2/3（见图 3-11-6）；

图 3-11-6　储能电机齿轮图示

储能指示正常，储能行程开关无锈蚀，无松动（见图 3-11-7）；

图 3-11-7 储能行程开关图示

分合闸弹簧外观完好，无锈蚀；

分、合闸弹簧固定螺栓紧固无松动、脱落现象（见图 3-11-8）；

图 3-11-8 分、合闸弹簧图示

分合闸缓冲器无渗漏油；

分、合闸脱扣器和动铁心无锈蚀，机芯固定螺栓无松动（见图 3-11-9）。

图 3-11-9 缓冲器及脱扣器图示

（三）机械特性测试仪的检查

（1）检查机械特性仪的外观完好无破损。检查机械特性仪器应可以正常启动，功能按键操作正常。

（2）检查测试线齐全，对接地线、各测试线进行通断测试（见图 3-11-10）。

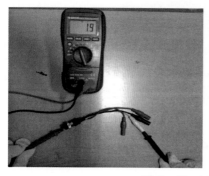

图 3-11-10　机械特性测试仪的检查

（四）测量分合闸回路

图 3-11-11 为断路器二次回路图，根据图纸，在端子排出测量其合闸线圈、分闸线圈电阻。

合闸线圈端子：P1-11 与 P1-6；

主分闸线圈端子：P1-4 与 P1-6；

副分闸线圈端子：P1-9 与 P1-7。

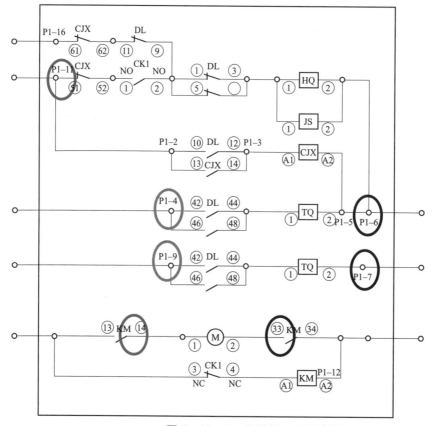

图 3-11-11　断路器二次回路图

在控制回路中测量分、合闸线圈的电阻值并记录，应符合设备技术文件要求。厂家无明确要求时，初值差应不超过±5%。

测试前应首先进行直流电压测试，确保控制回路无电压时方可进行电阻测试，否则有触电风险（见图3-11-12）。

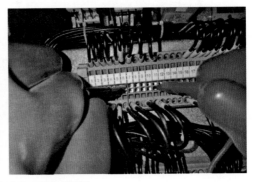

图3-11-12 直流电压测试图示

（五）测试接线

仪器接地，接地的顺序、先接接地端、后接仪器端。接入仪器接地线，接地应可靠，如果有防腐漆应将防腐漆打磨，否则将会影响测试数据（见图3-11-13）。

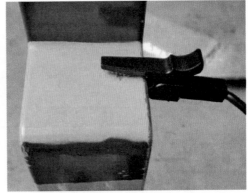

图3-11-13 测试接线图示

GIS设备因其结构的特殊性，需要拆除断路器两侧中的一侧接地刀闸引出桩的接地排，通过接地引出桩构成测试回路。如图3-11-14所示，拆除接地排连接的三相接地桩的固定螺丝，拆掉盖板。

根据图3-11-15进行测试线的接入，其中，三相测试线采用共体插头接入，相序为黄绿红分别对应ABC，控制线为红合闸，绿分闸，黑公共。储能线为红正电黑负电。

接入控制输出线，因测试时会输出直流220V的电压，为防止触电伤人，应确保＋－输出端子不会短路。

如果测试线无法可靠与端子接触或插入端子孔后无法可靠固定，可以由一人用手插入并轻度施予压力，但要防止测试头之间短路（见图3-11-16）。

图 3-11-14 拆除接地排连接的三相接地桩的固定螺丝，拆掉盖板

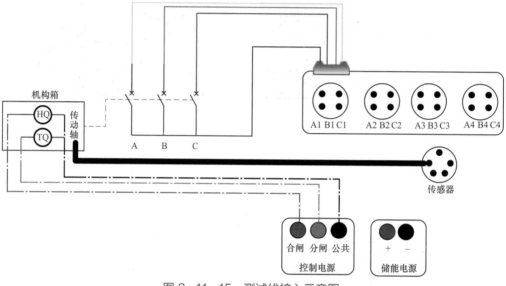

图 3-11-15 测试线接入示意图

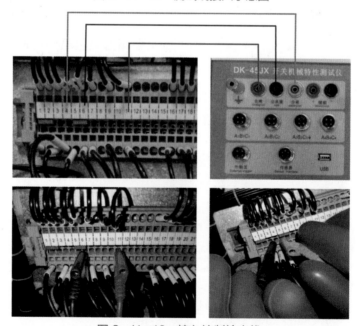

图 3-11-16 接入控制输出线

三相测试线与接头相连接，黄绿红黑对应插入，接头接入仪器的 A1B1C1 端口，测试夹分别按照黄绿红接入接地引出桩（接地引出桩处有 ABC 标识，勿混插）（见图 3-11-17）。

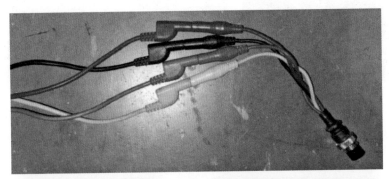

图 3-11-17　接入接地引出桩

（六）接入速度传感器

接入速度测试传感器，常见的传感器有直线传感器、加速度传感器及转角传感器，可以根据断路器的结构形式和安装需要进行选择。

安装传感器时，应充分考虑连接机构的运动方向和幅度，防止损坏传感器或伤人。使用旋转传感器进行行程测试时，应注意避开旋转光栅的盲区。使用直线传感器进行行程测试时，应注意传感器可测试的行程上限，以免损坏传感器。本文以旋转传感器和加速度传感器为例进行说明（见图 3-11-18）。

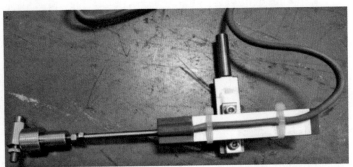

图 3-11-18　接入速度传感器（一）

图 3-11-18　接入速度传感器（二）

断路器速度传感器一般安装于机构主轴或拐臂处，此断路器需要拆开机旁边的侧盖板，方可找到主轴和拐臂（见图 3-11-19）。

图 3-11-19　侧盖板

加速度传感器的接入：传感器安装与其中一相即可，安装前应注意先观察输出轴的动作范围，确定传感器安装位置，防止动作时损坏传感器，按下图位置紧固传感器，两侧螺丝必须紧固，否则造成脱落会导致传感器或断路器损坏（见图 3-11-20）。

图 3-11-20　加速度传感器接入

旋转传感器额接入：接入前需先拆除转轴盖板，使用吸铁石做测试应放于转轴中心，使用转板做测试应选择合适的孔位并可靠固定（见图 3-11-21）。

图 3-11-21　旋转传感器额接入

吸铁石或转板安装完成后如图 3-11-22 所示。

图 3-11-22　吸铁石或转板安装完成图示

连接旋转传感器，注意中心线应在同一水平面上，使用万能支架进行固定（万能支架只能吸附与钢或铁材质，GIS 外壳因非导磁材料无法固定）（见图 3-11-23）。

图 3-11-23　连接旋转传感器

测试线一侧插入传感器，并将卡环旋转固定牢靠，另一侧插入仪器传感器端子，并将卡环旋转固定牢靠（见图 3-11-24）。

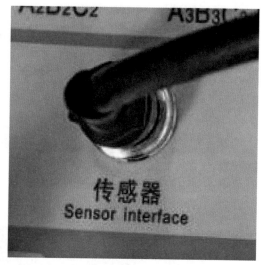

图 3-11-24　测试线插入传感器图示

至此，我们完成了仪器接地、测试线、输出控制线、速度传感器的接入。

（七）仪器参数设置及测试

测试期间，严禁其他人员对机构进行任何工作。

输出电压前应高声呼唱告知周围人员。

仪器接入 220V 交流电源，接入前检查电源盘的电压为 220V。

断路器机械特性试验各项目定义如表 3-11-4 所示。

表 3-11-4　　　　　　　　断路器机械特性试验各项目定义

序号	项目	释义
1	合闸时间	从合闸回路通电起到所有极触头都接触瞬间为止的时间间隔
2	分闸时间	从分闸回路通电起到所有极触头都分离瞬间为止的时间间隔
3	合-分时间	从首先接触极的触头接触瞬间到分闸操作时所有极触头均分离瞬间的时间间隔
4	相间分合闸同期性	断路器分合闸时，三相分断和接触瞬间的时间差
5	同相各断口分合闸同期性	断路器分合闸时，同相分断和接触瞬间的时间差
6	刚分速度	分闸时，动触头与静触头分离瞬间的运动速度，一般取刚分后 10ms 的平均速度作为刚分点瞬时速度
7	刚合速度	合闸时，动触头与静触头接触瞬间的运动速度，一般取刚合前 10ms 的平均速度作为刚合点瞬时速度

机械特性测试仪控制面板按键说明如图 3-11-25 所示。

下面，我们开始仪器操作：

开启仪器，在"设置"页签中选择"测试设置"，根据被试断路器型号进行相应参数设置（见图 3-11-26）。

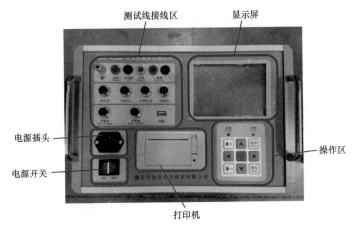

图 3-11-25 机械特性测试仪控制面板按键说明

速度传感器选择对应选项，本课程采用加速度传感器或是旋转传感器。

传感器安装相别选择对应相。

根据各厂家参数设置行程，如无法确定可不更改。

线路编号输入对应双重编号。

其余选项默认即可。

在"电压设置"页签中设置仪器输出控制电压应为额定电压 220V。

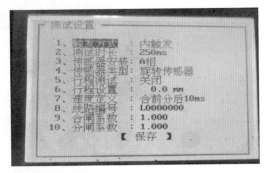

图 3-11-26 "测试设置"界面

合闸测试：

对断路器进行合闸测试，并对照厂家技术参数及历史数据进行分析。

在"测试"页签中选择"合闸测试"，弹出测试页面（见图 3-11-27）。

此页面参数无法设置，需要在设置页设置。

底部会显示 A1B1C1 断口的状态，合闸测试时均应为分位。如果显示有合位应查明原因再测试。

检查无问题后，按下确认键，仪器会自动输出电压，断路器合闸，仪器会自动显示测试结果（见图 3-11-28）。

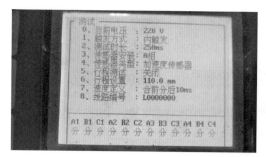

图 3-11-27 "合闸测试"界面

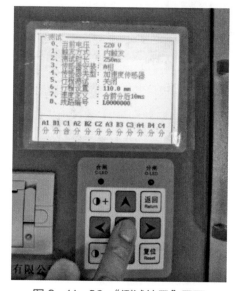

图 3-11-28 "测试结果"界面

合闸测试数据结果查看及分析：

ZF-126 型 GIS 断路器的合闸时间要求为 73ms±10ms，测试结果合格，符合厂家技术要求，同期性符合《国家电网公司变电检测管理规定》中，相间合闸同期≤5ms 的要求。合闸速度曲线、断口波形曲线平滑无突变，速度值也符合厂家技术要求（见图 3-11-29）。

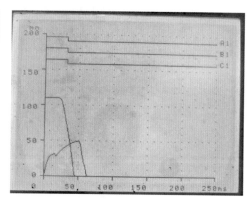

合闸	A 相	B 相	C 相	相间
1	77.9	78.0	77.9	
2				
3				
4				
同期	0.0	0.0	0.0	0.1
弹跳	2.9	5.0	4.0	单位ms
速度	1.85	1.80	1.85	单位m/s
最大速度	4.44 m/s		电阻	76.0 Ω
线圈电流	2.89 A			

图 3-11-29 合闸速度曲线、断口波形曲线

在"查看"页签中选择"弹跳过程"，可以查看合闸弹跳过程，对于 GIS 断路器，因其断口结构原因，弹跳仅作为故障分析的参考（见图 3-11-30）。

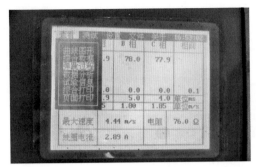

图 3-11-30 "弹跳过程"界面

分闸测试数据结果查看及分析：

在"测试"页签中选择"分闸测试"，弹出测试页面。此页面参数无法设置，需要在设置页设置。底部会显示 A1B1C1 断口的状态，分闸测试时均应为合位，如果显示有分位应查明原因再测试（见图 3-11-31）。

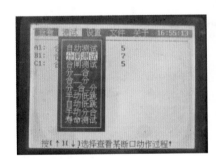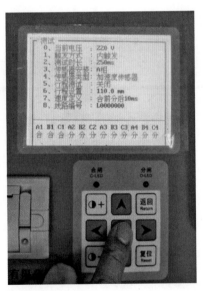

图 3-11-31 "分闸测试"界面

点击"确定"进行测试，测试结果合格，符合厂家技术分闸时间 26ms±5ms 的要求。同期性符合《国家电网公司变电检测管理规定》中，相间分闸同期≤3ms 的要求。分闸速度曲线、断口波形曲线平滑无突变，测试正常（见图 3-11-32）。

断路器最低动作电压测试

合闸低跳测试（见图 3-11-33）：

在"测试"页签中选择"手动低跳"，弹出测试页面。

低跳类型：选择"合闸低跳"。

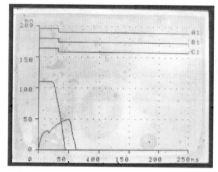

图 3-11-32 分闸速度曲线、断口波形曲线

步进电压：任意选择，仪器会按照选择的步进电压调整增加电压值。

起跳电压：选择 66V。

点击"确定"后，进入操作界面，按照显示屏底部有操作说明操作即可。

断路器 66V 不应合闸，187V 时应可靠合闸。

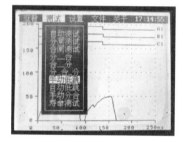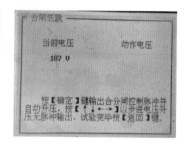

图 3-11-33 合闸低跳测试

分闸低跳测试（见图 3-11-34）：

在"测试"页签中选择"手动低跳"，弹出测试页面。

低跳类型：选择"分闸低跳"。

步进电压：任意选择，仪器会按照选择的步进电压调整增加电压值。

起跳电压：选择 66V。

点击"确定"后，进入操作界面，按照显示屏底部有操作说明操作即可。

断路器 66V 不应分闸，187V 时应可靠分闸。

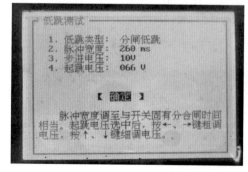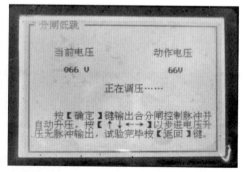

图 3-11-34 分闸低跳测试

断路器合－分测试（见图 3－11－35）：

在"测试"页签中选择"手动低跳"，弹出测试页面。

重合闸脉宽设置应按照厂家技术要求设置，如无特别要求可以设置为 90～100ms

此页面参数无法设置，需要在设置页设置。底部会显示 A1B1C1 断口的状态，合—分测试时均应为合位，如果显示有分位应查明原因再测试。

点击"确定"进行测试。

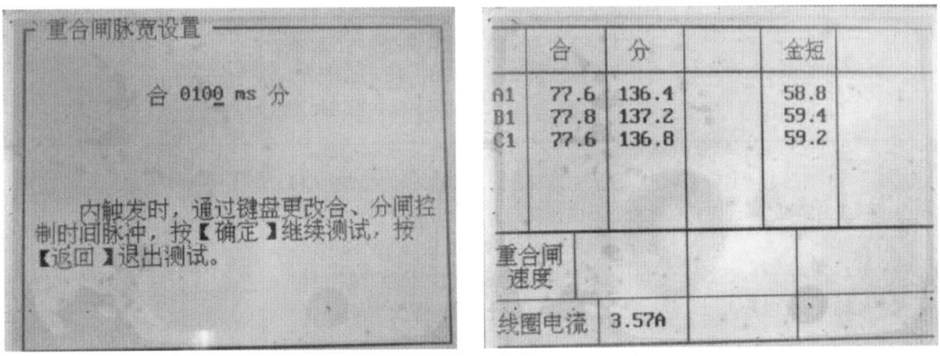

	合	分		金短
A1	77.6	136.4		58.8
B1	77.8	137.2		59.4
C1	77.6	136.8		59.2
重合闸速度				
线圈电流	3.57A			

重合闸脉宽设置
合 0100 ms 分
内触发时，通过键盘更改合、分闸控制时间脉冲，按【确定】继续测试，按【返回】退出测试。

图 3－11－35　断路器合—分测试

测试完成后查看金短时间，应符合厂家技术要求。

断路器储能测试：

断路器储能应优先选择使用机构电源进行；

储能电源空开合闸前，应告知现场作业人员离开机构箱；

储能完成后断开储能电源。

（八）试验结果分析

测试结果应优先与断路器说明书给定技术参数进行比较，是否满足厂家规定要求。如果厂家技术要求未说明，可以下文所列技术规程。

若上述测试项目中存在不符合厂家要求的测试数据时，应首先检查以下是否符合测试要求。

接线情况；参数设置；仪器状况。

如果测试过程无问题，需要对断路器进行调试。

（九）工作终结及现场清理

机械特性测试完成后，应拆除所有的测试接线和传感器，并恢复原状。

机构箱内不能有遗留物品。

传感器拆除后应恢复盖板，旋转传感器固定螺丝处应涂抹厌氧胶。

接地排应恢复，并紧固螺丝。

清除现场，包括 GIS 外壳上的所有的工具、测试线等。

办理工作终结手续。

五、试验结果诊断分析及试验报告编写

（一）GIS 断路器机械特性测试数据分析

断路器机械特性测试的数据结果应严格对照厂家技术参数或相关规程要求进行对比判断，一般而言，技术参数均为范围制，接近范围上限或下限时，应对比上次试验数据查看变化趋势，及时进行原因查找并处理；当超出技术要求范围时，应查明原因并处理，待测试合格后方可投运。

（二）检测数据判断标准

《国家电网公司变电检测管理规定（试行）第 38 分册　断路器机械特性测试细则》

《国家电网有限公司十八项电网重大反事故措施（2018 版）》

各个断路器说明书技术标准或出厂报告中的技术标准

断路器低电压动作值的规定：

并联合闸脱扣器在合闸装置额定电源电压的 85%～110%（直流）范围内，即 187～242V，应可靠动作；

并联分闸脱扣器在分闸装置额定电源电压的 65%～110%（直流）范围内，即 143～242V，应可靠动作；

当电源电压低于额定电压的 30%（直流）时即 66V 时，脱扣器不应脱扣。

（三）检修建议

1. 当合闸时间、合闸速度不满足规范要求时，可能造成的原因

合闸掣子间隙不合适；合闸弹簧疲劳；开距或超程不满足要求。

应综合分析上述原因，按照厂家技术要求，对合闸掣子间隙、分合闸弹簧、机构连杆进行调整。

2. 当分闸时间、分闸速度不满足规范要求时，可能造成的原因

分闸掣子间隙不合适；分闸弹簧疲劳；开距或超程不满足要求。

应综合分析上述原因，按照厂家技术要求，对分闸掣子间隙、分闸弹簧、机构连杆进行调整。

3. 当合分时间不满足规范要求时，可能造成的原因

单分、单合时间不满足规范要求；仪器设置的合－分控制时间不合适。

应综合分析上述原因，按照厂家技术要求，对单分、单合时间进行调整或仪器设置进行调节；分闸掣子间隙不合适。

4. 当不同期值不满足规范要求时，可能造成的原因

三相开距不一致；分相机构的线圈动作时间不一致。

应综合分析上述原因，按照厂家技术要求，对机构各个连杆进行调整或分合闸线圈进行检查调整。

5. 当行程特性曲线不满足规范要求时，可能造成的原因

断路器对中调整的不好；断路器触头存在卡涩。

应综合分析上述原因，按照厂家技术要求对断路器分合闸弹簧、拐臂、连杆、缓冲器进行调整。

6. 分合闸线圈动作电压不满足规范要求

宜检查分合闸保持挚子之间的距离（扣接量）；检查线圈芯是否灵活，有无卡涩情况；通过调整分合闸保持挚子间隙的大小来调整动作电压，缩短间隙，动作电压升高，反之降低。

当调整了间隙后，应进行断路器分合闸时间测试，防止间隙调整影响机械特性。

（四）检测报告编写

检测报告见表 3-11-5。

表 3-11-5　　　　　检 测 报 告 示 例

一、基本信息

变电站	阳光变	运行编号	春熙线 111	测试性质	例行	测试日期	2022.09.18
测试单位	××培训班	测试负责人	李×	测试人员		张×、王×	
测试天气	晴	环境温度（℃）	25	环境相对湿度（%）		41	
报告日期	2022.09.19	编制人	张×	审核人	乔×	批准人	范×

二、设备铭牌

设备型号	ZF-126	出厂日期	2021.09	出厂编号	202109003
额定气压（MPa）	0.6	额定电压（kV）	126	额定电流（A）	1250
额定短路开断电流（kA）	31.5	生产厂家	山东泰开高压电气有限公司		

三、测试数据

项目、相序与测试参数	厂家标准	A	B	C
合闸时间（ms）	73±10	77.9	78.0	77.9
合闸不同期（ms）	≤5	0.1		
分闸时间（ms）	26±5	32.0	32.8	32.3
分闸不同期（ms）	≤3	0.8		
合分时间（ms）	≤60	58.8	59.4	59.2
分闸速度（m/s）	1.7～2.4	1.85		
合闸速度（m/s）	5.5～7	5.8		
合闸动作电压（V）	187～242	187		
分闸动作电压（V）	143～242	143		
电源电压低于 66V 不脱扣	正常			
合闸行程–时间特性曲线				

续表

分闸行程-时间特性曲线	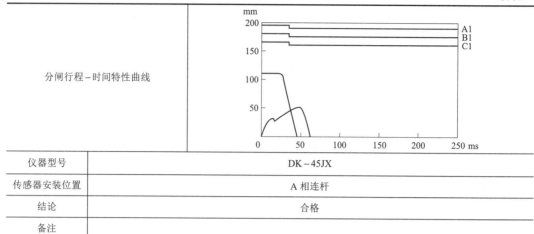
仪器型号	DK-45JX
传感器安装位置	A 相连杆
结论	合格
备注	

六、典型案例

（一）某变电站 VS1-12 型 10kV 手车断路器分闸低电压不合格

某变电站 VS1-12 型 10kV 手车在测试过程中发现，分闸低电压的动作值为 48V，不符合"当电源电压低于额定电压的 30%时，脱扣器不应脱扣"的要求。通过调整分闸。通过调整分闸脱扣处的螺丝，缩小分闸挚子与脱扣半轴的间隙后，再次对断路器分闸低电压值进行测试，直到电压上升至 143V。然后对断路器进行机械特性测试，分合闸时间数据均符合技术要求。如图 3-11-36 所示。

图 3-11-36　VS1 型断路器分闸脱扣图

（二）某变电站 LW35-126 型 SF$_6$ 断路器同期不合格的调试

某变电站 LW35-126 型 SF$_6$ 断路器在例行检查试验的过程中，出现测试数据超标的情况，详细数据如表 3-11-6 所示。

表 3-11-6　　　　　　　　　　机 械 特 性 测 试 表

项目	技术标准	A 相	B 相	C 相
合闸时间（ms）	80～120	108.7	109.3	114.2
分闸时间（ms）	24～30	27.6	27.6	28.9
合闸同期	≤5	5.5		
分闸同期	≤3	1.3		
合闸低电压	187V（额定电压 85%）可靠合闸			
分闸低电压	143V（额定电压 65%）可靠分闸，66V（额定电压 30%）三次可靠未分闸			

数据显示，该断路器 C 相的合闸时间偏长，AB 相相近，导致合闸同期偏大。ABC 相的合闸时间符合技术要求。初步怀疑是 C 相灭弧室开距偏大导致。通过在分闸状态下，调整操作机构 BC 相的四连杆，逐步缩短 C 相的开距，每次调整连杆螺帽的一个面，并开展机械特性试验进行测试，如图 3-11-37 所示。

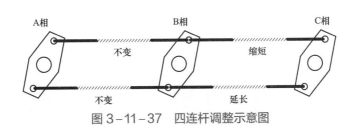

图 3-11-37　四连杆调整示意图

调整后，合闸同期缩小为 4.1ms，合闸时间、分闸时间等数据略有变动，但均符合技术要求。

【任务小结】

通过本任务的学习和操作，可以掌握断路器机械特性试验的要点和安全防护要求，防止在作业过程中发生人身伤害和设备损害。同时结合测试的数据及技术标准，对断路器的运行工况做出准确判断。并列举了部分常见问题及调整方法，可以在现场参考应用。

任务十二：SF$_6$气体密度继电器校验

【任务描述】

本任务主要对 SF$_6$气体密度继电器校验的方法及具体操作流程进行说明，掌握并了解密度继电器校验仪的校验内容及相关设置要求，完成对不同情况下的校验参数及相应校验结果、误差等参数的计算和结果对比，准确判断密度继电器误差及可能存在的故障，给定结论。

【任务目标】

知识目标	掌握 SF$_6$ 气体密度继电器校验方法和技术要求
技能目标	能够按照标准化检测流程完成 SF$_6$ 气体密度继电器校验，掌握检测结果分析及报告编写技能，能够通过结果准确判断仪表工况
素质目标	通过任务实施，树立安全意识、风险防范意识，养成细心、严谨的岗位工作态度，保证 SF$_6$ 气体密度继电器校验的标准化、规范化、安全化

【知识与技能】

一、校验目的

本任务详细介绍了 SF$_6$ 气体密度继电器校验的具体流程及校验项目，通过对不同类型表计及节点的校验，完成对应校验项目设定参数，使学员能够熟练掌握仪器使用步骤，并通过结果准确判断其误差，根据检测数据对故障进行判断。

二、检测条件

（一）环境要求

除非另有规定，校验均在以下环境条件下进行，且校验期间，大气环境条件相对稳定。

（1）环境温度处于 SF$_6$ 密度继电器校验仪及 SF$_6$ 密度表（继电器）正常工作所需要的温度。

（2）环境相对湿度不宜大于 80%。

（3）SF$_6$ 密度继电器校验仪及密度继电器避免受阳光直接照射，附近无较强热源影响。

（二）待校表计本体设备要求

（1）安装待校 SF$_6$ 密度表（继电器）的设备处于停电状态（免拆卸的除外）。

（2）设备具备进行 SF$_6$ 密度表（继电器）校验的条件，如管路带有截止阀、逆止阀，被校验表计与本体气路可隔离。

（三）人员要求

校验人员需具备如下基本知识与能力：

（1）掌握必要的压力、温度测量知识及误差计算方法，经过本校验工作的技能培训合格。

（2）掌握 SF$_6$ 密度继电器校验装置的使用方法。

（3）熟悉变电设备 SF$_6$ 密度表（继电器）安装及接线方式。

（4）能正确完成实验室及现场校验工作的接线、操作及测量。

（5）熟悉各种影响校验结果的因素及消除方法。

（四）安全要求

（1）应严格执行国家电网公司《电力安全工作规程（变电部分）》的相关要求。

（2）进入室内开展 SF$_6$ 密度表（继电器）现场校验，入口处若无 SF$_6$ 气体含量显示器，应先通风 15min。

（3）用检漏仪测量 SF_6 气体含量合格方可进入工作，测试过程中应保持通风。

（4）校验工作不得少于两人，校验负责人应由有经验的人员担任。

（5）开始校验前，校验负责人应向全体校验人员详细布置校验中的安全注意事项，交待邻近间隔的带电部位，以及其他安全注意事项。

（6）校验现场应装设遮栏或围栏。

（7）应确保操作人员及校验仪器与电力设备的带电部位保持足够的安全距离。

（8）SF_6 密度继电器校验仪的金属外壳应可靠接地。

（9）加压校验前必须认真检查连接管路和信号接线，校验仪及被校仪表的开始状态应正确无误。

（10）因校验需要断开密度继电器二次接线时，拆前应做好标记，接后应进行检查。二次线应作绝缘包扎处理。

（11）SF_6 设备出现严重漏气、异响等异常时，应根据实际情况采取关闭截止阀、检查异常原因、撤离现场等对应措施。

（五）仪器要求

（1）SF_6 密度继电器校验仪的允许误差绝对值不大于被校 SF_6 密度表（继电器）允许误差绝对值的 1/4。

（2）校验选用的校验仪器设备包括：

1）经检验合格的 SF_6 密度继电器校验仪，测量准确度不低于 0.4 级。

2）SF_6 气瓶，SF_6 气体纯度不低于 99.9%，减压后压力不低于 1MPa。实验室校验可选用其他清洁、干燥、无毒无害且化学性质稳定的气体作为气源，如氮气、空气等。

3）红外测温仪或接触式温度计：$(-50 \sim +80)$ ℃，允许误差不大于 ±1℃。

4）绝缘电阻表：500VDC，10 级。

5）工频耐压测试仪，频率为 50Hz，输出电压不低于 2kV。

6）校验绝压 SF_6 密度表（继电器）应配置大气压力表，测量准确度等级不低于 0.5 级。

三、校验仪器

（一）参数设置

进入密度继电器校验界面，首先输入被检品的基本信息，包括出厂编号、检验员、安装地点等如图 3-12-1 所示内容。其中的出厂编号和安装地点请认真填写，之后查询数据时作为依据使用。

测量范围选项，当使用简易模式时，请将范围上限正确设置，否则可能对被检品造成意外损伤。当正确设置上限后比如范围设置为 0.1~0.6MPa，仪器在自动充气检测触点时，最大的密度控制值不会大于 0.6MPa。

点击 "下页" 按钮进入参数设置界面，如图 3-12-2 所示，在仪器界面输入测试次数、温度采集方式（使用手动输入模式时需要设定温度）、接点测试电压、压力类型、继电器编号型号、接点名称、接点动作值。

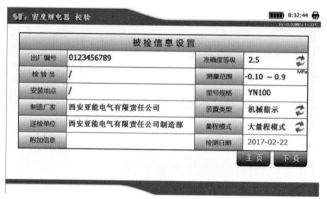

图 3-12-1 被检品信息设置

测试密度继电器的接点数据和示值数据，通过 "触点测试"和"示值测试" 按钮切换，图 3-12-2 是密度继电器接点和额定值设置界面，图 3-12-3 是示值设置界面。

当测试密度继电器的示值数据设置时，触点设定点的值不应该使用的，否则测试数据结果误差较大。

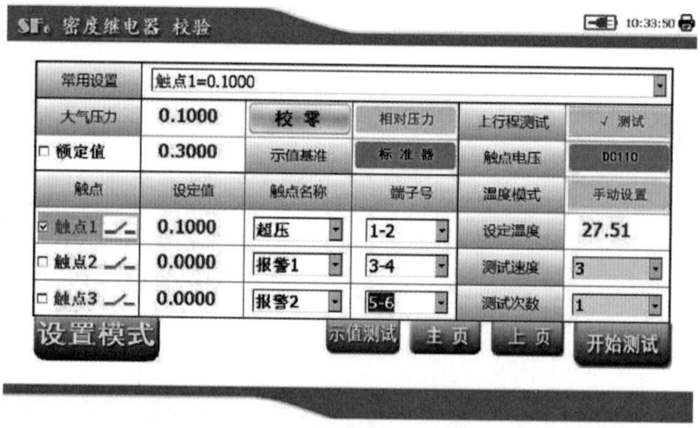

图 3-12-2 密度继电器接点和额定值设置界面

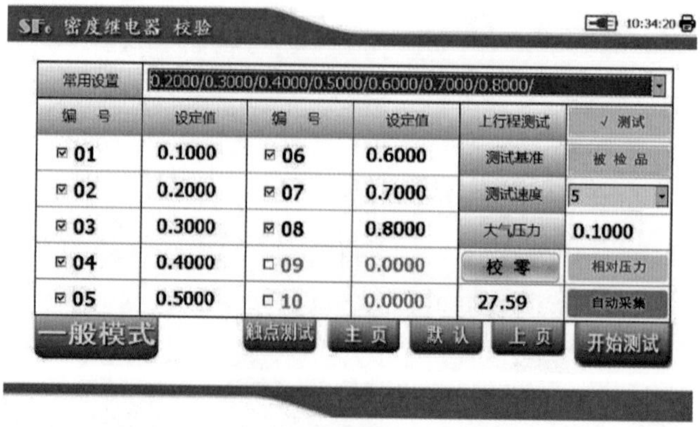

图 3-12-3 密度继电器示值设置界面

（二）设置模式

使用"设置模式"测试时可以根据被测继电器的接点数量及名称对应接入，并在测试菜单中设置相应接点的设定值。本仪器最多可以同时测量3组接点的继电器。

当使用"简易模式"测试继电器接点数据时，接点1/2/3要按照被检品接点设定值自高到低顺序连接。简易模式适合不清楚被检品的设定值情况下，将本仪器的接点1/2/3按照被检品的接点设定值自高到低连接，仪器自动扫描接点设定值后自动测试。简易模式包括单信号（单报警、单闭锁）、双报警、双闭锁、报警闭锁、单报警双闭锁、双报警单闭锁和超压报警闭锁几种单、双、三接点的检测。

1. 常用设置

如图所示，常用设置允许用户快速选择之前的测试设定，仪器最多可显示最近使用的10条测试设置，人员可以选择使用，选择框内的内容指示设定的数值。

2. 气压参数

气压参数包括三个内容：

（1）零点校准。

零点校准，点击"校零"按钮，仪器自动校准当前气压零点，仪器采用相对压力的传感器，所讲的"零点"即当前相对压力零点。由于不用时间不同地点的大气压力会有所不同，虽然同一地点的大气压力变化不是很大，但是也会影响到测试数据的准确性，建议定期进行零点校准。

（2）大气压力，如上一条所述，由于不用时间不同地点的大气压力会有所不同，虽然同一地点的大气压力变化不是很大，但是也会影响到测试数据的准确性，所以正确的输入测试地点的大气压力，是保证测试数据准确的有力保障条件之一，一般默认是0.1MPa。

（3）压力类型，根据被检品的参数，请正确选择压力类型是"相对压力"或者"绝对压力"。使用错误时，测试数据不正确。

3. 温度参数

（1）仪器配备一个AA级的Pt100温度传感器，可以自动采集温度数据，同时仪器允许用户手动输入测试温度。

（2）用户选择 "手动设备" 时，仪器允许用户使用测温工具测试获取被检品的温度，手动输入温度值。仪器使用用户输入的温度值进行数据测量。用户选择"自动采集"时，仪器使用温度传感器采集的温度值进行数据测量。需正确设置这个参数，错误的设定值，直接影响数据的测量。

4. 接点电压参数

仪器在测试密度继电器的接点动作时，可以输出DC24V和DC110V两种电压，当被检品内充油的建议使用DC110V，可以更好的获取动作数据。

5. 测试速度

仪器允许用户选择1～9挡位的测试速度，挡位越低（比如1）测试速度越慢，测试结果越准确，挡位越高（比如9）测试速度越快，测试精确度稍差，推荐使用3挡测试可以兼顾测试速度和测试结果。

6. 测试次数

仪器最多可以设置测试 3 个循环，每一次充气放气作为一个循环。测试完毕后自动计算平均值，一般来说多次测量可以减少测试误差。

7. 上行程测试选择

仪器允许测试时，上行程不做数据采集，仪器首先将气压控制到最高值，然后降压获取数据。上行程数据同类仪器厂家可能会命名为"回复值"。

8. 额定值参数

仪器允许用户测试被检品的额定示值，当用户勾选这个项目时，请正确填写被检品的额定值。允许用户选择示值基准，当选择标准器时，仪器将密度值控制到合理范围后，请用户观测被检品数值，将数据填入仪器界面中，当采用被检品基准时，用户通过手动微充微放，调整被检品，获取数据。如果不勾选此项目，所填写设定数据仪器不作处理。

9. 接点参数

触点 1/2/3 即对应到仪器的绿/蓝/红色鳄鱼夹，正确勾选所使用的触点，并准确输入被检品的设定数值。这些参数是仪器测试的主要依据参数，至少选择一个接点进行测试，接点名称和端子编号是辅助信息，不会影响数据测试（如图 3-12-4 所示）。

触点	设定值	触点名称	端子号
☑触点1	0.3000	超压	1-2
☑触点2	0.3200	报警1	3-4
☑触点3	0.3200		

图 3-12-4 接点参数设置

10. 被检品信息数据

被检品信息设置所示的信息是被检品的信息，应准确填写，尤其注意出厂编号的填写，这是以后进行数据查询时的重要依据，出厂编号和安装地点需正确填写，在以后查询检索是主要标注数据（如图 3-12-5 所示）。

被检信息设置			
出厂编号	0123456789	准确度等级	2.5
检验员	/	测量范围	-0.10 ~ 0.9 MPa
安装地点	/	型号规格	YN100
制造厂家	××××电气有限责任公司	装置类型	机械指示
送检单位	××××电气有限责任公司制造部	量程模式	大量程模式
附加信息		检测日期	2017-02-22

图 3-12-5 被检品信息设置

11. 操作按钮

（1）【示值测试】用户转到示值测试界面。

（2）【主页】返回主界面。

（3）【上页】进行界面切换到被检信息界面。

（4）【开始测试】进入测试界面（如图 3-12-6 所示）。

图 3-12-6　操作按钮

（三）测试设置

1. 测试界面设置

在设置界面设置完毕后，点击 "开始测试"，进入测试界面，仪器自动开始测试。

当输入的气源压力小于 0.9MPa（相对压力）时，仪器不允许进行测试，请及时更换气源。会出现气压低的信息提示（如图 3-12-7 所示）。

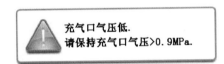

图 3-12-7　气压提示

提示信息的关闭方法都只需在提示框上点击即可，当更换气瓶后，等待 5s 以上仪器获取气压参数。

关闭气源后，按仪器面板上的【EXHAUST】按钮排空气管中残余气体。如果气压正常则可以进入到如图 3-12-8 所示的测试界面。

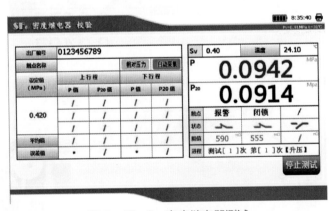

图 3-12-8　密度继电器测试

（1）测试区：测试区实时显示测试温度、测试压力和密度、接点状态等信息（如图 3-12-9 所示）。

【停止测试】允许用户中断停止测试。

（2）数据区：数据区实时显示接点动作测值（如图 3-12-10 所示）。

Sv	0.42	温度	24.10	℃
P		0.4276		MPa
P20		0.4192		Mpa
触点	报警	闭锁	/	
状态	⌐	⌐	⌐	
阻值	590 mΩ	555 mΩ	mΩ	
进程	测试[1]次 第[1]次 【降压】			

停止测试

图 3-12-9　测试区

出厂编号	123456789			
触点名称	报警1(3-4)		相对压力	自动采集
设定值 （MPa）	上行程		下行程	
	P值	P20值	P值	P20值
0.350	0.3678	0.3499	0.3682	0.3505
	/	/	/	/
	/	/	/	/
平均值	0.3678	0.3499	0.3682	0.3505
误差值	*	-0.0001	*	0.0005

触点1　触点2　触点3

图 3-12-10　数据区

（3）额定值输入。

根据测试模式选择，当选择标准器基准时，需要用户判读被检品示值，输入到仪器中，当采用被检品基准时，用户手动操作仪器，使得被检品指示到额定设定值，点击【确认】按钮，获得仪器的数据值。

1）标准器基准测试。

当选择测试额定值值时，当数据控制到合理范围，仪器提示输入被检仪表数据（如图 3-12-11 所示）。

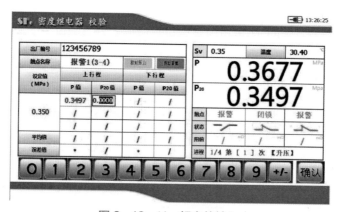

图 3-12-11　额定值输入

输入额定数据完毕后，按【确认】键，数据保存，仪器进行下一项测试。

2）被检品基准测试（如图 3-12-12 所示）。

当仪器显示上界面时，仪器蜂鸣提示，这是手动操作仪器【微充】【微放】，将被检仪表示值控制到额定设定值，点击【确认】获取数据。数据获取后，仪器自动进行下一项测试。

2. 测试数据显示及操作

仪器测试完毕后自动切换到显示界面，如图 3-12-13 所示。

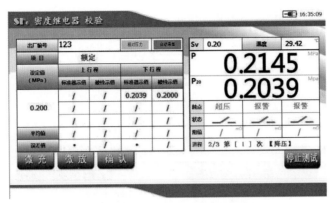

图 3-12-12 被检品基准数据获取

图 3-12-13 测试数据

（1）【返回】按钮返回测试界面。

（2）【打印】使用仪器的打印机打印所有数据。

（3）【保存】保存数据到 U 盘和仪器中，如果没有接入 U 盘，则只存储到仪器中，提示如图 3-12-14 所示。

图 3-12-14 存储结果提示

接入 U 盘后需等待 10S 左右，仪器才可以读写数据，当接入 U 盘后仍然提示没有 U 盘时，拔掉 U 盘再试，测试过程中不允许插入 U 盘。仪器在测试过程中，不可插拔 U 盘。

（4）【触点 1/2/3】【示值】显示相应数据。

（5）【信息】按钮，显示如图 3-12-15 所示被检信息。

（四）简易模式

简易模式和设置模式的测试方法主要区别在于设置界面和测试过程,简易模式的测试流程是首先仪器根据用户选择的触点数量，仪器首先自动扫描触点，之后自动进行测试。简易模式仪器无法自动计算设定点误差，同时无法测试额定值。

图 3-12-15　被检品信息

1. 设置界面（如图 3-12-16 所示）

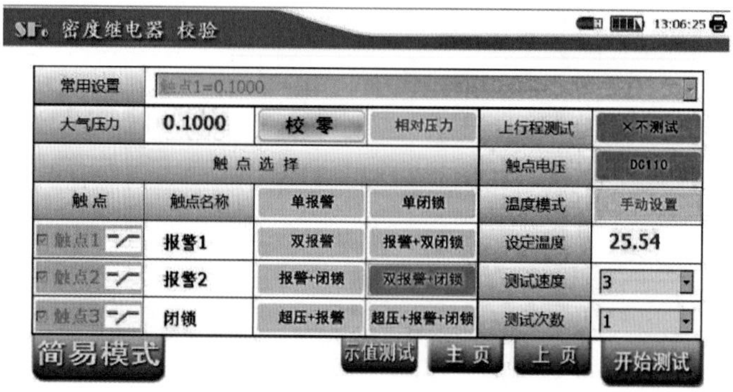

图 3-12-16　简易模式设置界面

（1）可以选择【单报警】【单闭锁】【双报警】【报警+闭锁】【超压+报警】【报警+双闭锁】【双报警+闭锁】和【超压+报警+闭锁】等模式。

（2）当选择【单报警】【单闭锁】时必须使用触点 1（绿色鳄鱼夹）进行测试，否则会出现报警提示。

（3）当使用【双报警】【报警+闭锁】【超压+报警】必须使用触点 1（绿色鳄鱼夹）和触点 2（蓝色鳄鱼夹）进行测试，否则会出现报警提示。

（4）当使用【报警+双闭锁】【双报警+闭锁】和【超压+报警+闭锁】必须按照触点设定值自高到低连接，否则会出现报警提示。

2. 扫描触点

选择完毕后，点击【开始测试】进入触点扫描查找界面，如图 3-12-17 所示，当扫描触点全部找到后，仪器进行自动测试。

触点在上行程没有找到时，仪器自动将气压上限设置为 0.8MPa，如果依旧没有找到触点，则放弃测试。由于密度值与温度有关，所以请注意温度值是否采集或者设置正确。

3. 自动测试

简易模式的自动测试过程和设置模式是相同的，最后显示测试数据时，不进行误差计算，需要用户在上位机软件中输入设定值，进行计算（如图 3-12-18 所示）。

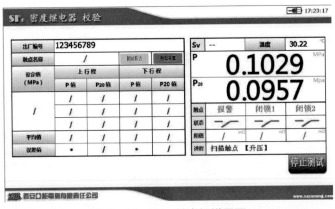

图 3-12-17 触点扫描界面

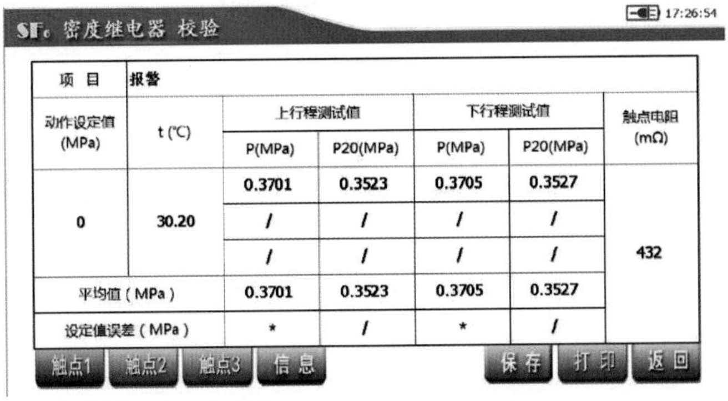

项 目	报警					
动作设定值 (MPa)	t(℃)	上行程测试值		下行程测试值		触点电阻 (mΩ)
		P(MPa)	P20(MPa)	P(MPa)	P20(MPa)	
0	30.20	0.3701	0.3523	0.3705	0.3527	432
		/	/	/	/	
		/	/	/	/	
平均值(MPa)		0.3701	0.3523	0.3705	0.3527	
设定值误差(MPa)		*	/	*	/	

图 3-12-18 测试数据

触点接反报警，请确认是否将鳄鱼夹的顺序使用得当。

触点未找到报警，请确认鳄鱼夹与被检品连接牢靠，单接点测试只可以使用触点 1，触点 2/3 不得使用。双接点测试只可以使用触点 1/2，触点 3 不得使用。

（五）示值测试

仪器在测试完密度继电器触点数据后，用户可以继续测试示值，点击"示值测试"按钮即可进入设置界面（如图 3-12-19 所示）。

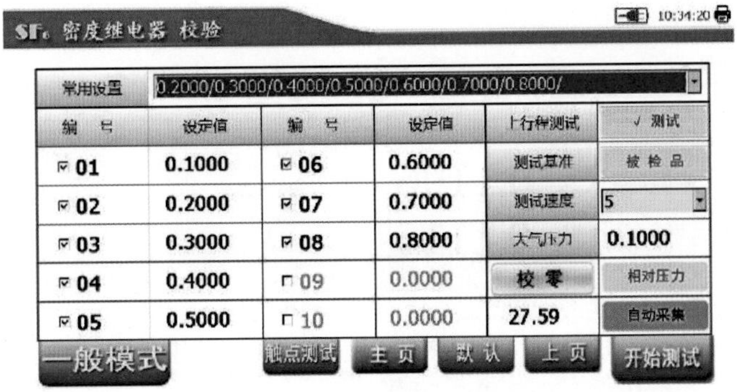

图 3-12-19 示值测试设置

1. 示值测试参数设置选择

进入密度表校验功能界面，在仪器界面输入温度采集方式（使用手动输入模式时需要设定温度）、压力类型、编号型号分度等级、送检单位、安装地点、检验员等按要求输入（如图 3 - 12 - 20 所示）。

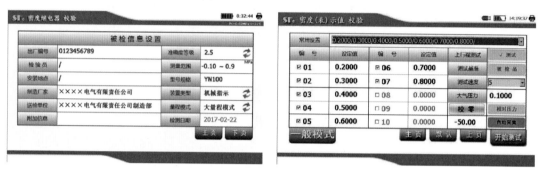

图 3 - 12 - 20　密度表设置

注意事项：

（1）常用设置、压力类型、大气压力、测试速度等设置和密度继电器的设置是一样的。

（2）测试设定值，仪器允许用户每次测试 10 个点的设定值，将需要测试的编号勾选并正确的输入数值，点击"开始测试"即可测试。

（3）【默认】按钮，快速设置 0.1/0.2/0.3/0.4/0.5/0.6/0.7/0.8 八个设定值进行测试重复设置的数据将被自动忽略。

（4）【触点测试】允许用户切换到接点测试界面。

（5）【主页】切换到主界面。

（6）测试模式，仪器具有【一般模式】和【轻敲模式】两个选项。在轻敲模式下，仪器可以获取被检品轻敲前后的数据。

2. 开始测试

（1）在设置界面设置完毕后，点击 "开始测试"，进入测试界面，仪器自动开始测试（如图 3 - 12 - 21 所示）。

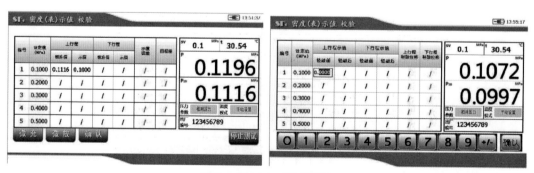

图 3 - 12 - 21　测试界面

（2）按钮说明。

【停止测试】允许用户中断。

【下页】数据区域可以显示 5 个设定点的数据，超出部分，切换显示。

（3）一般模式与轻敲模式。

仪器设计有示值轻敲模式，可以获取到某个设定值下被检仪表轻敲前后的数据，并计算出轻敲位移。图 3-12-22 即为等待轻敲的提示界面。

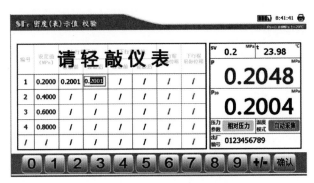

图 3-12-22　轻敲测试界面

一般模式和轻敲模式的数据显示如表 3-12-1 所示。

表 3-12-1　　　　　　　　一般模式和轻敲模式的数据显示

一般模式	编号	设定值（MPa）	上行程		下行程		示值误差	回程差
			标准值	示值	标准值	示值		
轻敲模式	编号	设定值（MPa）	上行程示值		下行程示值		上行程轻敲位移	下行程轻敲位移
			轻敲前	轻敲后	轻敲前	轻敲后		

轻敲模式仪器也会计算示值误差和回程差，只是表格中未显示。

（4）测试数据显示（如图 3-12-23 所示）。

编号	设定值（MPa）	上行程		下行程		示值误差	回程差
		标准值	示值	标准值	示值		
1	0.1000	0.0998	0.1000	0.0997	0.1000	0.0003	0.0001
2	0.2000	0.2001	0.2000	0.1997	0.2000	0.0003	0.0004
3	0.3000	0.3081	0.3000	0.2999	0.3000	-0.0081	0.0082
4	0.4000	0.4099	0.4000	0.4012	0.4000	-0.0099	0.0087
5	0.5000	0.5065	0.5000	0.4998	0.5000	-0.0065	0.0067
6	0.6000	0.6072	0.6000	0.5999	0.6000	-0.0072	0.0073
7	0.7000	0.7078	0.7000	0.7004	0.7000	-0.0078	0.0074
8	0.8000	0.8088	0.8000	0.7967	0.8000	-0.0088	0.0121
/	/	/	/	/	/	/	/
/	/	/	/	/	/	/	/

图 3-12-23　测试结果

当被检品为密度继电器测试完毕触点数据后，再测试示值，仪器将所有数据均可列出来（即会同时显示触点值和示值）。更改被检品出厂编号后，仪器认为更换被检品。

四、校验方法

（一）校验前的准备工作

（1）校验前，SF$_6$ 密度表（继电器）应在校验环境下至少已工作或静置 3 个小时以上。

（2）校验人员应了解设备的 SF$_6$ 密度表（继电器）安装连接气路结构情况，据此进行校验管路、测试线路装接。

（3）应配备 SF$_6$ 密度表（继电器）校验标准作业卡、合格的仪器仪表、工具、转接接头和连接导线等。

（4）对使用中的 SF$_6$ 密度表（继电器）进行校验，应断开与 SF$_6$ 密度表（继电器）相连的直流电源，解除与该 SF$_6$ 密度表（继电器）相关的报警及闭锁。

（5）SF$_6$ 密度表（继电器）和电气设备本体之间有截止阀且带有校验口的设备，关闭截止阀，在校验口处连接 SF$_6$ 密度继电器校验仪进行校验。

（6）SF$_6$ 密度表（继电器）和电气设备本体之间无截止阀，但有逆止阀的可拆下 SF$_6$ 密度表（继电器）进行校验。但此项工作宜停电进行，以防因逆止阀损坏或不能逆止而对运行设备造成危害。

1）进行校验时 SF$_6$ 密度表（继电器）应保持直立或正常工作状态。

2）对于以环境大气压为基准压力的 SF$_6$ 密度表（继电器），校验前应将其顶部螺丝拧松，使表壳内外气压平衡。

（二）校验前要求

现场校准前应断开仪表与系统相连的直流电源，检查仪表与设备的连接方式，确定仪表与设备的气路隔离方法，采取以下措施开展现场校准工作：

（1）仪表与设备通过截止阀连接，关闭截止阀隔断仪表与设备气路，用专用软管连接标准器至校验口、设备补气口或测微水处连通仪表与标准器气路，校准时设备可不停电。

（2）仪表与设备通过逆止阀连接，将仪表从设备上拆下，逆止阀自动关闭封闭设备气路，用专用软管连接标准器至仪表气路口连通仪表与标准器气路，校准应在设备停电时进行。

（3）仪表与设备直接连接，无隔断阀门，不开展现场校准工作。

此外，采用手动、目视方式对仪表的装配及外观质量进行检查，外观应满足以下要求：

（1）仪表应装配牢固、无松动现象，不得有锈蚀、裂纹、孔洞等影响计量性能的缺陷，螺纹接头应无毛刺和损伤，充装硅油的仪表在垂直放置时，液面应位于仪表分度盘高度的 70%～75% 之间且无漏油现象。

（2）仪表应注明被测 SF$_6$ 气体名称，应有包含以下内容的标志：产品名称、型号规格、制造厂商、出厂编号、测量范围、准确度等级或最大允许误差、额定压力、接点端子号、动作值和温度使用范围。报警值、闭锁值在仪表分度盘上应有明显不同的颜色以便于区别。

（3）仪表玻璃应无色透明，不得有妨碍读数的缺陷或损伤，仪表分度盘应平整光洁，各数字及标志应清晰可辨，指针指示端宽度应不大于最小分度线间隔的 1/5，应能覆盖最短分度线长度的 1/3～2/3。

（4）校准前后使用灵敏度不低于 8~10 的 SF$_6$ 气体检漏仪检漏，不得有泄漏点。

（5）校准前应将标准器与仪表进行温度平衡，平衡时间宜不少于 0.5h，温差不大于 2℃。

（6）对于以环境大气压为基准压力的仪表，校准前应按说明书的要求确认其顶部螺丝拧松，使表壳内外气压平衡。

（7）使用绝缘电阻表测量仪表各接点之间、接点与外壳之间的绝缘电阻，测量结果应大于 20MΩ。

（三）校验管路连接及接线

1. 现场校验 SF$_6$ 密度表（继电器）连接示意图（如图 3-12-24 所示）

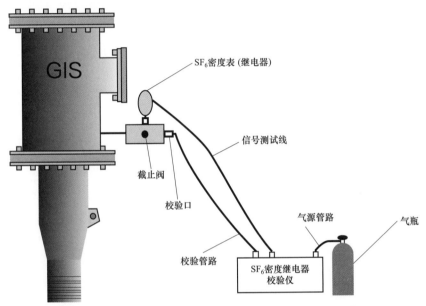

图 3-12-24　现场校验 SF$_6$ 密度表（继电器）连接示意图

2. 校验项目（如表 3-12-2 所示）

3. 校验流程

SF$_6$ 密度表（继电器）校验流程如图 3-12-25 所示。

表 3-12-2　　　　　　　　SF$_6$ 密度表（继电器）校验项目表

校验项目	校验类别			合格标准
	诊断性校验	首次校验	例行校验	
全量程示值误差	√	√	×	符合表 3 规定
额定压力示值误差	√	√	√	符合表 3 规定
回程误差和轻敲位移	√	√	√	符合表 3 规定
接点设定值误差、切换差	√	√	√	符合表 3、表 4 规定
绝缘电阻	√	√	√	符合表 3、表 4 规定
工频耐压	√	×	×	符合本任务 3.5.2 规定

注：1. "√"表示应进行校验的项目，"×"表示可不校验的项目。

2. 仪表校验环境温度（表体温度）偏离（20±2）℃范围时，按照"例行校验"规定项目进行校验。

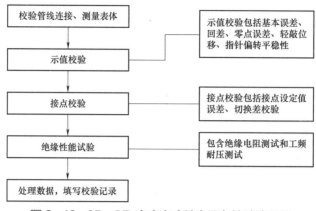

图 3-12-25 SF$_6$密度表（继电器）校验流程图

（四）检测步骤

1. 现场校验

参照图 3-12-24 进行管路及信号线连接。

2. 测量表体温度

（1）使用红外测温仪对准表体，选择表体深色区域作为测量点，测量三次取中间值。

（2）如使用接触式测温探头测量表体温度，应将探头尽可能靠近或紧密接触 SF$_6$密度表（继电器），温度平衡时间一般不小于 0.5h，温度稳定后方可读取表体温度。

3. 示值校验

（1）SF$_6$密度表（继电器）的示值数据应按分度值的 1/5 估读。

（2）首次校验和诊断性校验应进行全量程示值误差校验，全量程示值误差校验应在（20±2）℃环境温度（表体温度）下进行。校验点按标有数字的分度线选取（包括额定压力，设定点除外）。逐渐平稳地升压，依次校验各点，记录轻敲表壳后的被校表示值。当指针达到测量上限后，切断压力源，耐压 3min，然后按原校验点平稳地降压倒序回检。

（3）例行校验，示值误差校验仅进行额定压力示值误差校验。升压至额定压力进行校验，记录轻敲表壳后的被校表示值。继续升压至测量上限后切断压力源，耐压 3min，然后降压回检额定压力示值误差。

（4）在升压和降压行程进行示值误差校验时，均应检查轻敲表壳前、后的被校表示值与标准器示值之差是否合格。还应检查被校表轻敲表壳后引起的示值变动量是否合格。

（5）取同一校验点升压、降压示值（均为轻敲后读取）之差的绝对值作为仪表的回程误差。

（6）在示值校验过程中，用肉眼观测指针的偏转，指针偏转应平稳，无明显跳动和卡涩现象，指针经过低压闭锁、报警接点和超压报警接点时除外。

4. 接点校验

（1）每一个动作接点均应在升压和降压两种状态下进行接点设定值误差校验。

（2）使指示指针接近动作点，平稳缓慢地升压或降压（指示指针接近接点设定值时速度每秒不大于量程的 0.5%），直到信号接通或断开为止。在信号发生变化的瞬间，读取标准器上对应的压力值，升压动作值为上切换值，降压动作值为下切换值。

（3）接点上切换值与下切换值之差的绝对值为切换差。

5. 绝缘电阻

使用直流工作电压为 500V 的绝缘电阻表在正常工作条件下测量，各对接点之间、接点与外壳之间的绝缘电阻不低于 20MΩ。

6. 工频耐压

接点与外壳之间的绝缘强度应能承受 50Hz 的 2kV 正弦波电压，历时 1min 的耐压试验，试验中漏电电流应不大于 0.5mA。

7. 注意事项

（1）拆装 SF_6 密度继电器信号线时，应检查端子与信号线是否对应。校验结束后，应核对信号是否正常。

（2）进行现场校验和表计拆装时，应准备配套的密封圈、硅脂等密封材料备件，防止拆装过程中密封破坏无法恢复。如果将表计取下校验时发现本体漏气，即逆止阀无法保证本体气体被可靠隔离，应立即恢复表计，停止校验。

（3）完成现场校验后，应恢复截止阀至正常工作状态。

（4）完成现场 SF_6 密度表（继电器）校验工作，恢复现场设备后，应安排检漏。

（5）校验前必须检查校验接线，确认表计量程、额定压力、报警闭锁定值，仪表的开始状态。

（6）变更接线和连接管路时，应关闭 SF_6 密度继电器校验仪充接气阀。

（7）校验结束时，应停止校验标准装置并释放校验管路内压力。

（8）校验时被校表及 SF_6 密度继电器校验仪出现指示异常、打压不上、无接点信号、压力失控等明显异常时，应立即停止校验工作，检查设备及管路、信号线连接。

8. 校验验收

（1）检查校验数据与校验记录是否完整、正确。

（2）将被试设备恢复到校验前状态。

五、检测数据分析与处理

（一）准确度等级和允许误差

在表体温度处于（20±2）℃条件下，SF_6 密度表（继电器）的指示准确度等级和允许误差见表 3-12-3。制造厂有特殊规定的，按制造厂标称准确度或允许误差执行。

表 3-12-3 SF_6 密度表（继电器）的指示准确度等级和允许误差对照表

准确度等级	允许误差（按量程的百分数计算）		
	零位	闭锁压力以下第一校验点～额定压力以上第一校验点（含额定压力）	其他部分
1.0 级	±1.0	±1.0	±1.6
1.6 级（1.5 级）	±1.6	±1.6	±2.5
2.5 级	±2.5	±2.5	±4.0

（二）回程误差

在各压力校验点，回程误差应不大于 5.1 条规定的允许误差绝对值。

（三）轻敲位移

在各压力校验点，轻敲表壳使指针自由摆动后，指针示值变动量应不大于 5.1 条规定的允许误差绝对值的 1/2。

（四）接点设定值误差及切换差

（1）压力低报警点、闭锁点的接点设定值误差及切换差应符合表 3-12-4 的规定。

表 3-12-4　压力低报警点、闭锁点的接点设定值误差及切换差允许值

准确度等级	升压设定点偏差允许值（按量程的百分数计算）	降压设定点偏差允许值（按量程的百分数计算）	切换差允许值（按量程的百分数计算）
1.0 级	±1.6	±1.0	≤3.0
1.6 级（1.5 级）	±2.5	±1.6	≤3.0
2.5 级	±4.0	±2.5	≤4.0

（2）超压报警点的接点设定值误差及切换差应符合表 3-12-5 的规定。

表 3-12-5　超压报警点的接点设定值误差及切换差允许值

准确度等级	升压设定点偏差允许值（按量程的百分数计算）	降压设定点偏差允许值（按量程的百分数计算）	切换差允许值（按量程的百分数计算）
1.0 级	±1.0	±1.6	≤3.0
1.6 级（1.5 级）	±1.6	±2.5	≤3.0
2.5 级	±2.5	±4.0	≤4.0

（3）表体温度偏离（20±2）℃范围时最大允许误差计算。

当仪表校验环境温度（表体温度）偏离（20±2）℃范围时，其额定压力指示误差和接点设定值的误差应不大于下式规定的误差限。

1）当环境温度为 -20℃～+60℃时：

$$\Delta_1 = \pm(\delta + K_1 \Delta t) \qquad (3-12-1)$$

式中　Δ_1——环境温度偏离 20℃时的温度补偿误差限，表示方法与基本误差相同，%；

δ——本细则 4.1、4.4 规定的基本误差限绝对值，%；

Δt——$|t_2 - t_1|$，℃；

t_2——环境温度，℃；

t_1——20℃；

K_1——0.02%/℃（环境温度为 -20～+60℃内的温度补偿系数）。

2）当环境温度低于 -20℃时：

$$\Delta_2 = \pm(\Delta - 20 + K_2 \Delta t) \qquad (3-12-2)$$

式中　Δ_2——环境温度低于 -20℃时的温度补偿误差限，表示方法与基本误差相同，%；

$\Delta - 20$——环境温度为 -20℃时的规定的温度补偿误差值，表示方法与基本误差相

同，%；

Δt——$|t_2-t_1|$，℃；

t_2——环境温度，℃；

t_1—— -20℃；

K_2——0.05%/℃（环境温度低于 -20℃时的温度补偿系数）。

六、检测原始数据和记录

（一）原始数据保存与导出

仪器所测试数据存储到仪器的数据库中，可以分类查询，如图 3-12-26 所示：

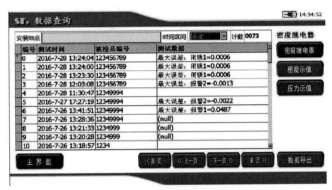

图 3-12-26 密度继电器测试数据

（1）在此界面可以查询"密度继电器""密度表"和"压力表"的测试数据，数据是存储在仪器数据库中，允许用户使用时间段和安装地点两个参数查询。

（2）数据导出：用户可以查询的数据列表转存到 U 盘中，以便在上位机软件中使用。此功能是将查询列表的所有数据全部导出到一个文件中。文件名命名规则是 REC_被检品类型_文件导出时间.txt，被检类型分为 Relay/PDG/DM，分别表示密度继电器/压力表/密度表。例如 REC_Relay_2016726 115348.txt 是一个密度继电器的数据记录，导出时间是 2016 年 7 月 26 日 11 时 53 分 48 秒。数据导出按钮，在没有接入 U 盘时是隐藏的（如图 3-12-27 所示）。

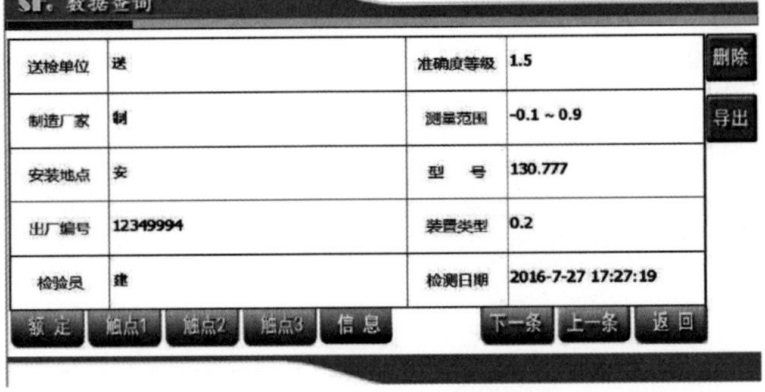

图 3-12-27 数据界面

（3）在查询列表点击即可进入详细数据查询界面。数据列表是按照时间自近至远列出。

（4）数据删除：在本界面可以删除当条数据，数据删除后无法恢复。

（5）数据导出：也可以导出当前数据到 U 盘，此处导出数据只有当前一条数据。导出完毕后出现如图 3－12－28 所示。

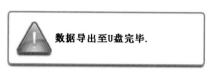

图 3－12－28　数据导出提示

（6）当选择的数据不是最新一条（记录编号 0）时，可以点击【上一条】【下一条】循环显示。

（二）检测记录

检测工作完成后，应在 15 个工作日内完成检测记录整理，记录格式见附录 A。

七、密度继电器校验案例

示例：2022 年 5 月 7 日，徐家庄 330kV 变电站 3312 断路器 B 相低气压告警，装置本体检查无泄漏，为排除表计故障，开展密度继电器校验，表计为 WIKA 生产，测量范围 －0.1～0.9MPa，精确等级 1.6，出厂编号 1507344，额定压力 0.6MPa，报警压力动作 0.52MPa，闭锁压力动作 0.50MPa，天气晴，现场环境温度 20℃，相对湿度 30%。报告内容如下。

表 3－12－6　　　　　　　　　　SF_6 密度继电器校验报告

一、基本信息					
变电站	徐家庄 330kV 变电站		试验单位	变电检修中心	运行编号	3312 断路器 B 相
校验日期	2022.5.7		校验人员	李丽、王静	校验地点	徐莲 I 线
记录日期	2022.5.7	编写人	张×	审核人	B×	批准人	马×
校验天气	晴		环境温度（℃）	20℃	环境相对湿度（%）	30%

二、被校表计信息					
表计安装位置						
测量范围（MPa）	－0.1～0.9	制造厂	WIKA	型号	GDM～100
				出厂编号	1507344
准确度等级	1.6	表体温度（℃）	20	额定压力最大允许误差（MPa）	±0.016

三、SF_6 密度继电器校验仪信息					
仪器名称	SF_6 密度继电器校验仪	准确度等级	0.2	测量范围（MPa）	－0.1～0.9
厂家	××亚能	型号	FMC－9S	仪器编号	12114037
证书编号	202201110011	有效期	2022.1.10		

四、试验数据					
1. 一般检查						
外观检查	合格	零位误差	合格	指针偏转平稳性	合格
绝缘电阻	＞20MΩ	工频耐压	合格		

2. 示值误差（MPa）

SF$_6$密度继电器校验仪示值	轻敲后被检仪表示值		示值误差		最大示值误差	最大回程误差
	升压	降压	升压	降压		
0	0.000	0.000	0.000	0.000	0.012	0.020
0.2	0.204	0.204	0.004	0.004		
0.4	0.392	0.404	−0.008	0.004		
0.8	0.788	0.808	−0.012	0.008		

3. 额定压力示值误差（MPa）

SF$_6$密度继电器校验仪示值	仪表示值		额定压力示值误差		校验结果
	升压	降压	升压	降压	
0.60	0.592	0.607	−0.008	0.007	合格

4. 接点动作值误差、切换差（MPa）

接点动作设定值	接点动作值		接点动作值误差		切换差	校验结果
	升压	降压	升压	降压		
0.52	0.528	0.520	0.008	0.000	0.008	合格
0.50	0.507	0.499	0.007	−0.001	0.008	合格
结论	合格					
备注						

【任务小结】

本任务明确了 SF$_6$气体密度继电器校验的校验方法和具体操作流程，介绍了 SF$_6$气体密度继电器校验的仪器检测条件、准备工作、步骤及原理和对校验数据的分析。通过完成本项任务，可以掌握 SF$_6$气体密度继电器校验分析方法，锻炼实际操作能力，提高技能水平。

附 录 A
（规范性附录）
SF$_6$密度表（继电器）校验记录

表 A-1 　　　　　　　　SF$_6$密度表（继电器）校验记录

一、基本信息

变电站		委托单位		试验单位		运行编号	
校验类别		校验日期		校验人员		校验地点	
记录日期		编写人员		审核人员		批准人员	
校验天气		环境温度（℃）		环境相对湿度（%）			

二、被校表计信息

表计安装位置					
测量范围（MPa）		制造厂		型号	
				出厂编号	
准确度等级		表体温度（℃）		额定压力最大允许误差（MPa）	

三、SF_6 密度继电器校验仪信息

仪器名称		准确度等级		测量范围（MPa）	
厂家		型号		仪器编号	
证书编号		有效期			

四、试验数据

1. 一般检查

外观检查		零位误差		指针偏转平稳性	
绝缘电阻		工频耐压			

2. 示值误差（MPa）

SF_6 密度继电器校验仪示值	轻敲后被检仪表示值		示值误差		最大示值误差	最大回程误差
	升压	降压	升压	降压		

3. 额定压力示值误差（MPa）

SF_6 密度继电器校验仪示值	仪表示值		额定压力示值误差		校验结果
	升压	降压	升压	降压	

4. 接点动作值误差、切换差（MPa）

接点动作设定值	接点动作值		接点动作值误差		切换差	校验结果
	升压	降压	升压	降压		
结论						
备注						

附 录 B
（规范性附录）
压 力 换 算 方 法

校验时，应从标准器上读取 SF_6 气体 20℃时的压力值（P20），或根据 SF_6 状态方程或状态参数曲线换算成 20℃时的压力。

根据所校验 SF_6 密度表（继电器）的类型以及测量用的压力标准器的类型，将标准器的示值换算为与被检密度继电器采用同一类型基准压力的数值，才能与密度继电器的压力值进行比较。

原则上的换算步骤如下：标准器的示值→绝对压力值→20℃的绝对压力值→与被检 SF_6 密度表（继电器）同一基准压力的数值。具体换算方法如表 B-1 所示。按表 B-1 换算后的标准压力数值再与 SF_6 密度表（继电器）的示值和接点设定值作比较。

表 B-1　　　　　　　　　　压 力 换 算 方 法

		压力标准器	
		绝对压力型	相对压力型
SF_6 密度表（继电器）	绝对压力型	标准器的示值换算为 20℃的数值	标准器的示值加上环境大气压再换算为 20℃的数值
	相对压力型	标准器的示值换算为 20℃的数值再减去环境大气压	标准器的示值加上环境大气压，换算为 20℃的数值再减去环境大气压
	相对混合压力型	标准器的示值换算为 20℃的数值再减去标准大气压	标准器的示值加上环境大气压，换算为 20℃的数值后再减去标准大气压
	绝对混合压力	标准器的示值换算为 20℃的数值，减去环境大气压再加上标准大气压	标准器的示值加上环境大气压，换算为 20℃的数值后再减去环境大气压并加上标准大气压

附 录 C
（资料性附录）
SF_6 气 体 状 态 方 程

Beattie-Bridgman 方程如式（C-1）所示：

$$p = (RTB - A)d^2 + RTd$$
$$A = 73.882 \times 10^{-5} - 5.132105 \times 10^{-7} d$$
$$B = 2.50695 \times 10^{-3} - 2.12283 \times 10^{-6} d \qquad (C-1)$$
$$R = 56.9502 \times 10^{-5}$$

式中　p——压力，$\times 0.1MPa$；

　　　d——密度，kg/m^3；

　　　T——温度，K。

任务十三：主变温控器校准方法

【任务描述】

本任务主要针对主变温控器校准，通过对主变温控器校准方法及操作流程的讲解，检测出示值误差、回差、设定点误差、切换差、报警设定点误差、跳闸设定点误差等值，其中主要是校准温控器示值误差、报警设定点误差、跳闸设定点误差值，根据这三个值的变化来判断温控器是否能正确反映主变油顶层温度和绕组温度等。

【任务目标】

知识目标	掌握主变温控器校准方法和技术要求
技能目标	能够按照标准化检测流程完成主变温控器校准操作，掌握检测结果分析及报告编写技能
素质目标	通过任务实施，保证测试流程标准化，树立安全意识、风险防范意识，养成细心、严谨的岗位态度

【知识与技能】

一、检测目的

主变温控器校准技术，能够检测出示值误差、回差、设定点误差、切换差、报警设定点误差、跳闸设定点误差等值，其中主要是校准温控器示值误差、报警设定点误差、跳闸设定点误差值，根据这三个值的变化来判断温控器是否能正确反映主变油顶层温度和绕组温度等，是目前对主变温控器工况最精准、最稳定的技术监督手段，本课程以典型校准方法为例，详细描述了主变温控器的校准方法，使学员能够熟练掌握仪器使用步骤，并根据检测数据对故障进行判断。

二、检测仪器

进行主变温控器校准时，需进行外观检查、绝缘电阻测试、误差检定、鉴定结果处理，按照校准连接图正确插入温包探头至测试仪器内，正确进行仪器设置，包括温度调节、升温速率等参数，测试并记录数据，记录示值误差、回差、设定点误差、切换差、报警设定点误差、跳闸设定点误差数据，变压器油面及绕组温度显示情况。本次检测使用的主变温控器校准系统是便携式主变温控器校准炉。

（一）便携式主变温控器校准炉

1. 概述

（1）简介。

便携式主变温控器校准炉是一种校准主变温控器的模拟温度环境装置，用于主变温控器的误差分析，其方法是通过模拟变压器内部油温变化，同时记录示值、报警设定点值、跳闸设定点值，分析示值误差、回差、设定点误差、切换差、报警设定点误差、跳闸设定点误差等，判断温控器是否能正确反映主变油顶层温度和绕组温度等（如图 3-13-1 所示）。

（2）技术参数。

便携式主变温控器校准炉参数要求如下：

温度范围：-30～155℃；精度：0.20℃（内置标准）0.04℃（外置标准）；插入直径：Φ63mm（根据温度元件直径而定）；插入深度：180mm；温场稳定度：±0.01℃（任意点之间）；同时可检定 8 支元件（视传感器直径而定）超大等温块套件Φ63mm。

（3）主要特点。

1）可覆盖低温槽：-24～0℃、冰点器：0℃、水槽：5～95℃、油槽：100～140℃等多台设备温度范围，应用更为广泛、便捷。

2）升温迅速，比普通水槽的工作时间节省了 50%以上。

3）体积小，方便携带至现场工作，更省时省力。

2. 屏幕（如图 3-13-2 所示）

（1）外接标准温度值。

（2）被测传感器温度值。

（3）DLC 探头读数。

（4）DLC 功能。

（5）内置标准温度值。

图 3-13-1 便携式主变温控器校准炉

图 3-13-2 屏幕

（6）外接标准铂电阻信息。

（7）外接标准控温启用。

（8）被校传感器的类型。

（9）当前设定的温度校准点。

（10）标准温度稳定状态。

（11）被校传感器稳定状态。

（12）实时时钟。

（13）当前设定的温度校准点。

（14）内置标准温度值。

（15）外接标准温度值。

（16）被校传感器温度值。

（17）搅拌子转速指示。

（18）报警/错误提示。

3. 前面板（如图 3-13-3 所示）

（1）外接标准铂电阻接口。

（2）DLC 温度传感器接口。

（3）温度开关检测插孔。

（4）带 24V 电源的电流检测插孔。

（5）电流检测插孔。

（6）电压检测插孔。

（7）接地线路插孔。

（8）热电偶检测插孔。

（9）热电阻检测插孔❶（如图 3-13-4 所示）。

（10）电压开关转换器，内置主保险丝。

（11）保险丝指示标签。

4. 主要配件（如图 3-13-5 所示）

（1）标准铂电阻。

1）型号：STS200A-916EH

2）温度范围：-45～155℃

准确度：±0.04℃

规格：183mm×4mm

（2）液槽套件。

硅油、液槽支架、液槽盖、液槽垫片、搅拌子、磁棒、针筒（如图 3-13-6 所示）。

---

❶ 2 线制热电阻测量接中间两个孔；

3 线制热电阻测量接下面 3 个孔；

4 线制则全接。

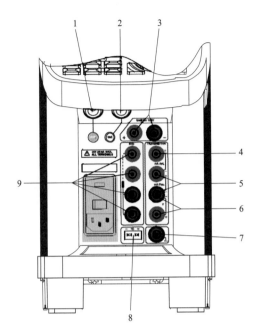

图 3-13-3 前面板

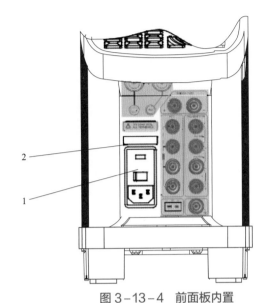

图 3-13-4 前面板内置

图 3-13-5 标准铂电阻   图 3-13-6 液槽套件

（二）主变温控器校准工作内容和方法

1. 注意事项

（1）必须按照规定使用本产品。

（2）本产品不得用于存在易燃、易爆等危险气体的场所。

（3）本产品不能在潮湿的环境中使用。

（4）不要在空气对流强烈的地方使用本产品。

（5）如果内置的风扇故障，请勿使用干体炉。

（6）将仪器至于水平面上。

（7）请确保将干体炉置于通风处工作，不得堵住干体炉底部风扇吸气处。

（8）干体炉周边不得有任何易燃易爆的物品或积尘。

2. 校准前准备

（1）注意事项。

1）不要将冷的液体加温度较高的液漕内。

2）不要将水和其他液体缴入热的硅油中。

3）不要使用强酸性，碱性以及含离子的液体介质。

4）不要注入过量的液体介质。

5）不要将过热的液体介质取出。

（2）液体介质的选择以及加入量。

1）AMETEK 推荐使用的液体介质：道康宁二甲基硅油 Dow Corning 200 10 CST、变压器油。

2）校准温度与加入硅油的量（如表 3−13−1 所示）。

表 3−13−1　　　　　　　　　　校准温度与加入硅油的量

−20～50℃	100%
50～100℃	95%
100～120℃	90%
120～155℃	85%

3. 设置液槽功能的操作步骤

（1）放入液槽垫片（如图 3−13−7 所示）。

（2）放入磁性搅拌子（如图 3−13−8 所示）。

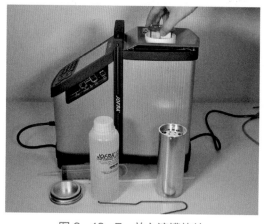

图 3−13−7　放入液槽垫片

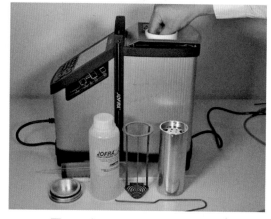

图 3−13−8　放入磁性搅拌子

（3）放入液槽支架（如图 3−13−9 所示）。

（4）加入硅油（液槽支架上有加入硅油量的标尺，见表 3−13−1）（如图 3−13−10 所示）。

（5）设置搅拌速度——摁菜单键 ▤ 进入菜单设置，使用箭头键选择"搅拌速度"（如图 3−13−11 所示）。

（6）按 ◉ 键或 ↵ 键进入设置窗口，使用数字键输入搅拌速度，通常设 25，按 ↰ 两次返回主界面（如图 3 – 13 – 12 所示）。

（7）设置完成后，主界面屏幕上方右侧搅拌子图标右边会有搅拌速度数值显示（如图 3 – 13 – 13 所示）。

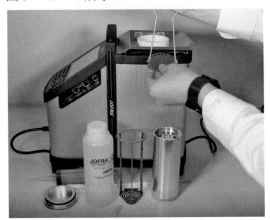

图 3-13-9　放入液槽支架

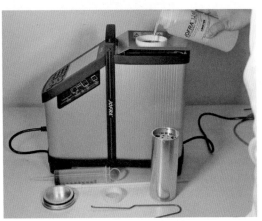

图 3-13-10　放入硅油

图 3-13-11　设置搅拌速度

图 3-13-12　输入搅拌速度

图 3-13-13　搅拌速度数值显示

（8）暂时不使用或短距离搬运，用液槽盖盖紧，防止液体溅出（如图 3 – 13 – 14 所示）。

（9）长时间不使用，要将液体用针筒抽出（如图 3 – 13 – 15 所示）。

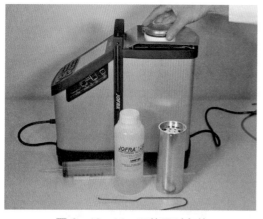

图 3-13-14　不使用时存放

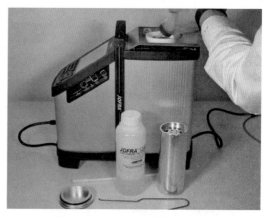

图 3-13-15　针筒抽出液体

（10）针筒抽出液体后储存在瓶子中（如图 3-13-16 所示）。

（11）不用时搅拌子可用磁棒取出（如图 3-13-17 所示）。

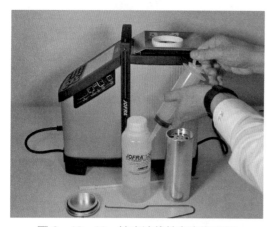

图 3-13-16　抽出液体储存在瓶子里

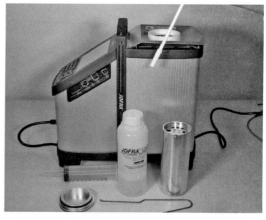

图 3-13-17　不用时搅拌子可用磁棒取出

4. 设置外接标准铂电阻

（1）外接标准铂电阻连接（如图 3-13-18 所示）。

如图 3-13-18 所示，将外接标准铂电阻探头放入液体槽，圆形接头插入前面板按键区下方相应输入端子，接头上标有黑色箭头的位置朝正上方，插入后会听到"咔"声即可，外接标准铂电阻已连接。

（2）摁菜单键 ▤ 进入菜单设置，使用箭头键选择"传感器设置"按 ◉ 键或 ↵ 键进入设置窗口（如图 3-13-19 所示）。

（3）使用箭头键移动选择目标设置内容，按 ◉ 键或 ↵ 键进入设置，依次将以下内容设置为：标准温度计类型：外接；转换成温度：是；外接标准控温：否；稳定度：0.100℃；稳定时间：5min；设置完成后按 ↰ 两次返回主界面（如图 3-13-20 所示）。

图 3-13-18 外接标准铂电阻连接

图 3-13-19 进入设置窗口

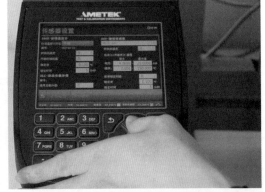

图 3-13-20 设置参数内容

（4）设置完成后，主界面屏幕左上方可以看到标准值为外接参考，并显示外接标准铂电阻序列号（如图 3-13-21 所示）。

5. 设置校准点温度值

（1）当屏幕左下角"设定温度"选框为蓝色时，可通过摁数字键""、◉键或↵键进入设置。

（2）也可通过菜单键，选择"设定温度值"进入设置。

（3）进入温度值设定窗口后，通过数字键输入需要设定的校准点温度值，按◉键或↵键确认，设置完成后按⤺两次返回主界面。

图 3-13-21 设置完成

（4）设置完成后，屏幕左下方"设定值 目标温度"后显示当前设置温度，校准仪会按照设定值加热或制冷至目标温度，并稳定。温度的稳定状态提示如下：

![img] "未稳定"：表示温度未稳定。

![img] "稳定时间"：指示根据稳定判据，到达稳定状态还需要的时间。

![img] "已稳定"：表示温度已稳定。

![img] 稳定持续时间。

6. 指针示值校准（如图 3-13-22 所示）

按照校准点设置要求，逐个设置"设定值 目标温度"，待标准温度值稳定后，额外等待 5min，将油面温控器指针示值和校准仪屏幕显示的"标准值"进行比对，判断是否在允许误差范围之内。

7. 热电阻测温误差校准（以三线制 Pt100 为例）

（1）接线方式（如图 3-13-23 所示）。

（2）通过菜单键进入"传感器设置"（如图 3-13-24 所示）。

（3）通过箭头键将目标设置区域移动至"被校传感器"区域，依次设定以下内容：被校传感器：热电阻；转换成温度：是；型号：Pt100（90）385；接线方式：3；使用稳定判据：是；稳定度：0.100℃，稳定时间：5min，设置完成后按 ↰ 两次返回主界面。

（4）设置完成后，屏幕中段"被校传感器"显示刚才设置的"Pt100（90）385 3 线"信息（如图 3-13-25 所示）。

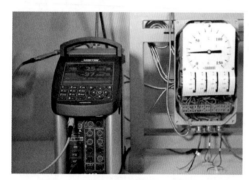

图 3-13-22　指针示值校准

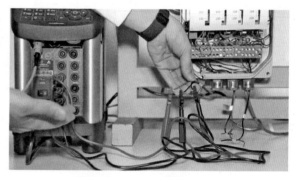

图 3-13-23　接线方式

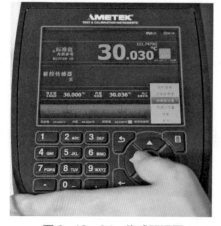

图 3-13-24　传感器设置

图 3-13-25　显示 Pt100（90）385 3 线

（5）以及测量到的被校传感器温度值、电阻值、稳定判据和稳定状态提示图标。按照校准点设置要求，逐个设置"设定值　目标温度"，待标准温度值和被校传感器温度值稳定后，将两者进行比对，判断是否在允许误差范围之内（如图3-13-26所示）。

8. 电流式温度变送器测温误差校准

如图3-13-27所示，用测试线连接电流式温度变送器输出端，对应插入校准仪前面板电流测量输入端子孔。不同回路供电方式的变送器接线方式参考图3-13-28。

图3-13-26　数据误差查看与分析

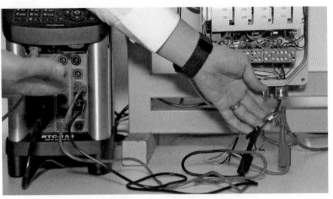

图3-13-27　变送器连接

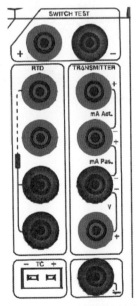

图3-13-28　变送器连接方式

mA Act.——mA测量接口（带24VDC供电）；mA Pas.——mA测量接口（使用外部电源）。

（1）通过菜单键进入"传感器设置"（如图3-13-29所示）。

（2）通过箭头键将目标设置区域移动至"被校传感器"区域，依次设定以下内容：被校传感器：电流；转换成温度：是；电流和温度量程：注意将被校温度表的起始温度和满量程温度对应；使用稳定判据：是；稳定度：0.100℃；稳定时间：5min；设置完成后按↰两次返回主界面（如图3-13-30所示）。

（3）设置完成后，屏幕中段"被校传感器"显示刚才设置的信息，以及测量到的被校传感器温度值、电流值、稳定判据和稳定状态提示图标；按照校准点设置要求，逐个设置"设定值　目标温度"，待标准温度值和被校传感器温度值稳定后，将两者进行比对，判断是否在允许误差范围之内。

9. 温度开关接点性能测试

如图3-13-32所示，用测试线连接开关动作接点输出端，对应插入校准仪前面板开关测试端子孔。温度开关测试功能适用于各类温度开关。在测试时，需要明确以下三项内容：起始温度（T_1）；终止温度（T_2）；升温/降温速率（温度变化率）。温度开关的迟滞时间也可以计算出来（如图 3-13-33 所示）。

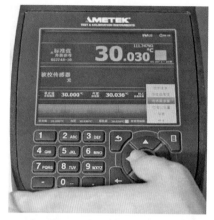

图 3-13-29　进入传感器设置

图 3-13-30　设定参数

图 3-13-31　设定值目标温度

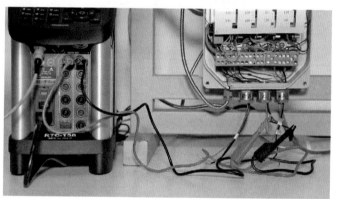

图 3-13-32　温度开关接点性能测试线连接

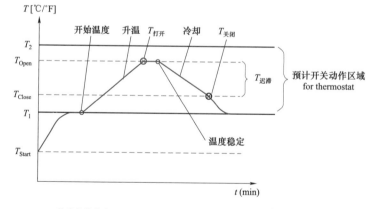

○ 校准仪稳定点
⊗ 改变温度点

图 3-13-33　温度开关的迟滞时间

（1）进行温度开关测试（如图 3 – 13 – 34 所示）。

从主菜单中选择"开关测试"，对这些参数分别进行设置：T_1 – 起始温度（T_1 可以高于 T_2）；T_2 – 终止温度；回程 – 选"是"自动计算温度开关的迟滞时间。升/降温速率（决定干体炉以什么速度升温和降温）：速率可以设置 0.1 – 9.9℃/min 之间的任意一个。升降温速率必须设置，以确保被检探头能够被充分地加热或冷却。设置完成后，按 ↰ 退出设置功能并返回温度开关设置主界面。

（2）选择"开始"开始测试程序（如图 3 – 13 – 35 所示）。

温度开关测试的过程会被实时地显示在屏幕上，当温度开关测试正在进行中的时候，以下两个选项可以操作："结果"——显示当前的校准结果。"停止"——停止当前的开关测试程序。

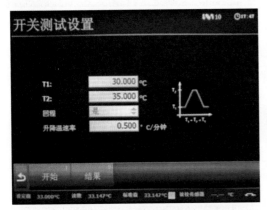

图 3 – 13 – 34　开关测试参数设置

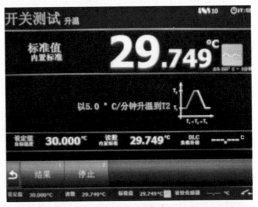

图 3 – 13 – 35　选择"开始"开始测试程序

（3）干体炉温度开关测试程序。

1）一旦校准程序启动，干体炉将自动以最快的速度达到 T_1 的温度，温度的变化则会在屏幕上显示出来。

2）当温度到达 T_1 并且稳定时，屏幕上会出现相应的提示。

3）干体炉将开始以设定的速率升温/降温，直到达到 T_2 的温度。

4）在通常情况下，开关会在达到 T_2 的温度之前动作。如果开关一直都没有动作，而温度已经达到 T_2，则会显示一个红色的叉叉，而不是绿色的钩。

5）当用户选择了单程温度开关校准程序时，此时温度开关动作点会在屏幕上显示出来。当用户选择了双程温度开关校准程序时，干体炉则会开始以设定的速率返回 T_1 的温度。

6）通常温度开关会在达到 T_1 的温度之前动作，如果开关一直都没有动作，而温度已经回到 T_1，则会显示一个红色的叉叉，而不是绿色的钩。

7）校准的结果将会显示在屏幕上。

（4）查看正在进行的程序的测试结果（如图 3 – 13 – 36 所示）。

可在温度开关测试的主界面中选择"结果"，显示当前测试的结果，该结果可能会随着程序的继续进行而改变。按 ↰ 返回温度开关测试的主界面。

（5）查看已经结束的程序的测试结果（如图 3-13-37 所示）。

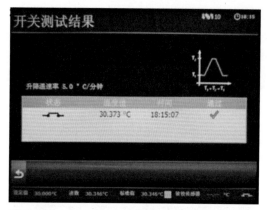

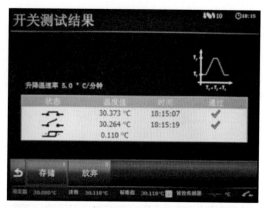

图 3-13-36　查看正在进行的程序的测试结果　　图 3-13-37　查看已经结束的程序的测试结果

在结束时测试结果会自动显示在屏幕上，包括温度开关的打开、闭合的温度值，而迟滞也会一并显示出来。选择"保存"可以将测试结果保存在校准仪中。选择 "放弃"则不会保存结果。按 ⮐ 返回温度开关测试的主界面（如图 3-13-38 所示）。

如果测试期间，温度开关无变化，则会显示一个红色的叉。可以选择保存或者放弃该结果。按 ⮐ 返回温度开关测试的主界面。

（6）查看已经存储的测试结果（如图 3-13-39 所示）。

在温度开关测试的主界面中选择"结果"进入测试结果查看列表。

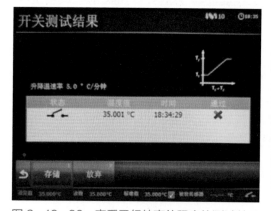

图 3-13-38　查看已经结束的程序的测试结果　　图 3-13-39　查看已经存储的测试结果

（7）查看已经存储的测试结果（如图 3-13-40 所示）。

按 ⮐ 两次返回温度开关测试的主界面。

三、主变温控器介绍

为防止变压器油温过高，加速变压器的老化，变压器一般装有油面温度计，用以测量变压器的上层油温，监视变压器运行状态是否正常。变压器安全运行和使用寿命与变压器的运行的温度有密切关系，在变压器标准和技术规范等文件中规定了油顶层温度和绕组的平均温度。

（一）主变油温传输原理

变压器的温度保护是通过安装在变压器本体上的温度计来实现，按照测量用途可分为测量顶层油的油面温度计和测量绕组平均温度的绕组温度计。温度是反映变压器运行状况的重要参数之一，一般变压器都有 2 个或以上的位置来反映油顶层温度和绕组温度为确保各个温度值的一致性，目前有许多运行的变压器的现场温度计和监控系统的温度值相差很大，严重影响了温度监视的真实性，因此必须做好温度的校核和比对工作。

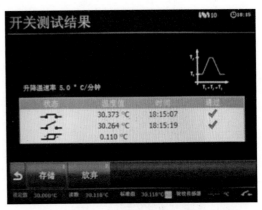

图 3-13-40　查看已经储存的测试结果

图 3-13-41 中所示是主变的油面温度计和绕组温度计。温度计有两支指针，有实时温度测量的黑色指针，还有指示最高温度的红色指针，红色指针在仪表透镜上与调节钮连接在一起；红色指针为黑色指针走过的历史最高温度。当温度上升时，黑色指针会推动红色指针，并将其推到最高温度的指示位，当黑色指示针返回的时候红色指针不返回；这样，我们可通过红色指针的读数，得知黑色指针走过的历史最高温度（显示该温度计所达到的最高温度）。

图 3-13-41　主变温控器

因为感温元件品种繁多，其信号输出类型也多。为了便于自动化检测，所以对各种温度传感器的信号输出做了统一的规定，也就是为统一的 4～20MA 信号。为了使各种温度传感器的输出能统一为 4～20MA 的信号，所以用了温度变送器。利用温度变送器来使输入的各种电阻和电势信号，变成了统一的 4～20MA 的电流信号，这就是温度变送器的由

温包 指示系统 微动开关 温度变送器

图 3-13-42　BWR-04J 油温表内部结构图

来。温度变送器完成测量信号的采集后转化成统一的 4～20MA 电流信号输出。同时还起隔离作用。

图 3-13-42 以 BWR-04J 油温表为例，展示其内部结构图。通常来说油温表由温包、微动开关、弹性元件（波纹管）、毛细管（表计下端）、温度变送器、指示系统等元件组成。当温包受热时，温包内感温介质受热膨胀产生的体积增量，通过毛细管传递到弹性元件上，使弹性原件产生一个位移，这个位移经过放大后通过指示系统显示出被测温度。

（二）主变油温计工作流程

如图 3-13-43 所示，主变油温及绕组温度通常可以在主变本体油温表上读取，通过温控继电器将采集到的电流信号转变为数字信号，通过端子排拉至主变测控屏，即可在主变测控屏及后台机远程查看油温，用于主变的非电量保护。

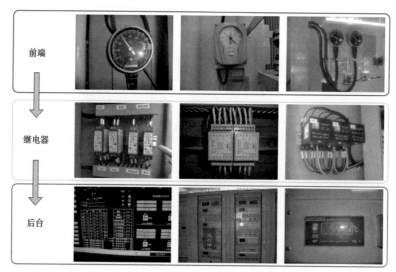

前端

继电器

后台

图 3-13-43　主变油温计工作流程

（三）温度计检验方法

温度计检验方法如图 3-13-44 所示。

（四）常见的主变温度计缺陷及处理方法

1. 温度计跳闸回路故障

故障原因：温度计跳闸回路动作节点故障或是接线错误。

处理方法：进行温度计校验时，除了用万能表等仪器测量外，还应注意节点的通、断是否存在异常情况。为避免二次回路接线错误，在更换温度计时，应认真核对二次线线号，做好记录和标记，安装完毕后，应做好温度计的运行监测工作，确保二次回路的接点与温度计的设定点相吻合。

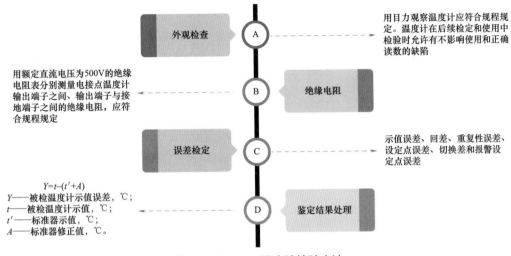

图 3-13-44　温度计检验方法

2. 温度计的温度值显示错误

故障原因：受到内部因素和外部因素的影响而出现此故障。内部因素：包括内部元器件老化、生锈等；外部因素：运行维护不当等。

处理方法：及时更换温度计，做好温度计的日常运行维护工作，发现异常情况，第一时间进行处理。

3. 温度计温度变送器故障

故障原因：温度变送器在运行过程中，会因为瞬间电流过大，雷击，或毛细管与温包结合处进水，长时间使用，人为等因素，导致变送器电路板烧坏，电阻断路，表内锈蚀等，从而导致温度计测温的准确性和稳定度降低。

处理方法：针对雷击问题，可在正负电源端子间加装二极管，能够有效防止瞬间的高电压对变送器及测量回路的冲击。针对毛细管和温包结合处进水问题，可采用防漏胶封堵，加装热缩套，加装防雨罩等方式解决。针对变送器内部老化，稳定性差等问题，可以对老旧变送器进行更换。

四、变压器用绕组温控器校准的方法

为保障安全生产、保护变压器使用寿命，有必要对绕组温控器的基本计量特性参数进行校准。本文针对变压器绕组温控器的技术特点，对其主要计量性能的校准方法进行探讨。

（一）校准方法的建立

基于变压器用绕组温控器的特性，其校准项目主要包括示值基本误差、示值回差、接点动作误差、切换差、热模拟附加温升。

（二）校准用计量标准器和配套设备

校准用计量标准器及配套设备如表 3-13-2 所示。

表 3-13-2　　　　　　　　　　　　标准器及配套设备表

序号	测量标准或设备	技术要求	用途
1	标准铂电阻温度计及配套设备	二等	标准装置
2	标准水银温度计	$-10\sim150℃$	标准器
3	恒温槽	温度范围：$-10\sim150℃$	提供温度场
		工作区域最大温差：≤0.1℃	
		温度波动度：≤0.1℃/min	
		在 $201\sim1201℃$，升、降温速率可控制在≤1℃/min	
4	可调交流恒流源	输出：$0\sim5A$	热模拟特性试验
5	交流电流表	A_1，测量范围：$0\sim5A$；准确度等级：0.5 级；分辨力：0.001A	热模拟特性试验输入端电流测量
		A_2，测量范围：$0\sim2A$；准确度等级：0.5 级；分辨力：0.001A	热模拟特性试验输出端电流测量
6	直流电流表	测量范围：$0\sim20mA$；分辨力：不大于 $1\mu A$；相对误差：$\pm0.05\%$	温度变送器输出测量
	直流电压表	测量范围：$0\sim10V$；分辨力：不大于 1mA；相对误差：$\pm0.05\%$	

（三）校准方法

1. 示值误差校准

一般应在整个测量范围均匀选择不少于 4 个点（包括上、下限），示值校准点不得与开关设定点重叠，二者间距不小于 5℃。

校准应在上、下两个行程上分别向上限或下限方向逐点进行，用比较法校准。将标准温度计和绕组温控器温包插入恒温槽，温包应全部浸没在恒温槽工作区域，绕组温控器表头应垂直放置，表头与温包之间的高度差不应大于 1m。

上行程示值误差校准：将恒温槽设定到校准温度，开始升温，待恒温槽示值稳定后 10min 开始读数，读数时恒温槽温度偏离校准点温度不超过 0.5℃（以标准温度计为准），记录恒温槽的实际温度值 t_s 和被校准绕组温控器上行程的示值 t_{R1}，$(t_{R1}-t_s)$ 即为上行程示值误差 Δt_1。

下行程示值误差校准：将恒温槽设定到校准温度，开始降温，待恒温槽示值稳定后 10min 开始读数，读数时恒温槽温度偏离校准点温度不超过 0.5℃（以标准温度计为准），记录恒温槽的实际温度值 t_s 和被校准绕组温控器下行程的示值 t_{R2}，$(t_{R2}-t_s)$ 即为下行程示值误差 Δt_2。示值误差取 Δt_1、Δt_2 中绝对值较大者。

2. 示值回差校准

与示值误差校准同时进行，在同一温度点（上、下限点除外）上、下行程示值误差之差的绝对值，即为回差。

3. 接点动作误差校准

接点动作误差校准点应至少包括 55℃ 和 75℃。将标准温度计和绕组温控器温包插入恒温槽，绕组温控器的接点端子接到信号电路中，在恒温槽温度距校准点温度不小于 5℃

时，以不大于 1.0℃/min 的速率缓慢均匀改变恒温槽温度，使接点产生闭合和断开的切换动作。动作瞬间读取标准温度计示值，即为接点上行程切换值或下行程切换值，上行程切换值与设定点的差值即为接点动作误差。

4. 切换差校准

与接点动作误差校准同时进行，同一温度点上行程切换值与下行程切换值的差值即为切换差。

5. 热模拟附加温升误差校准

将绕组温控器热模拟装置的变流器、电热元件与可调交流恒流源、交流电流表 A1（通过电流用 I_p 表示）、交流电流表 A2（通过电流用 I_s 表示）按图 3–13–45 连接好。

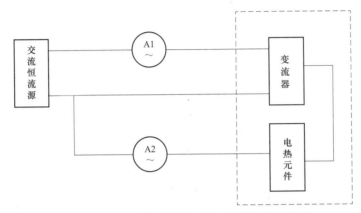

图 3–13–45 热模拟附加温升误差校准连接图

附加温升 ΔT 校准至少应包括 10℃、24℃、38℃三个点。根据变压器电流互感器二次额定电流 I_p（由用户提供），选择相应的挡位，将挡位键按下。将绕组温控器温包和标准温度计插入恒温槽，使恒温槽温度恒定在 20～80℃范围内某个温度点，一般选 20℃和 80℃。

记录恒温槽实际温度 t_s 及绕组温控器指示值 t_R，然后调节交流恒流源电流使 A2 恒定在附加温升 ΔT 对应的电流 I_s，待绕组温控器指示稳定后，记录其指示值 t_{Ri}。$t_{Ri} - t_R$ 即为实测附加温升，实测附加温升与 ΔT 的差值即为附加温升误差。

（四）校准依据

（1）JJG 310—2002《压力式温度计检定规程》。

（2）DL/T 1400—2015《油浸式变压器测温装置现场校准规范》。

（3）JB/T 6302—2016《变压器用油面温控器》。

（4）JB/T 8450—2016《变压器用绕组温控器》。

（5）JJG 229—2010《工业铂、铜热电阻检定规程》。

五、变压器绕组温控器检测问题分析

（一）绕组温控器工作原理

变压器绕组发热是由变压器负载损耗产生的，由负载损耗 $P = I^2 R$ 公式可知，绕组发热与变压器电流平方成正比。由于变压器绕组是浸在绝缘油中，因此绕组温控器是在一个油面温控器基础上，又配备了一套电流匹配器和一个加热元件组成的热模拟温升装置，通过变压器专用变比端口提供和一次侧电流成正比的二次侧绕组工作电流，使加热元件发热，产生气体膨胀使仪表指针在原油温基础上产生位移，来间接达到测量变压器内绕组温度的目的。

（二）现场安装需注意的问题

变压器绕组温控器温包插在变压器油箱顶层的油孔内，当变压器负荷为零时，绕组不发热，绕组温控器读数为变压器油的温度（相当于油面温控器测量的温度）。当变压器带负荷后，电流互感器输出与负荷成正比的电流，经电流匹配器调整后流经电热元件，使电热元件发热。电热元件所产生的热量，使弹性元件位移量增大，近似等于变压器被测绕组对油的温升，故绕组温控器指示温度是变压器顶层油温与绕组对油的温升之和。

目前，变压器绕组温控器普遍采用 2 种结构：一种是将加热元件放置在温控器表头内部，通过将附加温升传递到温升专用弹簧管上带动指针产生位移；另一种是将加热元件放置在温控器感温包内部，其附加温升与温包产生的温度值一同经过毛细管传递到同一个弹簧管上带动指针产生位移。对于第一种类型绕组温度计而言，由于加热元件位于温度计测温探头之内，而温包在变压器上安装时是装在套筒内部的，油循环带不走加热元件的热量，同时加热元件在变压器内部，受环境影响因素较小，在安装时无特殊要求；第二种类型绕组温度计，由于加热元件位于表头指针下面的表壳内，受环境影响因素比较大，在冬天因缺乏放散热保护而达不到准确模拟绕组温升的目的，因此在现场安装时应该对仪表箱采取一定保温措施，如加装伴热等。

（三）实验室检测中需注意的问题

根据 JB/T 8450—2005《变压器用绕组温控器》机械行业标准规定，绕组温度计热模拟实验室校准方法是：根据温控器接线图，连接好实验线路，将温包插入注满变压器油恒温槽内（温控器探头浸没线低于液面），一般恒温槽温度定在 60℃，等仪表示值稳定后得到 t_1。根据变压器厂家提供的变压器在满负荷 TH 二次电流 I_p 和绕组温升值 ΔT，从绕组温控器产品说明书查得绕组温控器工作电流和档位。线路连接正确后接通电源，运行 45min 后得到仪表示值 t_2，t_1 与 t_2 差值即为实际温升值。经过不断调节绕组温控器工作电流，使实际温升值无限接近给定的绕组的温升值 ΔT，实际温升值与绕组温升值 ΔT 差值小于仪表允许误差即为仪表绕组温升调试合格。从中不难看出，实验室校准温升值是模拟变压器满负荷运载的工况下绕组线圈的实际温度，其温升曲线如图 3－13－46 所示。

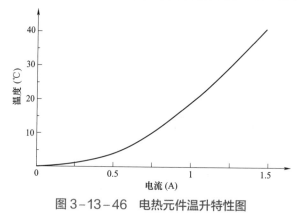

图 3－13－46　电热元件温升特性图

在实际应用中，为保障变压器安全运行及温控器拆装方便，变压器在温控器预留口自带套筒，只需加注变压器油，安装温控器即可。实际安装时，温控器都加装套筒。但在实验室检测时，温控器感温包直接浸泡在恒温槽内，这就使加热元件位于温度计测温探头之内的温控器加热元件热量随油循环而散失，无法准确反映实际温升值。实验室测试用带复合传感器绕组温控器型号规格见表 3-13-3。

表 3-13-3　　　　　　　　　　　　试验用仪表规格型号

编号	型号	准确度等级	生产厂家	标准器 60℃时仪表示值（℃）
20140203015	BWR-6	2.0	福建省力得自动化设备有限公司	59.4
20140203017	BWR-6	2.0	福建省力得自动化设备有限公司	59.4

用户要求 I_{ct}=2.8A，ΔT=20℃。查说明书 SET 选 2.8 挡，I_h=1.04A

两块绕组温控器在加装套筒前后模拟温升值对比见表 3-13-4。

表 3-13-4　　　　　　　　　　　表头加装套管前后数据对比

时间（min）	20140203015		20140203017	
	不加套管温升温度（℃）	加套管温升温度（℃）	不加套管温升温度（℃）	加套管温升温度（℃）
5	76.4	76.4	74.0	77.6
10	78.0	80.4	77.4	80.0
15	78.2	83.6	78.0	82.8
20	78.4	84.0	78.0	83.6
25	78.4	84.0	78.0	83.6
30	78.4	84.0	78.0	83.6
35	78.4	84.0	78.0	83.6
40	78.4	84.0	78.0	83.6
45	78.4	84.0	78.0	83.6
ΔT	19.0	24.6	18.6	24.2

由实验数据可以看出，加装套筒前后所得温升值相差 5℃。实验室在不加套筒情况下，做出的模拟温升值比现场实际工作时变压器绕组温度高 5℃左右，不符合绕组温控器等级要求。在实验室绕组温控器检测中，对模拟温升值的调试应加装套筒，因此加热元件位于测温探头内绕组温控器更符合实际工作要求，建议使用。通过改进实验室绕组温控器检测方法，使检测结果更符合现场实际，提高了绕组温控器在现场实际测量的准确性。

六、DL/T 1400—2015 油浸式变压器测温装置现场校准规范

（一）术语及定义

1. 测温装置

油浸式变压器（电抗器、换流变压器）配套的指针温度计（包括油面温度计和绕组温度计）和远传信号装置（包括测温元件、温度变送器及远方显示器等）所组成测温系统的总称。指针温度计为油面温度计时，测温装置称为油面测温装置。指针温度计为绕组温度计时，测温装置称为绕组测温装置。

2. 指针温度计

由温包、毛细管和表计等组成的广泛用于测量油浸式变压器（电抗器、换流变压器）的油面温度和绕组温度，以及冷却容量投切控制和非电量保护的压力式温度计。

3. 温度传感器

指针温度计的温包或远方测温元件或温包与远方测温元件的复合体。

4. 多点调零

以满足误差要求的指针温度计示值为基准，对远方示值装置的若干个示值校准点进行分段线性化的调整。

5. 两表偏差

远方示值与指针温度计示值之间的差值。

6. 现场校准

在油浸式变压器（电抗器、换流变压器）油箱上方采用便携式恒温油槽，对测温装置在有效测量范围起始点、中间点和终止点上实施校准。

7. 朝夕巡视法

在接近凌晨和午后不同温度及阳光照射条件下，分别记录同一测温装置中指针温度计的两表偏差，依据两表偏差变化量评估该测温装置受环境温度影响的简易方法。

8. 环境温度影响量的快速鉴定法

当毛细管部件受环境温度变化影响时，鉴定测温装置的示值误差是否超过规定值的试验方法。

9. 接点动作误差

将温度传感器完全插入到升温速率为 0.8～1.0℃/min 的开关定值试验油槽中，记录开关的上行程动作瞬时标准温度计示值（即上切换值），上切换值与设定点之差即为接点动作误差。

（二）测温装置结构

测温装置由指针温度计和远传信号装置两部分组成，某一部分出现故障不应影响另一部分的正常工作，其结构示意图如图 3−13−47 所示。

指针温度计用于就地温度示值读取、温度控制和非电量保护；远传信号装置用于对指针温度示值的远方读数。

（三）技术要求

1. 通用技术要求

（1）外观。

测温装置的外观应满足以下要求：

1）指针温度计指针的尖端至少应盖住标度尺上最短分度线的 1/2～3/4，宽度不超过

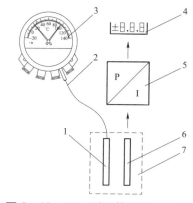

图 3−13−47　测温装置结构示意图

1—温包；2—毛细管；3—表计（用于就地示值的显示）；
4—远方显示器；5—温度变送器；
6—测温元件；7—温度传感器

标度尺最短分度线宽度，指针与刻度盘平面间的距离在 1～3mm 范围内；

2）指针温度计外壳防护等级不低于 IP55；

3）指针温度计刻度盘正面有摄氏温标、准确度等级（或最大允许误差）、生产厂家、型号及设备编号等信息；

4）刻度盘上刻度线和分度数等信息完整、清晰、准确；

5）各部件装配牢固，未出现松动或锈蚀现象，表计用的保护玻璃或其他透明材料应透明，不得有妨碍正确读数的缺陷或损伤；

6）测量范围内示值刻度及指针温度计的温度控制开关设定刻度的最小分度值均不大于 2℃；

7）最高温度指示针正常工作时，应不出现过阻尼及欠阻尼现象；

8）调零机构应稳定可靠，沿海环境条件下应不出现调零机构锈蚀引发的不能正常工作现象；

9）毛细管应不出现有压扁或急剧扭曲的现象，其弯曲半径不小于 50mm；

10）绕组温度计具备输入 0.5～5A 的独立变流器；

11）温度传感器直径不大于 14mm，应可插入不小于 190mm 的深度 [见图 3-13-48（a）]；

12）温度计座内注满导热油或使用导热硅胶（推荐使用导热硅胶管），应确保液面下有 150mm 的深度 [见图 3-13-48（b）]。

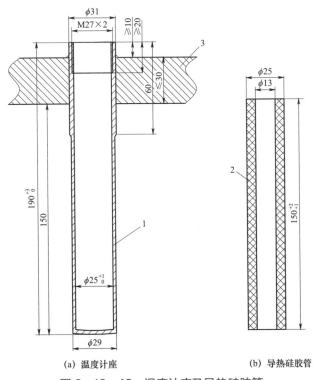

（a）温度计座　　　　　　（b）导热硅胶管

图 3-13-48　温度计座及导热硅胶管

1—温度计座，材料 S304；2—油箱壁；3—导热硅胶管

（2）绝缘电阻。

在环境温度为 15～35℃，相对湿度不大于 85%时，测温装置中指针温度计的电接点开关的常开输出端子之间及开关输出端子与接地端子之间的绝缘电阻应不小于 20MΩ。

2. 性能要求

（1）示值误差。

测温装置的示值误差包括指针温度计示值误差和远方显示示值误差，上述两种示值误差的最大允许误差与准确度等级之间的关系应符合表 3-13-5 的规定。

（2）两表偏差。

按照 DL/T 572—2010 中 5.3.5 条的要求，以指针温度计为基准，在规定的校准点上的两表偏差应不大于±0.5℃。

（3）热模拟温升误差。

绕组测温装置的热模拟温升误差应不大于±3.2℃。

表 3-13-5　　　　　　准确度等级与最大允许误差（℃）

类型	测量范围	准确度等级	最大允许误差
油面测温装置	−20～140	1.5	±2.4
绕组测温装置	0～160	1.5	±2.4

（4）接点动作误差。

按照 JB/T 9259—1999 中 5.5 条的要求，在规定升温速率条件下，指针温度计在测量范围内的上行程接点动作误差应不超过表 3-13-6 的规定。

表 3-13-6　　　　　　指针温度计上行程接点动作误差

类型	测量范围内动作误差	接点容量	升温速率
油面测温装置	±3.6℃	AC250V/10A	0.8～1.0℃/min
绕组测温装置	±3.6℃	AC250V/10A	0.8～1.0℃/min

（5）环境温度影响量。

测温装置的环境温度影响变化量应优于 0.05%FS/℃。

3. 校准设备

（1）主要标准器。

测量装置的主要标准器是标准温度计，其测量范围为 0～200℃。

注：可用同等标准器代替。

（2）配套设备。

现场校准配套设备技术性能应符合表 3-13-7 的规定。

4. 校准条件

（1）校准环境条件。

测温装置校准的环境条件应满足以下要求：

1）环境温度：10～35℃。

表 3-13-7　　　　　　　　　　现场校准配套设备技术性能

名称	测量范围	主要技术参数		
便携式恒温油槽 a （φ30mm×160mm 工作区域）	20~160℃	水平温差 ≤0.2℃	最大温差 ≤0.2℃	温度波动度 ≤±0.2℃/10min
开关定值试验油槽	40~130℃	升温速率³ 0.8~1.0℃/min		
绝缘电阻表	500V	准确度等级：5.0 级		
数字万用表	交流电流：3A 交流电压：1000V	准确度等级：0.5 级		
直流毫安表	0~24mA	准确度等级：0.05 级		
工频电流发生器	500~5000mA	准确度等级为 0.5 级；最大输出功率不小于 60VA		

注：1. 便携式恒温油槽和开关定值试验油槽中用的工作介质黏度应符合其说明书要求。
　　2. 开关定值试验油槽在 40℃的波动度应小于 0.2℃。

2）相对湿度：≤85%。

3）所用标准器和电测设备工作的环境条件应符合其相应规定的条件。

（2）其他校准要求。

测温装置校准时还应满足以下要求：

1）指针温度计应垂直安装；

2）温度传感器应浸没在便携式恒温油槽油液面以下，其深度不小于 150mm；

3）指针温度计在校准示值基本误差时，示值校准点与开关设定点之间间隔应大于 6.0℃；

4）测量范围内示值刻度及开关设定刻度的最小分度值应不大于 2℃；

5）校准接点动作误差时，校准点与相邻两开关设定点的间距值应大于 6.0℃；

6）毛细管安装弯曲半径应大于 50mm，毛细管多余部分在盘圆后应固定在油箱上方，不应以 S 形在走线槽内迂回安置；

7）远传信号的传感器接线盒出线在油箱顶部至少预留 1m 电缆支持现场校准。

5. 校准项目

油面及绕组测温装置的现场校准项目包括外观检查、绝缘电阻测量、示值误差校准、两表偏差校准、接点动作误差校准、环境温度变化影响量校准和热模拟温升试验校准。油面测温装置及绕组测温装置的现场校准流程分别见附录 A 和附录 B。

6. 校准方法

（1）外观。目测观察测温装置，结果应符合通用技术要求的规定。

（2）绝缘电阻。用额定直流电压为 500V 的绝缘电阻表分别测量温控装置中指针温度计开关常开输出端子之间，以及输出（不包括远方电流信号）端子与接地端子之间的绝缘电阻，结果应符合 5.1.2 的规定。

（3）示值基本误差。测温装置示值误差包括指针温度计示值误差和远方显示示值误差。按表 3-13-8 的规定选取示值误差校准点。

表 3-13-8 示值校准点的选取（℃）

类型	测量范围	示值校准点
油面测温装置	−20～140	20（40）³、60、100
绕组测温装置	0～160	40、80、120

现场环境温度高于 20℃时，可以选择 40℃校准点替代测量范围起始点

采用直接比较法对测温装置进行校准，将被校测温装置的温度传感器插入温场稳定的便携式恒温油槽中，温度传感器插入液面深度不小于 150mm，控制便携式恒温油槽的温度在正行程上分别至各校准点，待示值稳定 15min 后同时读取指针温度计示值、标准温度计示值、远方显示示值，并记录下来。

指针温度计示值误差按式（3-13-1）计算，远方显示示值误差按式（3-13-2）计算，结果都应满足 5.2.1 的要求。

$$y_1 = t_1 - (t_1' + t_d) \qquad (3-13-1)$$

式中　y_1——被校指针温度计示值误差，℃；

　　　t_1——被校指针温度计示值，℃；

　　　t_1'——标准温度计示值，℃；

　　　t_d——标准温度计示值修正值，当使用的校准装置的扩展不确定度（包含因子 $k=2$）小于被校测温装置示值允许误差的 1/4 时，可忽略，℃。

$$y_2 = t_2 - (t_1' + t_d) \qquad (3-13-2)$$

式中：y_2——被校远方显示示值误差，℃；

　　　t_2——被校远方温度表示值，℃；

　　　t_1'——标准温度计示值，℃；

　　　t_d——标准温度计示值修正值，当使用的校准装置的扩展不确定度（$k=2$）小于被校测温装置示值允许误差的 1/4 时，可忽略。

（4）两表偏差。两表偏差与校准测温装置示值误差同步进行，两表偏差按式（3-13-3）计算，结果应满足相关要求。

在指针温度计的示值误差满足要求，而两表偏差不满足要求时，可按照以下步骤进行调整：

1）根据相关记录，调整远方温度显示装置各校准点的输出，使远方示值与指针示值相等；

2）待示值稳定后分别读取并记录指针温度计示值和远方显示示值；

3）按相关要求重新进行一次完整的复核校准直至符合要求。

$$y_3 = y_2 - y_1 \qquad (3-13-3)$$

式中　y_3——两表偏差，℃；

　　　y_2——被校远方显示示值误差，℃；

　　　y_1——被校指针温度计示值误差，℃。

（5）接点动作误差。接点动作误差校准按照以下步骤进行：

1）指针温度计接点动作误差校准以"整定单"或出厂设定值要求确定报警温度点。

2）将被校温度传感器及标准温度计同时插入开关定值试验油槽中，温度传感器插入液面深度不小于 150mm；在接近设定点时，控制开关定值试验油槽按照 0.8～1.0℃/min 的升温速率缓慢上升调整温度，使接点产生上行程切换动作，并在上行程动作瞬间（试验电流应大于 100mA）读取标准温度计示值。

3）接点动作误差按式（3－13－4）计算，结果应满足相关要求。

$$y_4 = (t_4' + t_d) - t_4 \qquad (3-13-4)$$

式中　y_4——接点动作误差，℃；

　　　t_4——被校温度计设定值，℃；

　　　t_4'——被校温度计接点动作瞬间标准温度计示值，℃；

　　　t_d——标准温度计示值修正值，当使用的校准装置的扩展不确定度（包含因子 $k=2$）小于被校测温装置示值允许误差的 1/4 时，可忽略，℃。

（6）环境温度变化影响量。在测温装置日常运行中采用朝夕巡视法得到的两表偏差变化量大于 5℃时，可采用环境温度变化影响量的快速鉴定法确认测温装置受环境温度变化的影响。

拆下测温装置，将测温装置的温度传感器插入 100℃便携式恒温油槽，待温度计示值稳定后记录示值 B，并记录此时的现场环境温度 t，再将该试品毛细管放入 60℃恒温水箱中保持 10min 后记录示值 B'，其快速鉴定试验示意如图 3－13－49 所示。

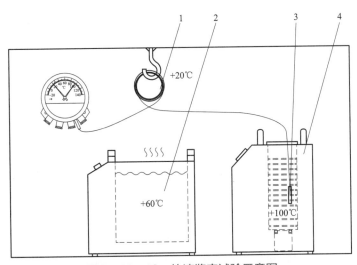

图 3－13－49　快速鉴定试验示意图
1—毛细管；2—恒温水箱；3—温度传感器；4—便携式恒温油槽

快速鉴定的环境温度变化影响量按式（3－13－5）计算，结果应符合相关要求。

当指针温度计环境温度变化影响量不满足相关要求时，应更换合格的指针温度计。

$$H' = (B - B')/(t - 60) \qquad (3-13-5)$$

式中　H'——环境温度影响量，℃/℃；

　　　B——常温环境下的温度计示值，℃；

　　　B'——60℃环境下的温度计示值，℃；

　　　t——现场环境温度，℃。

（7）热模拟温升试验（必要时）。

1）铜油温差。

油浸式变压器绕组温度 T 可等效为在顶部油温 T 的基础上，叠加一个铜油温差 K，T_w，变压器绕组温度 T 为

$$T_w = T_0 + K_i T_{wo} \qquad (3-13-6)$$

式中　T_0——变压器顶层油温，℃；

　　　T_{wo}——理论上的铜油温差，℃；

　　　K_i——与变压器冷却结构有关的系数。

常见的铜油温差热模拟原理如图 3-13-50 所示，通过改变流经电热丝的加热电流 1 可以产生一个在数值上与铜油温差相等的附加温升，这种情况下，铜油温差 K，T_{wo} 为

$$K_i T_{wo} = \Delta T = I_h 2R \qquad (3-13-7)$$

式中　ΔT——绕组温度计的热模拟附加温升，℃；

　　　I_h——绕组温度计加热装置流经电热丝的加热电流，A；

　　　R——绕组温度计加热装置电热丝电阻，Ω。

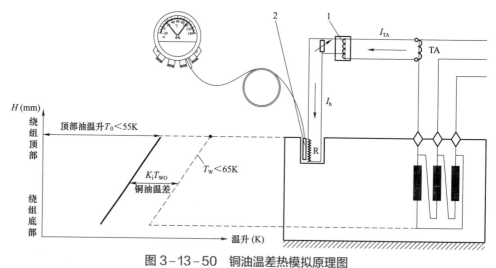

图 3-13-50　铜油温差热模拟原理图

1—可输入 0.5～5A 的独立变流器；2—温度传感器

注：R 为绕组温度计加热装置电热丝；I_h 为绕组温度计加热装置流经电热丝的加热电流，700～1300mA；I_{TA} 为变压器在额定负荷下电流互感器的输出电流，500～5000mA；TA 为变压器电流互感器。

2）热模拟特性。

热模拟装置所产生的附加温升应符合表 3-13-9 的规定。对于绕组测温装置生产厂

家提供热模拟特性数据的，按厂家数据执行。

表 3-13-9　　　　　　　热模拟特性——温升与电流对应表

热模拟加热电流 I_h（mA）	740	800	860	920	980	1040	1090	1140	1190	1240	1280
热模拟附加温升 ΔT（K）	10	12	14	16	18	20	22	24	26	28	30

注：1. 电流互感器的输出电流 I_{TA}，热模拟附加温升 ΔT 以及加热电流 T 都是 I_h 变压器在额定负荷下给出的定义。

2. I_{TA} 的大小与变压器铭牌额定负荷电流和电流互感器额定变比有关，I_{TA} 输出在 500～5000mA 之间，加热电流 I_h 在 700～1300mA 之间，需要配置变流器把 I_{TA} 转换成 I_h。

3）热模拟试验。

热模拟温升试验只有一个试验点，即在基础油温条件下通过改变加热电流进行铜油温差调节的热模拟试验。试验方法如下：

① 按图 3-13-51 连接试验线路，将温度传感器浸入恒温油槽中，待绕组温度计示值稳定后，读取校准前温度 T_1。

② 计算出变压器在额定负荷下电流互感器的输出电流 I_{TA}（I_{TA} = 变压器铭牌额定负荷电流/电流互感器额定变比），施加给绕组温度计电流输入端，待稳定 45min 后读取绕组温度计示值 T_2。

③ T_2 与 T_1 的差值即为绕组热模拟温升，该温升与变压器绕组额定铜油温差的差值即为绕组热模拟温升误差。

④ 当绕组热模拟温升误差不符合相关要求时，需要调节变流器进行校准。

7. 校准数据的处理

（1）校准记录应有全部现场校准数据，记录格式参见附录，按式（1）～式（4）分别计算示值误差、两表偏差、接点动作误差，并按数值修约规则对计算结果修约到最小分度值的 1/10。

（2）以修约后的校准数据判断被校测温装置是否满足本标准要求。

（3）经校准的测温装置应出具校准证书，证书格式参见附录。

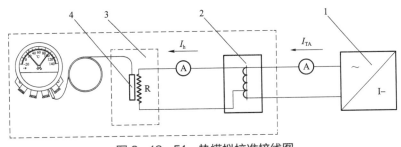

图 3-13-51　热模拟校准接线图

1—工频电流发生器；2—可输入 0.5～5A 的独立变流器；3—便携式恒温油槽；4—温度传感器

注：R 为绕组温度计加热装置电热丝；I_h 为绕组温度计加热装置流经电热丝的加热电流，700～1300mA；I_{TA} 为变压器在额定负荷下电流互感器的输出电流，500～5000mA。

8. 校准周期

应结合油浸式变压器（电抗器、换流变压器）的状态检修对测温装置进行现场校准，校准周期一般不超过 6 年。

七、电力变压器温控器保护原理及设置原则

为保护变压器的安全运行，其冷却介质及绕组的温度要控制在规定的范围内，这就需要温度控制器来提供温度的测量、冷却控制等功能。当温度超过允许范围时，提供报警或跳闸信号，确保设备的寿命。

温度控制器包括油面温度控制器和绕组温度控制器。

（一）测温原理

1. 油面温控器的测温原理

温控器主要由弹性元件、毛细管和温包组成，在这三个部分组成的密闭系统内充满了感温液体，当被测温度变化时，由于液体的"热胀冷缩"效应，温包内的感温液体的体积也随之线性变化,这一体积变化量通过毛细管远传至表内的弹性元件，使之发生相应位移，该位移经齿轮机构放大后便可指示该被测温度，同时触发微动开关，输出电信号驱动冷却系统，达到控制变压器温升的目的。

2. 绕组温度控制器的测温原理

变压器油面温度是可以直接测量出来的，但绕组由于处于高压下而无法直接测量其温度，其温度的测量是通过间接测量和模拟而成的。绕组和冷却介质之间的温差是绕组实际电流的函数，电流互感器的二次电流（一般用套管的电流互感器）和变压器绕组电流成正比。电流互感器二次电流供给温度计的加热电阻，产生一个显示变压器负载的读数，它相当于实测的铜－油温差（温度增量）。这种间接测量方法提供一个平均或最大绕组温度的显示即所谓的热像。

3. 测量值的远程显示原理

为了将测量值传送到控制室作远程指示,温度控制器将铜或铂电阻传感器阻值的变化或温度变化产生的机械位移变为滑线变阻的阻值变化，模拟输出为 4～20mA 电信号，在远方转化为数字或模拟显示。使用滑线变阻的形式，其优点是接线比较简单，对于较长的传输途径不需要补偿线路，电流信号对杂散磁场和温度干扰不敏感。

（二）设置原则

大型电力变压器应配备油面温度控制器及绕组温度控制器，并有温度远传的功能，为能全面反映变压器的温度变化情况，一般还将油面温度控制器配置双重化，即在主变的两侧均设置油面温度控制器。

要发挥温度控制器对变压器的保护作用，关键在于保证控制器的准确性。某 220kV 变电站因将油温启动冷却器接点与跳闸接点的回路对调，导致变压器运行中油温升高，达到启动冷却器的温度值时引起变压器误跳闸。所以温度控制器必须按规程进行定期校验，并保证接点回路接线的正确，防止因接线错误导致变压器的误跳闸。

八、报告编写

示例：2021 年 10 月 8 日，枣园 330kV 变电站 5 号主变停电检修期间，变电检修中心

开展主变温控器校验工作，对主变温控器运行状况进行评估，同时对温控器各节点信号进行核对，确保变压器温度升高时，温控器可正确反映并动作，具体校验报告如下所示：

表 3-13-10　　　　　　　　变压器温控器检定报告

送检单位：枣园 330kV 变电站		安装位置：5 号主变油温 1		
测量范围：0～150℃		制造厂：大连世有		出厂编号：1257976-3
型号规格：BWY-04AJ		准确度等级：1.5		分度值（℃）：2
标准器名称：便携式高温炉		标准器编号：581719-00573		标准器证书编号：R2016-1067
环境温度：17℃		环境湿度：40%		
外观检查：合格		绝缘电阻：≥20MΩ		
示值检定	检定点名义温度（℃）		示值（℃）		
	0		1.0		
	40		41.2		
	60		61.0		
	80		79.0		
	100		101.0		
设定点误差及切换差检定	设定点温度（℃）		上切换值（℃）	下切换值（℃）	切换中值（℃）
	K1	45	47	43	45
	K2	55	56	53	54.5
	K3	75	77	74	75.5
	K4	85	86	83	84.5
	设定点误差最大值（℃）：2		设定点允许误差（℃）：±2.25		
	切换差最大值（℃）4.0		切换差允许值（℃）：6±2		
检定依据	JJF 1909—2021 压力式温度计检定规程		检定结论：	合格	
检定单位	国网宁夏电力公司超高压公司变电检修中心				
检定日期：2021 年 10 月 13 日		有效期：2024 年 10 月 12 日		
检定员：陈民、张炜	核验员：崔琴		批准：马雯	

【任务小结】

本任务明确了变压器温控器校准的作用和意义，介绍了变压器温控器校准准备工作、步骤及要求、注意事项和对检测数据的分析。通过完成本项任务，可以掌握变压器温控器校准方法，锻炼实际操作能力，提高技能水平。

附　录　A

（规范性附录）

油面测温装置现场校准流程

油面测温装置现场校准流程见表 A-1。

表 A-1 　　　　　　　　　　　　　　　油面测温装置现场校准流程

序号	工作流程	校准步骤
1	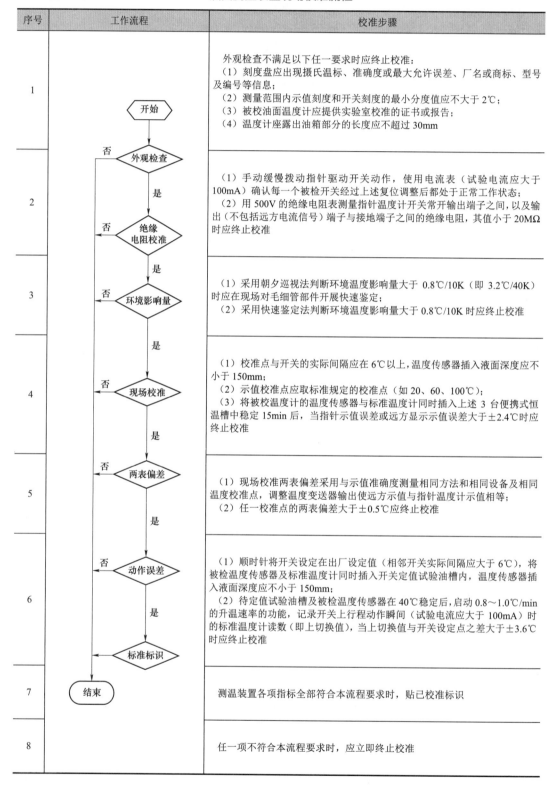开始 外观检查 否 是	外观检查不满足以下任一要求时应终止校准: (1) 刻度盘应出现摄氏温标、准确度或最大允许误差、厂名或商标、型号及编号等信息; (2) 测量范围内示值刻度和开关刻度的最小分度值应不大于 2℃; (3) 被校油面温度计应提供实验室校准的证书或报告; (4) 温度计座露出油箱部分的长度应不超过 30mm
2	绝缘 电阻校准 否 是	(1) 手动缓慢拨动指针驱动开关动作,使用电流表(试验电流应大于 100mA)确认每一个被检开关经过上述复位调整后都处于正常工作状态; (2) 用 500V 的绝缘电阻表测量指针温度计开关常开输出端子之间,以及输出(不包括远方电流信号)端子与接地端子之间的绝缘电阻,其值小于 20MΩ 时应终止校准
3	环境影响量 否 是	(1) 采用朝夕巡视法判断环境温度影响量大于 0.8℃/10K(即 3.2℃/40K)时应在现场对毛细管部件开展快速鉴定; (2) 采用快速鉴定法判断环境温度影响量大于 0.8℃/10K 时应终止校准
4	现场校准 否 是	(1) 校准点与开关的实际间隔应在 6℃ 以上,温度传感器插入液面深度应不小于 150mm; (2) 示值校准点应取标准规定的校准点(如 20、60、100℃); (3) 将被校温度计的温度传感器与标准温度计同时插入上述 3 台便携式恒温槽中稳定 15min 后,当指针示值误差或远方显示示值误差大于 ±2.4℃ 时应终止校准
5	两表偏差 否 是	(1) 现场校准两表偏差采用与示值准确度测量相同方法和相同设备及相同温度校准点,调整温度变送器输出使远方示值与指针温度计示值相等; (2) 任一校准点的两表偏差大于 ±0.5℃ 应终止校准
6	动作误差 否 是 标准标识	(1) 顺时针将开关设定在出厂设定值(相邻开关实际间隔应大于 6℃),将被检温度传感器及标准温度计同时插入开关定值试验油槽内,温度传感器插入液面深度应不小于 150mm; (2) 待定值试验油槽及被检温度传感器在 40℃ 稳定后,启动 0.8～1.0℃/min 的升温速率的功能,记录开关上行程动作瞬间(试验电流应大于 100mA)时的标准温度计读数(即上切换值),当上切换值与开关设定点之差大于 ±3.6℃ 时应终止校准
7	结束	测温装置各项指标全部符合本流程要求时,贴已校准标识
8		任一项不符合本流程要求时,应立即终止校准

附　录　B
（规范性附录）
绕组测温装置现场校准流程

绕组测温装置现场校准流程见表 B-1。

表 B-1　　　　　　　　　　　绕组测温装置现场校准流程

序号	工作流程	校准步骤
1	开始 ↓ 否 ← 外观检查 → 是 ↓	外观检查不满足以下任一要求时应终止校准： （1）刻度盘应出现摄氏温标、准确度或最大允许误差、厂名或商标、型号及编号等信息； （2）测量范围内示值刻度和开关刻度的最小分度值应不大于 2℃； （3）被校油面温度计应提供实验室校准的证书或报告； （4）温度计座露出油箱部分的长度应不超过 30mm
2	否 ← 绝缘 电阻校准 → 是 ↓	（1）手动缓慢拨动指针驱动开关动作，使用电流表（试验电流应大于 100mA）确认每一个被检开关经过上述复位调整后都处于正常工作状态； （2）用 500V 的绝缘电阻表测量指针温度计开关常开输出端子之间，以及输出（不包括远方电流信号）端子与接地端子之间的绝缘电阻，其值小于 20MΩ 时应终止校准
3	否 ← 环境影响量 → 是 ↓	（1）采用朝夕巡视法判断环境温度影响量大于 0.8℃/10K（即 3.2℃/40K）时，应在现场对毛细管部件开展快速鉴定； （2）采用快速鉴定法判断环境温度影响量大于 0.8℃/10K 时应终止校准
4	否 ← 现场校准 → 是 ↓	（1）校准点与开关的实际间隔应在 6℃ 以上，温度传感器插入液面深度应不小于 150mm； （2）示值校准点应取标准规定的校准点（如 20、60、100℃）； （3）将被校温度计的温度传感器与标准温度同时插入上述 3 台便携式恒温槽中稳定 15min 后，当指针示值误差或远方显示示值误差大于 ±2.4℃ 时应终止校准
5	否 ← 两表偏差 → 是 ↓	（1）现场校准两表偏差采用与示值准确度测量相同方法和相同设备及相同温度校准点，调整温度变送器输出使远方示值与指针温度计示值相等； （2）任一校准点的两表偏差大于 ±0.5℃ 应终止校准
6	否 ← 动作误差 → 是 ↓	（1）顺时针将开关设定在出厂设定值（相邻开关实际间隔应大于 6℃），将被检温度传感器及标准温度计同时插入开关定值试验槽内，温度传感器插入液面深度应不小于 150mm； （2）待定值试验油槽及被检温度传感器在 40℃ 稳定后，启动 0.8~1.0℃/min 的升温速率的功能，记录开关上行程动作瞬间（试验电流应大于 100mA）时的标准温度计读数（即上切换值），当上切换值与开关设定点之差大于 ±3.6℃ 时应终止校准
7	否 ← 温升校准 → 是 ↓	绕组温度计现场校准需要考核温升整定误差，例如变压器制造厂提供某一变压器铜油温差为 20K，则在 80℃ 基础油温条件下通过调整热模拟电流使得指针示值以及远方显示均在 100℃±3.2℃ 范围内
8	标准标识 ↓	测温装置各项指标全部符合本流程要求时贴已校准标识
9	结束	任一项不符合本流程要求时，应立即终止校准

【模块小结】

本模块重点学习 GIS 组合电器试验检测项目内容，包括 SF_6 气体纯度、湿度和分解产物检测，SF_6 气体红外成像检测，GIS 特高频检测，GIS 超声波检测，开关柜暂态地电压检测，开关柜超声波检测，变压器油色谱分析，电力设备红外热像检测，紫外成像带电检测，避雷器泄漏电流带电检测，断路器机械特性试验，SF_6 气体密度继电器校验，主变温控器校准方法等。在学习中需要注意结合工作实际理解学习内容，实操与理论相结合，促进理解与应用。

模块四

继 电 保 护

【模块描述】

本模块主要讲解 GIS 组合电器继电保护相关项目内容，包括 110kV 智能变电站继电保护及安全自动装置配置、110kV 智能变电站线路保护调试、110kV 智能变电站变压器保护装置调试、智能变电站母差保护调试、110kV 智能变电站备自投装置调试等。通过上述内容讲解，准确掌握 110kV 智能变电站继电保护调试流程及注意事项，并帮助学员掌握相关实操技能。

任务一：110kV 智能变电站继电保护及安全自动装置配置

【任务描述】

本任务主要对本 110kV 智能变电站内继电保护及安全自动装置配置情况进行说明，使学员能对变电站内继电保护及安全自动装置配置有整体了解，为后续课程讲解做好铺垫。

【任务目标】

知识目标	1. 了解 110kV 变电站一次设备主接线形式； 2. 清楚 110kV 变电站内继电保护及安全自动装置配置情况
技能目标	无
素质目标	树立整体意识，培养工作前了解现场设备运行状况的工作习惯

【知识与技能】

一、测试目的

了解 110kV 变电站一次设备主接线形式，清楚站内继电保护及安全自动装置配置情况。

二、测试原理

（一）变电站一次主接线形式

本 110kV 智能变电站电气主接线采用单母线接线，35kV 电气主接线为单母线分段接线；10kV 电气主接线为单母线分段接线。

（二）继电保护及安全自动装置配置原则

本 110kV 智能变电站继电保护及安全自动装置遵照现行有关继电保护的国标、企标、反事故措施要求、国网公司典型设计等规定进行配置。

满足可靠性、选择性、灵敏性和速动性要求，满足电网结构特点及其运行特点，保护装置采用先进、成熟、可靠的原理技术，与系统一次设备运行方式相适应。

配置符合 GB/T 14285—2023《继电保护和安全自动装置技术规程》《国家电网有限公司关于印发十八项电网重大反事故措施（修订版）》（国家电网设备〔2018〕979 号）、Q/GDW 678—2011《智能变电站一体化监控系统功能规范》（国网科〔2012〕143 号）中相关规定。

（三）继电保护及安全自动装置配置方案

1. 线路保护装置

该 110kV 变电站以 2 回 110kV 线路接入站内，站内进线各配置 1 套 110kV 线路保护测控装置，型号为北京四方公司 CSC－163A 光纤差动保护装置，含过纵联差动、距离保护、零序保护、重合闸及信号采集功能。

35kV、10kV 线路设置微机保护测控一体装置，就地安装在相应的开关柜上，型号为北京四方公司 CSD－211 线路保护，含以下功能：

（1）设置时限速断保护（速断闭锁重合闸）。

（2）为馈出线远处的相间短路故障设置过电流保护。

（3）过负荷保护。

（4）具备低周减载功能（经硬压板投退）。

（5）具有本间隔遥控、遥测功能。

2. 母联保护装置

该 110kV 变电站 110kV 母联配置 1 套母联保护装置，型号为北京四方公司 CSC－122M 数字母联保护装置，含充电过流保护、充电零序过流保护及信号采集功能。

3. 电容器保护装置

每套电容器配置 1 套电容器保护装置，采用微机型三段式相间电流保护，型号为北京四方公司 CSD－311 电容器保护，配置过电压、低电压及放电线圈开口三角零序电压保护/差压保护。

4. 变压器保护装置

每台变压器配置 1 套本体智能终端（含非电量保护功能），型号为北京四方公司 CSD－601D 三相本体智能终端，2 套主后一体化电气量保护装置，型号为北京四方公司 CSC－326T 数字式变压器保护装置。保护含以下功能：

（1）本体非电量保护：非电量保护采用独立设备、配置独立出口、独立电源并有电源监视信号，装置接入非电量保护节点，完成延时和固有逻辑后跳闸并通过 GOOSE 报文输出动作、告警信号。

（2）差动速断保护：作为变压器内部故障的快速保护。

（3）纵差保护：励磁涌流闭锁原理采用综合判据，作为变压器的主保护。

（4）复压过流保护：Ⅰ、Ⅱ 段复压可投退，方向可投退，方向指向可整定；Ⅲ 段复压可投退，不带方向。变压器三侧分别装设，作为变压器各侧的后备保护，复合电压取多侧电压，后备保护动作闭锁本侧分段自投。

（5）零序过流保护：零序电流可选自产或外接；Ⅰ、Ⅱ 段方向可投退，方向指向可整定；Ⅲ 段不带方向。

（6）间隙过流保护：用于保护变压器间隙过流，配置 Ⅰ 段 2 个时限。

（7）零序过压保护：零序电压可选自产或外接，配置 Ⅰ 段 2 个时限。

（8）过负荷保护。

（9）启动风冷。

（10）闭锁调压。

5. 备自投装置

本站 110kV 配置 1 套 110kV 进线备自投装置、1 套 35kV 备自投装置、1 套 10kV 备自投装置分别安装于主控室保护屏内。

（四）对电气设备的要求

1. CT 配置情况

（1）采用常规互感器，线路保护、变压器保护均采用独立的 TA 二次绕组。

（2）35kV 线路保护采用 P 类电流互感器。

（3）保护用的电流互感器满足误差和稳态特性的要求。即在短路暂态过程中误差不超过规定值，电流准确度满足误差的要求。

（4）线路保护用的 TA 一次绕组的排序避免出现"保护死区"的可能。

（5）电流互感器二次回路有且只有一点接地。

2. TV 配置情况

（1）保护用 TV，在电力系统故障时将一次电压准确传变至二次侧，其传差及暂态特性满足有关规定。

（2）电压互感器的二次输出额定容量及实际负荷在保证互感器准确等级的范围内。

（3）母线电压互感器的二次回路只允许有一点接地，接地点设在主控室计量屏内。

【任务小结】

本任务的学习重点包括了解 110kV 变电站一次设备主接线形式，清楚站内继电保护及安全自动装置的配置情况。通过学习，使学员了解该 110kV 变电站继电保护及安全自动装置配置情况，树立整体意识和全局意识，培养工作前了解现场设备运行状况的工作习惯。

任务二：110kV 智能站线路保护调试

【任务描述】

本任务主要在室内主控室，使用继电保护测试仪对智能站线路保护进行调试。

【任务目标】

知识目标	1. 理解智能站线路保护测试原理； 2. 读懂动作逻辑图，简述线路保护动作过程； 3. 掌握智能站线路保护调试方法； 4. 简述智能站线路保护调试中的危险点和控制措施
技能目标	1. 能够做好线路保护装置调试的安全措施； 2. 能够准备好调试工器具及相关资料； 3. 能够按照标准化调试流程完成线路保护装置的调试
素质目标	通过任务实施，保证调试过程的标准化，树立安全意识、风险防范意识，养成细心、严谨的工作态度

【知识与技能】

一、测试目的

线路的作用是传输、分配电能，并把发电厂、变电站和用户连接起来，是电力系统不可缺少的重要环节。线路短路电弧瞬间释放的热量和短路电流巨大的电动力都会使电器设备遭到严重破坏或缩短使用寿命，更有甚者，破坏系统运行的稳定性，甚至引起系统振荡，造成大面积停电或使系统瓦解。因此，需对线路保护进行调试，验证装置的动作逻辑及其二次回路接线的正确性，以保证线路故障时，线路保护装置能够快速正确的切除故障，从而保证电网的安全稳定运行。

二、光纤差动测试原理

常见的 110kV 及以上线路主保护均为光纤差动保护。光纤分相电流差动保护借助于线路光纤通道，同时接受对侧的采样数据，各侧保护利用本地和对侧电流数据按相进行差动电流计算。根据电流差动保护的制动特性方程进行判别，判为区内故障时动作跳闸，判为区外故障时保护不动作。光纤电流差动保护系统的原理如图 4-2-1 所示。

当线路在正常运行或发生区外故障时，线路两侧电流方向是反向的，如图 4-2-1 所示，假设 M 侧为送电端，N 侧为受电端，则 M 侧电流为母线流向线路，N 侧电流为线路流向母线，两侧电流大小相等方向相反，此时线路两侧的差流为零；当线路发生区内故障时，故障电流都是由母线流向线路，方向相同，线路两侧电流的差流不再为零，当差流满足动作特性方程时，保护装置发出跳闸命令快速切除故障相（如图 4-2-2 所示）。

动作特性方程：$I_d = |\dot{I}_M + \dot{I}_N|$，$K_1$ 对于 CSC160 系列取 0.6，K_2 取 0.8。
$$I_r = |\dot{I}_M| + |\dot{I}_N|$$

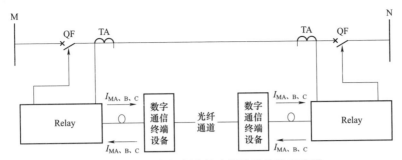

图4-2-1 光纤电流差动保护系统的原理图

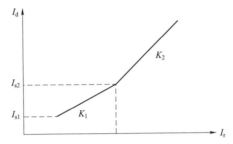

图4-2-2 光纤电流差动保护的制动特性

三、测试前准备工作（包括仪器、材料、场地、试验条件）

（1）试验前应清楚线路保护的安装位置、型号、保护基本配置等信息。并根据本次作业项目，编写作业指导书，提前一天准备相关资料，根据工作时间和工作内容填写工作票。

（2）分析现场工作承载力可控，工作负责人和工作班成员数量合理，人员精神状态良好。

（3）分析作业过程存在的危险点，并进行预控。

（4）准备备品备件及材料，如绝缘胶带、多模跳纤、短接线等。

（5）准备仪器仪表及工器具，如继电保护测试仪（带试验线或尾纤箱）、工具包、数字式万用表、单相三线装有漏电保护器的电缆盘等。

（6）检查上次检验报告、最新定值单、图纸、SCD配置文件、装置说明书等资料。

四、危险点分析及控制措施

（1）校验过程中，需认真核实一、二次设备的运行方式，做好二次安全措施，特别是需要退出GOOSE跳闸出口软压板、启动失灵软压板。

（2）试验结束后，认真检查保护屏上所有临时接线或调试线已拆除，核对保护定值均正确无误，按继电保护安全措施票逐条恢复安全措施。

五、试验步骤及要求

（一）模拟量检查

将SCD文件导入测试仪以后，将UA1、UB1、UC1、UN1端子对应接入测试仪UA，

UB，UC，UN，然后加入正序三相电压，可以通过观看液晶上循环显示的电压及其角度来确定电压回路的极性。将 IA1、IB1、IC1、IN 端子对应接入测试仪 IA，IB，IC，IN，然后加入正序三相电流，可以通过观看液晶上循环显示的电流及其角度来确定电流回路的极性。

（二）保护功能校验

1. 差动试验（按 A、B、C 分相试验）

（1）差动保护正常投入。

线路运行时，控制字"纵联差动保护"置"1"，本侧和对侧纵联差动保护压板均在投入状态且通道正常，差动保护才算是处于正常投入状态，即门 Y1、Y2、Y15 准备故障开启状态。

（2）差动保护的启动。

图 4-2-3 中"启动元件动作"包括正常的启动元件动作、弱电源启动及远方召唤启动。在通道正常情况下线路发生故障，两侧保护的"启动元件动作"，则开放差动保护，即 Y2-Y15-Y3（Y1-Y3）→开放差动保护。

（3）差动保护动作。

单相故障：线路故障，门 Y3 已开放差动保护，当差动保护满足动作条件时，经 Y4（Y5、Y6）-H4-Y12-H13→实现"三跳"。线路内部经高阻接地故障，门 Y3 已开放，"A 相差动""B 相差动""C 相差动"不动，由"零序差动保护"-Y7-延时 60ms-Y14-H13→实现"三跳"。

多相故障：门 Y3 已开放差动保护，当差动保护满足动作条件时，经 Y4、Y5、Y6-Y8、Y9、Y10-H5-Y13-KG2（置"1"）-H7→实现"永跳"或 KG2（置"0"）-H13→实现"三跳"。

（4）加故障电流 $I=1.05 \times 0.5 \times I_{dz}$（差动电流定值），模拟单相或多相区内故障；装置面板上相应跳闸灯亮，液晶上显示"电流差动保护"，动作时间为 10～25ms；加故障电流 $I=0.95 \times 0.5 \times I_{dz}$，装置应可靠不动作。

2. 距离保护（如图 4-2-4 所示）

（1）仅投距离保护压板；

（2）整定保护定值控制字中"投 Ⅰ 段接地距离"置 1、"投 Ⅰ 段相间距离"置 1、"投重合闸"置 1、"投重合闸不检"置 1；

（3）等保护充电，直至"充电"灯亮；

（4）加故障电流 $I=5A$，故障电压 $=I \times 0.95 \times Z_{D1}$，（$Z_{D1}$ 为距离 Ⅰ 段阻抗定值）模拟三相正方向瞬时故障，装置面板上相应灯亮，液晶上显示"距离 Ⅰ 段动作"，动作时间为 10～25ms；

（5）加故障电流 $I=5A$，故障电压 $=I \times 1.05 \times Z_{D1}$，通过零序补偿系数分别模拟单相接地、相间正方向瞬时故障，距离 Ⅰ 段保护不动作；

（6）同 1～5 条分别校验 Ⅱ、Ⅲ 段距离保护，注意加故障量的时间应大于保护定值时间；

（7）分别模拟单相接地、两相和三相反方向故障，距离保护不动作。

3. 零序保护（如图 4-2-5 所示）

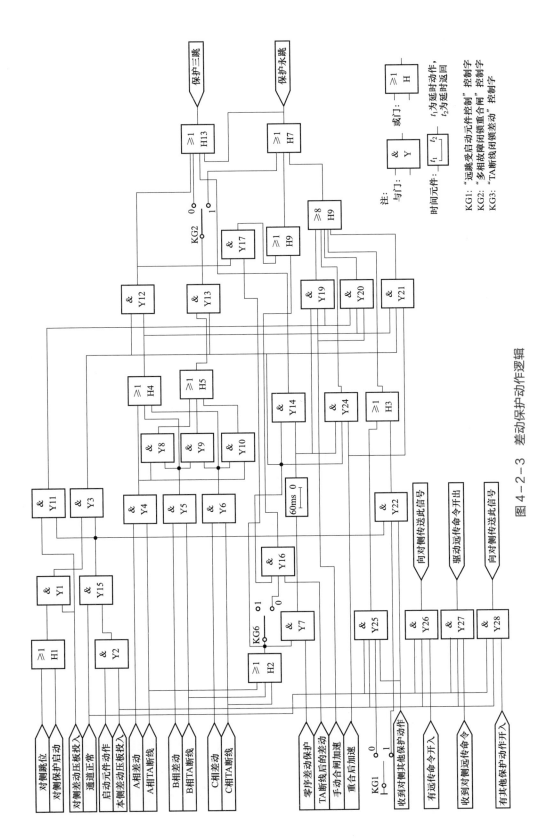

图4-2-3 差动保护动作逻辑

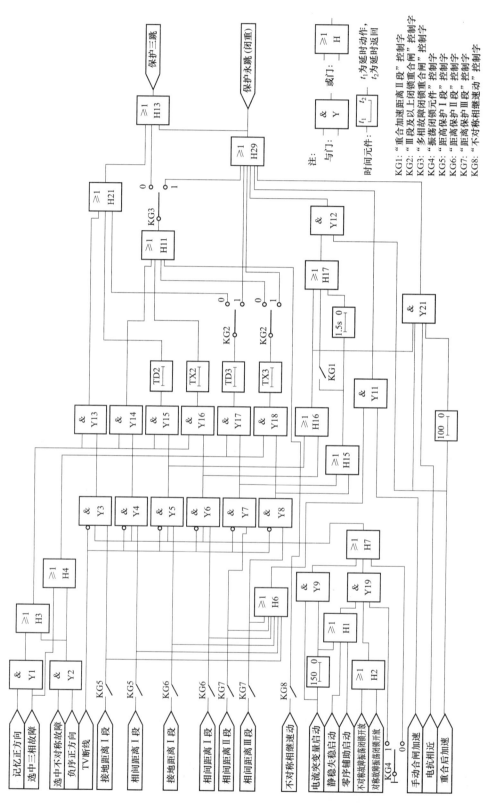

图 4-2-4 距离保护动作逻辑

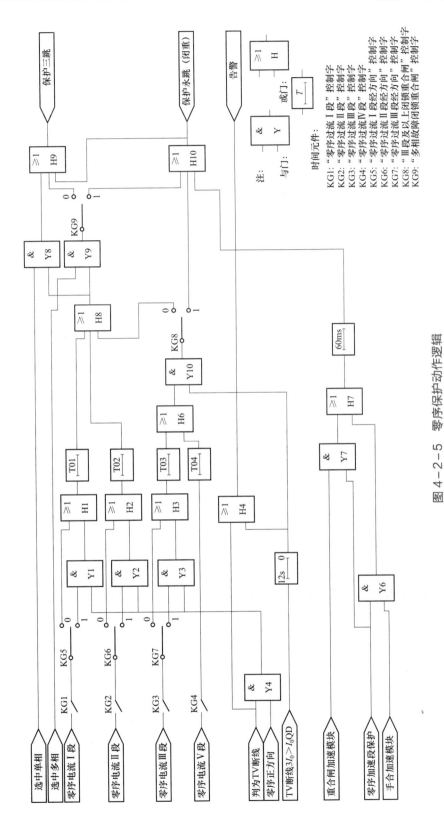

图 4-2-5 零序保护动作逻辑

（1）仅投零序保护压板；

（2）整定保护定值控制字中"零序Ⅲ段经方向"置1、"投重合闸"置1、"投重合闸不检"置1；

（3）等保护充电，直至"充电"灯亮；

（4）加故障电压30V，故障电流 $I_0 = 1.05 \times I_{0dz}$，$I_{0dz}$ 为零序过流Ⅰ～Ⅳ段定值，模拟单相正方向故障，装置面板上相应灯亮，液晶上显示"零序过流Ⅰ段"或"零序过流Ⅱ段"或"零序过流Ⅲ段"或"零序过流Ⅳ段"；

（5）加故障电压30V，故障电流 $I_0 = 0.95 \times I_{0dz}$，模拟单相正方向故障，零序过流保护不动；

（6）加故障电压30V，故障电流 $I_0 = 1.2 \times I_{0dz}$，模拟单相反方向故障，零序过流保护不动。

4. TV 断线过流保护（如图4-2-6所示）

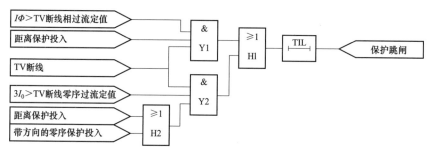

图4-2-6　TV断线过流保护动作逻辑

投入距离保护时，TV 断线后，即投入 TV 断线后的相过流保护；投入距离保护或带方向的零序过流保护，TV 断线后，即投入 TV 断线后的零序过流保护。

TV 断线后的相过流保护和零序过流保护，不带方向，不经电压闭锁。

TV 断线相过流和零序过流保护的定值均可独立整定，公用一个延时定值。

TV 断线后的过流保护逻辑图见图4-2-6。图中，Y 为与门，H 为或门，TIL 为 TV 断线过流时间定值。

六、测试结果分析及测试报告编写

（一）采样精度检查

采样精度检查项目如表4-2-1所示：

表4-2-1　　　　　　　　采样精度检查项目

项目		10V Atg（U/I）=0°	20V Atg（U/I）=45°	30U_n/I_nAtg（U/I）=90°
CPU1	U_a	10V Atg（U/I）=0°	20V Atg（U/I）=45°	30U_n/I_nAtg（U/I）=90°
	U_b	10V Atg（U/I）=0°	20V Atg（U/I）=45°	30Un/I_nAtg（U/I）=90°
	U_c	10V Atg（U/I）=0°	20V Atg（U/I）=45°	30U_n/I_nAtg（U/I）=90°
	I_a	1A Atg（U/I）=0°	2A Atg（U/I）=45°	3A Atg（U/I）=90°
	I_b	1A Atg（U/I）=0°	2A Atg（U/I）=45°	3A Atg（U/I）=90°
	I_c	1A Atg（U/I）=0°	2A Atg（U/I）=45°	3A Atg（U/I）=90°

结论	合格
备注	① 应根据现场装置的实际配置情况，增减装置的采样记录； ② 误差计算应统一使用引用误差，即（装置显示电流－试验电流）×100%/I_n； ③ 交流电流在 $0.05I_n$～$20I_n$ 范围内，相对误差不大于 2.5% 或绝对误差不大于 $0.01I_n$； ④ 交流电压在 $0.01U_n$～$1.5U_n$ 范围内，相对误差不大于 2.5% 或绝对误差不大于 $0.002U_n$

（二）保护定值校验

1. 光纤差动保护检验（如表 4-2-2 所示）

光纤差动定值 = 2A。

表 4-2-2　　　　　　　　　光纤差动保护检验

序号	相别	故障类型	动作情况
1	A 相	定值×1.05	10ms 差动保护动作，保护跳闸灯亮
		定值×0.95	保护启动，不动作
结论	合格		
备注	投差动保护压板，B、C 同 A 相		

2. 距离保护检验（如表 4-2-3 所示）

距离 I 段定值 = 2Ω。

表 4-2-3　　　　　　　　　距离保护检验

序号	相别	故障类型	动作情况
1	B 相	定值×1.05	保护启动，不动作
		定值×0.95	10ms 距离 I 段保护动作，保护跳闸灯亮
结论	合格		
备注	投距离保护压板，A、C 同 B 相，距离 II、III 段同距离 I 段，但需同时校验时间定值		

3. 零序保护检验（如表 4-2-4 所示）

零序 I 段定值 = 2A。

表 4-2-4　　　　　　　　　零序保护检验

序号	相别	故障类型	动作情况
1	B 相	定值×1.05	10ms 零序 I 段保护动作，保护跳闸灯亮
		定值×0.95	保护启动，不动作
结论	合格		
备注	投零序保护压板，A、C 同 B 相，零序 II、III 段同零序 I 段，但需同时校验时间定值		

4. TV 断线过流保护（如表 4-2-5 所示）

TV 断线过流保护 I 段定值 = 2A。

表 4-2-5   TV 断 线 过 流 保 护

序号	相别	故障类型	动作情况
1	B 相	定值×1.05	10ms TV 断线过流 I 段保护动作，保护跳闸灯亮
		定值×0.95	保护启动，不动作
结论			合格
备注			投纯流保护压板，A、C 同 B 相，TV 断线过流 II、III 段同 I 段，但需同时校验时间定值

七、测试注意事项

（1）开入量较多，除了软压板外，还包括各种位置输入信息、外部开入（如闭锁开入）等，应对每一种开入尽量从信号原始端进行检验。

（2）如果条件具备，最好采用断路器传动试验方法，因为此种方法才能真正保证线路保护可靠性。

（3）在传动过程中，务必做好二次安全措施，防止误跳运行间隔，例如启动失灵。

【任务小结】

本任务介绍了智能站保护测试原理、动作逻辑图、智能站线路保护调试方法、智能站线路保护调试调试中的危险点和控制措施等。通过本任务的学习，帮助学员按照标准化调试流程完成线路保护装置的调试，锻炼实操能力，提高技能水平。

任务三：110kV 智能变电站变压器保护装置调试

【任务描述】

本任务主要在室内主控室，使用光数字继电保护测试仪对 110kV 智能变电站变压器保护装置进行调试。

【任务目标】

知识目标	1. 掌握变压器保护主保护、后备保护动作原理动作，并简述动作过程； 2. 牢记调试中的危险点和对应的控制措施； 3. 掌握 110kV 智能变电站变压器保护装置的调试方法
技能目标	1. 能够做好变压器保护装置调试的安全措施； 2. 能够结合现场实际，正确连接尾纤，正确配置光数字测试仪； 3. 能够按照标准化调试流程完成变压器保护装置的调试
素质目标	通过任务实施，保证调试过程的标准化，树立安全意识、风险防范意识，培养细心、严谨的工作态度

【知识与技能】

一、测试目的

变压器保护装置作为变压器重要的保护设备，用于变压器本体及外部系统发生故障时，保护变压器不受损害的重要二次设备。

为了保证系统故障时，变压器保护装置能可靠动作，及时切除故障对变压器进行有效保护，需要对变压器保护装置进行调试，验证装置的动作逻辑及其二次回路接线的正确性。

二、测试原理

本教材中变电站变压器保护装置采用北京四方公司的 CSC-326T1-DA（FA）-G 数字式变压器保护装置，该装置采用主后一体化的设计原则，主要适用于 110kV 电压等级的数字化变电站，下面以该装置为例，介绍其原理。该主后一体化变压器保护装置包含中主保护、后备保护两类，其中后备保护分高后备、中后备、低后备等。

主后一体变压器保护装置的典型应用示意图如图 4-3-1 所示。图中所有量只接入装置一次；第二组 TA 接入第二台变压器保护装置完成第二套保护功能（与第一套完全相同），构成双主双后的保护配置。

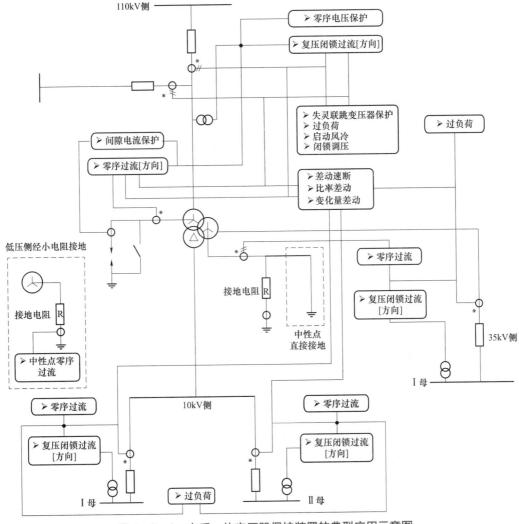

图 4-3-1　主后一体变压器保护装置的典型应用示意图

（一）主保护

主保护包括比率差动、差动速断和变化量比率纵差。

1. 比率差动保护

采用常规三段式折线特性，如图4-3-2所示。

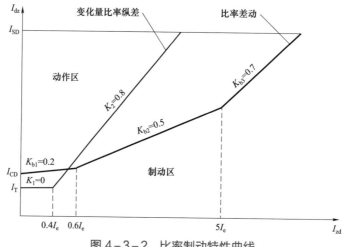

图4-3-2 比率制动特性曲线

（1）变压器各侧电流相位差与平衡补偿。

1）CT接线方法。

变压器各侧电流互感器采用星形接线，高、中压侧开关TA和低压侧外附TA均以远离变压器侧（母线侧）为正极性端。

2）平衡系数的计算。

计算变压器各侧一次额定电流：

$$I_{1e} = \frac{S_e}{\sqrt{3}U_{1e}}$$

式中 S_e——变压器高中压侧三相额定容量；

U_{1e}——变压器各侧额定电压（应以运行的实际电压为准）。

计算变压器各侧二次额定电流：

$$I_{2e} = \frac{I_{1e}}{n_{LH}}$$

式中 I_{1e}——变压器各侧一次额定电流；

n_{LH}——变压器各侧TA变比。

以高压侧为基准，计算变压器中、低压侧平衡系数：

$$K_{ph.M} = \frac{I_{2e.H}}{I_{2e.M}} = \frac{I_{1e.H}/n_{LH.H}}{I_{1e.M}/n_{LH.M}} = \frac{S_e/\sqrt{3}U_{1e.H}}{S_e/\sqrt{3}U_{1e.M}} \cdot \frac{n_{LH.M}}{n_{LH.H}} = \frac{U_{1e.M}}{U_{1e.H}} \cdot \frac{n_{LH.M}}{n_{LH.H}}$$

$$K_{ph.L} = \frac{U_{1e.L}}{U_{1e.H}} \cdot \frac{n_{LH.L}}{n_{LH.H}}$$

将中、低压侧各相电流与相应的平衡系数相乘，即得幅值补偿后的各相电流。

（2）各侧电流相位补偿。

变压器各侧 TA 二次电流相位由软件自动校正，采用在 Y 侧进行校正相位。例如对于 Y0/Δ−11 的接线，其校正方法如下：

$$
Y_0 \text{ 侧：} \quad \left.
\begin{array}{l}
\dot{I}'_A = (\dot{I}_A - \dot{I}_B) / \sqrt{3} \\
\dot{I}'_B = (\dot{I}_B - \dot{I}_C) / \sqrt{3} \\
\dot{I}'_C = (\dot{I}_C - \dot{I}_A) / \sqrt{3}
\end{array}
\right\}
$$

式中　$\dot{I}_A$、$\dot{I}_B$、$\dot{I}_C$——Y 侧 TA 二次电流；

　　　$\dot{I}'_A$、$\dot{I}'_B$、$\dot{I}'_C$——Y 侧校正后的各相电流。

差动电流与制动电流的相关计算，都是在电流相位校正和平衡补偿后的基础上进行。

（3）差动电流和制动电流的计算方法。

差动电流和制动电流的计算方法如下：

$$
\left.
\begin{array}{l}
I_{dz} = \sum_{i=1}^{N} \dot{I}_i \\
I_{zd} = \dfrac{1}{2} \left| \dot{I}_{max} - \sum \dot{I}_i \right|
\end{array}
\right\}
$$

式中　I_{dz}——差动电流；

　　　I_{zd}——制动电流；

　　　$\displaystyle\sum_{i=1}^{N} \dot{I}_i$——所有侧相电流之和；

　　　$\dot{I}_{max}$——所有侧中幅值最大的相电流；

　　　$\displaystyle\sum \dot{I}_i$——除最大相电流侧之外的其他侧相电流之和。

（4）动作判据。

比率差动保护的动作判据如下：

$$
\left.
\begin{array}{ll}
I_{dz} \geqslant K_{b1} I_{zd} + I_{CD} & I_{zd} \leqslant 0.6 I_e \\
I_{dz} \geqslant K_{b2}(I_{zd} - 0.6 I_e) + K_{b1} \times 0.6 I_e + I_{CD} & 0.6 I_e < I_{zd} \leqslant 5 I_e \\
I_{dz} \geqslant K_{b3}(I_{zd} - 5 I_e) + K_{b2}(5 I_e - 0.6 I_e) + K_{b1} \times 0.6 I_e + I_{CD} & 5 I_e < I_{zd}
\end{array}
\right\}
$$

式中　I_{CD}——差动保护启动电流定值；

　　　I_{dz}——差动电流；

　　　I_{zd}——制动电流；

　　　K_{b1}——第Ⅰ段折线的斜率（固定取 0.2）；

　　　K_{b2}——第Ⅱ段折线的斜率（固定取 0.5）；

　　　K_{b3}——第Ⅲ段折线的斜率（固定取 0.7）；

　　　I_e——变压器高压侧额定电流。

程序中按相判别，任一相满足以上条件时，比率差动保护动作。比率差动保护经励磁涌流闭锁判别。当选择"TA 断线闭锁差动保护"时，发生 TA 断线后闭锁比率差动保护，若差流大于 $1.2 I_e$ 则开放比率差动保护。

另：保护设置有差动高值动作区，门槛定值为 $\max\{1.2I_e, 1.5I_{CD}\}$，两段式制动曲线，第 I 段折线的斜率固定取 0，第 II 段折线经原点、斜率固定取 0.7。差动高值动作区只经励磁涌流闭锁，不经过励磁判据闭锁。

（5）励磁涌流闭锁原理。

1）二次谐波闭锁原理。

采用三相差动电流中二次谐波与基波的比值作为励磁涌流闭锁判据：

$$I_{d\phi 2} > K_{xb.2} \times I_{d\phi}$$

式中　$I_{d\phi 2}$——差动电流中的二次谐波分量；

　　　$K_{xb.2}$——二次谐波制动系数定值；

　　　$I_{d\phi}$——差动电流中的基波分量。

2）模糊识别闭锁原理。

设差流导数为 $I(k)$，每周的采样点数是 $2n$ 点，对数列：

$$X(k) = |I(k) + I(k+n)| / (|I(k)| + |I(k+n)|), k = 1, 2, \cdots, n$$

可认为 $X(k)$ 越小，该点所含的故障信息越多，即故障的可信度越大；反之，$X(k)$ 越大，该点所包含的涌流的信息越多，即涌流的可信度越大。取一个隶属函数，设为 $A[X(k)]$，综合一周的信息，对 $k = 1, 2, \cdots, n$，求得模糊贴近度 N 为：

$$N = \sum_{k=1}^{n} |A[X(k)]| / n$$

取门槛值为 K，当 $N > K$ 时，认为是故障，当 $N < K$ 时，认为是励磁涌流。

3）纵差保护励磁涌流闭锁判据。

本装置纵差保护采用以上两种原理相结合的综合制动判据，二次谐波闭锁门槛等励磁涌流闭锁判据免检测。

2. 差动速断保护

当任一相差动电流大于差动速断整定值时，差动速断保护瞬时动作，跳开各侧开关，其动作判据为：

$$I_{dz} > I_{SD}$$

式中　I_{dz}——差动电流；

　　　I_{SD}——差动速断电流定值。

3. 变化量差动保护

采用比率制动特性，平衡系数的计算同比率差动，差动电流和制动电流的计算方法如下：

差动电流：
$$\dot{I}_{dz} = \left| \sum_{i=1}^{N} \Delta \dot{i}_i \right|$$

制动电流：
$$\dot{I}_{zd} = \frac{1}{2} \sum_{i=1}^{N} |\Delta \dot{i}_i| + \Delta \dot{i}_{fd}$$

式中　$\Delta \dot{i}_i$——构成差动保护的各侧电流变化量；

　　　$\Delta \dot{i}_{fd}$——电流变化量浮动门槛。

变化量差动保护的动作判据如下：

$$\left.\begin{array}{ll} I_{dz} \geq I_T & I_{zd} \leq 0.4I_e \\ I_{dz} \geq K_2(I_{zd}-0.4I_e)+I_T & 0.4I_e < I_{zd} \end{array}\right\}$$

式中　I_T——$\text{Min}(0.3I_e, I_{CD})+I_{ft}$；

　　　I_{ft}——浮动门槛；

　　　I_{dz}——动作电流；

　　　I_{zd}——制动电流；

　　　K_1——第一段折线的斜率，固定取为 0；

　　　K_2——第二段折线的斜率，固定取为 0.8。

程序中按相判别，任一相满足以上条件时，变化量差动保护动作。本保护经励磁涌流闭锁。当选择"CT 断线闭锁差动保护"时，发生 TA 断线后闭锁变化量差动保护，若差流大于 $1.2I_e$ 则开放变化量差动保护。

注：变化量差动保护在保护启动后仅开放 40ms。

该原理保护免检测。

4. 纵差保护逻辑框图

纵差保护动作逻辑框图如图 4-3-3 所示。

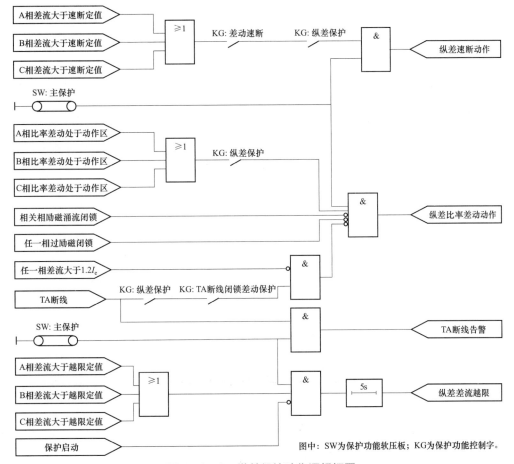

图中：SW 为保护功能软压板；KG 为保护功能控制字。

图 4-3-3　纵差保护动作逻辑框图

（二）后备保护

后备保护包括复压过流保护、零序过流保护、间隙过流保护、零序过压保护、失灵联跳、过负荷保护、启动风冷、闭锁调压等，后备保护中所有方向元件的指向均以"TA 正极性端在远离变压器侧"为基准。

1. 复合电压闭锁过流（方向）保护

复压闭锁过流（方向）保护反应相间短路故障，作为变压器和相邻元件的后备保护

（1）复合电压闭锁元件。

复合电压由低电压和负序电压"或"门构成，变压器各侧的电压均可作为闭锁电压引入，动作判据为：

$$\text{Min}\,(U_{ab},U_{bc},U_{ca}) < U_{xjzd} \text{ 或 } U_2 > U_{fxzd}$$

式中　　U_{ab}、U_{bc}、U_{ca} ——三个相间电压；

　　　　　　U_{xjzd} ——低电压定值；

　　　　　　U_2 ——负序电压；

　　　　　　U_{fxzd} ——负序电压定值。

高、中、低压侧复压闭锁过流保护，复压元件通过"经其他侧复压闭锁"控制字选择取本侧还是取各侧经"或"门构成。

各侧复压元件，由本侧电压与本侧复压定值比较判别。

（2）方向元件。

方向元件采用 90°接线，最大灵敏角 φ_{lm} 固定取 $-30°$。保护的动作范围为 $\varphi_{lm} \pm 85°$，见图 4-3-4。

方向元件的方向可以通过控制字投退，方向指向可选择为指向系统或指向变压器。

固定取本侧电压判方向。为消除保护安装处近端三相金属性短路故障时可能出现的方向死区，方向元件带有电压记忆功能。

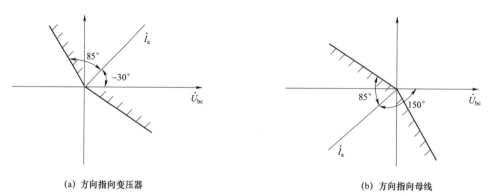

(a) 方向指向变压器　　　　　　　　　　(b) 方向指向母线

图 4-3-4　相间方向元件动作特性

（3）过流元件。

过流元件为按相动作方式，动作方程为：

$$\text{Max}\,(I_a,I_b,I_c) > I_L$$

式中 I_L——过流定值。

（4）TV 断线和电压压板对保护的影响。

1）TV 断线对方向元件的影响。

本侧发生 TV 断线时，退出本侧保护的方向元件。其他侧发生 TV 断线，对本侧保护的方向元件没影响。

2）TV 断线对复压元件的影响。

高、中、低压侧后备保护，当控制字"经其他侧复压闭锁"为 1 时，当某侧发生 TV 断线时，只退出对断线侧电压的复压判别，保护仍然可通过其他侧电压判复压。当各侧全部发生 TV 断线时，退出保护的复压元件，保护变为纯过流保护；当控制字"经其他侧复压闭锁"为 0 时，本侧（或本分支）发生 TV 断线时，退出保护的复压元件，保护变为纯过流保护，其他侧发生 TV 断线对本侧保护没影响。

3）电压压板对保护的影响。

装置设有各侧电压压板，当某侧 TV 处于检修等电压不正常状态时，可退出该侧电压压板，此时各侧保护将退出对该侧电压的复压判别（仍然可通过其他复压选取侧电压判复压），并退出该侧保护的方向元件（即让方向元件为正方向）。

如果各侧电压压板都退出，则退出保护的复压元件和方向元件，各侧复压闭锁过流（方向）保护变为纯过流保护。

（5）复合电压闭锁过流保护动作逻辑框图。

高压侧复合电压闭锁过流（方向）保护动作逻辑框图如图 4-3-5 所示（中、低后备类似）。

2. 零序（方向）过流保护

该保护反应大电流接地系统的接地故障，作为变压器和相邻元件的后备保护。高压侧零序过流保护设为三段，其中Ⅰ段、Ⅱ段带方向，方向可投退，方向指向可整定；Ⅲ段不带方向。中压侧零序过流保护设为两段，均不带方向。低分支零序过流保护及低压侧中性点零序过流保护不带方向。

（1）保护原理。

零序过流通过控制字可选择采用自产零序 $3I_0(\dot{I}_A+\dot{I}_B+\dot{I}_C)$ 或者采用外接零序 $3I_0$，动作判据如下：

$$3I_0 > 3I_{0zd}$$

式中 $3I_{0zd}$——零序过流定值。

零序方向元件中的零序过压和零序电流采用自产 $3U_0(\dot{U}_A+\dot{U}_B+\dot{U}_C)$ 和自产 $3I_0(\dot{I}_A+\dot{I}_B+\dot{I}_C)$，动作范围为 $\varphi_{lm}\pm80°$；方向元件可以通过控制字投退，方向指向可整定；指向变压器时最大灵敏角 φ_{lm} 为 $-100°$，指向母线时最大灵敏角 φ_{lm} 为 $80°$，动作特性如图 4-3-6 所示。

（2）TV 断线和电压压板对保护的影响。

若本侧电压压板退出或本侧发生 TV 断线，则方向元件退出、零序方向过流保护变为纯零序过流保护。

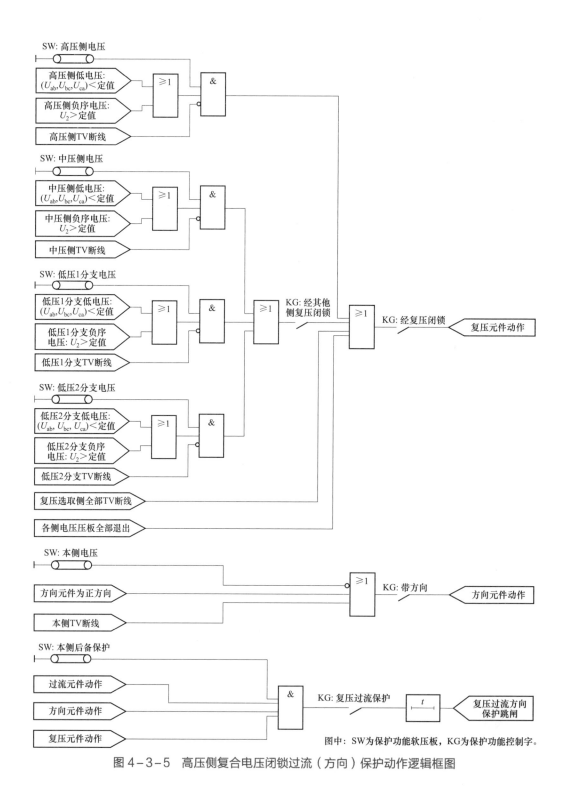

图中：SW为保护功能软压板，KG为保护功能控制字。

图 4-3-5　高压侧复合电压闭锁过流（方向）保护动作逻辑框图

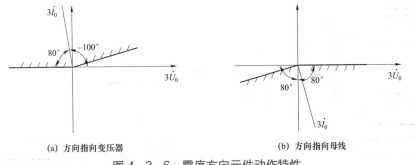

(a) 方向指向变压器　　　　　　　　(b) 方向指向母线

图 4-3-6　零序方向元件动作特性

（3）保护动作逻辑框图。

零序（方向）过流保护动作逻辑框图如图 4-3-7 所示。

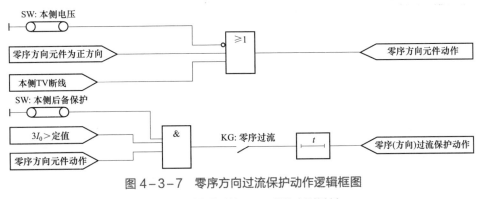

图 4-3-7　零序方向过流保护动作逻辑框图

SW—保护功能软压板；KG—保护功能控制字

3. 间隙保护

间隙保护作为非全绝缘变压器中性点经放电间隙接地时单相接地故障的后备保护。间隙保护包括零序过压保护和间隙过流保护。

零序过压保护动作电压可通过控制字选择取外接或自产,零序过压保护经电压压板闭锁。间隙过流保护动作电流取自变压器经间隙接地回路的间隙零序 TA 的电流,和零序电压二者构成"或门"延时跳闸。间隙保护的动作逻辑框图如图 4-3-8 所示。

4. 零序过压告警

零序过压告警作为变压器小电流接地系统侧接地故障的后备保护, 只发相应告警信息。保护功能通过控制字投退。零序电压取自产 $3U_0$ $(\dot{U}_A + \dot{U}_B + \dot{U}_C)$。保护动作后只告警。零序过压告警定值固定为 70V, 告警时间定值固定为 10s。

本侧发生 TV 断线后瞬时闭锁保护（试验时须根据小电流接地系统发生单相接地故障时的电压特性加量,即:一相电压为 0、另两相电压相位相差 $60°$）。

本侧电压压板退出, 闭锁本侧零序过压告警保护。零序过压告警的动作逻辑框图如图 4-3-9 所示。

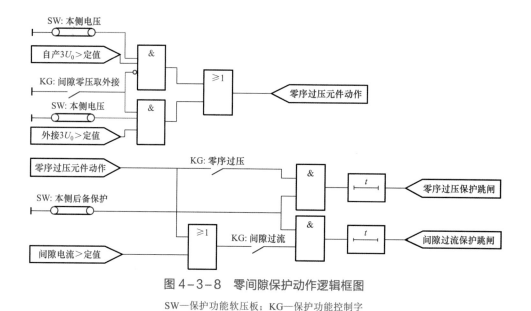

图 4-3-8 零间隙保护动作逻辑框图

SW—保护功能软压板；KG—保护功能控制字

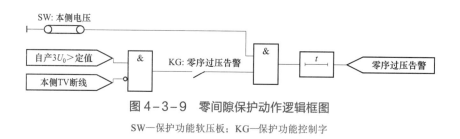

图 4-3-9 零间隙保护动作逻辑框图

SW—保护功能软压板；KG—保护功能控制字

5. 过负荷、启动风冷和闭锁调压保护

装置高、中、低后备保护设有过负荷保护，延时动作于信号；过负荷保护检测三相电流，定值固定为 1.1 倍的各侧额定电流，时间定值固定为 10s。

低压侧过负荷保护取低压侧 1 分支和 2 分支的和电流进行判别。

另外，自定义保护中设有高压侧启动风冷和闭锁调压保护，检测高压侧三相电流，定值可整定。

过负荷告警的动作逻辑框图如图 4-3-10 所示：

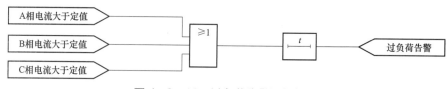

图 4-3-10 过负荷告警逻辑框图

启动通风的动作逻辑框图如图 4-3-11 所示：

图 4-3-11 启动通风逻辑框图

闭锁调压的动作逻辑框图如图 4-3-12 所示。

图 4-3-12 闭锁调压逻辑框图

三、测试前准备工作（包括仪器、材料、场地、试验条件）

（1）试验前应清楚变压器保护装置的安装位置、型号、运行方式等信息。并根据本次作业项目，编写作业指导书，提前一天准备相关资料，根据工作时间和工作内容填写工作票。

（2）分析现场工作承载力可控，工作负责人和工作班成员数量合理，人员精神状态良好。

（3）分析作业过程存在的危险点，并进行预控。

（4）准备备品备件及材料，如绝缘胶带、多模跳纤、短接线等。

（5）准备仪器仪表及工器具，如继电保护测试仪（带试验线或尾纤箱）、工具包、数字式万用表、单相三线装有漏电保护器的电缆盘等。

（6）检查上次检验报告、最新定值单、图纸、SCD 配置文件、装置说明书等资料。

四、危险点分析及控制措施

（1）校验过程中，需认真核实一、二次设备的运行方式，做好二次安全措施，防止误传动运行间隔。

（2）对于 110kV 终端变电站，变压器停电检修时，通常由另一台变压器带中低压侧负载，变压器保护装置调试过程中存在误跳母联（分段）断路器风险，相应的控制措施为调试前断开主变跳母联（分段）断路器的 GOOSE 开出软压板及直跳或网跳尾纤。

（3）变压器保护调试过程中，存在误启动母差失灵风险，相应的控制措施为调试前退出变压器保护装置启动母差失灵回路 GOOSE 出口软压板。

（4）部分变电站存在变压器保护动作联跳其他断路器回路，调试过程中存在误跳其他运行断路器回路风险，相应的控制措施为：调试前断开联跳其他断路器的 GOOSE 开出软压板及直跳或网跳尾纤。

（5）投入变压器保护装置检修硬压板。

（6）试验结束后，认真检查保护屏上所有临时接线或调试线已拆除，核对保护定值均正确无误，按继电保护安全措施票逐条恢复安全措施。

五、试验步骤及要求

本教材中变压器保护装置采用北京四方公司的 CSC-326T1-DA（FA）-G 数字式变压器保护装置，采取直采直跳配置方式，装置定值单如表 4-3-1 所示，下面以该装置为例，介绍其调试过程。

表 4-3-1　　　　　　　　　　变压器保护装置定值单

序号	定值名称	数值	序号	定值名称	数值
设备参数定值					
1	定值区号	01	17	高压桥 TA 二次值	5A
2	被保护设备	1 号主变	18	高压侧零序 TA 一次值	200A
3	高中压侧额定容量	63MVA	19	高压侧零序 TA 二次值	5A
4	低压侧额定容量	63MVA	20	高压侧间隙 TA 一次值	100A
5	高压侧接线方式	0	21	高压侧间隙 TA 二次值	5A
6	中压侧接线方式钟点数	12	22	中压侧 TA 一次值	1500A
7	低压侧接线方式钟点数	11	23	中压侧 TA 二次值	5A
8	高压侧额定电压	110kV	24	中压侧零序 TA 一次值	0A
9	中压侧额定电压	38.5kV	25	中压侧零序 TA 二次值	5A
10	低压侧额定电压	10.5kV	26	低压 1 分支 TA 一次值	4000A
11	高压侧 TV 一次值	110kV	27	低压 1 分支 TA 二次值	5A
12	中压侧 TV 一次值	35kV	28	低压 2 分支 TA 一次值	0A
13	低压侧 TV 一次值	10kV	29	低压 2 分支 TA 二次值	5A
14	高压侧 TV 一次值	400A	30	低压侧零序 TA 一次值	0A
15	高压侧 TV 二次值	5A	31	低压侧零序 TA 二次值	5A
16	高压桥 TV 一次值	0A			
差动保护定值					
1	纵差差动速断电流定值	$6I_e$	3	二次谐波制动系数	0.15
2	纵差保护启动电流定值	$0.5I_e$			
差动保护控制字					
1	纵差差动速断	1	3	二次谐波制动	0
2	纵差差动保护	1	4	TA 断线闭锁差动保护	1
高压侧后备保护定值					
1	低电压闭锁定值	70V	4	复压过流Ⅰ段 1 时限	2.3s（跳三侧）
2	负序电压闭锁定值	6V	5	复压过流Ⅰ段 2 时限	10s
3	复压过流Ⅰ段定值	5.2A	6	复压过流Ⅰ段 3 时限	10s

续表

序号	定值名称	数值	序号	定值名称	数值
7	复压过流Ⅱ段定值	100A	19	零序过流Ⅱ段1时限	10s
8	复压过流Ⅱ段1时限	10s	20	零序过流Ⅱ段2时限	10s
9	复压过流Ⅱ段2时限	10s	21	零序过流Ⅱ段3时限	10s
10	复压过流Ⅱ段3时限	10s	22	零序过流Ⅲ段定值	2.5A
11	复压过流Ⅲ段定值	100A	23	零序过流Ⅲ段1时限	1.3s（跳三侧）
12	复压过流Ⅲ段1时限	10s	24	零序过流Ⅲ段2时限	10s
13	复压过流Ⅲ段2时限	10s	25	间隙过流定值	5A
14	零序过流Ⅰ段定值	100A	26	间隙过流1时限	1.2s（跳三侧）
15	零序过流Ⅰ段1时限	10s	27	间隙过流2时限	10s
16	零序过流Ⅰ段2时限	10s	28	零序过压定值	180V
17	零序过流Ⅰ段3时限	10s	29	零序过压1时限	0.4s（跳三侧）
18	零序过流Ⅱ段定值	100A	30	零序过压2时限	10s

高压侧后备保护控制字					
1	复压过流Ⅰ段带方向	0	20	零序过流Ⅱ段方向	0
2	复压过流Ⅰ段指向母线	0	21	零序过流Ⅱ段指向母线	0
3	复压过流Ⅰ段经复压闭锁	1	22	零序过流Ⅱ段采用自产零流	0
4	复压过流Ⅱ段带方向	0	23	零序过流Ⅲ段采用自产零流	0（外接）
5	复压过流Ⅱ段指向母线	0	24	零序过流Ⅰ段1时限	0
6	复压过流Ⅱ段经复压闭锁	0	25	零序过流Ⅰ段2时限	0
7	复压过流Ⅲ段经复压闭锁	0	26	零序过流Ⅰ段3时限	0
8	经其他侧复压闭锁	1	27	零序过流Ⅱ段1时限	0
9	复压过流Ⅰ段1时限	1	28	零序过流Ⅱ段2时限	0
10	复压过流Ⅰ段2时限	0	29	零序过流Ⅱ段3时限	0
11	复压过流Ⅰ段3时限	0	30	零序过流Ⅲ段1时限	1
12	复压过流Ⅱ段1时限	0	31	零序过流Ⅲ段2时限	0
13	复压过流Ⅱ段2时限	0	32	零序电压采用自产零压	0（外接）
14	复压过流Ⅱ段3时限	0	33	间隙过流1时限	1
15	复压过流Ⅲ段1时限	0	34	间隙过流2时限	0
16	复压过流Ⅲ段2时限	0	35	零序过压1时限	1
17	零序过流Ⅰ段带方向	0	36	零序过压2时限	0
18	零序过流Ⅰ段指向母线	0	37	高压侧失灵经主变跳闸	0
19	零序过流Ⅰ段采用自产零流	0			

续表

序号	定值名称	数值	序号	定值名称	数值
中压侧后备保护定值					
1	低电压闭锁定值	70V	12	复压过流Ⅲ段1时限	0.6S（跳 300）
2	负序电压闭锁定值	6V	13	复压过流Ⅲ段2时限	0.9S（跳 301）
3	复压过流Ⅰ段定值	3.96A	14	零序过流Ⅰ段定值	100A
4	复压过流Ⅰ段1时限	1.7s（跳分段）	15	零序过流Ⅰ段1时限	10s
5	复压过流Ⅰ段2时限	2.0s（跳本侧）	16	零序过流Ⅰ段2时限	10s
6	复压过流Ⅰ段3时限	2.3s（跳三侧）	17	零序过流Ⅰ段3时限	10s
7	复压过流Ⅱ段定值	100A	18	零序过流Ⅱ段定值	100A
8	复压过流Ⅱ段1时限	10s	19	零序过流Ⅱ段1时限	10s
9	复压过流Ⅱ段2时限	10s	20	零序过流Ⅱ段2时限	10s
10	复压过流Ⅱ段3时限	10s	21	零序过流Ⅱ段3时限	10s
11	复压过流Ⅲ段定值	10.5A			
中压侧后备保护控制字					
1	复压过流Ⅰ段带方向	0	14	复压过流Ⅱ段3时限	0
2	复压过流Ⅰ段指向母线	0	15	复压过流Ⅲ段1时限	1
3	复压过流Ⅰ段经复压闭锁	1	16	复压过流Ⅲ段2时限	1
4	复压过流Ⅱ段带方向	0	17	零序过流Ⅰ段采用自产零流	0
5	复压过流Ⅱ段指向母线	0	18	零序过流Ⅱ段采用自产零流	0
6	复压过流Ⅱ段经复压闭锁	0	19	零序过流Ⅰ段1时限	0
7	复压过流Ⅲ段经复压闭锁	0	20	零序过流Ⅰ段2时限	0
8	经其他侧复压闭锁	0	21	零序过流Ⅰ段3时限	0
9	复压过流Ⅰ段1时限	1	22	零序过流Ⅱ段1时限	0
10	复压过流Ⅰ段2时限	1	23	零序过流Ⅱ段2时限	0
11	复压过流Ⅰ段3时限	1	24	零序过流Ⅱ段3时限	0
12	复压过流Ⅱ段1时限	0	25	零序过压告警	0
13	复压过流Ⅱ段2时限	0			
低压1分支后备保护定值					
1	低电压闭锁定值	70V	7	复压过流Ⅱ段定值	100A
2	负序电压闭锁定值	6V	8	复压过流Ⅱ段1时限	10s
3	复压过流Ⅰ段定值	5.5A	9	复压过流Ⅱ段2时限	10s
4	复压过流Ⅰ段1时限	1.1s（跳 500）	10	复压过流Ⅱ段3时限	10s
5	复压过流Ⅰ段2时限	1.4s（跳 501）	11	复压过流Ⅲ段定值	10A
6	复压过流Ⅰ段3时限	2.3s（跳三侧）	12	复压过流Ⅲ段1时限	0.6S（跳分段）

续表

序号	定值名称	数值	序号	定值名称	数值
13	复压过流Ⅲ段2时限	0.9S（跳本侧）	16	零序过流2时限	10s
14	零序过流定值	100A	17	零序过流3时限	10s
15	零序过流1时限	10s			

低压1分支后备保护控制字

序号	定值名称	数值	序号	定值名称	数值
1	复压过流Ⅰ段带方向	0	11	复压过流Ⅰ段3时限	1
2	复压过流Ⅰ段指向母线	0	12	复压过流Ⅱ段1时限	0
3	复压过流Ⅰ段经复压闭锁	1	13	复压过流Ⅱ段2时限	0
4	复压过流Ⅱ段带方向	0	14	复压过流Ⅱ段3时限	0
5	复压过流Ⅱ段方向指向母线	0	15	复压过流Ⅲ段1时限	1
6	复压过流Ⅱ段经复压闭锁	0	16	复压过流Ⅲ段2时限	1
7	复压过流Ⅲ段经复压闭锁	0	17	零序过流1时限	0
8	经其他侧复压闭锁	0	18	零序过流2时限	0
9	复压过流Ⅰ段1时限	1	19	零序过流3时限	0
10	复压过流Ⅰ段2时限	1	20	零序过压告警	0

自定义保护

序号	定值名称	数值	序号	定值名称	数值
1	启动风冷电流定值	100A	3	闭锁调压电流定值	3.5A
2	启动风冷时间	10s	4	闭锁调压时间	5s

自定义保护控制字

序号	定值名称	数值	序号	定值名称	数值
1	接地变在低压引线上	0	3	启动风冷	0
2	变化量差动保护	0	4	闭锁调压	1

软压板

序号	定值名称	数值	序号	定值名称	数值
1	主保护	1	8	低压2分支后备	0
2	高压侧后备保护	1	9	低压2分支电压	0
3	高压侧电压	1	10	低压中性点保护	0
4	中压侧后备保护	1	11	远方投退压板	1
5	中压侧电压	1	12	远方切换定值区	0
6	低压1分支后备	1	13	远方修改定值	0
7	低压1分支电压	1			

（一）试验接线及设置

主保护校验时，试验接线示意图如图4-3-13所示，光数字测试仪的FT1口接至变压器保护装置的X1板的ETH2口（高压侧SV直采），用于模拟高压侧SV。光数字测试仪的FT2口接至变压器保护装置的X3板的ETH1口（中压侧SV直采），用于模拟中压侧SV。光数字测试仪的FT3口接至变压器保护装置的X3板的ETH2口（低压1分支SV直采），光数字测试仪FT4口接至变压器保护装置的X7板的ETH2口（高压侧GOOSE直跳），光数字测试仪FT5口接至变压器保护装置的X9板的ETH2口（中压侧GOOSE

直跳），光数字测试仪 FT6 口接至变压器保护装置的 X9 板的 ETH3 口（中压侧分段 GOOSE 直跳），光数字测试仪 FT7 口接至变压器保护装置的 X9 板的 ETH4 口（低压 1 分支 GOOSE 直跳），光数字测试仪 FT8 口接至变压器保护装置的 X9 板的 ETH5 口（低压 1 分段 GOOSE 直跳）用于接收变压器保护装置 GOOSE 跳闸报文。

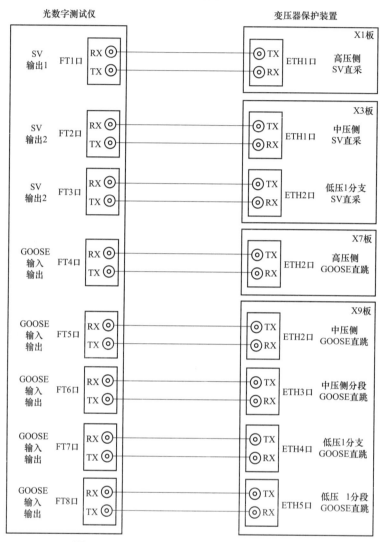

图 4-3-13　主保护校验时试验接线示意图

（1）数字测试仪导入全站 SCD 文件。

（2）配置光数字测试仪系统参数，包括各间隔 TV、TA 变比，光口设置等信息。

（3）设置 FT1 口为高压侧 SV 输出端口，导入 MT1101A SV 控制块。

（4）设置 FT2 口为中压侧 SV 输出端口，导入 IT3501A SV 控制块。

（5）设置 FT3 口为低压 1 分支 SV 输出端口，导 IT1001A SV 控制块。

（6）设置 FT4 口为电源 2 GOOSE 报文输入输出端口，导入 IL1102 GOOSE 控制块。

（7）设置 FT5 口为分段 GOOSE 报文输入输出端口，导入 IE1101 GOOSE 控制块。

（二）主保护逻辑检验

1. 纵差差动速断定值检验

模拟高压侧 A 相 SV 电流值满足差动速断定值，如 A 相电流为*A，时间 0.1s，启动光数字测试仪，且勾选检修状态。

2. 纵差差动保护定值检验

以高低侧 A 相为例，介绍纵联差动定值检验。高压侧电流配置为 $I_A = *\angle°$，低压侧电流配置为 $I_A = *\angle°$。

以 0.02 为步长，降低低压 1 分支 A 相电流，直至变压器保护装置动作，记录此时装置动作值。

另选一点，具体数值为高压侧电流配置为 $I_A = *\angle°$，低压侧电流配置为 $I_A = *\angle°$。

再次以 0.02 为步长，降低低压 1 分支 A 相电流，直至变压器保护装置动作，记录此时装置动作值。

计算纵差差动保护，斜率 $K_r = **$，误差满足规范要求。

高 – 中压侧

（三）后备保护逻辑检验

1. 复压闭锁过流保护定值检验（以 I 段、方向指向变压器为例）

复压方向过电流保护检验包括过流元件、复压元件及方向元件。另外还需要对复压方向过电流保护的跳闸逻辑进行检验。

（1）过电流元件检验。

对电流元件检验，应在满足复压元件及方向元件的基础上进行检验。手动试验时，可采用手动降低某一相或者降低三相电压方式来满足负序或低电压动作的条件，设置某一相电流在动作区内。如本例进行 A 相电流元件检验，如设 BC 线间电压角度为 0°，可将 A 相电流相位设置 0°（保证在动作区即可），然后操作试验仪使 A 相电流输出分别为 5.46（1.05 倍）、4.94（0.95 倍）定值，输出时间大于该段最长出口时间（可设置 2.4s），则 1.05 倍电流保护应可靠动作，0.95 倍应可靠不动作，然后在 1.2 倍时测量动作时间。通过此种方式，以整组动作的方式间接检验电流元件。如果需要精准测试电流元件动作值，可设置变化步长 0.1A，逐渐增大电流，直至电流元件动作即可。

（2）复压元件检验。

与电流元件类似，复合电压元件的动作行为也只能靠复压过电流整组动作来判断。

进行测试时，首先满足过流元件和功率方向元件动作，角度设置如前，设置 A 相电流为 TV 断线消失后在进行低电压检验，以避免因 TV 断线而导致低电压元件退出。

1）低电压元件。

由于低电压元件和负序过电压元件是或的关系，所以校验低电压元件时，负序过电压元件不动作。通过加入三相对称正序电压的方法满足无负序电压。手动试验时，在满足其他动作条件的基础上，操作试验仪输出正序对称电压，相间电压值为 73.5V（1.05 倍）、66.5V（0.95 倍）。分别进行检验，1.05 倍时保护不动作，0.95 倍可靠动作。

2）负序电压元件。

采用单相降压法进行负序过电压元件校验。加入正序电压 U_B 等于 57V，U_C 等于 57V，

U_A 等于 $57 - \sqrt{3} \times 0.95 \times 6$（负序定值），此时负序电压元件应可靠动作。加入正序电压 U_B 等于 57V，U_C 等于 57V，U_A 等于 $57 - \sqrt{3} \times 1.05 \times 6$（负序定值），此时负序电压元件应可靠不动作。必要时可临时修改零序电压定值，单独验证负序电压定值大小。

（3）方向元件检验。

方向元件测试可以在电流元件测试基础上进行，同样设置电流及复压元件动作，对电压或电流相位变化来检验边界。

（4）跳闸逻辑检验。

中低压侧复压过电流保护，第一时限跳母联短路器，第二时限跳本侧断路器，第三时限跳三侧断路器。应通过测试仪抓包的方法，检验装置逻辑出口矩阵设置是否正确。

2. 零序方向过电流保护检验（以Ⅰ段、方向指向变压器为例）

零序方向过电流保护的检验包括零序过电流元件及零序方向元件，还应对零序方向过电流保护的跳闸矩阵逻辑进行检验。

（1）零序过电流元件检验。

对零序电流元件进行检验，应在满足方向元件的基础上进行检验。手动试验时，方向元件的满足由自产零序电压决定，因此应满足 A 相电压（自产 $3U_0$）和 A 相电流（自产 $3I_0$）的相位在动作区内。以零序过流Ⅲ段 1 时限动作为例，操作试验仪使得 A 相电流输出分别为 2.625A（1.05 倍）、2.375（0.95 倍），输出时间大于该段最长出口动作时间（可设置为 1.4s）。则 1.05 倍电流保护应可靠动作，0.95 倍应可靠不动作。

（2）零序方向元件。

零序方向元件的检验采用零序方向过电流保护整组试验的方法。本例的零序过电流采用外接零序通道，因此设置 B 相电流（加入到外接通道）大于零序方向过电流保护定值。方向元件本例均采用自产，因此固定接入零序方向元件的自产零序电压 U_A（由于仅加入 A 相电压，因此 $U_A = 3U_0$）大小和幅值均不变，使接入的自产零序电流 I_A（由于仅加入 A 相电流，因此 $I_A = 3I_0$）大于零序电流元件门槛值，一般可设定为与输入的外接零序电流值相同。设定 A 相电流相位分别在动作特性曲线的边界 1 和边界 2 的 ±2°，则在动作边界附近处于动作区应可靠动作，制动区的应可靠不动作。

（3）跳闸逻辑检验。

零序方向过电流保护的跳闸逻辑检验同复压方向过电流保护。

3. 间隙保护检验

间隙保护的检验包括间隙过电流元件、零序过电压元件。

（1）间隙过电流元件检验。

操作测试仪使 A 相电流输出分别为 5.25A（1.05 倍）、4.75A（0.95 倍），输出时间大于间隙过电流保护动作时间（可设置为 1.3s），则 1.05 倍间隙电流保护可靠动作，0.95 倍应可靠不动作。

（2）零序过电压元件检验。

操作测试仪使 A 相电压和 B 相电压输出分别为 94.5V，相位相反，则 U_{AB} 为 189V（1.05 倍定值）；操作测试仪使 A 相电压和 B 相电压输出分别为 85.5V，相位相反，则 U_{AB} 为 171V（0.95 倍定值）。输出时间大于保护出口动作时间（可设置为 0.5s），则 1.05 倍零序过压保护应可靠动作，0.95 倍应可靠不动作。

六、测试结果分析及测试报告编写

（一）装置光口功率测试

装置光口功率测试数据如表 4-3-2 所示：

表 4-3-2　　　　　　　　　装 置 光 口 功 率 测 试

序号	光口	用途	光纤波长（nm）	发送功率（dBm）	接收功率（dBm）
1	X1 板 ETH2 口	高压侧 SV 直采	850nm（√）1310nm（　）	-16	-22
2	X3 板 ETH1 口	中压侧 SV 直采	850nm（√）1310nm（　）	-15	-21
3	X3 板 ETH2 口	低压 1 分支 SV 直采	850nm（√）1310nm（　）	-16	-20
4	X7 板 ETH2 口	高压侧 GOOSE 直跳	850nm（√）1310nm（　）	-17	-21
5	X9 板 ETH2 口	中压侧 GOOSE 直跳	850nm（√）1310nm（　）	-16	-22
6	X9 板 ETH3 口	中压侧分段 GOOSE 直跳	850nm（√）1310nm（　）	-16	-22
7	X9 板 ETH4 口	低压 1 分支 GOOSE 直跳	850nm（√）1310nm（　）	-16	-22
8	X9 板 ETH5 口	低压 1 分段 GOOSE 直跳			
结论		合格			
备注	（1）1310nm 光纤：发送功率：-20dBm～-14dBm；接收灵敏度：-31dBm～-14dBm； （2）850nm 光纤：发送功率：-19dBm～-10dBm；接收灵敏度：-24dBm～-10dBm				

（二）采样精度检查

采样精度检查数据如表 4-3-3 所示：

表 4-3-3　　　　　　　　　采 样 精 度 检 查 数 据

项目		5V/0.1I_n Atg（U/I）=0°	30V/0.5I_n Atg（U/I）=45°	U_n/I_n Atg（U/I）=90°
CPU1	U_{ah}	4.98	30.00	57.77
	U_{bh}	4.99	29.98	57.78
	U_{ch}	4.99	29.99	57.77
	I_{ah}	0.49	2.49	4.99
	I_{bh}	0.49	2.49	4.98
	I_{ch}	0.49	2.49	5.00
	I_{ah1}	0.48	2.49	4.99
	I_{bh1}	0.49	2.49	4.98
	I_{ch1}	0.48	2.49	5.00
	U_0	4.98	29.99	57.76
	I_0	0.49	2.49	4.98
	I_{j0}	0.49	2.50	4.99
	U_{am}	4.98	29.99	57.78

续表

项目		$5V/0.1I_n$ Atg（U/I）=0°	$30V/0.5I_n$ Atg（U/I）=45°	U_n/I_n Atg（U/I）=90°
CPU1	U_{bm}	4.98	29.99	57.78
	U_{cm}	4.98	29.99	57.77
	I_{am}	0.48	2.50	5.01
	I_{bm}	0.49	2.50	4.99
	I_{cm}	0.49	2.49	4.99
	U_{al1}	4.99	29.97	57.78
	U_{bl1}	4.98	29.99	57.78
	U_{cl1}	4.99	29.98	57.77
	I_{al1}	0.49	2.49	5.01
	I_{bl1}	0.49	2.49	4.99
	I_{cl1}	0.49	2.49	4.99
	U_{al2}	4.98	29.99	57.78
	U_{bl2}	4.98	29.99	57.78
	U_{cl2}	4.98	29.99	57.77
	I_{al2}	0.48	2.51	5.01
	I_{bl2}	0.49	2.51	4.98
	I_{cl2}	0.49	2.51	4.99
CPU2	U_{ah}	4.98	30.00	57.77
	U_{bh}	4.99	29.98	57.78
	U_{ch}	4.99	29.99	57.77
	I_{ah}	0.49	2.49	4.99
	I_{bh}	0.49	2.49	4.98
	I_{ch}	0.49	2.49	5.00
	I_{ah1}	0.48	2.49	4.99
	I_{bh1}	0.49	2.49	4.98
	I_{ch1}	0.48	2.49	5.00
	U_0	4.98	29.99	57.76
	I_0	0.49	2.49	4.98
	I_{j0}	0.49	2.50	4.99
	U_{am}	4.98	29.99	57.78
	U_{bm}	4.98	29.99	57.78
	U_{cm}	4.98	29.99	57.77
	I_{am}	0.48	2.50	5.01
	I_{bm}	0.49	2.50	4.99
	I_{cm}	0.49	2.49	4.99
	U_{a1}	4.99	29.97	57.78
	U_{bl1}	4.98	29.99	57.78

续表

项目		5V/0.1I_n Atg（U/I）$=0°$	30V/0.5I_n Atg（U/I）$=45°$	U_n/I_n Atg（U/I）$=90°$
CPU2	U_{c11}	4.99	29.98	57.77
	I_{a11}	0.49	2.49	5.01
	I_{b11}	0.49	2.49	4.99
	I_{c11}	0.49	2.49	4.99
	U_{a12}	4.98	29.99	57.78
	U_{b12}	4.98	29.99	57.78
	U_{c12}	4.98	29.99	57.77
	I_{a12}	0.48	2.51	5.01
	I_{b12}	0.49	2.51	4.98
	I_{c12}	0.49	2.51	4.99
结论		合格		
备注		① 应根据现场装置的实际配置情况，增减装置的采样记录； ② 误差计算应统一使用引用误差，即（装置显示电流－试验电流）×100%/I_n ③ 交流电流在 $0.05I_n$～$20I_n$ 范围内，相对误差不大于 2.5%或绝对误差不大于 $0.01I_n$； ④ 交流电压在 $0.01U_n$～$1.5U_n$ 范围内，相对误差不大于 2.5%或绝对误差不大于 $0.002U_n$		

（三）开入量检查

开入量检查数据如表 4-3-4 所示：

表 4-3-4　　　　　　　　　开 入 量 检 查 数 据

序号	压板类型	压板名称	测试结果	
			遥控操作	就地操作
1	功能软压板	远方控制软压板	/	√
2		远方切换定值区	/	√
3		远方修改定值	/	√
4		高压侧电压投入	√	√
5		中压侧电压投入	/	√
6		低压侧 1 分支电压投入	√	√
7		低压侧 2 分支电压投入	√	√
8		主保护		
9		高压侧后备保护		
10		中压侧后备保护		
11		低压侧 1 分支后备保护		
12		低压侧 2 分支后备保护		
13	MU 软压板	高压侧 SV 接收压板	√	√
14		中压侧 SV 接收压板	√	√
15		低压 1 侧 SV 接收压板		
16		低压 2 侧 SV 接收压板	√	√

续表

序号	压板类型	压板名称	测试结果	
			遥控操作	就地操作
17	GOOSE 发送软压板	跳高压侧开关 GOOSE 发送软压板	√	√
18		跳中压侧开关 GOOSE 发送软压板	√	√
19		跳低压侧开关 GOOSE 发送软压板	√	√
20		跳中压侧母联 GOOSE 发送软压板	√	√
21		跳低压侧母联 GOOSE 发送软压板		
22		启高压侧开关失灵 GOOSE 发送软压板		
23		解高压侧母差复压 GOOSE 发送软压板		
24		启中压侧开关失灵 GOOSE 发送软压板	√	√
25		解中压侧母差复压 GOOSE 发送软压板	√	√
26	硬压板开入	保护检修状态	—	√
27		远方操作	—	√
28	其他	信号复归	√	√
结论		合格		

（四）GOOSE 开入检查

使用数字化继电保护测试仪向被测装置开入 GOOSE 报文，检查被测装置开入信号是否正确变位，且能够正确响应该 GOOSE 报文。测试结果如表 4-3-5 所示：

表 4-3-5　　　　　　　GOOSE 开入检查测试结果

序号	检查项	对侧设备名称	测试结果
1	信号复归	—	√
2	高压侧失灵联跳开入	高压侧失灵	√
3	GOOSE 检修不一致	—	√

（五）变压器保护功能校验

1. 差动保护功能校验

（1）差动保护检验（如表 4-3-6 所示）。

整定值：差动启动电流定值：$I_{cd} = 2.06A$

差动速断电流定值：$I_{sd} = 24.81A$

表 4-3-6　　　　　　　差 动 保 护 功 能 校 验

侧别	故障类型		动作情况
差动速断		定值 × 1.05	18ms 保护跳闸灯亮，差动速断出口
		定值 × 0.95	19ms 保护跳闸灯亮，差动出口差动速断不出口
差动速断		定值 × 1.05	18ms 保护跳闸灯亮，差动速断出口
		定值 × 0.95	17ms 保护跳闸灯亮，差动出口差动速断不出口
差动速断		定值 × 1.05	18ms 保护跳闸灯亮，差动速断出口
		定值 × 0.95	21ms 保护跳闸灯亮，差动出口差动速断不出口
结论			合格
备注	① 投主保护软压板； ② 投差动速断软压板		

（2）差动比率制动功能校验（如表4-3-7和表4-3-8所示）。

整定值：差动启动电流定值=$0.5I_e$。

固定一侧电流，调节另一侧电流，直至差动动作或返回。

整定制动系数：$k=0.5$。

制动系数：$K=(I_{cd2}-I_{cd1})/(I_{zd2}-I_{zd1})$。

表4-3-7　　　　　　　　　差动比率制动功能校验（高-中试验）

测试项目	高-中试验	
测试数据	A：3.75∠0 B：1.00∠180 C：3.14∠0	A：26.47∠0 B：12.42∠180 C：22.17∠0
差动电流	2.56	11.64
制动电流	2.47	20.65
制动系数	0.49	
结论	合格	
备注	① 投主保护软压板； ② 投比率差动软压板	

表4-3-8　　　　　　　　　差动比率制动功能校验（高-低试验）

测试项目	高-低试验	
测试数据	A：6.50∠0 B：1.31∠180 C：4.13∠0	A：45.80∠0 B：16.29∠180 C：29.10∠0
差动电流	2.56	11.64
制动电流	2.47	20.65
制动系数	0.48	
结论	合格	
备注	① 投主保护软压板； ② 投比率差动软压板	

（3）谐波制动系数的测试（如表4-3-9所示）。

整定值：二次谐波制动系数定值$X_{BB}=0.15$。

表4-3-9　　　　　　　　　谐波制动系数的测试

测试项目	基波	二次谐波
测试数据	2.06	0.32
谐波系数	0.1575	
是否动作	不动作	
结论	合格	

2. 复压过流保护试验

（1）高压侧复压过流保护检验［如表 4-3-10（a）和表 4-3-10（b）所示］。

整定值：复压过流 I 段 I 时限 $I_1 = 5.2A$，$T_1 = 2.3s$；

$U_{\phi\phi} = 70V$，$U_2 = 6V$。

表 4-3-10（a）   高压侧复压过流保护检验

序号	故障量	动作区	灵敏角 Φ_{lh}
1	$U_{bc} = \underline{66.5}V$，$I_a = \underline{5.77}A$ $U_{ca} = \underline{66.5}V$，$I_b = \underline{0}A$ $U_{ab} = \underline{66.5}V$，$I_c = \underline{0}A$	$\underline{-55}° < \phi < \underline{115}°$	$\underline{-30}°$
2	低电压 $\underline{66.5}$V，负序电压 $\underline{0}$V，复压条件满足时复压开放（√）； 其他侧复压开入（√）		
结论	合格		
备注	① 动作区电流 I_a、I_b、I_c 角度以 U_a、U_b、U_c 为基准；② I_a、I_b、I_c 应大于电流动作值，U_{ab}、U_{bc}、U_{ca} 应小于零序或负序电压，在动作区内大于零序或负序时，应能启动复压闭锁元件保证装置不动作 jinxi；③ 灵敏角 Φ_{lh} 为固定角，各厂家装置灵敏角不同；④ 方向动作边界误差不大于 3°		

表 4-3-10（b）   高压侧复压过流保护检验

序号	故障类型	相别	故障量	动作情况
1	复压过流 I 段 1 时限	$\underline{A}$ 相	$1.05 \times I_1$	$\underline{2320}$ms 复压过流 I 段 1 时限动作，保护跳闸灯亮
			$0.95 \times I_1$	保护启动，不动作
结论	合格			
备注	依据定值单调试			

（2）中压侧复压过流保护检验［如表 4-3-11（a）和表 4-3-11（b）所示］。

整定值：复压过流 I 段 I 时限 $I_1 = 3.96A$，$T_1 = 1.7s$；

复压过流 I 段 II 时限 $I_1 = 3.96A$，$T_2 = 2.0s$；

复压过流 I 段 III 时限 $I_1 = 3.96A$，$T_3 = 2.3s$。

$U_{\phi\phi} = 70V$，$U_2 = 6V$。

表 4-3-11（a）   中压侧复压过流保护检验

序号	故障量	动作区	灵敏角 Φ_{lh}
1	$U_{bc} = \underline{66.5}V$，$I_a = \underline{4.15}A$ $U_{ca} = \underline{66.5}V$，$I_b = \underline{0}A$ $U_{ab} = \underline{66.5}V$，$I_c = \underline{0}A$	$\underline{-55}° < \phi < \underline{115}°$	$\underline{-30}°$
2	低电压 $\underline{66.5}$V，负序电压 $\underline{0}$V，复压条件满足时复压开放（√） 其他侧复压开入（√）		
结论	合格		
备注	① 动作区电流 I_a、I_b、I_c 角度以 U_a、U_b、U_c 为基准；② I_a、I_b、I_c 应大于电流动作值，U_{ab}、U_{bc}、U_{ca} 应小于零序或负序电压，在动作区内大于零序或负序时，应能启动复压闭锁元件保证装置不动作；③ 灵敏角 Φ_{lh} 为固定角，各厂家装置灵敏角不同；④ 方向动作边界误差不大于 3°		

表4-3-11（b）　　　　　　　中压侧复压过流保护检验

序号	故障类型	相别	故障量	动作情况
1	复压过流Ⅰ段1、2、3时限	A相	$1.05 \times I_1$	1720ms 复压过流Ⅰ段1时限动作，保护跳闸灯亮 2010ms 复压过流Ⅰ段2时限动作，保护跳闸灯亮 2310ms 复压过流Ⅰ段3时限动作，保护跳闸灯亮
			$0.95 \times I_1$	保护启动，不动作
结论				合格
备注				①故障电流 $I = m \times$ 过流定值； ②按照最大灵敏角校验； ③投入复压过流保护控制字、高压侧后备保护软压板、高压侧电压投入压板； ④校验过程中需保证复压开放

（3）低压侧复压过流保护检验［如表4-3-12（a）和表4-3-12（b）所示］。

整定值：复压过流Ⅰ段Ⅰ时限 $I_1 = 5.5A$，$T_1 = 1.1s$；

复压过流Ⅰ段Ⅱ时限 $I_1 = 5.5A$，$T_2 = 1.4s$；

复压过流Ⅰ段Ⅲ时限 $I_1 = 5.5A$，$T_3 = 2.3s$。

$U_{\phi\phi} = 70V$，$U_2 = 6$。

表4-3-12（a）　　　　　　　低压侧复压过流保护检验

序号	故障量	动作区	灵敏角 Φ_{lh}
1	$U_{bc} = 66.5V$，$I_a = 5.775A$ $U_{ca} = 66.5V$，$I_b = 0A$ $U_{ab} = 66.5V$，$I_c = 0A$	$-55° < \phi < 115°$	$-30°$
2	低电压 66.5V，负序电压 0V，复压条件满足时复压开放（√） 其他侧复压开入（√）		
结论	合格		
备注	① 动作区电流 I_a、I_b、I_c 角度以 U_a、U_b、U_c 为基准；② I_a、I_b、I_c 应大于电流动作值，U_{ab}、U_{bc}、U_{ca} 应小于零序或负序电压，在动作区内大于零序或负序时，应能启动复压闭锁元件保证装置不动作；③ 灵敏角 Φ_{lh} 为固定角，各厂家装置灵敏角不同；④ 方向动作边界误差不大于3°		

表4-3-12（b）　　　　　　　低压侧复压过流保护检验

序号	故障类型	相别	故障量	动作情况
1	复压过流Ⅰ段1、2、3时限	A相	$1.05 \times I_1$	1110ms 复压过流Ⅰ段1时限动作，保护跳闸灯亮 1410ms 复压过流Ⅰ段2时限动作，保护跳闸灯亮 2320ms 复压过流Ⅰ段3时限动作，保护跳闸灯亮
			$0.95 \times I_1$	保护启动，不动作
结论				合格
备注				① 故障电流 $I = m \times$ 过流定值； ② 按照最大灵敏角校验； ③ 投入复压过流保护控制字、高压侧后备保护软压板、高压侧电压投入压板； ④ 校验过程中需保证复压开放

3. 零序过流保护校验

高压侧零序过流保护检验［如表4-3-13（a）和表4-3-13（b）所示］。

整定值：零序过流Ⅲ段Ⅰ时限 $I_3 = 2.5A$，$T_1 = 1.3s$。

表 4-3-13（a）　　　　高压侧零序过流保护检验

序号	故障量	动作区	灵敏角 $\varPhi_{lh}$
1	$3U_0 = \underline{10}V$，$3I_0 = \underline{2.625}A$	$\underline{30}° < \phi < \underline{180}°$	$\underline{-100}°$
结论	合格		
备注	① 动作区电流角度以 $3U_0$ 为基准，$3U_0$ 应大于2V；② $3I_0$ 应大于零序电流动作值；③ 灵敏角 $\varPhi_{lm}$ 为 $3I_0$ 超前 $3U_0$ 的角度；④ 方向动作边界误差不大于3°		

表 4-3-13（b）　　　　高压侧零序过流保护检验

序号	故障类型	相别	故障量	动作情况
1	零序过流Ⅲ段1时限	A相	$1.05 \times I_3$	1320ms 零序过流Ⅲ段1时限动作，保护跳闸灯亮
			$0.95 \times I_3$	保护启动，不动作
结论	合格			
备注	① 故障电流 $I = m \times$ 过流定值； ② 按照最大灵敏角校验； ③ 投入零序过流保护控制字、高压侧后备保护软压板、高压侧电压投入压板； ④ 零序电压应大于2V			

4. 间隙保护校验

整定值：高压侧间隙过流 $I_h = 5A$，$T_h = 1.2s$（如表 4-3-14 所示）。

表 4-3-14　　　　　　间 隙 保 护 校 验

序号	故障类型	故障量	动作情况
1	高压侧间隙过流	$1.05 \times I_h$	1210ms 间隙过流动作，保护跳闸灯亮
		$0.95 \times I_h$	保护启动，不动作
结论	合格		

5. 过负荷保护校验

过负荷闭锁调压（高后备）（如表 4-3-15 所示）。

整定值：$I = 3.5A$，$T = 5s$。

表 4-3-15　　　　　　过负荷闭锁调压（高后备）

序号	故障类型	相别	故障量	动作情况
1	过负荷	A相	$1.05 \times I$	5011ms 过负荷动作，保护告警灯亮
			$0.95 \times I$	保护启动，不动作
结论	合格			
备注	① 仅投入过负荷告警控制字；② 过负荷动作时能闭锁主变调压			

6. 零序过电压保护逻辑校验

整定值：高压侧零序过电压 $U_h = 180V$，$T_h = 0.4s$（如表 4-3-16 所示）。

表4-3-16 零序过电压保护逻辑校验

序号	故障类型	相别	故障量	动作情况
1	高压侧过电压保护	___相	$1.05 \times U_h$	412ms 过电压动作，保护告警灯亮
			$0.95 \times U_h$	保护启动，不动作
结论			合格	
备注	自产与外接零序分别校验			

（六）检修机制检查

检修机制检查项目如表4-3-17所示：

表4-3-17 检 修 机 制 检 查

序号	主变分侧	主变合并单元 投检修	主变保护装置 投检修	主变智能终端 投检修	预期检查结果	检查结果
1	高压侧	0	0	0	保护动作，保护出口	√
2		0	0	1	保护动作，保护不出口	√
3		0	1	0	保护不动作，保护不出口	√
4		0	1	1	保护不动作，保护不出口	√
5		1	0	0	保护不动作，保护不出口	√
6		1	0	1	保护不动作，保护不出口	√
7		1	1	0	保护动作，保护不出口	√
8		1	1	1	保护动作，保护出口	√
9	中压侧	0	0	0	保护动作，保护出口	√
10		0	0	1	保护动作，保护不出口	√
11		0	1	0	保护不动作，保护不出口	√
12		0	1	1	保护不动作，保护不出口	√
13		1	0	0	保护不动作，保护不出口	√
14		1	0	1	保护不动作，保护不出口	√
15		1	1	0	保护动作，保护不出口	√
16		1	1	1	保护动作，保护出口	√
17	低压侧	0	0	0	保护动作，保护出口	√
18		0	0	1	保护动作，保护不出口	√
19		0	1	0	保护不动作，保护不出口	√
20		0	1	1	保护不动作，保护不出口	√
21		1	0	0	保护不动作，保护不出口	√
22		1	0	1	保护不动作，保护不出口	√
23		1	1	0	保护动作，保护不出口	√
24		1	1	1	保护动作，保护出口	√
结论			合格			
备注			投入正常运行时所有常投的软、硬压板			

七、测试注意事项

（1）变压器保护涉及的跳闸回路较多，包括各侧断路器及各侧的母联或分段断路器，还可能会有联跳回路，试验前务必做好二次安全措施，防止误跳运行间隔。

（2）对于不能直接传动的分段或者母联断路器可以采用测量通断法判断回路的正确性。

（3）在调试过程中，特别注意检查差动保护在区内外故障时，动作的选择性是否正确；检查其各侧后备保护、非电量保护动作行为及出口连接片是否正确；检查其复合电压闭锁、CT断线闭锁及告警、失灵启动回路连接片是否正确。

（4）应对变压器保护定值项多，涉及的跳闸间隔也多，试验结束后应对出口跳闸矩阵进行再检查，防止误整定。

【任务小结】

本任务的学习重点包括掌握智能变电站变压器保护中主保护、后备保护的动作原理及调试方式，牢记变压器保护调试中的危险点和对应的控制措施。通过学习，保证调试过程的标准化，工作中树立安全意识、风险防范意识，培养细心、严谨的工作态度。

任务四：智能站母差保护调试

【任务描述】

本任务主要在室内主控室，使用继电保护保护测试仪对智能站母差保护进行调试。

【任务目标】

知识目标	1. 理解母线保护测试原理； 2. 读懂动作逻辑图，简述母线保护动作过程； 3. 掌握智能站母线保护调试方法； 4. 能简述调试中的危险点和控制措施
技能目标	1. 能做好母线保护装置调试的安全措施； 2. 能准备好调试工器具及相关资料； 3. 能够按照标准化调试流程完成母线保护装置的调试
素质目标	通过任务实施，保证调试过程的标准化，树立安全意识、风险防范意识，养成细心、严谨的工作态度

【知识与技能】

一、测试目的

母线是电力系统的重要组成元件之一，承担着汇集、分配和传送电能作用，母线发生故障，会造成整段母线上所有负荷、主变被切除，其后果是十分严重的，更有甚者会造成变电站全停。因此，需对母差保护进行调试，验证装置的动作逻辑及其二次回路接线的正确性，以保证母线故障时，母线保护装置能够快速响应、正确切除故障母线，从而保证电网的安全稳定运行。

二、测试原理

母差保护装置是采用被保护母线各支路（含分段）电流的矢量和作为动作量，以各支路电流的绝对值之和乘以小于 1 的制动系数作为制动量。在区外故障时可靠不动作，区内故障时则具有较高的灵敏度。单母线分段差动回路包括母线大差回路和各段母线小差回路。大差指除分段开关外所有支路电流所构成的差回路，某一段母线的小差指该段所连接的包括分段开关的所有支路电流构成的差动回路。大差用于判别母线区内和区外故障，小差用于故障母线的选择。

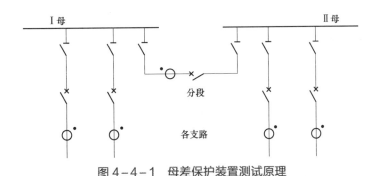

图 4-4-1　母差保护装置测试原理

母线保护装置的稳态判据采用常规比率制动原理。母线在正常工作或其保护范围外部故障时所有流入及流出母线的电流之和为零（差动电流为零），而在内部故障情况下所有流入及流出母线的电流之和不再为零（差动电流不为零）。基于这种前提，差动保护可以正确地区分母线内部和外部故障。比率制动式电流差动保护的基本判据为：

$$|i_1+i_2+\cdots+i_n|\geqslant I_0 \tag{4-4-1}$$

$$|i_1+i_2+\cdots+i_n|\geqslant K(|i_1|+|i_2|+\cdots+|i_n|) \tag{4-4-2}$$

式中　i_1、i_2、$\cdots$、i_n——支路电流；

　　　　K——制动系数；

　　　　I_0——差动电流门坎值。

式（4-4-1）的动作条件是由不平衡差动电流决定的，而式（4-4-2）的动作条件是由母线所有元件的差动电流和制动电流的比率决定的。在外部故障短路电流很大时，不平衡差动电流较大，式（4-4-1）易于满足，但不平衡差动电流占制动电流的比率很小，因而式（4-4-2）不会满足，装置的动作条件由上述两判据"与"门输出，提高了差动保护的可靠性，所以当外部故障短路电流较大时，由于式（4-4-2）使得保护不误动，而内部故障时，式（4-4-2）易于满足，只要同时满足式（4-4-1）提供的差动电流动作门槛，保护就能正确动作，这样提高了差动保护的可靠性。

三、测试前准备工作

（1）试验前应清楚母差保护的安装位置、型号、母线运行方式等信息。并根据本次作业项目，编写作业指导书，提前一天准备相关资料，根据工作时间和工作内容填写工作票。

（2）分析现场工作承载力可控，工作负责人和工作班成员数量合理，人员精神状态良好。

（3）分析作业过程存在的危险点，并进行预控。

（4）准备备品备件及材料，如绝缘胶带、多模跳纤、短接线等。

（5）准备仪器仪表及工器具，如继电保护测试仪（带试验线或尾纤箱）、工具包、数字式万用表、单相三线装有漏电保护器的电缆盘等。

（6）检查上次检验报告、最新定值单、图纸、SCD 配置文件、装置说明书等资料。

四、危险点分析及控制措施

（1）校验过程中，需认真核实一、二次设备的运行方式，做好二次安全措施。

（2）试验结束后，认真检查保护屏上所有临时接线或调试线已拆除，核对保护定值均正确无误，按继电保护安全措施票逐条恢复安全措施。

五、试验步骤及要求

（一）电流、电压回路极性检查

1. 电压回路极性检查

将 SCD 文件导入测试仪以后，将 UA1、UB1、UC1、UN1 端子对应接入测试仪 UA，UB，UC，UN，然后加入正序三相电压，可以通过观看液晶上循环显示的电压及其角度来确定电压回路的极性。将 UA2、UB2、UC2、UN2 端子对应接入测试仪 UA，UB，UC，UN，然后加入正序三相电压，可以通过观看液晶上循环显示的电压及其角度来确定电压回路的极性。

2. 电流回路极性检查

先加正序三相电压于 I 母、II 母电压，然后分别对 IA1—IA24，IB1—IB24，IC1—IC24（该装置最大接入 24 条支路），逐路施加电流，通过"运行工况"菜单下的"测量量"菜单，逐路查看各电流的大小和相位，确定电流回路极性是否一致。

（二）模入量与测量量检查

模入量反应的进入装置的实际电流，测量量反应的是经过 CT 变比基准值换算后的电流值。

将最大单元编号设为 3，将 1 单元 TA 变比改为 480，将 2 单元 CT 变比改为 240，将 3 单元 TA 变比改为 120，然后分别对 IA1、IA2、IA3，IB1、IB2、IB3，IC1、IC2、IC3，逐路施加电流 4A，并分别检查模入量和测量量。检查模入量应该三个单元都为 4A；检查测量量三个电流应该分别为：4A（IA1，IB1，IC1）；2A（IA2，IB2，IC2）；1A（IA3，IB3，IC3）。

（三）保护功能校验

1. 差动试验（按 A、B、C 分相试验）

投"差动保护投入"压板，设置系统定值控制字"分段 TA 极性与Ⅰ母一致"（如图 4-4-2 所示）。

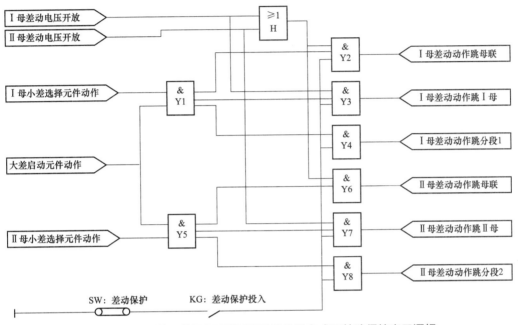

图 4-4-2 单母分段/双母线/双母单分段方式下差动保护出口逻辑

（1）区外故障模拟。合分段（1#元件）Ⅰ、Ⅱ母刀闸位置触点，无分段 TWJ 开入，合 2#元件的Ⅰ母刀闸位置触点和 3#元件的Ⅱ母刀闸位置触点。在保证母线保护电压闭锁开放的条件下，将分段 TA 与 2#元件 TA 反极性串联（测试仪中向量方向反向即可），与 3#元件 TA 同极性串联，模拟母线区外故障，保护动作应正确、可靠不出口。保护装置"保护启动"灯亮。

（2）区内故障模拟。合分段（1#元件）的Ⅰ、Ⅱ母刀闸位置触点，无分段 TWJ 开入，合 2#元件的Ⅰ母刀闸位置触点和 3#元件的Ⅱ母刀闸位置触点。在保证母线保护电压闭锁开放的条件下，在 2#元件上加入一个大于差动电流门槛定值的电流，模拟Ⅰ母区内故障，此时保护应动作跳开与Ⅰ母相联的所有元件包括分段；再在 3#元件上加入一个大于差动电流门槛定值的电流，模拟Ⅱ母区内故障，此时保护应动作跳开与Ⅱ母相联的所有元件包括分段，保护动作行为应正确、可靠，其电流定值误差应小于±5%。保护装置报文"Ⅰ母母差保护动作""Ⅱ母母差保护动作"。

在大于 2 倍整定电流、小于 0.5 倍整定电压下，保护整组动作时间不大于 15ms。

（3）制动系数测试。差动电流门槛定值整定为 $0.2I_n$，合 2#元件的Ⅰ母刀闸位置触点和 3#元件的Ⅱ母刀闸位置触点。在 2#元件上加电流 I_1，在 3#元件上加电流 I_2（注意电流 I_1 和 I_2 应加在 2#元件和 3#元件的同一相上），将 2#元件电流 I_1 固定（大于 $0.2I_n$），3#元件电流 I_2 极性与 I_1 极性相反，缓慢增大 I_2 的值，记下保护刚好动作时的两个电流值，然后

计算 $|I_1 - I_2|$ 和 $|I_1 + I_2|$ 的值，两者相除即为制动系数。

（4）分段死区故障。合分段（1#元件）的 Ⅰ、Ⅱ 母刀闸位置触点，合 2#元件的 Ⅰ 母刀闸位置触点和 3#元件的 Ⅱ 母刀闸位置触点，元件 1 出口接点接入分段跳位。在保证母线保护电压闭锁开放的条件下，在分段和 2#元件上反串一个电流来模拟 Ⅱ 母区内故障，此时保护应瞬时跳开与 Ⅱ 母相联的所有元件，延时 200ms 跳开与 Ⅰ 母相联的所有元件。在分段和 3#元件上顺串一个电流来模拟 Ⅰ 母区内故障，此时保护应瞬时跳开与 Ⅰ 母相联的所有元件，延时 200ms 跳开与 Ⅱ 母相联的所有元件。保护装置报文"分段死区保护动作"。

2. TA 断线

投"差动保护投入"压板。

投"TA 断线告警投入"控制位，在元件 1 以外的任意元件上加入电流使得差动电流大于 TA 断线告警段定值，此时装置延时 10s 发"TA 断线"告警信号，随后增大电流值使之大于差动电流门槛定值，差动保护仍能动作。

投"TA 断线闭锁投入"控制位，在元件 1 以外的任意元件上加入电流使得差动电流大于 TA 断线闭锁段定值，此时装置延时 10s 发"TA 断线"告警信号，随后增大电流值使之大于差动电流门槛定值，差动保护被闭锁而无法动作。

TA 断线告警或闭锁可以通过控制字投退分别测试，也可以通过电流定值区分，TA 断线闭锁执行"按段按相"闭锁原则。

3. 充电保护

（1）使用本装置的充电保护。投"充电保护投入"压板，并设置控制字投入相应的充电保护段。

自动方式：分段断路器断开（分段 TWJ 存在），其中一段母线正常运行而另一段母线停运（无压、无流、无隔离刀闸开入），当分段电流从无到有时自动判为充电状态，若在整定延时内电流越限即跳开分段断路器。

手动方式：一段母线停运（无压、无流、无隔离倒闸开入），外部接入分段手合开入即进入充电状态，若在整定延时内电流越限即跳开分段断路器。自动充电和手合充电均短时开放 300ms，之后充电保护自动返回等待下次充电。手合充电开入持续存在时间超过 2s 即告警手合充电开入异常。

（2）使用外部充电保护且需要短时闭锁差动保护。退"充电保护"压板，并设置控制字"充电闭锁差动投入"。

在不使用本装置的充电保护，而使用外部充电保护，且需要在充电时短时闭锁差动保护情况下使用。

外部接入"手合充电开入"，即进入充电闭锁状态，保护闭锁差动 15s，15s 后装置自动恢复差动。"手合充电开入"接入持续超过 15s，告警"分段手合异常"。

4. 分段过流保护

投"分段过流保护投入"压板和分段过流、零流控制字。

当分段 TA 电流大于分段过流保护电流定值时，分段过流保护经整定延时动作跳开分段。

当分段自产零流大于分段零流保护电流定值时，分段零流保护经整定延时动作跳开分段。

5. 电压闭锁

在差动动作的情况下，分别校验差动低电压、差动负序电压、差动零序电压的动作值，满足误差要求（如图4-4-3所示）。

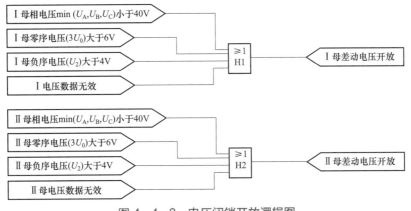

图4-4-3　电压闭锁开放逻辑图

6. TV断线

大电流接地系统TV断线判据为：

（1）三相TV断线：三相母线电压均小于8V且运行于该母线上的支路电流不全为0；

（2）单相和两相TV断线：自产$3U_0$大于7V。

小电流接地系统TV断线判据为：

（1）三相TV断线：三相母线电压均小于8V且运行于该母线的支路电流不全为0；

（2）单相TV断线：自产$3U_0$大于7V且线电压两两模值之差中有一者大于18V；

（3）两相TV断线：自产$3U_0$大于7V且三个线电压均小于7V。

持续10s满足以上判据，确定为TV断线。TV断线后发告警信号，但不闭锁保护。

六、测试结果分析及测试报告编写

（一）采样精度检查

采样精度检查项目及参数如表4-4-1所示：

表4-4-1　　　　　　　　　　采样精度检查项目及参数

项目		10V Atg（U/I）=0°	20V Atg（U/I）=45°	30U_n/I_nAtg（U/I）=90°
CPU1	U_{aI}	10V Atg（U/I）=0°	20V Atg（U/I）=45°	30U_n/I_nAtg（U/I）=90°
	U_{bI}	10V Atg（U/I）=0°	20V Atg（U/I）=45°	30U_n/I_nAtg（U/I）=90°
	U_{cI}	10V Atg（U/I）=0°	20V Atg（U/I）=45°	30U_n/I_nAtg（U/I）=90°
	U_{aII}	10V Atg（U/I）=0°	20V Atg（U/I）=45°	30U_n/I_nAtg（U/I）=90°
	U_{bII}	10V Atg（U/I）=0°	20V Atg（U/I）=45°	30U_n/I_nAtg（U/I）=90°
	U_{cII}	10V Atg（U/I）=0°	20V Atg（U/I）=45°	30U_n/I_nAtg（U/I）=90°
	支路$1I_a$	1A Atg（U/I）=0°	2A Atg（U/I）=45°	3A Atg（U/I）=90°

续表

项目		10V Atg（U/I）=0°	20V Atg（U/I）=45°	30U_n/I_nAtg（U/I）=90°
CPU1	支路1I_b	1A Atg（U/I）=0°	2A Atg（U/I）=45°	3A Atg（U/I）=90°
	支路1I_c	1A Atg（U/I）=0°	2A Atg（U/I）=45°	3A Atg（U/I）=90°
	支路2I_a	1A Atg（U/I）=0°	2A Atg（U/I）=45°	3A Atg（U/I）=90°
	支路2I_b	1A Atg（U/I）=0°	2A Atg（U/I）=45°	3A Atg（U/I）=90°
	支路2I_c	1A Atg（U/I）=0°	2A Atg（U/I）=45°	3A Atg（U/I）=90°
	支路3I_a	1A Atg（U/I）=0°	2A Atg（U/I）=45°	3A Atg（U/I）=90°
	支路3I_b	1A Atg（U/I）=0°	2A Atg（U/I）=45°	3A Atg（U/I）=90°
	支路3I_c	1A Atg（U/I）=0°	2A Atg（U/I）=45°	3A Atg（U/I）=90°
	支路4I_a	1A Atg（U/I）=0°	2A Atg（U/I）=45°	3A Atg（U/I）=90°
	支路4I_b	1A Atg（U/I）=0°	2A Atg（U/I）=45°	3A Atg（U/I）=90°
	支路4I_c	1A Atg（U/I）=0°	2A Atg（U/I）=45°	3A Atg（U/I）=90°
结论		合格		
备注	① 应根据现场装置的实际配置情况，增减装置的采样记录； ② 误差计算应统一使用引用误差，即（装置显示电流－试验电流）×100%/I_n； ③ 交流电流在 0.05I_n～20I_n 范围内，相对误差不大于 2.5%或绝对误差不大于 0.01I_n； ④ 交流电压在 0.01U_n～1.5U_n 范围内，相对误差不大于 2.5%或绝对误差不大于 0.002U_n		

（二）保护定值校验

1. Ⅰ母差动保护检验（如表4-4-2所示）

母线差动定值=2A。

表4-4-2 　　　　　　　Ⅰ母差动保护检验

序号	相别	故障类型	动作情况
1	A 相	定值×1.05	10ms Ⅰ母差动保护动作，保护跳闸灯亮
		定值×0.95	保护启动，不动作
结论		合格	
备注	投差动保护压板		

2. Ⅱ母差动保护检验（如表4-4-3所示）

母线差动定值=2A。

表4-4-3 　　　　　　　Ⅱ母差动保护检验

序号	相别	故障类型	动作情况
1	B 相	定值×1.05	10ms Ⅱ母差动保护动作，保护跳闸灯亮
		定值×0.95	保护启动，不动作
		定值×0.95	保护启动，不动作
结论		合格	
备注	投差动保护压板		

3. 母联死区保护逻辑校验（如表 4-4-4 所示）

表 4-4-4 母联死区保护逻辑校验

序号	项目	动作情况
1	母联合位死区	<u>10ms</u> Ⅰ母/Ⅱ母差动动作，母联死区保护动作，<u>30ms</u> 母/Ⅱ母差动动作，保护跳闸灯亮
2	母联分位死区	<u>10ms</u> Ⅰ母/Ⅱ母差动动作，保护跳闸灯亮
3	母联充电死区	<u>30ms</u> 母联充电死区保护动作，保护跳闸灯亮
结论		合格
备注	投差动保护压板	

七、测试注意事项

（1）母差保护的交流输入回路主要包括母线各段电压，各支路电流等，交流输入量较多，因此对母差保护的交流输入系统应认真检查。

（2）开入量较多，除了功能连接片外，还包括各种位置输入信息、外部开入（如闭锁开入）等，应对每一种开入尽量从信号原始端进行检验。

（3）输出系统较多，尤其涉及多个断路器的跳闸输出，在不能进行断路器传动下，通过对输出端子采用导通法进行检验。如果条件具备，最好采用断路器传动试验方法，因为此种方法才能真正保证母差保护可靠性。

（4）在传动过程中，务必做好二次安全措施，防止误跳运行间隔。

【任务小结】

本任务的学习重难点包括智能站母差保护调试的危险点分析及控制措施、实验步骤及要求、测试结果分析及报告编写。通过本任务学习，帮助学员掌握智能站母线保护调试方法，使学员能够按照标准化调试流程完成母线保护装置的调试。

任务五：110kV 智能变电站备自投装置调试

【任务描述】

本任务主要在室内主控室，使用光数字继电保护测试仪对 110kV 智能变电站备用电源自动投入装置（以下简称"备自投装置"）的进线备自投和分段（桥）备自投功能进行调试。

【任务目标】

知识目标	1. 根据主接线图，能简述运行方式，理解备自投装置充、放电条件； 2. 能读懂动作逻辑图，简述动作过程； 3. 牢记调试中的危险点和对应的控制措施； 4. 掌握 110kV 智能变电站备自投装置的调试方法
技能目标	1. 能做好备自投装置调试的安全措施； 2. 能结合现场实际，正确连接尾纤，正确配置光数字测试仪； 3. 能够按照标准化调试流程完成备自投装置的调试
素质目标	通过任务实施，保证调试过程的标准化，树立安全意识、风险防范意识，培养细心、严谨的工作态度

【知识与技能】

一、测试目的

备自投装置是当电力系统故障或其他原因使工作电源被断开后，能迅速将备用电源自动投入工作，或将被停电的设备自动投入到其他正常工作的电源，使用户能迅速恢复供电的一种自动装置。

为了保证系统主供电源不论因何原因消失时，备自投装置能可靠动作，及时恢复用电负荷，需要对备自投装置进行调试，验证装置的动作逻辑及其二次回路接线的正确性。

二、测试原理

备自投装置常见的两种工作方式为进线备自投、分段（桥）备自投，其工作原理如下：

（一）进线备自投（以方式 1 为例，方式 2 类似）

1. 运行方式

电源 1 运行，电源 2 热备用，即 1QF、QFd 断路器运行，断路器分开，图中 2QF 变成空心断路器热备，装置工作于方式 1 备投模式。进线备自投运行方式示意图如图 4-5-1 所示：

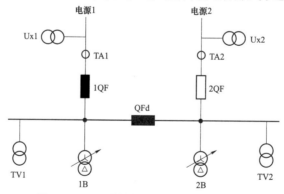

图 4-5-1　进线备自投运行方式示意图

2. 充电条件

（1）Ⅰ母、Ⅱ母均有压，"检电源 2 电压投入"时，电源 2 有压。

（2）1QF 和 QFd 断路器合位，2QF 断路器分位；

（3）方式 1 控制字投入；

（4）备自投总压板投入；

（5）无其他闭锁条件。

3．放电条件

（1）备投动作出口；

（2）有外部闭锁信号；

（3）1QF、2QF、QFd 断路器位置异常、Ux2 低于有压定值延时 15s；

（4）备自投总闭锁开入为 1；

（5）控制字"合后位置接入"整定为 1 时，1QF 或 QFd 断路器合后位置为 0。

4．动作过程

Ⅰ母、Ⅱ母电压均低于无压定值，TA1 无流，投"检电源 2 电压"时需 Ux2 有压，经"电源 1 跳闸时间"跳 1QF 断路器及Ⅰ母、Ⅱ母联切出口，确认 1QF 断路器跳开后，经"合备用电源长延时"合 2QF 断路器，其动作逻辑如图 4-5-2 所示。

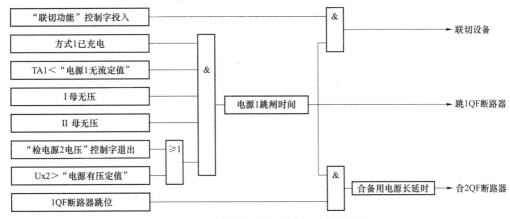

图 4-5-2　进线备自投方式 1 动作逻辑图

若 QFd 断路器偷跳，经"电源 2 跳闸时间"补跳 QFd 断路器及Ⅰ母联切出口，确认 QFd 断路器跳开后，经"合备用电源长延时"合 1QF 断路器，其动作逻辑如图 4-5-3 所示。

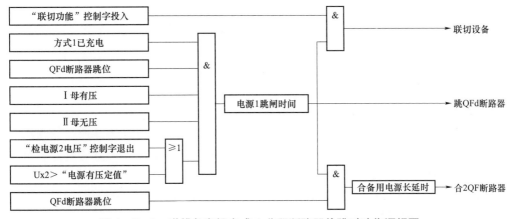

图 4-5-3　进线备自投方式 1 分段断路器偷跳时动作逻辑图

（二）分段（桥）备自投（方式3、方式4）

1. 运行方式

电源1、电源2运行，分段（桥）热备用，即1QF、2QF断路器运行，QFd断路器热备，装置工作于方式3、方式4备投模式。分段（桥）备自投运行方式示意图如图4-5-4所示。

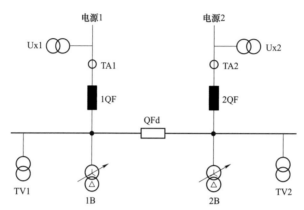

图4-5-4　分段（桥）备自投运行方式示意图

2. 充电条件

（1）Ⅰ母、Ⅱ母均有压；

（2）1QF、2QF断路器合位，QFd断路器分位；

（3）方式3或方式4控制字投入；

（4）备投压板投入；

（5）无其他闭锁条件。

3. 放电条件

（1）备投动作出口；

（2）有外部闭锁信号；

（3）1QF、2QF、QFd断路器位置异常、Ⅰ母、Ⅱ母低于有压定值延时15s；

（4）备自投总闭锁开入为1；

（5）控制字"合后位置接入"整定为1时，1QF或2QF断路器合后位置为0。

4. 动作过程

方式3：Ⅰ母电压低于无压定值，且TA1小于无流定值，Ⅱ母有压时，经"电源1跳闸时间"跳1QF断路器及Ⅰ母联切出口；确认1QF断路器跳开后，经"合分段断路器时间"延时合QFd断路器，其动作逻辑图如图4-5-5所示：

方式4：Ⅱ母电压低于无压定值，且TA2小于无流定值，Ⅰ母有压时，经"电源2跳闸时间"跳2QF断路器及Ⅱ母联切出口；确认2QF断路器跳开后，经"合分段断路器时间"延时合QFd断路器，其动作逻辑图如图4-5-6所示：

备自投装置的测试原理是根据备自投装置的动作逻辑，通过对装置施加SV量和GOOSE量，验证备自投装置充电条件、放电条件，并模拟系统故障，验证备自投装置动作逻辑正确性,同时验证其装置配置及二次回路的准确性,具备条件情况下可通过实际传动相关断路器来验证。

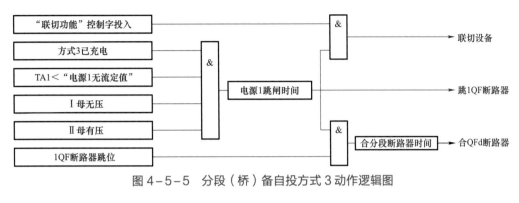

图 4-5-5　分段(桥)备自投方式 3 动作逻辑图

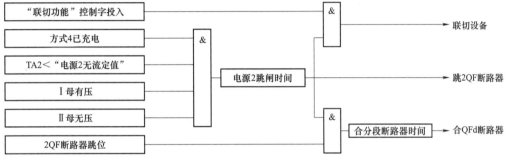

图 4-5-6　分段(桥)备自投方式 4 动作逻辑图

三、测试前准备工作

(1)试验前应清楚备自投装置的安装位置、型号、运行方式等信息。并根据本次作业项目,编写作业指导书,提前一天准备相关资料,根据工作时间和工作内容填写工作票。

(2)分析现场工作承载力可控,工作负责人和工作班成员数量合理,人员精神状态良好。

(3)分析作业过程存在的危险点,并进行预控。

(4)准备备品备件及材料,如绝缘胶带、多模跳纤、短接线等。

(5)准备仪器仪表及工器具,如继电保护测试仪(带试验线或尾纤箱)、工具包、数字式万用表、单相三线装有漏电保护器的电缆盘等。

(6)检查上次检验报告、最新定值单、图纸、SCD 配置文件、装置说明书等资料。

四、危险点分析及控制措施

(1)校验过程中,需认真核实一、二次设备的运行方式,做好二次安全措施,防止误传动运行间隔。

(2)由于备自投停用时其控制的断路器通常在运行状态,试验前须退出备自投跳/合电源 1、电源 2、分段断路器的 GOOSE 出口软压板;拔出备自投跳/合电源 1、电源 2、分段断路器的直跳或网跳尾纤，并做好标记及防尘措施；拔出备自投装置直采或网采电源 1、电源 2、分段（桥）断路器 SV 尾纤，并做好标记及防尘措施；投入备自投装置检修硬压板。

（3）试验结束后，认真检查保护屏上所有临时接线或调试线已拆除，核对保护定值均正确无误，按继电保护安全措施票逐条恢复安全措施。

五、试验步骤及要求

本教材中变电站 110kV 备自投采用北京四方公司的 CSD－246A－DA－G 型备用电源自动投入装置，该装置采取直采直跳配置，装置定值单如表 4－5－1 所示，下面以该装置为例，介绍其调试过程。

表 4－5－1　　　　　　　　变电站 110kV 备自投装置定值单

序号	定值名称	整定值	序号	定值名称	整定值
设备参数定值					
1	母线 TV 一次值	110kV	9	电源 2CT 一次值	600A
2	母线 TV 二次值	100V	10	电源 2CT 二次值	5A
3	电源 1TV 一次值	110kV	11	分段 CT 一次值	600A
4	电源 1TV 二次值	100V	12	分段 CT 二次值	5A
5	电源 2TV 一次值	110kV	13	电源 1 高 CT 一次值	600A
6	电源 2TV 二次值	100V	14	电源 1 高 CT 二次值	5A
7	电源 1CT 一次值	600A	15	电源 2 高 CT 一次值	600A
8	电源 1CT 二次值	5A	16	电源 2 高 CT 二次值	5A
保护定值					
1	母线有压定值	70V	16	零序过流加速时间	3s
2	母线无压定值	30V	17	过流Ⅰ段定值	100A
3	电源有压定值	40V	18	过流Ⅰ段时间	10s
4	电源 1 无流定值	0.1A	19	过流Ⅱ段定值	100A
5	电源 2 无流定值	0.1A	20	过流Ⅱ段时间	10s
6	电源 1 跳闸时间	1.8s	21	零序过流定值	20A
7	电源 2 跳闸时间	1.8s	22	电源 1 过负荷减载定值	10A
8	合备用电源短延时	10s	23	电源 2 过负荷减载定值	10A
9	合备用电源长延时	10s	24	第一轮过负荷减载时间	600s
10	合分段断路器时间	0.3s	25	第二轮过负荷减载时间	600s
11	过流加速定值	100A	26	联切Ⅰ母矩阵	现场整定
12	过流加速低电压定值	100V	27	联切Ⅱ母矩阵	现场整定
13	过流加速负序电压定值	2V	28	第一轮过负荷减载矩阵	现场整定
14	过流加速时间	3s	29	第二轮过负荷减载矩阵	现场整定
15	零序过流加速定值	100A	30		

续表

序号	定值名称	整定值	序号	定值名称	整定值
控制字					
1	备自投方式 1	1	9	零序过流加速保护	0
2	备自投方式 2	1	10	电源 1 过负荷减载	0
3	备自投方式 3	1	11	电源 2 过负荷减载	0
4	备自投方式 4	1	12	联切功能	0
5	检电源 1 电压	1	13	电源 1 过负荷取变高	0
6	检电源 2 电压	1	14	电源 2 过负荷取变高	0
7	过流加速保护	0	15	合后位置接入	0
8	过流加速经复压	0			
功能软压板定值					
1	远方修改定值	0	8	备自投方式 4	1
2	远方切换定值区	0	9	过流加速保护	0
3	远方投退压板	1	10	零序过流加速保护	0
4	备自投功能	1	11	电源 1 过负荷减载	0
5	备自投方式 1	1	12	电源 2 过负荷减载	0
6	备自投方式 2	1	13	联切功能	0
7	备自投方式 3	1			

（一）进线备自投（以方式 1 为例，方式 2 类似）

1. 试验接线及设置

备自投方式 1 校验时，试验接线示意图如图 4-5-7 所示，光数字测试仪的 FT1 口接至备自投装置的 X1 板的 ETH1 口（电源 1 SV 直采），用于模拟 I 母母线及电源 1 线路电压。光数字测试仪的 FT2 口接至备自投装置的 X1 板的 ETH2 口（电源 2 SV 直采），用于模拟 II 母母线及电源 2 线路电压。光数字测试仪的 FT3 口接至备自投装置的 X7 板的 ETH1 口（电源 1 GOOSE 直跳），光数字测试仪 FT4 口接至备自投装置的 X7 板的 ETH2 口（电源 2 GOOSE 直跳），光数字测试仪 FT5 口接至备自投装置的 X7 板的 ETH3 口（分段 GOOSE 直跳）用于模拟电源 1、电源 2、分段（桥）断路器 TWJ 等信息，同时用于接收备自投装置 GOOSE 跳闸报文。

（1）数字测试仪导入全站 SCD 文件。

（2）配置光数字测试仪系统参数，包括各间隔 TV、TA 变比，光口设置等信息。

（3）设置 FT1 口为电源 1 SV 输出端口，导入 ML1101 SV 控制块。

（4）设置 FT2 口为电源 2 SV 输出端口，导入 ML1102 SV 控制块。

（5）设置 FT3 口为电源 1 GOOSE 报文输入输出端口，导入 IL1101 GOOSE 控制块。

（6）设置 FT4 口为电源 2 GOOSE 报文输入输出端口，导入 IL1102 GOOSE 控制块。

（7）设置 FT5 口为分段 GOOSE 报文输入输出端口，导入 IE1101 GOOSE 控制块。

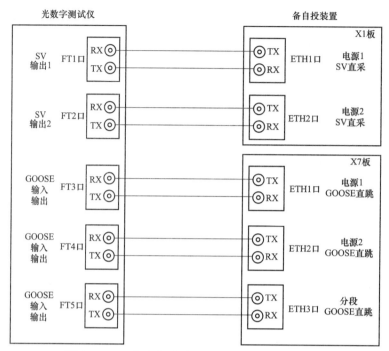

图 4-5-7　备自投方式 1 校验时试验接线示意图

2. 充放电逻辑检验

（1）充电逻辑检验。

配置光数字测试仪 FT1 口 ML1101 SV 采样值，额定延时 1625ms，Ⅰ母三相母线压均为 57.7V，正相序，电源 1 线路电压 100V，且勾选检修状态。

配置光数字测试仪 FT2 口 ML1102 SV 采样值，额定延时 1625ms，Ⅱ母三相母线均为 57.7V，正相序，电源 2 线路电压 100V，且勾选检修状态。

配置光数字测试仪 FT3 口 IL1101 GOOSE 开关量，1QF 断路器位置合位，STJ 开出为 0，，且勾选检修状态。

配置光数字测试仪 FT4 口 IL1102 GOOSE 开关量，2QF 断路器位置分位，STJ 开出为 0，且勾选检修状态。

配置光数字测试仪 FT5 口 IE1101 GOOSE 开关量，QFd 断路器位置合位，STJ 开出为 0，且勾选检修状态。

启动光数字测试仪，输出 SV 和 GOOSE 输出，备自投装置 SV、GOOSE 断链消失，告警灯灭，检查备自投装置Ⅰ母、Ⅱ母母线电压，电源 1、电源 2 线路电压采样正确，1QF、QFd 断路器合位，2QF 断路器分位。持续 15s 备自投装置正常充电。

（2）放电逻辑检验。

备自投装置的放电条件很多，主要包括电压不满足、位置发生变化、手跳及外部闭锁等。试验方法如下：

1）有外部闭锁信号。

配置电源 1 或分段断路器 STJ 开出为 1，检查备自投装置放电。

1QF、2QF、QFd 断路器位置异常、Ux2 低于有压定值延时 15s。

配置 2QF 断路器合位，延时 15s 备自投装置放电。

配置 1QF 或 QFd 断路器分位，延时 15s 备自投装置放电。

配置 Ux2 = 30V，小于"电源有压定值"，延时 15s 备自投装置放电。

2）备自投功能压板退出。

退出装置备自投功能或备自投方式 1 软压板，检查备自投装置放电。

退出备自投方式 1 控制字，检查备自投装置放电。

（3）动作逻辑检验。

1）在备自投装置充电状态下，模拟 Ⅰ 母、Ⅱ 母均失压，电源 2 线路电压正常。

经*s 延时，备自投装置发送跳 1QF GOOSE 报文，检查光数字测试仪接收到保护跳闸 GOOSE 报文，且报文正确。

2）改变 1QF 断路器位置状态，模拟 1QF 断路器确已分闸。

经*s 延时，备自投装置发送合 2QF GOOSE 报文，检查光数字测试仪接收到保护跳闸 GOOSE 报文，且报文正确。

（4）相关定值检验。

相关定值检验包括"母线有压定值""母线无压定值""电源有压定值""电源 1 无流定值""电源 2 无流定值"定值检验，要求过量保护 1.05 倍可靠动作，0.95 倍可靠不动作，欠量保护 0.95 倍可靠动作，1.05 倍可靠不动作。试验中应注意装置采用线电压。

（二）备自投方式 3、方式 4 检验

1. 试验接线及设置

备自投方式 3、方式 4 试验接线与方式 1 相同。

2. 充放电逻辑检验

方式 3 和方式 4 充放电逻辑方法相同，以方式 3 为例介绍，方式 4 可参考开展。

（1）充电逻辑检验。

配置光数字测试仪 FT1 口 ML1101 SV 采样值，额定延时 1625ms，Ⅰ 母三相母线压均为 57.7V，正相序，电源 1 线路电压 100V，且勾选检修状态。

配置光数字测试仪 FT2 口 ML1102 SV 采样值，额定延时 1625ms，Ⅱ 母三相母线均为 57.7V，正相序，电源 2 线路电压 100V，且勾选检修状态。

配置光数字测试仪 FT3 口 IL1101 GOOSE 开关量，1QF 断路器位置合位，STJ 开出为 0,，且勾选检修状态。

配置光数字测试仪 FT4 口 IL1102 GOOSE 开关量，2QF 断路器位置合位，STJ 开出为 0，且勾选检修状态。

配置光数字测试仪 FT5 口 IE1101 GOOSE 开关量，QFd 断路器位置分位，STJ 开出为 0，且勾选检修状态。

启动光数字测试仪，输出 SV 和 GOOSE 输出，备自投装置 SV、GOOSE 断链消失，告警灯灭，检查备自投装置 Ⅰ 母、Ⅱ 母母线电压，电源 1、电源 2 线路电压采样正确，1QF、2QF 断路器合位，QFd 断路器分位。持续 15s 备自投装置正常充电。

（2）放电逻辑检验。

备自投装置的放电条件很多，主要包括电压不满足、位置发生变化、手跳及外部闭锁等。试验方法如下：

1）有外部闭锁信号。

配置电源 1 或电源 2 断路器 STJ 开出为 1，检查备自投装置放电。

1QF、2QF、QFd 断路器位置异常、Ⅰ母、Ⅱ母低于有压定值延时 15s。

配置 QFd 断路器合位，延时 15s 备自投装置放电。

配置 1QF 或 2QF 断路器分位，延时 15s 备自投装置放电。

配置Ⅰ母或Ⅱ母任意一相电压较低，低于，导致母线线电压小于"母线有压定值"，延时 15s 备自投装置放电。

2）备自投功能压板退出。

退出装置备自投功能或备自投方式 3 软压板，检查备自投装置放电。

退出备自投方式 3 控制字，检查备自投装置放电。

（3）动作逻辑检验。

Ⅰ母电压低于无压定值，且 TA1 小于无流定值，Ⅱ母有压时，经"电源 1 跳闸时间"跳 1QF 断路器及Ⅰ母联切出口；确认 1QF 断路器跳开后，经"合分段断路器时间"延时合 QFd 断路器。

1）在备自投装置充电状态下，模拟Ⅰ母失压，且 TA1 小于无流定值，Ⅱ母电压正常。

经*s 延时，备自投装置发送跳 1QF GOOSE 报文，检查光数字测试仪接收到保护跳闸 GOOSE 报文，且报文正确。

2）改变 1QF 断路器位置状态，模拟 1QF 断路器确已分闸。

经*s 延时，备自投装置发送合 QFd GOOSE 报文，检查光数字测试仪接收到保护跳闸 GOOSE 报文，且报文正确。

（4）相关定值检验。

相关定值检验包括"母线有压定值""母线无压定值""电源有压定值""电源 1 无流定值""电源 2 无流定值"定值检验，要求过量保护 1.05 倍可靠动作，0.95 倍可靠不动作，欠量保护 0.95 倍可靠动作，1.05 倍可靠不动作。试验中应注意装置采用线电压。

六、测试结果分析及测试报告编写

（一）装置光口功率测试

装置光口功率测试结果如表 4-5-2 所示：

表 4-5-2   装置光口功率测试结果

序号	光口	用途	光纤波长（nm）	发送功率（dBm）	接收功率（dBm）
1	X1 板 ETH1 口	电源 1 直采	850nm（√）1310nm（　）	−16	−22
2	X1 板 ETH2 口	电源 2 直采	850nm（√）1310nm（　）	−15	−21
3	X7 板 ETH1 口	电源 1 直跳	850nm（√）1310nm（　）	−16	−20
4	X7 板 ETH2 口	电源 2 直跳	850nm（√）1310nm（　）	−17	−21
5	X7 板 ETH3 口	分段直跳	850nm（√）1310nm（　）	−16	−22
结论	合格				
备注	① 1310nm 光纤：发送功率：−20dBm～−14dBm；接收灵敏度：−31～−14dBm； ② 850nm 光纤：发送功率：−19dBm～−10dBm；接收灵敏度：−24～−10dBm				

（二）采样精度检查

采样精度检查结果如表 4-5-3 所示：

表 4-5-3　　　　　　　　采 样 精 度 检 查 结 果

项目		$5V/0.1I_n$ $Atg（U/I）=0°$	$30V/0.5I_n$ $Atg（U/I）=45°$	U_n/I_n $Atg（U/I）=90°$
CPU	U_{a1}	4.998∠0°	30.001∠0°	57.740∠0°
	U_{b1}	4.997∠121°	30.000∠121°	57.741∠121°
	U_{c1}	5.001∠240°	30.001∠240°	57.739∠240°
	U_{ab1}	8.661∠-30°	51.961∠-30°	100.008∠-30°
	U_{bc1}	8.660∠91°	51.962∠90°	100.006∠90°
	U_{ca1}	8.660∠210°	51.962∠210°	100.007∠210°
	U_{L1}	4.999∠0°	30.000∠0°	100.002∠0°
	I_{a1}	0.499∠0°	2.501∠-45°	5.001∠-90°
	I_{b1}	0.500∠121°	2.501∠75°	4.999∠31°
	I_{c1}	0.499∠241°	2.500∠194°	5.000∠150°
	U_{a2}	4.998∠0°	30.001∠0°	57.740∠0°
	U_{b2}	4.997∠121°	30.000∠121°	57.741∠121°
	U_{c2}	5.001∠240°	30.001∠240°	57.739∠240°
	U_{ab2}	8.661∠-30°	51.961∠-30°	100.008∠-30°
	U_{bc2}	8.660∠91°	51.962∠90°	100.006∠90°
	U_{ca2}	8.660∠210°	51.962∠210°	100.007∠210°
	U_{L2}	4.999∠0°	30.000∠0°	100.002∠0°
	I_{a2}	0.499∠0°	2.501∠-45°	5.001∠-90°
	I_{b2}	0.500∠121°	2.501∠75°	4.999∠31°
	I_{c2}	0.499∠241°	2.500∠194°	5.000∠150°
结论		合格		
备注		① 应根据现场装置的实际配置情况，增减装置的采样记录； ② 误差计算应统一使用引用误差，即（装置显示电流－试验电流）×100%/I_n； ③ 交流电流在 $0.05I_n \sim 20I_n$ 范围内，相对误差不大于 2.5% 或绝对误差不大于 $0.01I_n$； ④ 交流电压在 $0.01U_n \sim 1.5U_n$ 范围内，相对误差不大于 2.5% 或绝对误差不大于 $0.002U_n$		

（三）开入量检查

开入量检查结果如表 4-5-4 所示：

表 4-5-4　　　　　　　　开 入 量 检 查 结 果

序号	压板类型	压板名称	测试结果	
			遥控操作	就地操作
1	功能软压板	远方投退压板	—	√
2		远方切换定值区	—	√
3		远方修改定值	—	√

续表

序号	压板类型	压板名称	测试结果	
			遥控操作	就地操作
4	功能软压板	备自投功能软压板	√	√
5		联切功能软压板	—	√
6		备自投方式 1 软压板	√	√
7		备自投方式 2 软压板	√	√
8		备自投方式 3 软压板	√	√
9		备自投方式 4 软压板	√	√
10	MU 软压板	电源 1 SV 接收软压板	√	√
11		电源 2 SV 接收软压板	√	√
12		分段（桥）SV 接收软压板	√	√
13	GOOSE 发送软压板	跳电源 1 断路器软压板	√	√
14		跳电源 2 断路器软压板	√	√
15		跳分段断路器软压板	√	√
16		合电源 1 断路器软压板	√	√
17		合电源 2 断路器软压板	√	√
18		合分段断路器软压板	√	√
19	硬压板开入	保护检修状态	—	√
20		远方操作	—	√
21	其他	信号复归	√	√
结论		合格		

（四）GOOSE 开入检查

使用数字化继电保护测试仪向被测装置开入 GOOSE 报文，检查被测装置开入信号是否正确变位，且能够正确响应该 GOOSE 报文。测试结果如表 4-5-5 所示：

表 4-5-5　　　　　　　　　　GOOSE 开入检查测试结果

序号	检查项	对侧设备名称	测试结果
1	电源 1 跳位	1QF 断路器位置	√
2	备自投总闭锁 1	1QF 断路器 STJ 信号	√
3	电源 2 跳位	2QF 断路器位置	√
4	备自投总闭锁 2	2QF 断路器 STJ 信号	√
5	分段跳位	QFd 断路器位置	√
6	备自投总闭锁 3	QFd 断路器 STJ 信号	√

（五）备自投功能校验

1. 备自投方式 1

一次设备运行方式：1QF、QFd 合位，2QFd 分位。

整定值：母线有压定值 = 70V。

线路有压定值=70V。

线路有流定值=0.5A（如表4-5-6所示）。

表4-5-6　　　　备自投方式1校验项目模拟量及动作情况

序号	项目	模拟量	动作情况
1	母线有压定值	0.95倍定值	备自投动作，经＿＿s延时后跳开电源1，确认电源1跳开后，再经＿＿s后合上电源2断路器
		1.05倍定值	备自投不动作
2	线路有压定值	0.95倍定值	备自投不充电
		1.05倍定值	备自投充电完成
3	线路有流定值	0.95倍定值	备自投动作，跳开电源1，确认电源1跳开后，再合上电源2断路器
		1.05倍定值	备自投不动作
结论			合格

2. 备自投方式2

一次设备运行方式：2QF、QFd合位，1QF分位（如表4-5-7所示）。

表4-5-7　　　　备自投方式2校验项目动作情况

项目	动作情况
进线备自投	Ⅰ母和Ⅱ母均无压，电源1UL1有压，备自投动作，经＿＿s延时后跳开电源2，确认电源2跳开后，再经＿＿s后合上电源1断路器
结论	合格

3. 备自投方式3/4

一次设备运行方式：1QF、2QF合位，QFd分位（如表4-5-8所示）。

表4-5-8　　　　备自投方式3/4校验项目动作情况

项目	动作情况
母联备自投	Ⅰ母失压，Ⅱ母有压，备自投动作，经延时后跳开1QF，确认1QF跳开后，合上QFd断路器
	Ⅱ母失压，Ⅰ母有压，备自投动作，经延时后跳开2QF，确认2DL跳开后，合上QFd断路器

（六）保护整组试验

保护整组试验结果如表4-5-9所示：

表4-5-9　　　　　　　　　　　保护整组试验结果

故障类型	备自投类型	保护动作报告	保护装置信号	开关动作情况	检查结果
电源1故障	方式1		跳闸（√） 合闸（√）	电源1断路器跳闸（√） 电源2断路器合闸（√）	√
	方式3		跳闸（√） 合闸（√）	电源1断路器跳闸（√） 母联断路器合闸（√）	√

续表

故障类型	备自投类型	保护动作报告	保护装置信号	开关动作情况	检查结果
电源 2 故障	方式 2		跳闸（√） 合闸（√）	电源 2 断路器跳闸（√） 电源 1 断路器合闸（√）	√
	方式 4		跳闸（√） 合闸（√）	电源 2 断路器跳闸（√） 母联断路器合闸（√）	√
手跳闭锁	电源 1 手跳闭锁备自投功能检查				√
	电源 2 手跳闭锁备自投功能检查				√
结论	合格				
备注	① 装置在做完整定检验后，需要将同一被保护设备的所有保护装置连在一起进行整组的检查试验，以校验各装置在故障及重合闸过程中的动作情况和保护回路设计正确性及调试质量；② 同一被保护设备的各套保护电流回路从保护屏端子排处串联，电压回路并联进行试验；③ 整组传动应模拟实际运行投入所有功能压板，保护动作报告应记录完整，要求记录保护动作时间，试验结束，应清空装置中跳闸及异常报告				

（七）检修机制检查

1. 备自投保护 SV 检修机制检查（如表 4-5-10 所示）

表 4-5-10　　　　　　　备自投保护 SV 检修机制检查结果

序号	电源 1 合并单元投检修	本装置投检修	预期测试结果	测试结果
1	0	0	正常动作	√
2	0	1	不动作	√
3	1	1	正常动作	√
4	1	0	不动作	√
结论	合格			
备注	① 投入正常运行时所有常投的软、硬压板；② 合并单元处于检修状态时，发送的 SV 报文品质中 "test" 位置 1，相关联的设备运行状态不响应该 SV 报文，只有同样处于检修状态时才正常响应			

2. 备自投保护 GOOSE 检修机制检查（如表 4-5-11 所示）

表 4-5-11　　　　　　　备自投保护 GOOSE 检修机制检查结果

序号	本装置投检修	智能终端投检修	预期测试结果	测试结果
1	0	0	相关联装置响应备自投保护命令	√
2	0	1	相关联装置不响应备自投保护命令，各装置正确告警	√
3	1	1	相关联装置响应备自投保护命令	√
4	1	0	相关联装置不响应备自投保护命令，各装置正确告警	√
结论	合格			
备注	① 投入正常运行时所有常投的软、硬压板；② 合并单元、智能终端、保护装置等 IED 装置处于检修状态时，发送的 GOOSE 报文品质中 "test" 位置 1，相关联的设备在运行状态不响应该 GOOSE 报文，只有同样处于检修状态时才正常响应；③ 检修机制配合应检查发送和接收双向数据传输			

八、测试注意事项

（1）备自投装置的交流输入回路主要包括母线各段电压，线路电压（进线备自投）进线电流等。备自投的装置的交流输入量较多，因此对备自投装置的交流输入系统应认真检查，对电压应注意是相电压还是线电压。

（2）由于备自投的逻辑功能涉及断路器及其他保护等相关信息，除了功能连接片外，还包括各种位置输入信息、外部开入（如闭锁开入）等，应对每一种开入尽量从信号原始端进行检验。

（3）备自投的输出系统较多，尤其涉及多个断路器的跳合闸输出，在不能进行断路器传动下，可通过智能变电站网络报文分析仪、录波器等报文进行分析检验。如果条件具备，可采用断路器传动试验方法，保证备自投系统的可靠性。

（4）在调试过程中，务必做好二次安全措施，防止误跳运行间隔。

【任务小结】

本任务的学习重点包括能根据主接线图简述系统运行方式，理解备自投装置充放电条件，读懂动作逻辑图，简述动作过程，牢记备自投调试过程中的危险点和对应的控制措施，掌握 110kV 备自投调试方法。通过学习，保证调试过程的标准化，在工作中树立安全意识、风险防范意识，培养细心、严谨的工作态度。

【模块小结】

本模块重点学习 GIS 组合电器继电保护相关项目内容，包括 110kV 智能变电站继电保护及安全自动装置配置、110kV 智能变电站线路保护调试、110kV 智能变电站变压器保护装置调试、智能变电站母差保护调试、110kV 智能变电站备自投装置调试等。在学习中需要注意结合工作实际理解学习内容，实操与理论相结合，促进理解与应用。

模块五

自动化运维

【模块描述】

本模块主要讲解 GIS 组合电器自动化运维相关项目内容，包括调度自动化系统站端组成与功能、典型间隔扩建自动化设备配置两个关键任务。通过上述内容讲解，帮助学员准确了解调度自动化系统的基本理论和原理，掌握自动化设备配置要点和相关技能。

【模块描述】

本模块主要讲解自动化运维相关项目内容，包括调度自动化系统站端组成与功能、典型间隔扩建自动化设备配置两个关键任务。通过上述内容讲解，帮助学员准确了解调度自动化系统的基本理论和原理，掌握自动化设备配置要点和相关技能。

任务一：调度自动化系统站端组成与功能

【任务描述】

本任务主要在教室内，学习站端自动化系统的结构与组成、站端系统和站内自动化设备的功能。

【任务目标】

知识目标	1. 简述站端调度自动化系统的基本结构与组成； 2. 能完整说出站端系统的基本功能和站内自动化设备的功能
技能目标	1. 能够画出实训室网络拓扑图，并能够分析各个设备所在安全分区是否合适； 2. 能够根据各自动化设备功能设计组网
素质目标	通过本任务学习，使作业人员在日后工作中保持清晰的工作思路及良好的工作习惯

【知识与技能】

一、站端调度自动化系统的结构与组成

调度自动化系统主要由三部分组成：厂站端系统；信息传输系统；调度主站系统。厂站调度自动化系统的结构与组成如图 5-1-1 所示。

智能化变电站中，一、二次设备按照三层两网结构进行划分和部署，主要功能如下：

三层：过程层、间隔层和站控层。

（1）过程层包括变压器、断路器、隔离开关、电流/电压互感器等一次设备及其所属的智能组件以及独立的智能电子装置。

（2）间隔层包括继电保护装置、系统测控装置、监测功能组主 IED 等二次设备，实现使用一个间隔的数据并且作用于该间隔一次设备的功能，即与各种远方输入/输出、传感器和控制器通信。

（3）站控层包括自动化站级监视控制系统、站域控制、通信系统、对时系统等，实现面向全站设备的监视、控制、告警及信息交互功能，完成数据采集和监视控制（SCADA）、操作闭锁以及同步相量采集、电能量采集、保护信息管理等相关功能。

两网：站控层网络和过程层网络

（4）站控层网络：站控层网络设备包括站控层中心交换机和间隔交换机。站控层中心交换机连接数据通信网关机、监控主机、综合应用服务器、数据服务器等设备，间隔交换机连接间隔内的保护、测控和其他智能设备。间隔交换机与中心交换机通过光纤或网线连成同一物理网络。站控层和间隔层之间的网络通信协议采用 MMS，故也称为 MMS 网。

（5）过程层网络：过程层网络包括 GOOSE 网和 SV 网。GOOSE 网用于间隔层和过程层设备之间的状态与控制数据交换。GOOSE 网一般按电压等级配置，220kV 以上电压等级采用双网，保护装置与本间隔的智能终端之间采用 GOOSE 点对点通信方式。SV 网用于间隔层和过程层设备之间的采样值传输，保护装置与本间隔的合并单元之间也采用点对点的方式接入 SV 数据。也就是我们常说的"直采直跳"。

二、站端系统的基本功能

目前调度自动化系统中站端系统的主要设备有远动装置、测控装置、监控主机等。系统主要功能有遥测、遥信、遥控、遥调和通信五大方面。

（一）遥测

遥测是指将站端的有功功率、无功功率、电压、电流、频率等电气参数及主变压器档位、温度等参数远距离传送给调度中心。这些被测参数是随时间连续变化的模拟量，也称遥测量。

（二）遥信

遥信是指将站端设备的状态信号远距离传送给调度中心。设备的状态信号含变电站中断路器、隔离开关、接地刀闸位置信号、继电保护动作信号、告警信号，以及一些运行状态信号，如变电站设备事故总信号、设备的运行故障信号等。

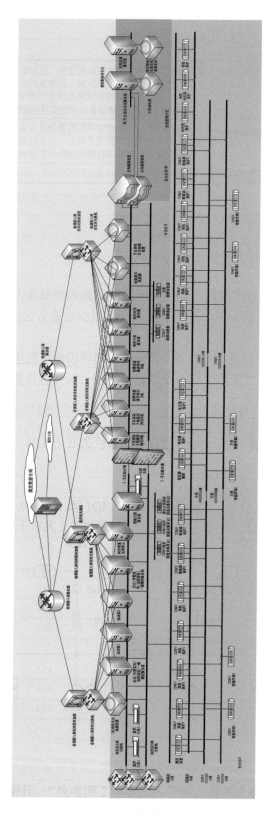

图 5-1-1 厂站调度自动化系统的结构与组成

（三）遥控

遥控是指从调度中心或变电站监控后台发出命令以实现对设备进行远方操作。这种命令通常只有两种状态指令，例如命令断路器的"合""分"指令。它可以实现远程控制站内断路器、隔离开关的运行状态、投切补偿电容和电抗器、继电保护软压板的投退等。

（四）遥调

遥调是指调度中心或变电站监控后台远方调整站内设备的各种参数，例如站内变压器的挡位调节。遥调对象一般为变压器的分接头。通过对遥调信息的执行，可以达到调节系统运行电压的目的。

（五）通信

通信是指站端设备通过调度数据网与多个调度主站进行数据通信，传递变电站各种运行数据、设备状态及保护动作情况。

三、站内自动化设备

（一）测控装置的主要功能

测控装置是指承担着变电站数据采集、处理，对断路器、隔离开关进行控制的等重要任务，变电站监控装置获取现场数据信息，并进行各种分析的装置。同时变电站可通过测控装置对断路器、隔离开关等设备进行分、合操作，利用测控装置还可对有载调压变压器调压，电容器投、退，同期合闸数据运算和判别并实现其控制。

（二）远动装置的主要功能

远动装置是指接收间隔层测控装置、保护装置数据，进行必要处理，按照调度端所要求的远动通信规约（104 规约），完成与调度端的数据交换的装置。通过远动装置传输的内容包括：① 电网实时运行的量测值和状态信息；② 保护动作及告警信息（保护启动、动作及告警信号）；③ 设备运行状态的告警信息（设备自检和告警信息）；④ 调度操作控制命令。

（三）监控主机的主要功能

监控主机是站内综合自动化系统的主要人机界面，用于图形及报表显示、事件记录、报警状态显示和查询、设备状态和参数的查询、操作控制命令下达等。通过监控主机运行人员能够实现对全站电气设备的运行监测和操作控制。同时监控主机也可以供综合自动化系统维护人员进行系统维护使用，可完成数据库的定义和修改，系统参数的定义和修改，以及网络维护等工作。

【任务小结】

站端自动化系统可以说是由智能电子装置 IED 和后台控制系统所组成的变电站运行控制系统。通过本节的学习，学员应掌握站端调度自动化系统的基本结构与组成，能完整说出站端系统三层两网的基本功能和站内自动化设备的功能。

任务二：典型间隔扩建自动化设备配置

【任务描述】

本任务主要在室内实训室依据现有设备，模拟 110kV 线路扩建工作，进行相关自动化设备进行配置。

【任务目标】

知识目标	了解自动化设备配置流程和相关要点
技能目标	掌握自动化设备配置技能
素质目标	通过任务实施，保证工作流程标准化，养成良好的工作习惯和严谨的工作态度

【知识与技能】

一、工作任务

XX 变电站 110kV 母线为双母接线，现扩建一条 110kV 线路，TV 变比：110kV/100；CT 变比：1000/5，SCD 文件已制作完毕。完善监控主机、远动装置、新间隔测控装置配置。

二、测控装置的配置

（一）测控装置功能配置

1. 间隔主接线图显示

装置采用全中文大屏幕液晶显示，可显示本间隔线路主接线图。

2. 遥信

每组开入可以定义成多种输入类型，如状态输入（重要信号可双位置输入）、告警输入、事件顺序记录（SOE）、主变分接头输入等，同时具有单路设置遥信开入防抖延时功能。

3. 遥控

可接受主站下发的遥控命令，完成控制软压板、断路器及其周围等操作。装置还提供了就地操作功能，有权限的用户可通过按钮直接对主接线图上对应的断路器及其周围刀闸进行分合操作。

4. 交流量采集

根据不同电压等级要求能上送本间隔三相电压有效值、三相电流有效值、$3U_0$、$3I_0$、有功、无功、频率等，谐波量可通过面板菜单查看。

5. 直流量采集

装置具备 GOOSE 直流与常规直流量采集传输功能，用于传输主变油面温度、绕组温度以及智能户外柜的温湿度等信息。

6. 有载调压

装置可采集上送主变分接头档位（全遥信、BCD 码、十六进制和十进制模式），能响应当地主站发出的遥控命令（升、降、停），调节变压器分接头位置。

7. 同期功能

可根据需要选择检无压、检同期方式，完成同期合闸功能。

8. 记录存储功能

装置记录存储功能满足以下要求：

（1）具备存储 SOE 记录、操作记录、告警记录、安全记录及运行日志功能；

（2）装置掉电时，存储信息不丢失；

（3）装置存储每种记录的条数不少于 2000 条。

9. 网络风暴抑制功能

装置具备网络风暴抑制功能，风暴抑制功能根据网络数量流量自动开启与关闭，无需人为进行功能投退。

10. 对时功能

装置支持网络对时（SNTP）、脉冲对时、IRIG－B 对时方式、1588 对时方式进行时钟同步，对时功能满足以下要求：

（1）支持接收电 IRIG－B 码时间同步信号；

（2）具备同步对时状态指示标识，且具有对时信号可用性识别的能力；

（3）支持基于 NTP 协议实现时间同步管理功能；

（4）支持基于 GOOSE 协议实现过程层设备时间同步管理功能；

（5）支持时间同步管理状态自检信息主动上送功能。

（二）测控装置硬件配置

1. 面板布置（见图 5－2－1）

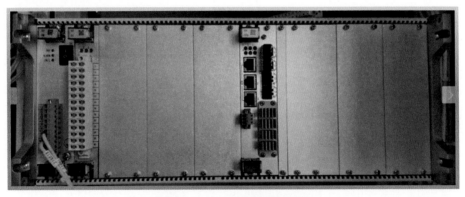

图 5－2－1 测控装置背视图

CSI－200F 为标准 19 英寸宽 4U 高机箱。装置前面板配有一块 320×240 点阵的液晶显示器，一个 9 键的键盘，6 个信号指示灯，一个用于和 PC 机通信用的百兆 RJ45 以太网调试口。

6 个信号灯由上至下分别是："运行""告警""检修""对时异常""就地状态""解除

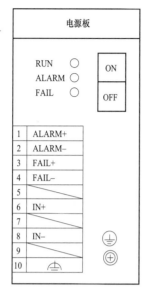

图 5-2-2 测控装置电源插件

闭锁"。

按键包括："预留键""+"" - ""取消""确认"及4个方向键，"+"与" - "具有更改数据和翻页功能，按键功能请参阅"5.1MMI 按键使用及 LED 灯说明"。

2. 电源插件（见图 5-2-2）

板件说明：

（1）本板件输入电压支持 AC/DC220V、DC110V；

（2）电源板件1与2、3与4端子为信号空触点输出；

（3）指示灯说明：

1）RUN：绿色灯，表示电源上电、正常输出；电源内部检测到输出欠压后熄灭此灯；

2）ALARM：红色告警灯，与"装置告警"1、2 开出对应，灯亮则开出导通；

3）FAIL：红色故障灯，与"装置故障"开出 3、4 对应，为装置故障和失电告警组合逻辑；

3. CPU 插件（见图 5-2-3）

板件说明：

（1）该插件板为装置的核心插件板，负责整装置的对外通信、SV/GOOSE 数据采集、交直流数据量计算、同期、人机接口，存储等功能。

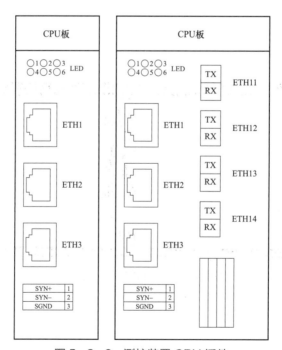

图 5-2-3 测控装置 CPU 插件

（2）4 对 LC 光纤接口，每个口均支持组网和点对点，均支持 SV 和 GOOSE 接收

（3）B 码、SNTP、秒脉冲、分脉冲

（4）三个 MMS 通信口（172.020.001.016）

4. 开入插件（见图 5-2-4）

插件说明：

（1）开入电压 DC110/220V 兼容；

（2）开入插件具备 27 路强电开入，其中 28 端子"开入-"为所有开入负电公共端；

（3）开入顺序从左到右，从上到下，双点开入，合位在前，分为在后；

（4）根据装置型号不同配置 1～3 块，地址跳线区分

（5）开入防抖延时可整定

5. 人机插件（见图 5-2-5）

插件说明：

（1）装置面板 6 个信号灯由上至下分别是："运行""告警""检修""对时异常""就地状态""解除闭锁"。

开入板（强电）		
○1　○2　○3LED		
1	开入01+	开入02+	2
3	开入03+	开入04+	4
5	开入05+	开入06+	6
7	开入07+	开入08+	8
9	开入09+	开入10+	10
11	开入11+	开入12+	12
13	开入13+	开入14+	14
15	开入15+	开入16+	16
17	开入17+	开入18+	18
19	开入19+	开入20+	20
21	开入21+	开入22+	22
23	开入23+	开入24+	24
25	开入25+	开入26+	26
27	开入27+	开入-	28

图 5-2-4　测控装置开入插件

（2）四方按键进入装置操作

（3）复归按钮，如果装置有装置故障告警（运行灯熄灭），此时按下装置复归，装置会重启。

（4）调试网口，下载程序和配置、调试调试

（5）循环显示界面，显示主接线图、遥测、遥信，时间，对时状态

（6）界面分区，上方显示菜单内容，如果操作时有告警，在下方界面弹出告警信息

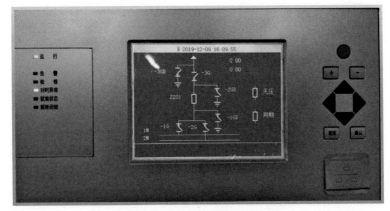

图 5-2-5　测控装置人机插件

（三）测控装置显示界面

1. 菜单说明

在循环显示界面按"取消"键进入，液晶显示（如图 5-2-6 所示）：

2. 运行信息

（1）遥测信息。

1）一次值。

该菜单的显示可配置，根据交流板通道配置显示相关模拟量信息，交流板采集交流量信息描述符合国网四统一四规范要求（如图 5-2-7 所示）。

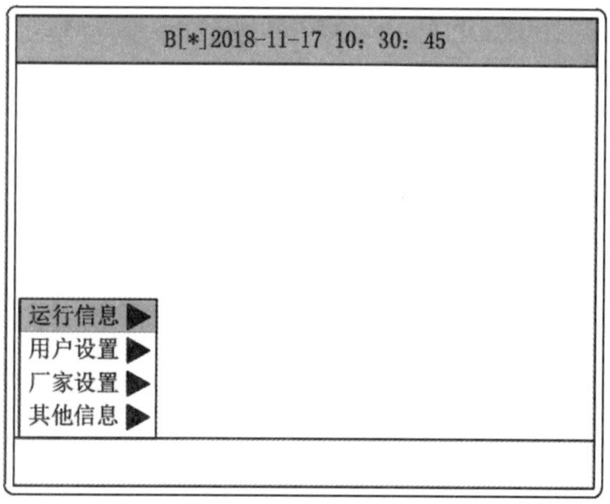

B[*]2018-11-17 10：30：45
运行信息 ▶
用户设置 ▶
厂家设置 ▶
其他信息 ▶

图 5-2-6　主菜单视图

模拟量一次值		1/2
Uab	110.030	kV
Ubc	110.020	kV
Uca	110.040	kV
Ia1	999.998	A
Ib1	999.997	A
Ic1	1000.002	A
Ia2	1000.005	A
Ib2	1000.000	A
Ic2	999.998	A

图 5-2-7　遥测信息——一次有效值视图

2）二次值。

该菜单的显示可配置，根据交流板通道配置显示相关模拟量信息，交流板采集交流量信息描述符合国网要求（如图 5-2-8 所示）。

3）同期信息。

该菜单显示同期信息计算值，仅支持同期功能的 CSI-200F-GA/G-1、CSI-200F-DA-1/2 类装置有此菜单（如图 5-2-9 所示）。

模拟量二次值		1/2
Uab	100.000	V
Ubc	100.000	V
Uca	100.000	V
Ia1	1.000	A
Ib1	1.000	A
Ic1	1.000	A
Ia2	1.000	A
Ib2	1.000	A
Ic2	1.000	A

图 5-2-8　遥测信息——二次有效值视图

同期信息		1/1
测量侧电压	57.73	V
测量侧频率	50.00	Hz
抽取侧电压	57.73	V
抽取侧频率	50.00	Hz
压差	0.000	V
角差	0.000	°
频差	0.000	Hz
滑差	0.000	Hz/s

图 5-2-9　遥测信息——同期信息视图

4）直流信息。

该菜单显示装置采集的直流量相关信息，CSI-200F-DA/GA 类装置采集的 48 路 GOOSE 直流量信息；CSI-200F-G 类装置直流板采集量，共 6 路直流信息。直流量信息名称描述与数量符合国网要求（如图 5-2-10 所示）。

5）档位信息。

该菜单仅在 CSI-200F-DA/GA-1（如图 38 上）、CSI-200F-G-1（如图 38 下）类装置测控下显示，其中 GO 挡位 1、GO 挡位 2、GO 挡位 3 为分相，CSI-200F-G-1 类装置该菜单内仅显示"挡位"（如图 5-2-11 所示）。

直流信息		1/1
直流量1		1.999
直流量2		4.002
直流量3		6.001
直流量4		7.998
直流量5		14.001
直流量6		18.001

图 5-2-10　遥测信息——直流信息

档位信息		1/1
GO档位1		6
GO档位2		6
GO档位3		6

图 5-2-11　遥测信息——挡位信息

6）时钟监视信息。

该菜单内显示的内容主要是过程层时间管理功能信息，可以与变电站系统内的对时系统闭环管理。一台测控装置最多可以管理 8 台过程层装置。主要包括：对时 1～8 时间偏差值、对时测量 1～8 服务状态、被测对象 1～8 服务状态信息（如图 5-2-12 所示）。

（2）遥信信息。

1）双点信息。

该菜单显示刀闸、开关位置等 GOOSE 双点状态、硬开入双点合成状态信息显示，不同型号的装置信息点描述有差异，其中未关联的虚端子显示默认状态（00），状态 00 表示中间态，01 表示分位状态，10 表示合位状态，11 表示错误态，CSI-200F-G-3 类装置无此菜单（如图 5-2-13 所示）。

时钟监视信息		1/3
对象1时间偏差	0.000	ms
对象2时间偏差	0.000	ms
对象3时间偏差	0.000	ms
对象4时间偏差	0.000	ms
对象5时间偏差	0.000	ms
对象6时间偏差	0.000	ms
对象7时间偏差	0.000	ms
对象8时间偏差	0.000	ms
对时测量1服务状态	1	

图 5-2-12　遥测信息——时钟监视信息

双点信息		1/2
断路器总位置		10
断路器A相位置		10
断路器B相位置		10
断路器C相位置		10
对象02		10
对象03		10
对象04		10
对象05		00
对象06		01

图 5-2-13　遥信信息——双点信息

2）单点开入。

该菜单显示 GOOSE 单点的状态信息，不同型号的装置信息点描述有差异，其中未关联的虚端子显示默认状态"0"，单点 GOOSE 信号总共 256 个，"0"表示分位状态，"1"表示合位状态。对于 CSI-200F-DA-1/2 和 CSI-200F-GA-1 类装置第一个单点开入为"GO 手合信号"，CSI-200F-G 类装置无此菜单（见图 5-2-14）。

3）硬开入状态。

该菜单显示硬开入信息的状态，不同型号的装置信息点描述有差异，其中"1"为合位状态、"0"为分位状态（见图 5-2-15）。

单点开入	1/29
手合同期开入	1
过程层设备检修1	0
过程层设备检修2	0
过程层设备检修3	0
过程层设备检修4	0
过程层设备检修5	0
过程层设备检修6	0
过程层设备检修7	0
过程层设备检修8	0

图 5-2-14　遥信信息——单点信息

硬开入状态	1/3
检修状态	1
就地状态	0
解锁状态	0
硬开入状态04	0
硬开入状态05	0
硬开入状态06	0
硬开入状态07	0
硬开入状态08	0
硬开入状态09	0

图 5-2-15　遥信信息——硬开入状态

4）联闭锁状态。

该菜单显示开关刀闸的五防逻辑闭锁状态信息，其中"1"表示逻辑允许，"0"表示逻辑闭锁，共 13 组，方便现场排查开入、刀闸无法操作问题（见图 5-2-16）。

5）软压板状态。

该菜单显示装置的压板信息状态，"1"为压板投入状态，"0"为压板退出状态，"GOOSE 出口压板"退出状态下，装置发送状态信息为 0 的心跳报文（见图 5-2-17）。

联闭锁状态	1/5
断路器分允许	1
断路器合允许	1
断路器操作允许	1
对象02分允许	0
对象02合允许	0
对象02操作允许	0
对象03分允许	0
对象03合允许	0
对象03操作允许	0

图 5-2-16　遥信信息——联闭锁状态

软压板状态	1/1
GOOSE出口压板	1
TA断线告警压板	0
TA断线告警1压板	0
TA断线告警2压板	0
零序越限告警压板	0

图 5-2-17　遥信信息——软压板状态

（3）状态信息。

1）运行状态。

该菜单显示装置当前的运行状态，包括装置对时异常信息、内部工作电压、装置温度、光口发送/接收光功率（CSI-200F-G 类装置无此内容）等信息，光口发送/接收光功率只有插上光纤后才会显示实时数据（见图 5-2-18）。

2）通信状态。

该菜单包含有间隔层 GOOSE 通信状态、过程层 GOOSE 通信状态和 SV 通信状态等信息，其中 0 表示"通信正常"，1 表示"通信中断"（见图 5-2-19～图 5-2-21）。

运行状态		1/2
对时信号状态	0	
对时服务状态	0	
时间跳变侦测状态	0	
内部工作电压1	3.285	V
内部工作电压2	5.026	V
装置温度	44.000	℃
光口1收功率	-40.000	dBm
光口1发功率	-16.968	dBm
光口2收功率	-40.000	dBm

图 5-2-18 状态信息——运行状态

通信状态	1/3
站控层GOOSE总告警	0
站控层G001-A网中断	0
站控层G001-B网中断	0
站控层G002-A网中断	0
站控层G002-B网中断	0
站控层G003-A网中断	0
站控层G003-B网中断	0
站控层G004-A网中断	0
站控层G004-B网中断	0

图 5-2-19 状态信息——间隔 GO 通信状态

通信状态	1/6
过程层GOOSE总告警	1
过程层G001中断	1
过程层G002中断	1
过程层G003中断	0
过程层G004中断	0
过程层G005中断	0
过程层G006中断	0
过程层G007中断	0
过程层G008中断	0

图 5-2-20 状态信息——过程 GO 通信状态

通信状态	1/2
SV总告警	1
SV失步	0
SV丢点	0
SV01中断	1
SV02中断	0
SV03中断	0
SV04中断	0
SV05中断	0
SV06中断	0

图 5-2-21 状态信息——SV 通信状态

3）告警状态。

该菜单内显示装置告警状态信息，例如：装置异常、TV/TA 断线、$3U_0$ 越限、$3I_0$ 越限等（见图 5-2-22）。

（4）记录查询。

该菜单可查询告警记录、操作记录、SOE 记录。并支持最新 1 条、最新 6 条、时间、数目索引四种查询方式。

1）告警记录：查询装置的告警信息；

2）操作记录：查询转置的传动及遥控记录；

3）SOE 记录：查询装置的 SOE 变位记录（见图 5-2-23）。

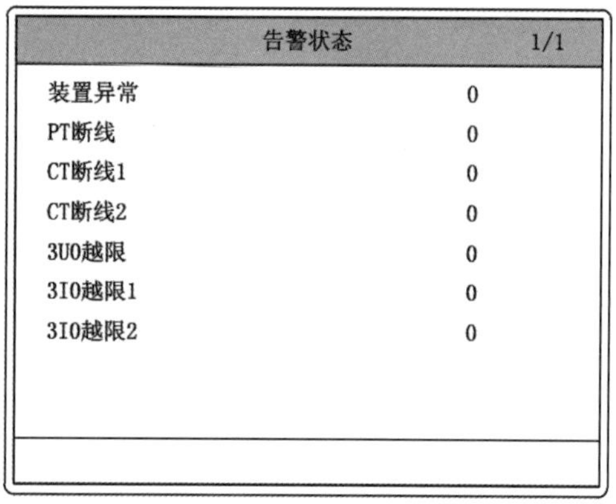

图 5-2-22　状态信息——告警状态

图 5-2-23　记录查询方式选择界面

以查询"事件记录"为例：

1）最新 1 条报告：查询最新的 1 条记录信息。

2）最新 6 条报告：查询最新的 6 条记录信息（见图 5-2-24）。

3）时间方式：根据设置的起始时间和结束时间，列出离起始时间最近的记录信息，最大 100 条，根据选择的时间显示相应的记录。

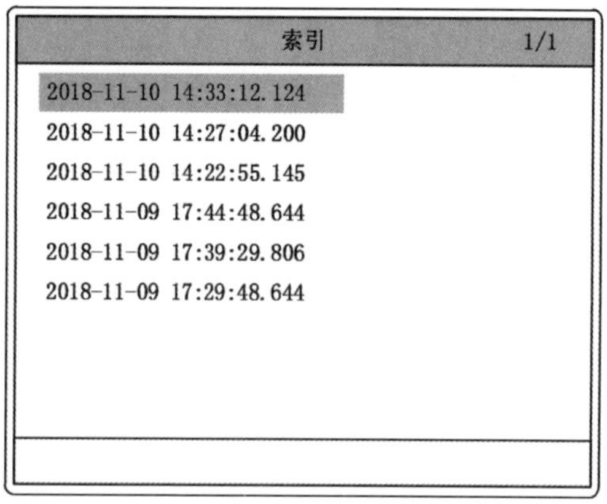

图 5-2-24　记录查询——最新 6 条索引界面

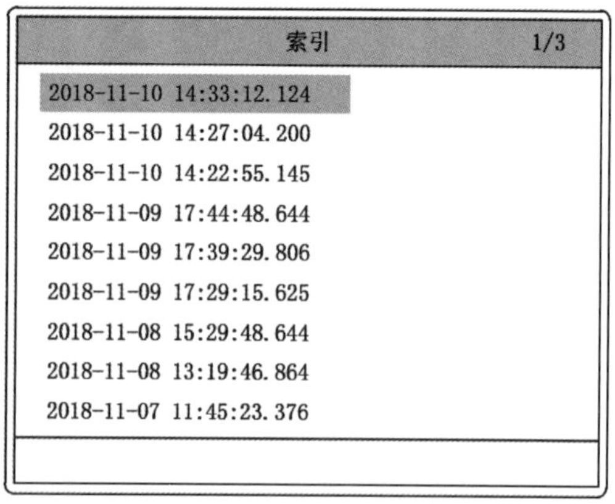

图 5-2-25　记录查询——时间索引界面

4）数目方式：查询离当前时间最近的记录信息，最大 100 条，索引界面同"时间方式"（见图 5-2-26）。

5）报告查询结果：根据索引界面，选择需要查看的信息，例如第一条，查询结果如图 5-2-27 所示。

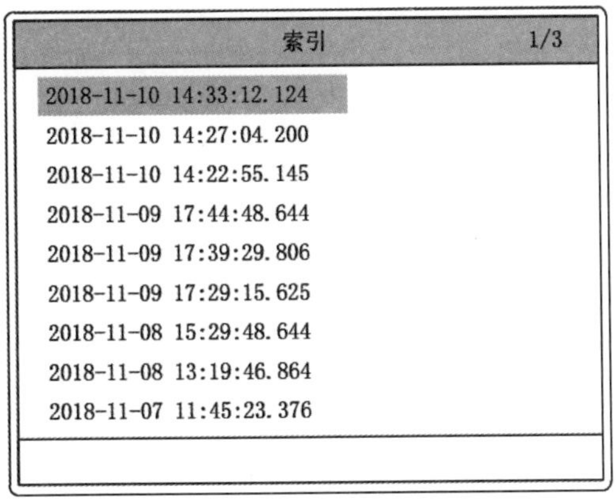

图 5-2-26 记录查询-数目索引界面

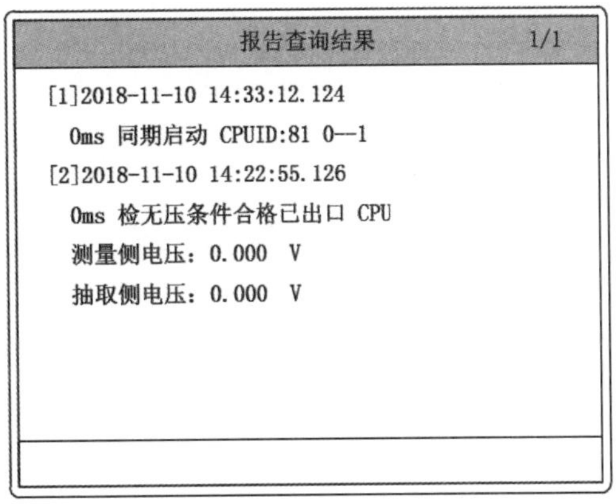

图 5-2-27 报告查询结果

（5）装置信息。

1）唯一性编码。

四方测控装置入网唯一识别码，其中"SFJB"字母为厂家代号，"40000****"代表不同类型的装置订货信息代码，"18000100"代表该类型装置18年生产序号（见图5-2-28）。

2）程序版本。

该版本信息为装置国网送检通过版本，投运前需要仔细核对各型号装置版本与送检版本保持一致，版本信息界面符合国网要求，具体显示如图5-2-29所示。

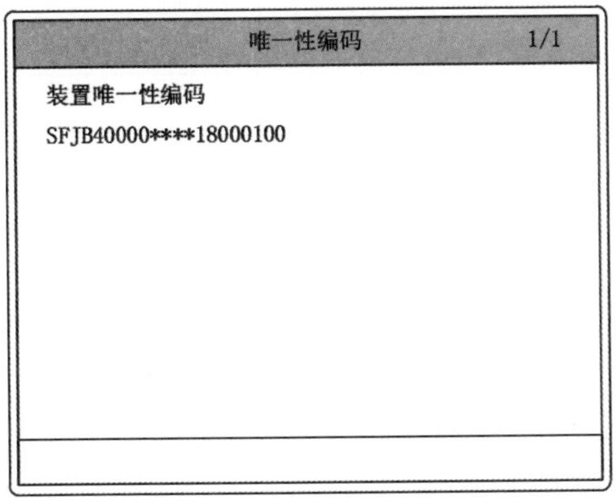

图 5-2-28 唯一性编码

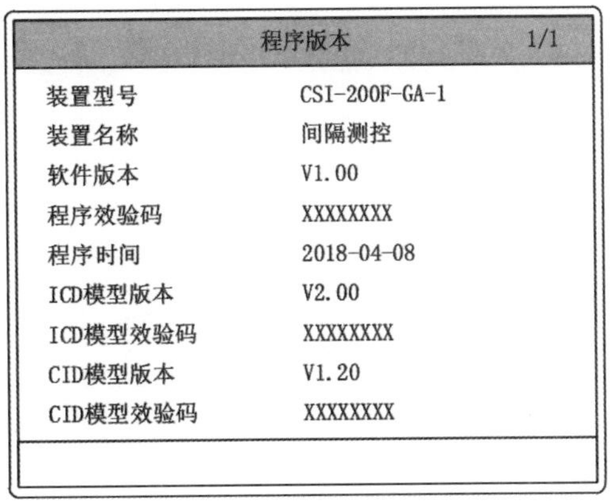

图 5-2-29 程序版本

3）用户设置。

该菜单用来管理用户设置的参数，包括遥测参数、遥信参数、遥控参数、同期参数、压板设置和用户权限密码管理几个方面。

用户进入该菜单内设置相关参数、投退压板前需要先以满足权限的用户登录（厂家用户无权限），若用户未登录进行设置，在密码验证界面最后一行会提示："[1] 未登录，请先登录！"。同时装置需要进入就地状态（即就地状态置 1）方可进行相关操作，若就地状态不为"1",在操作时界面最下端会提示:定值操作/压板操作失败原因:就地条件不满足。用户登录后未进行任何操作,3分钟后用户登录失效,若要设置需要重新用户登录。

该子菜单内除"密码管理"菜单外,其他菜单内数据设置具有批量设置功能,使用方法:进入相关子菜单,按右键"▸"光标移至右侧数据区域,设置好数据后同时按"◂▸"键,会将剩余所有数据设置为一致,光标会移至当前设置参数的最左侧,按"确认"键密码验证通过后即可完成数据固化,批量设置完成。

1)遥测参数(见图5-2-30)。

光标移动到右侧数据区时在第9行显示参数范围与步长,光标在左侧区域时按"+"键向后翻页,按"-"键向前翻页;

2)遥信参数(见图5-2-31)。

光标移动到右侧数据区时在第9行显示参数范围与步长,光标在左侧区域时按"+"键向后翻页,按"-"键向前翻页;

遥测参数		1/3
电流电压变化死区	0.200	%
电流电压归零死区	0.200	%
功率变化死区	0.50	%
功率归零死区	0.50	%
功率因数变化死区	0.005	
频率变化死区	0.005	Hz
PT额定一次值	110.00	kV
PT二次额定值	100.00	V
Max = 1.00 Min = 0.00 step = 0.010		

图5-2-30 遥测参数

遥信参数		1/3
检修开入防抖时间	001000	ms
就地开入防抖时间	001000	ms
解锁开入防抖时间	001000	ms
硬开入04防抖时间	000020	ms
硬开入05防抖时间	000020	ms
硬开入06防抖时间	000020	ms
硬开入07防抖时间	000020	ms
硬开入08防抖时间	000020	ms
Max = 60000 Min = 0 step = 1		

图5-2-31 遥信参数

3)遥控参数(见图5-2-32)。

光标移动到右侧数据区时在第9行显示参数范围与步长,光标在左侧区域时按"+"键向后翻页,按"-"键向前翻页;

4)同期参数(见图5-2-33)。

光标移动到右侧数据区时在第9行显示参数范围与步长,光标在左侧区域时按"+"键向后翻页,按"-"键向前翻页。

(6)时间设置。

1)修改时钟。

修改装置时间,按"确认"键通过密码验证后进入修改时钟界面,如图5-2-34所示;整定好时间后,按"确认"键保存数据,界面最底端会提示:设置时间成功。

2)对时方式。

按"确认"键密码验证通过后进入对时方式设置界面,如图5-2-35所示:

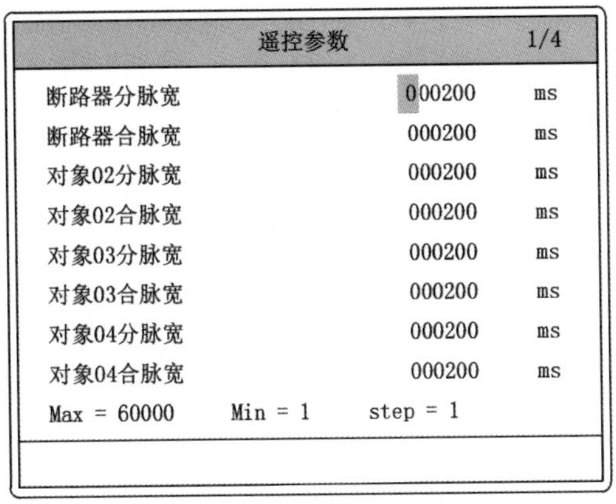

图 5-2-32　遥控参数

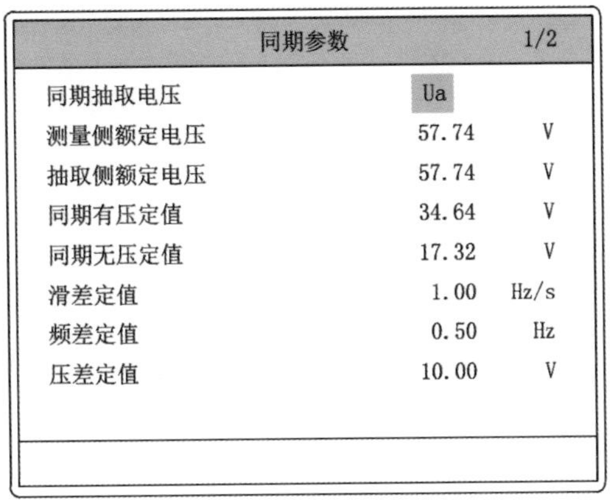

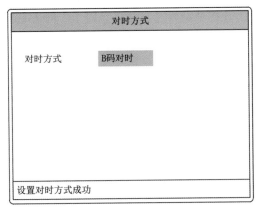

图 5-2-33　同期参数

图 5-2-34　修改时钟

图 5-2-35　对时方式

装置支持对时方式有：B 码对时、网络对时、无对时方式、分脉冲对时、秒脉冲对时。整定好对时方式后，按"确认"键保存数据，界面最底端会提示：设置对时方式成功。设置好对时方式后装置会自动重启。

3）设置时区。

按"确认"键密码验证通过后进入设置时区界面，如图 5-2-36 所示：

装置默认设置为东 8 区，整定好时区后，按"确认"键保存数据，界面最底端会提示：设置时区成功。

4）对时服务。

该菜单内"时钟同步投退"压板默认为投入状态，按"确认"键密码验证通过后进入对时服务端投退界面，如图 5-2-37 所示：

整定好投运后，按"确认"键保存数据，界面最底端会提示：对时服务成功。

（7）通信设置。

该菜单用来设置装置通讯相关参数，包含以下内容：装置参数、GO 网设置、白名单等信息，具体如下所示：

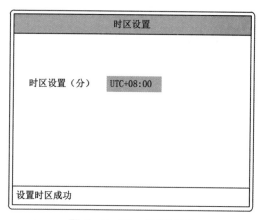

图 5-2-36　设置时区

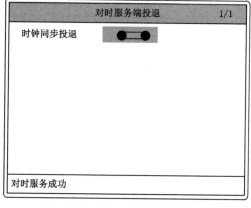

图 5-2-37　对时服务端投退

1）装置参数。

此菜单用来设置装置通讯 IP 地址、子网掩码、装置地址等信息，密码验证通过后进行设置，如图 5-2-38 所示：

设置好参数后，按"确认"键弹出密码确认对话框，输入正确密码，装置在最底端会提示：设置成功，IP 地址修改成功装置重启。

2）GO 网设置。

此菜单可以对 GO 单双网进行设置，包含间隔层与过程层 GOOSE 网络，密码验证通过后，进入 GOOSE 网络设置界面，如图 5-2-39 所示：

第一列为订阅 GOOSE 块名称，第二列为 GOOSE 订阅口，从配置文件读取，第三列为 GOOSE 双网功能投退，默认为"X"，即单网方式。

3）白名单。

该菜单用于设置网络安全通讯相关的 IP 地址设置，目前仅用于 61850 服务时生效。装置出厂默认全部为 0。当设置了数据后，只有与此 IP 相同的机器方可与装置进行通信，具体如图 5-2-40 所示：

装置参数	
A网IP地址：	172.020.001.016
A网子网掩码：	255.255.000.000
B网IP地址：	172.021.001.016
B网子网掩码：	255.255.000.000
C网IP地址：	172.022.001.016
C网子网掩码：	255.255.000.000
装置地址：	10 H
IED name：	CL5001

设置成功
[1]2018-11-18 17:19:37.000 IP修改成功装置重启

图 5-2-38　装置参数

GOOSE网络设置		1/1
CB2201ACTRL$dsGOOSE1双网设置	1	√
IL2201ARPIT$dsGODI1双网设置	8	×
IL2201ARPIT$dsGODI2双网设置	8	×
IL2201ARPIT$dsGODI3双网设置	8	×
IL2201ARPIT$dsGODI4双网设置	8	×
IL2201ARPIT$dsDTTap双网设置	8	×
IL2201ARPIT$dsGoDPI双网设置	8	×
IL2201BRPIT$dsGoDPI双网设置	8	×

GO双网设置成功

图 5-2-39　GOOSE 网络设置

4）调压参数。

此菜单用来设置与调压功能相关参数，设置方法：按"确认"键进入设置界面，设置好参数后按"确认"键通过密码验证后进行设置保存，最后提示：设备参数固化成功CPUID：81（如图 5-2-41 所示）。

白名单	
IP1: 000.000.000.000	IP2: 000.000.000.000
IP3: 000.000.000.000	IP4: 000.000.000.000
IP5: 000.000.000.000	IP6: 000.000.000.000
IP7: 000.000.000.000	IP8: 000.000.000.000
IP9: 000.000.000.000	IP10: 000.000.000.000
IP11: 000.000.000.000	IP12: 000.000.000.000
IP13: 000.000.000.000	IP14: 000.000.000.000
IP15: 000.000.000.000	IP16: 000.000.000.000
设置IP成功	

图 5-2-40　白名单

调压参数		1/1
档位合成模式	全遥信	
调压分相	不使能	
中心挡位方式	不使能	
中心挡位1	00009	
中心挡位2	00011	
滑挡延时	00010	s
[1]2018-11-18 19:17:37.000 设备参数固化成功 CPUID: 81		

图 5-2-41　调压参数

5）系统参数。

此菜单用来设置正常运行相关参数，设置方法：按"确认"键通过密码验证后进入设置界面，设置好参数后按"确认"键通过密码验证后进行设置保存，最后提示：系统参数固化成功（如图 5-2-42 所示）。

6）遥控操作。

此菜单可以在面板上实现遥控开关、刀闸、调档等，用户操作前需要先在"用户设置-密码管理-用户登录"菜单内先登录，然后在进该菜单进行设置。若用户未登录进行设置，在界面最后一行会提示：未登陆，请先登录。用户登录后未进行任何操作，3 分钟后用户登录失效，若要设置需要重新用户登录。进入菜单后，▶键移动到右侧数据区，按▲▼键可以选择遥控方式，有升、合/降、分/停三种，如图 5-2-43 所示：

系统参数		1/3
系统频率	50	Hz
谐波次数	13	
模拟量计算周期	050	
开入电压	220V	
功率算法	频域法	
零序电压类型	外接零序	
零序电流1类型	外接零序	
断路器总位置合成	不合成	
[1]2018-11-18 19:27:37.000 系统参数固化成功 CPUID: 81		

图 5-2-42　系统参数

遥控		1/3
调压操作	升	
手合同期	—	
断路器无压合	—	
断路器检同期合	—	
断路器同期合	—	
断路器强制合	—	
对象02操作	合/降	
对象03操作	分/停	

图 5-2-43　遥控

选择好遥控方式后，按"确认"键，密码验证通过后，弹出遥控确认对话框，如图 5－2－44 所示。

对话框可以看到遥控预选结果，然后可以选择"执行"或"取消预选"进行下一步操作，其中"执行"仍需要密码，密码验证通过后会提示执行结果，如果遥控失败会提示失败原因，如图 5－2－45 所示。

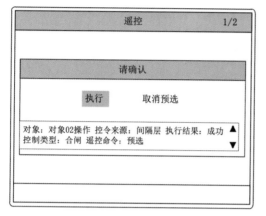

图 5－2－44　遥控预选

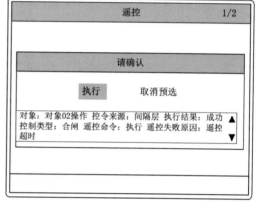

图 5－2－45　遥控执行

7）内部压板。

该菜单内主要包括调压及同期相关压板，CSI－200F－DA－1/2 和 CSI－200F－GA/G－1 类装置有此菜单，默认投入同期功能压板、检同期压板、同期节点固定方式压板，具体如图 5－2－46 所示。

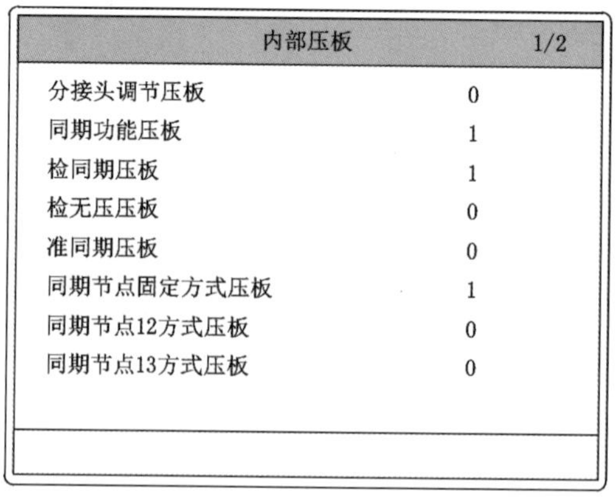

内部压板	1/2
分接头调节压板	0
同期功能压板	1
检同期压板	1
检无压压板	0
准同期压板	0
同期节点固定方式压板	1
同期节点12方式压板	0
同期节点13方式压板	0

图 5－2－46　内部压板

（四）导出 CID 和 CCD 文件

使用四方 SCD 工具打开已制作完成的 SCD 文件，点击执行－导出－生成 CID/CCD 操作，生成 CID 和 CCD 文件，如图 5－2－47 所示。

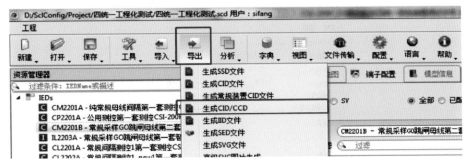

图 5-2-47　导出 CID 和 CCD 文件示意图

（五）测控装置参数设置

（1）对时方式设置与检查：进入厂家设置菜单–时间设置–对时方式，设置装置对时方式为 B 码对时。对时方式会自动显示在液晶循环显示菜单的眉头，如果 B 码对时信号正常，B 后面会带上*，例如：B * 2022–5–05 18:10:55，同时面板"对时异常"告警灯会熄灭。

（2）IP 通信参数设置：进入厂家设置菜单–通信设置–装置参数，设置 IP 地址和装置地址，将网口 1 地址设置为 192.178.111.26，网口 2 地址设置为 192.178.112.26，子网掩码均为 255.255.255.0。注意新分配的 IP 地址不得与站内各个设备冲突，未完成 IP 地址更改前不得接入变电站网络。

（3）设置装置遥测参数：进入用户设置菜单–遥测参数，设置遥测参数，设置各遥测输入的 CT、TV 变比一次值和二次值，TV 一次值设置为 110kV，二次值 100V；CT 一次值设置为 1000A，二次值为 5A。此定值影响到遥测上送，工作人员需核对一次设备参数，不得凭经验整定。

（4）设置遥测量上送模式：进入厂家设置菜单–内部设置–MMS 上送模式，设置为 61850 通信，遥测按一次值上送。

（六）CID 和 CCD 文件下传到装置

投入测控装置检修压板：将笔记本电脑 IP 地址设置与测控装置网口 1 同一网段，使用网线将笔记本电脑与测控装置网口 1 连接，并使用 ping 命令测试网络连通。使用 SFTP 工具将之前导出的 CCD、CID 文件下装至 mnt/sdisk1/configuration/configuration/目录下（下装前备份 configuration 文件）。液晶会自动弹出"更新 CCD 成功装置重启""更新 CID 成功装置重启"信息，装置自动重启。SFTP 工具设置如下：主机地址：192.178.111.25；用户名 root，密码 Su–4000361515；协议：SFTP，如图 5–2–48 所示。

三、监控主机的配置

（一）系统概述

变电站计算机监控系统目前已经发展了三代，目前，面向现场设备的面向对象的监控系统已经为主流，特别是 IEC 61850 标准的推广，按照变电站模型标准的监控系统已经成

图 5-2-48　CID 和 CCD 文件下传到装置示意图

为发展趋势。北京四方 CSGC-3000/SA 变电站监控系统采用模块化设计，系统主要参数可以通过配置改变，满足上述需求的厂站端各种监控信息平台，包括：系统数据建模工具、支持动态模型的数据库系统、通用组态软件与数据模板管理、按通信规约建模的通信管理系统、与应用无关的图形基系统、综合量计算模块以及系统功能冗余等管理模块。从而具备变电站信息采集、数据处理、操作控制、运行管理的功能，系统同时具备顺序控制、智能告警、数据辨识、智能操作票等高级应用功能。

（二）SCD 文件配置

SCD 是 Substation Configuration Description 的英文缩写，中文名称是"变电站配置描述"，SCD 文件是使用变电站配置描述语言 SCL（Substation Configuration description Language）来描述的变电站的，保存 scd 格式的文件配置文件。智能化变电站需要系统集成商生成 SCD 文件。对于智能变电站，全站装置信息及其实例化都是通过 IEC61850 配置工具完成，配置工具需要完成以下工作步骤，对于监控系统来说，主要是将模型数据生成实时库，具体操作流程如图 5-2-49 所示：

步骤一：收集全站装置的模型文件（ICD 文件）；

步骤二：统筹分配全站装置的 IP 地址，IEDname；

步骤三：新建变电站，增加电压等级—间隔—装置；

步骤四：根据虚端子表拉虚端子；

步骤五：生成配置文件，导出虚端子配置，生成 CID 文件。

（三）典型流程及配置

在工程施工的前期，一般都会在 Windows 系统下进行维护操作，但也可以在对应的服务器上进行操作，注意备份每天的工程，以防出问题。

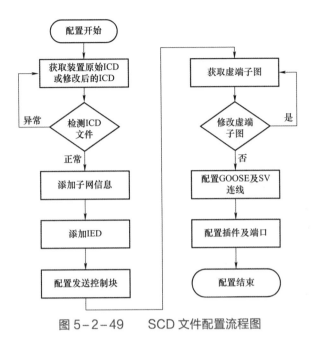

图 5-2-49 SCD 文件配置流程图

整个工作流程如图 5-2-50 所示，完成后，将工程库上传至服务器上，做相应的修改完成施工。

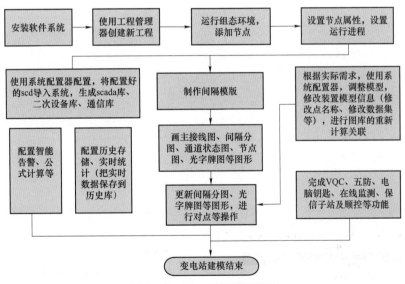

图 5-2-50 典型配置流程

现场推荐的典型配置如图 5-2-51 所示。

（四）监控系统配置

1. 新建工程

工程管理器如图所示，提供后台监控系统的工程管理及系统配置，可以实现远方的工程获取及工程分发，针对各个工程项目提供数据校验。

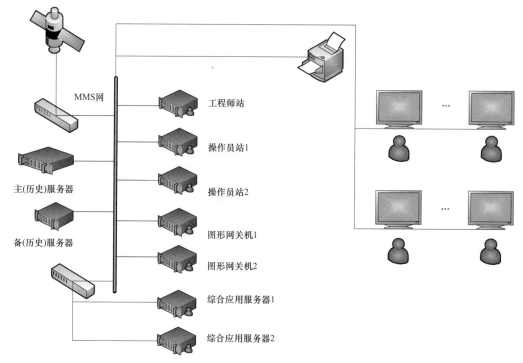

图 5-2-51 典型配置

在 windows 下的【运行】输入"gcproject"回车，或者双击桌面上的快捷图标。在 linux 或者 unix 下，打开一终端，输入"gcproject"，启动【工程管理器】，如图 5-2-52 所示。

在这里列举了当前系统下的所有工程项目。

点击上图中【新建工程】或者直接按【ctrl+N】，也可以在已有的工程上点击右键，选择【新建工程】，弹出下图，输入相应工程名称。

【工程模板】使用默认的变电站选项。点击【确定】，完成新建工程（如图 5-2-53 所示）。

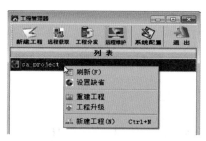

图 5-2-52 工程管理器

图 5-2-53 新建工程

2. 关键操作说明

操作及信息如图下图，罗列了当前项目的操作选项。具体内容如图 5-2-54 所示。

图 5-2-54 系统控制面板

（1）运行：启动系统进入运行态，一般都先校验下，根据提示进行相应的修改；

（2）校验：提供在不用启动系统的情况下，预先对系统进行一次基本校验，检查一下当前工程的目录完整性、节点配置、用户信息等与工程紧密相关基础信息正确性；

（3）组态：启动 GCIDE、加载所选择的工程，进入维护状态；

（4）备份：备份所选择工程到 var/bak/下（见图 5-2-55）；

（5）删除：删除 usr/下对应的工程；

（6）导入：将已经备份的 var/bak/下的工程导入到 usr/下（见图 5-2-56）；

图 5-2-55 工程备份

图 5-2-56 工程导入

（7）重命名：修改 usr/下对应的工程名字；

（8）复制：工程另存为、复制工程到 usr/；

（9）刷新：更新当前的工程列表。

图 5-2-57 身份验证

3. 用户登录

用户权限配置是工程集成开发环境【GCIDE】中的一个重要功能，所以执行权限配置必须启动工程集成开发环境。

工程集成开发环境启动时，首先弹出用户登录框，如下图，根据当地用户分配，选择登录系统（见图 5-2-57。

在进入后，点击图 5-2-58 工具栏中的【切换用户】，进行用户的切换。根据图 5-2-59 提示，选择要登录的用户，输入密码，实现用户的切换登录（见图 5-2-60）。

图 5-2-58 切换用户

图 5-2-59　切换用户

图 5-2-60　身份验证

4. 模型数据库导入

把整理之后的 SCD 文件放在工程目录下的 model 文件夹中。单击下图中的【模型组态工具】，打开右侧的【IEC 61850 模型导入】，见图 5-2-61。

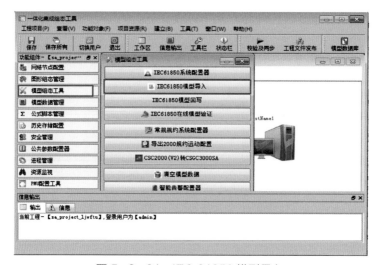

图 5-2-61　IEC 61850 模型导入

（1）初次导库。

选择"IEC 61850 模型导入"，弹出下图。在图中点击"浏览"，选择所要加载的 SCD 文件，确定后，系统会自动加载解析 SCD 文件。

因为关系到系统通信速率的问题，当前导库中，增加了"生成通信配置"，"生成在线监测配置"和"生成独立录波配置"三大选项，默认勾选"生成通讯配置"。若要导入"在线监测配置"或者"独立录波配置"的 SCD 要进行相应的选择。

在 log 信息显示【树形数据处理完毕】后，根据情况要点开模型信息，去掉操作箱及智能终端等装置。点击【开始】，即可完成 scd 文件的入库。

在导库的过程中 log 信息会记录导库过程，依次导入所有的 IED，并显示 IED 的总个数。如导库发生错误，给出相应的错误提示。导库成功后，在变电站模型信息中，列出导库的信息、间隔列表以及对应的 IED。

注意：本工具只导入本系统未导入的 IED 设备，若已存在，系统不会去重新导入和覆盖原有的模型库数据（见图 5-2-62）。

图 5-2-62　IEC 61850 模型导入工具

（2）增量导库。

在施工过程中，SCD 文件是会经常变动的，针对这个情况，系统新增了"增量导库"功能。对已经维护的工程进行分析，有针对的进行库的增量操作。

点击图 5-2-62 中的"增量入库设置"，弹出图 5-2-63。点击"模型分析"，进行模型的比较，完毕后，相关的信息会在图中列举。在这里可以进行相关的校验确认信息是否正确。对于有关联关系而删除的，需要重新进行关联。

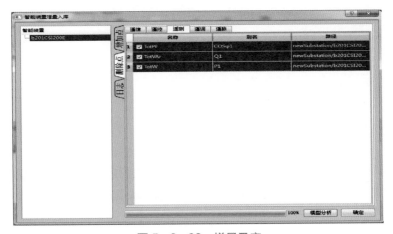

图 5-2-63　增量导库

（3）检查导库是否成功。

在导入 SCD 文件后，要确定是否导入正确。可以在下图中的【模型数据库】里确定。在这里可以确定 SCADA 库→实时监测与统计下的"通信单元"和二次装置库的"智能装置"的当前记录数是一样的（见图 5-2-64）。

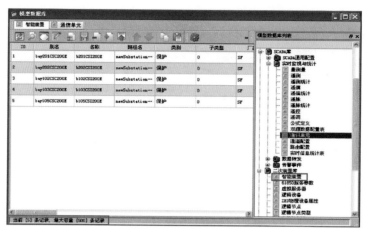

图 5-2-64　检查导库是否成功

5. 图形创建操作

单击图 5-2-65 中的【图形组态管理】，弹出右侧的【图形管理】。

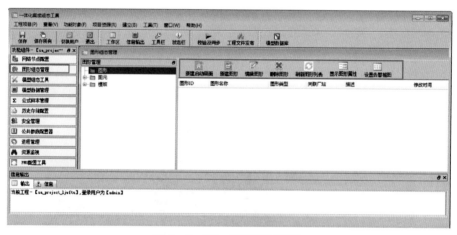

图 5-2-65　组态图形管理

窗口分为左右两个部分，左侧是图形管理树型视图，右侧是图形资源列表。左键点击图形根节点将显示全部图形的资源列表，图形根节点下面可以包括多级图形子目录。右键点击图形目录节点弹出右键菜单，选择各菜单项执行相应的功能。右侧的图形资源列表上面有功能工具栏，依次功能是新建启动画面、新建图形、编辑图形、删除图形、显示图形属性。这些功能部分可以在右侧是图形资源列表中点击右键来实现。

6. 创建图形与绘图设置

图形编辑应用程序实现创建、编辑图形，即生成图形组态数据。图形编辑程序的界面布局可以划分为如下几个区域：标题、菜单、工具栏、停靠窗口、绘制窗口、状态栏。如图 5-2-66 所示。

在电力系统中，一次接线图是电力相关图形对象建立连接关系的图形，是整个电网或者变电站结构的反映。主接线图还要参与建立拓扑，实现电力各个电压等级的正确区分。

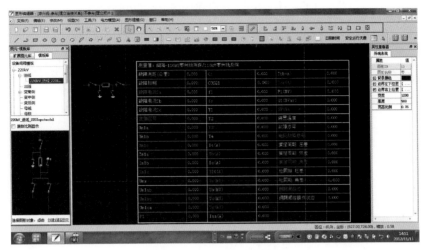

图 5-2-66 图形编辑器

7. 关联参数

关联参数是指将图形对象与数据库设备对象、点进行关联,运行时根据关联参数的实时数据改变图形对象的外观属性,从而实现以图形动画的方式表现现场设备运行状态和情况。参数可以理解为数据库设备对象、点,而实际与参数进行关联的是图形对象中的内部变量(属性)。根据图形对象类型,可以将关联参数方式、界面分为以下几种类型。

(1)曲线类型图元的关联操作。

1)表格操作(见图 5-2-67)。

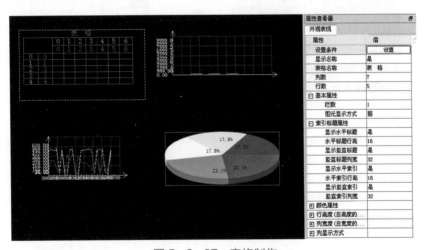

图 5-2-67 表格制作

点击设置,弹出图 5-2-68,在图中选择所需要设置数据,进行配置,点击确定配置完成。

2)曲线、棒图与饼图操作。

这三项是类似操作,在 GCIDE 下绘制相关项,见图 5-2-69:

选择对象,点击属性里的增加按钮,实现曲线等的增加。点击右键选择"参数属性",

在图中点击按钮将弹出关联变量参数界面（见图5-2-70）。

点击图5-2-70选择按键，弹出关联变量参数界面，见图5-2-71。

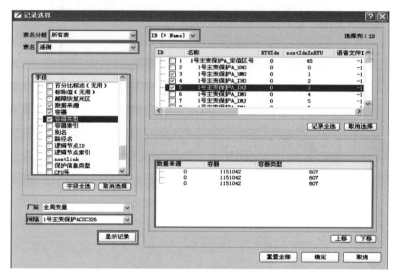

图5-2-68　记录选择

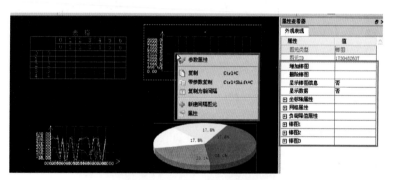

图5-2-69　饼图制作

图5-2-70　参数列表

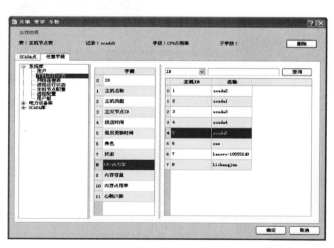

图5-2-71　关联变量参数

关联变量参数界面上面显示当前已经选择的参数信息，主体区域有两个页面，一个是SCADA 点，一个是任意字段。关联变量参数最终结果都是选择某一个表指定字段、子字段的某一记录，任意字段页面左侧的树型视图选择表，中间显示字段，如果选择的字段包含子字段，则下面显示子字段，右侧显示记录列表。选择表、字段（子字段）后，双击记录表中的指定记录，则将当前选择的信息显示到界面上面的当前区域。点击确定按钮将当前已经选择的参数关联到图形对象；点击当前选择区域的删除按钮，然后点击确定按钮将清除图形对象关联参数。SCADA 点页面是任意字段的特例，即 SCADA 点页面指定了表类型为遥测、遥信，指定了字段为值。

（2）电力设备的新建与关联。

1）关联设备。

若图元对象已经关联设备，则右键选择图元对象，在弹出的菜单中包含"关联设备"菜单项。见图 5-2-72。

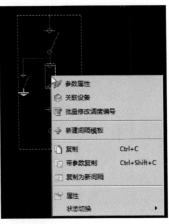

图 5-2-72　关联设备

选择此菜单项将弹出关联设备界面。关联设备界面上面显示当前关联设备的类型和记录名称，左侧显示变电站容器的树型视图，右侧显示当前类型的全部设备。点击右上的删除按钮，点击确定按钮，可以解除图元对象与关联设备的关联。双击一个设备列表中的记录行，点击确定按钮，可以将图元对象与当前设备进行关联。右侧下方有一个"显示量测"复选框，默认没有选择，选择此复选框可以显示当前设备所关联的量测信息。双击量测可以查看量测所关联的点，点击确定按导可以建议量测与点的关联（见图 5-2-73）。

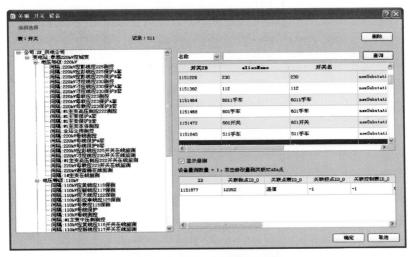

图 5-2-73　关联开关设备

2）参数属性。

对于已经关联过的设备，可以直接查看设备参数属性。右键选择图元对象，在弹出的菜单项中选择"参数属性"菜单项，弹出设备参数属性界面。

界面共有两个页面，第一个是电力设备，可以查看、修改设备名称、别名、电压等级、间隔；见图5-2-74。

图5-2-74　设备参数属性

第二个是实时数据。显示当前设备关联点，在左侧选择池中，选中某个信息，使用向右箭头，或双击改点关联到设备。对于已经关联的点，系统自动将其背景改为亮色背景。

选择已关联的点使用删除按钮，或者双击已关联的点将删除改点。设备关联点列表中所显示的点与关联设备界面中设备量测所关联的点是一致的，只是在表现方式上面不同。此处即是根据设备量测所关联的点，直接将点信息显示出来；而实际上一个量测包含测点和控点两部分。

针对2000规约等，可能存在同一个位置点有多个遥信点，以保证该点正确的问题。针对该问题，需要设置遥信的主点，具体操作如下。首先打开模型数据库，进入"遥信"页，依次选择相应的行，双击"单双点类型"，将类型选择为"双遥信"，见图5-2-75：

图5-2-75　修改单双点类型

然后，在要选为"主点"的那行的"双位连接点"，输入另外遥信点的"ID"，即完成双遥信的设置。这样在遥信关联时，只需关联主点遥信即可（见图5-2-76）。

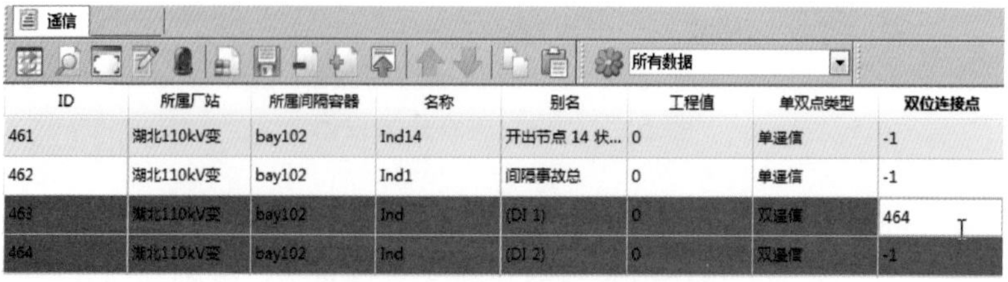

图5-2-76　双遥信设置

点击确定，完成并保存关联。点击取消，退出不保存（见图 5-2-77）。

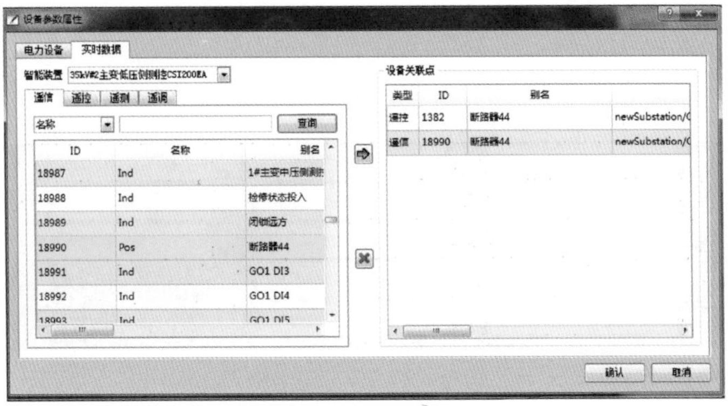

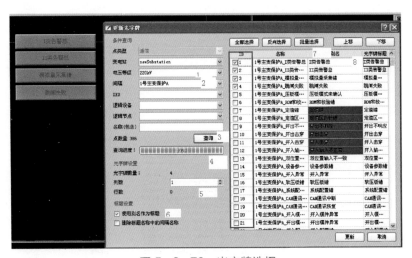

图 5-2-77　设备参数属性

8. 光字牌

光字牌是系统中设备运行状态的一种直观的反映，通过关联遥信、遥控点，可以通过闪烁或者点亮表明现在系统运行的情况。通过点击"工具→生成光字牌"弹出光字牌生成提示对话框，提示请单击图形上一点作为光字牌的插入点，点击确定后，用鼠标左键单击图形绘制区域，作为光字牌区域的左上点。在弹出的"自动生成光字牌"对话框的条件查询区域依次选择（见图 5-2-78）。

图 5-2-78　光字牌选择

"1"电压等级；

"2"间隔；

"3"查询按钮。右侧将列出当前 IED 下所有的点 ID、名称、别名和标题，标题列指定创建光字牌时使用的标题；

"4"显示查询进度；

"5"光字牌数量及行数，可以设置列数，最大列数为4；

"6"根据实际来采用选择，光字牌显示名称

"7"中列表中选项，选中多个后，实现批量选择；

"8"中对光字牌显示名称，根据客户要求进行修改。

最后点击【确定】按钮即可实现光字牌的生成，如图 5-2-79 所示。

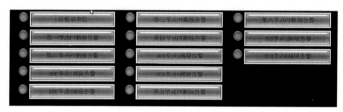

图 5-2-79　光字牌

9. 间隔分图

间隔分图是监控系统的重要组成部分，这里包含了变电站的各个间隔的一次接线图，对应的测量值、光字牌、压板等等一系列的信息。绘制间隔分图时要求一次主接线图已经绘制完毕。

（1）同一类型的间隔分图的绘制。

1）间隔接线图的绘制。

在新建了间隔分图后，到已将完成的一次接线图中，选择对应的间隔，采用带参数复制 Ctrl+Shift+C 的方法，将其复制，然后粘贴到分图中；

2）间隔接线图测量值的绘制。

在"工具→生成测量值"弹出测量值生成提示对话框，提示请单击图形上一点作为测量值的插入点，点击确定后，弹出图 5-2-80，选择对应的电压等级，间隔信息，然后点击查询，右侧会列出当前的遥测信息，根据要求选择需要的值及修改测量值标题，同时修改生成的列数，点击确定生成测量值，合理调整字体大小等。

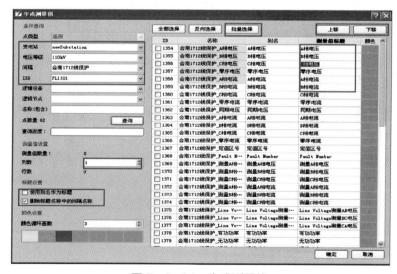

图 5-2-80　生成测量值

3）间隔接线图的压板绘制。

在"工具→生成压板"弹出压板生成提示对话框，提示请单击图形上一点作为测量值的插入点，点击确定后，弹出图 5-2-81，选择对应的电压等级，间隔信息，然后点击查询，右侧会列出当前的压板信息，根据要求选择关心压板及修改压板标题，同时修改生成的列数，点击确定生成测量值，合理调整字体大小及布局，完成压板的生成。

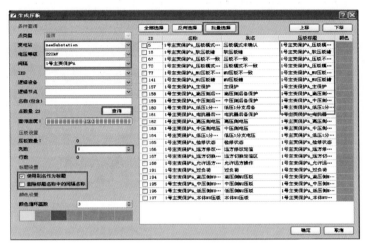

图 5-2-81　生成压板

（2）同一类型的间隔分图的模板绘制。

在完成了第一张同一类型的间隔分图的绘制后，对于同一类型装置的间隔分图，可以采用模板复制创建的方式。

首先，打开【工具】栏，见图 5-2-82。

图 5-2-82　生成间隔分图

选择【生成间隔分图】，弹出图 5-2-83。

首先，根据需要在"源间隔分图"中，选择模板间隔分图，在"新建间隔分图名称"中输入名称，然后在"目标 IED"中选择对应的间隔，"目标调度编号"会自动切换至相应的调度编号。最后依据各个间隔分图的区别，在"文本替换"中修改"目标关键字"，从而实现间隔分图的新建。点击左下角的"＋"号添加新的间隔图，然后再调整相关的内容。点击"X"号，删除不需要的图形。

图 5-2-83　生成间隔分图

10. 间隔操作

（1）增加间隔。

右键点击左侧的某个电压等级，见图 5-2-84。

选择增加，弹出图 5-2-85。选择相对应的间隔类型，输入间隔名称，完成添加。

图 5-2-84　增加间隔

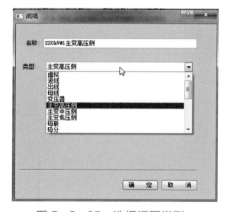

图 5-2-85　选择间隔类型

（2）修改与删除间隔。

右键点击左侧的某个间隔，见图 5-2-86。

选择属性，弹出图 5-2-87。选择相对应的间隔类型，输入间隔名称，完成修改。

选择"删除"，点击"确定"，删除该间隔。

11. 模型库的通用配置

（1）遥测配置。

遥测表中包含所有的模拟量，如最大值、最小值、越限次数和越限秒数等，表 5-2-1
列出了系统遥测统计需要配置的部分域。

图 5-2-86 修改间隔

图 5-2-87 修改间隔名称

表 5-2-1   遥 测 表

域名	功能/含意
上上限	模拟量的值大于该限值时，产生越上上限告警信息
上限	模拟量的值大于该限值时，产生越运行上限告警信息
下限	模拟量的值小于该限值时，产生越运行下限告警信息
下下限	模拟量的值小于该限值时，产生越下下限告警信息
归零死区	即零值死区，在此区间内的值，做 0 处理
变化死区	装置上送值，和前次上送值之间差值，若小于变化死区，则后台不做处理，仍保持前值，减轻系统开销。当大于等于变化死区，按实际数值处理
系数	工程值＝系数×采样值＋偏移

具体的修改参考图 5-2-88。

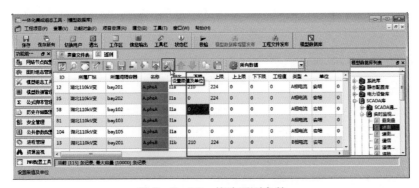
图 5-2-88 修改遥测参数

点击图 5-2-88 中的"设置限值及单位"，图标弹出如图 5-2-89 所示：

这里可以按照电压等级来配置相关的限值及单位。具体在"配置条件一"，选择相关的电压等级，然后选择相关的遥测选项，如"相电流"，在右侧的列表中，修改相关参数，并勾选相关的参数，然后点击"应用"，修改相关的参数。

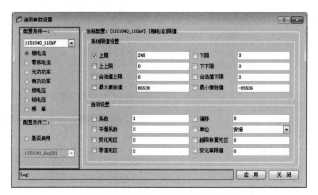

图 5-2-89 修改遥测参数

若是要修改某个间隔的参数，直接在"配置条件二"中，选择"是否启用"，根据需要选择对应的间隔，进行相关参数的配置。点击"应用"，完成配置。

（2）遥信配置。

遥信表，包含告警，变位等信息。实际系统中，可能需要做一下字段的修改。如"是否取反"，"数据源"，"单双点类型"等，配置告警抑制结果是工程值刷新，不告警，不闪烁。配置禁止扫描工程值不刷新，不告警不闪烁，不刷时标，原始值变化。配置开入信号描述以符合现场实际等，见图 5-2-90。

图 5-2-90 修改遥信参数

四、远动装置的配置

（一）新建工程

一般现场部署两台 CSD1321，在开始远动装置配置前，需要新建配置工程，一般以变电站名称作为该工程的工程名称（见图 5-2-91）。

工具提供了三个功能相同，路径不同的入口，见图 5-2-92：

方法 1：菜单栏—工程—新增；

方法 2：操作工具栏—新增；

方法 3：工程管理—新建工程。

（二）添加插件

新建工程完毕，点击打开工程，弹出登录窗口，一般统一设置用户名称：sifang 密码：8888（见图 5-2-93）。

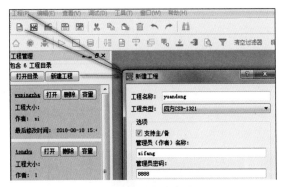

图 5-2-91　远动装置新建工程配置入口

图 5-2-92　新建工程

单以太网插件可支持 280 台装置的接入，且每块插件上，接入和转出可以混合配置，不受插件类型影响。按照纯远动业务的机型，可以大致有以下 4 种典型的划分。

图 5-2-93　用户登录窗口

配置方案一：以太网×1＋串口插件×1：以太网＝接入＋104 转出；串口插件＝101 转出。

配置方案二：以太网×2＋串口插件×1：以太网 1＝接入；以太网 2＝104 转出；串口插件＝101 转出。

配置方案三：以太网×3＋串口插件×1：以太网 1＝接入；以太网 2＝104 转出；串口插件＝101 转出，或者按照现场转出通道数量，在以太网 2 和 3 上分开转出。

配置方案四：以太网×4＋串口插件×1：在某些大型站，配备有数量较多的数量，则可以接入 2 块以太网插件＋转出 2 块以太网插件＋串口插件。

现场参照硬件实际插槽位置和插件类型，在 A 机或者 B 机上选中对应的槽位，并双击左侧"库管理"的"插件"中的对应插件类型，逐一完成插件分配（见图 5-2-94）。

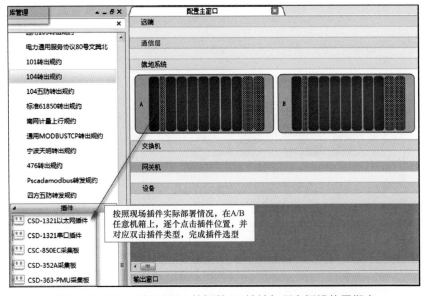

图 5-2-94　CSD1321 的插件 IP 地址与所在插槽位置绑定

（三）网口分配

硬件分配完毕，按照现场业务需求，分配最终的网口具体位置，示例见图5-2-95。

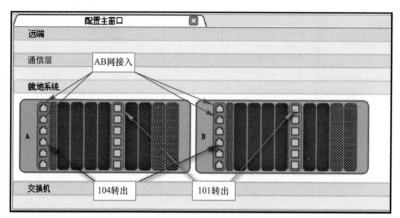

图5-2-95 插件网口功能分配

配置方案一：以太网插件*1+串口*1：插件1网口1和网口2作为接入口，网口6作为AB机同步SOE的互连口；其他口作为104转出使用；串口插件按需配置101转发。

配置方案二：以太网插件*2+串口*1：插件1网口1和网口2作为接入口，网口6作为AB机同步SOE的互连口；插件2可作为104转出口；串口插件按需配置101转发。

配置方案三：以太网插件*3+串口*1：插件1网口1和网口2作为接入口，网口6作为AB机同步SOE的互连口；插件2作为104转出口；插件3也可作为104转出口；串口插件按需配置101转发。

（四）网络参数

完成业务接入口规划之后，按照站内参数，对各网口的IP地址等进行设置。点击网口，右侧区域选择"属性窗口"，弹出对应的IP及子网掩码设置。MTU值使用默认值，若需要再修改（见图5-2-96）。

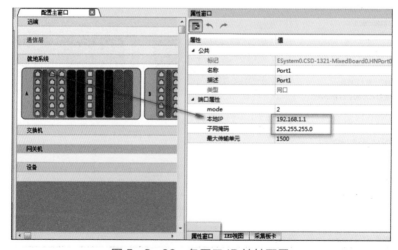

图5-2-96 各网口IP地址配置

（五）SCD 导入

请准备好 SCD 模型文件，并点击接入的 A 网网口，双击左侧的"库管理"中的"61850SCD"下的"IEC 61850SCD"（见图 5-2-97）。

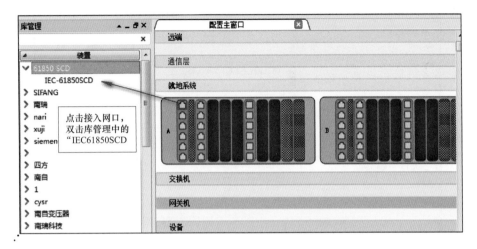

图 5-2-97　SCD 文件库管理

进入 SCD 文件导入界面后，点击浏览按钮选择笔记本中需导入的 SCD 文件，默认国标、南网三网保信保持默认选择，上述完成后，点击"模型分析"，工具开始加载模型文件（见图 5-2-98）。

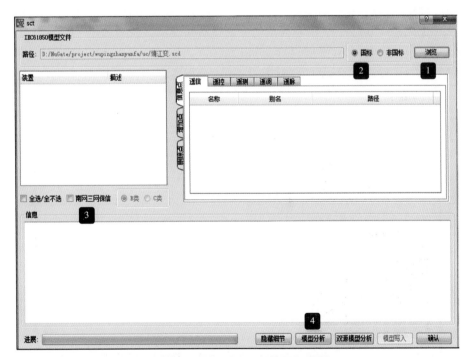

图 5-2-98　SCD 文件导入界面

点击"模型分析"后，弹出选择框，决定是否选择增量模式，第一次加载模型，选择否；若模型修改，等其他变化操作，选择"是"（见图5-2-99）。

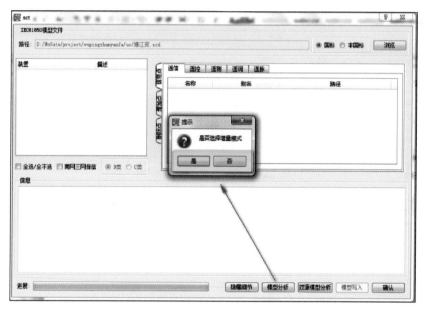

图5-2-99　SCD文件模型分析

上述选择是否增加模式后，工具开始加载模型文件，进度条和信息栏部分可以查看信息及进度。进度条至100%后，加载完成，可进行需要导入的装置选择（见图5-2-100）。

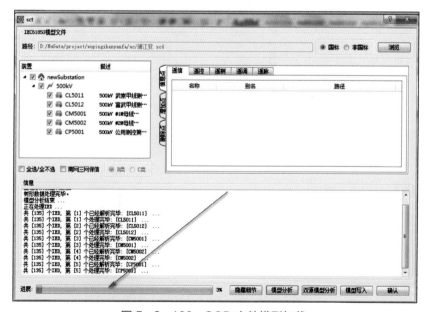

图5-2-100　SCD文件模型加载

点击装置左侧的框，勾选需要导入的设备；这里标黄区域的"全选/全不选"起辅助作用（见图5-2-101）。

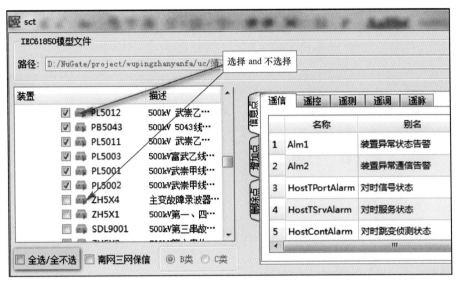

图5-2-101　SCD文件二次装置选择界面

装置选择完毕后，点击"模型写入"，工具执行写入，SCD导入工作完成（见图5-2-102）。

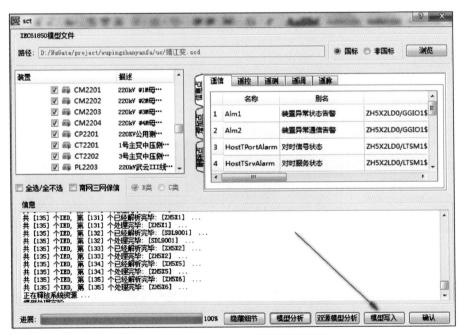

图5-2-102　SCD文件模型界面

SCD文件导入完成后，回到工具的主页，装置位于下方的"设备"区域。

（六）新建 104 通道

在 SCD 文件成功导入装置后，需要对与调度通讯的 104 通道信息进行配置，具体操作步骤如下：

在配置主窗口中选中转出 104 在插件的网口，并在左侧下方的"库管理"中的"远端"中，双击"104 转出规约"（见图 5-2-103），弹出图 5-2-104 的对话框。

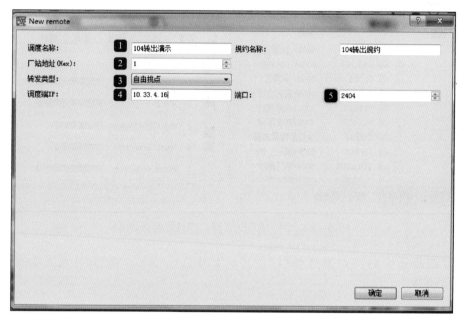

图 5-2-103　104 规约通道配置界面

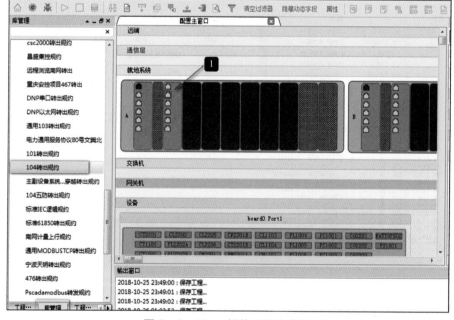

图 5-2-104　规约配置主窗口

在此界面中，调度名称为该网络接口需要通信的调度名称，厂站地址根据调度提供的RTU 地址进行填写，一般默认为1，转发类型选择自由挑点模式，调度端 IP 填写调度主站前置机 IP 地址，端口号与调度端协商一致，一般默认为 2404。新建的 104 通道，位于画面的"远端"，以整体框选的形式出现。

（七）远动装置转发表制作

远动装置挑点及转发表制作流程图见图 5-2-105：挑点的对象是各 IED 设备、计算公式；挑点之前需要打开对应的远动转发表；通过在右侧设备栏中切换 IED 设备、公式视图，查找需要的点，左击拖动或者右击添加。

打开远动转发通道，及打开之后的效果如图 5-2-106 所示。

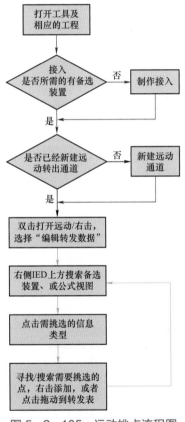

图 5-2-105　远动挑点流程图

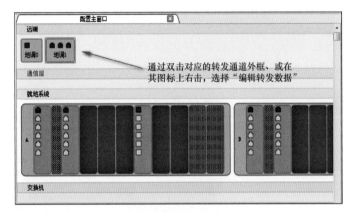

图 5-2-106　转发通道图

1. 将装置点添加至转发表

在未进入"打开辅助挑点窗口"情况下：对选中的点，可左击拖动到转发点表；或者右击，选择"添加到点表"。总是添加到转发点表的最下方（见图 5-2-107）。

在进入"打开辅助挑点窗口"情况下：完成选点之后，可在对话框中下方选择"添加到点表"（见图 5-2-108）。

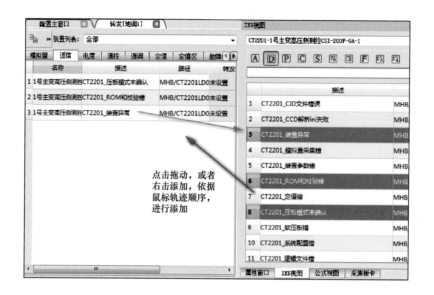

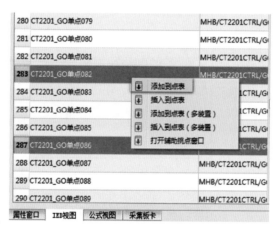

图 5-2-107 转发挑点图

图 5-2-108 添加到表图

2. 搜索功能的使用

工具支持对信息名的模糊搜索，避免大篇幅上下拖动导致的信息遗漏，可将备选点缩小到一定范围内进行点选，若搜索关键字唯一，则一键定位。

例：输入关键字"A 相"，回车之后，遥信点中包含"A 相"的信息描述列出，则可根据搜索出的结果挑选 A 相的合、分、双位置总点（见图 5-2-109）。

（八）打包工程

完成接入网口参数定义、SCD 模型导入、实例号、IP 地址等属性定义；2000 接入及其参数定义后；接入侧基本配置完成。可以编译工程，并下载到机器中，与实际装置进行接入侧的通讯测试（见图 5-2-110）。

图 5-2-109 关键字搜索

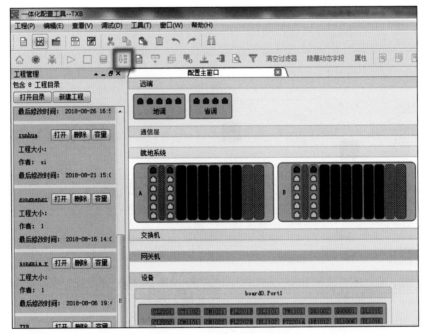

图 5-2-110 打包工程

点击上述红框内的"打包"按钮后，工具会略微卡顿，开始启动打包流程。打包过程根据工程数据量大小，时间耗费有差异。下图为典型工程的导出信息框示例，若现场有顺控功能，都出过程中，会汇报顺控功能生成的情况。若因为错误导致生成配置失败，信息输出窗口会有错误原因报错（见图 5-2-111）。

图 5-2-111　工程输出

（九）写硬件信息

编译成功之后，笔记本连接机器前面板调试网口。请注意根据自行定义的上下机与 AB 机的对应关系，保证预执行硬件写入信息的机器与工具中点击的 A 机或者 B 机的一致性。以写 A 机硬件信息为例：

操作步骤一：点击工具中 A 机的机箱，工具操作栏中得"连接到设备"，保持在线。

操作步骤二：点击工具操作栏中的"修改硬件信息"

上述操作完成后，工具下方"输出窗口"中，会汇报写入情况（见图 5-2-112）。

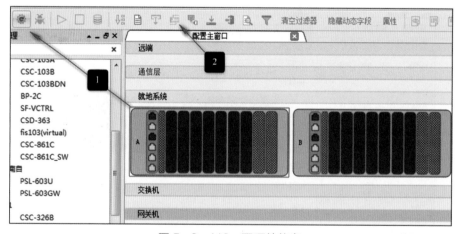

图 5-2-112　写硬件信息

（十）下载工程

基于打包和写硬件信息的执行基础，可继续执行下载工程。关注重点，依然需要保证工具上点击的 AB 机与自定义的上下机的对应关系一致。下载过程，以 A 机下载为例：

操作步骤一：笔记本网线连接至 A 机面板调试口，点击 A 机机箱，并点击操作栏中的"连接到设备"，保持在线。

操作步骤二：点击操作栏中的"下载"，工具下发的"输出窗口"会汇报执行下载的过程（见图 5-2-113）。

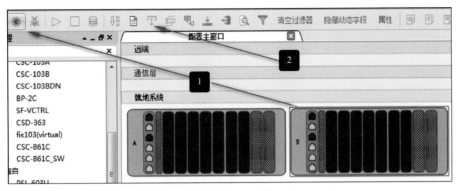

图 5-2-113　下载工程

五、配置注意事项

（1）所有配置工作开始前确保备份好配置文件，以便出现配置错误的情况下可以及时恢复配置。

（2）远动设备上的工作开展前，提前与主站查看两台远动各个通道运行状况。防止因单台配置导致变电站远动业务中断。

（3）下装远动配置后，需重启设备，应联系主站封锁变电站数据，防止数据跳变。封锁变电站数据前应提前告知监控，将监控权移交至现场。应先在单台远动装置进行配置，正确无误后在配置另一台远动装置。

（4）远动配置完成后，应与主站核对数据是否正常。

【任务小结】

本任务的学习重点包括典型间隔扩建自动化设备测控装置的配置、监控主机的配置、远动装置的配置等要点。通过本任务学习，帮助学员了解自动化设备配置流程和相关要点，掌握自动化设备配置相关技能。

【模块小结】

本模块主要讲解自动化运维相关项目内容，包括调度自动化系统站端组成与功能、典型间隔扩建自动化设备配置两个关键任务。在学习中需要注意结合工作实际理解学习内容，实操与理论相结合，促进理解与应用。